Mit Forscherdrang und Abenteuerlust

Kieler Werkstücke

Reihe A:
Beiträge zur schleswig-holsteinischen und skandinavischen Geschichte

Herausgegeben von Oliver Auge
Begründet von Erich Hoffmann

Band 49

PETER LANG
EDITION

Oliver Auge / Martin Göllnitz (Hrsg.)

Mit Forscherdrang und Abenteuerlust

Expeditionen und Forschungsreisen Kieler Wissenschaftlerinnen und Wissenschaftler

PETER LANG
EDITION

Bibliografische Information der Deutschen Nationalbibliothek
Die Deutsche Nationalbibliothek verzeichnet diese Publikation in der Deutschen Nationalbibliografie; detaillierte bibliografische Daten sind im Internet über http://dnb.d-nb.de abrufbar.

Gedruckt mit freundlicher Unterstützung der Graduate School *Human Development in Landscapes* und des Deutschen Marinebundes e.V.

GRADUATE SCHOOL AT KIEL UNIVERSITY
human development in landscapes

Deutscher
Marinebund
Das Bündnis für
Mensch. Schifffahrt. Meer.

Umschlagabbildung:
Siegel der Christian-Albrechts-Universität zu Kiel.

Die Universität trägt ihren Namen nach ihrem Gründer, dem Herzog Christian Albrecht von Schleswig-Holstein-Gottorf, der sie im Jahre 1665 – nur siebzehn Jahre nach dem Ende des Dreißigjährigen Krieges – für sein Herzogtum ins Leben rief. An diese Zeit erinnert auch ihr Siegel: Es zeigt eine Frauengestalt mit einem Palmzweig und einem Füllhorn voller Ähren in den Händen, die den Frieden versinnbildlicht. Das Siegel trägt die Unterschrift: Pax optima rerum (Frieden ist das höchste Gut).

Abdruck mit freundlicher Genehmigung
der Christian-Albrechts-Universität zu Kiel.

ISSN 0936-4005
ISBN 978-3-631-72291-6 (Print)
E-ISBN 978-3-631-72292-3 (E-PDF)
E-ISBN 978-3-631-72293-0 (EPUB)
E-ISBN 978-3-631-72294-7 (MOBI)
DOI 10.3726/b11205

Peter Lang Edition ist ein Imprint der Peter Lang GmbH.

Peter Lang – Frankfurt am Main · Bern · Bruxelles · New York · Oxford · Warszawa · Wien

Diese Publikation wurde begutachtet.

www.peterlang.com

Inhaltsverzeichnis

Vorwort der Herausgeber 7

Oliver Auge und Martin Göllnitz
Kieler Forscherinnen und Forscher als Entdecker der Welt:
Eine Einführung 9

Martin Krieger
Die „Galathea“ in Kalkutta. Naturforschung und koloniale Macht 23

Martin Göllnitz
Weltumsegelung mit Karriereblick. Die britische
Challenger-Expedition und Rudolf von
Willemoes-Suhm (1847–1875) 37

Lisa Kragh
„In's Wasser geworfenes Geld“? Eine Kontextualisierung
der öffentlichen Kontroverse um die Plankton-Expedition von 1889 67

Tobias Delfs
Devasena auf Reisen. Der Kieler Philosoph Paul Deussen,
die Briten und der „Orient“ 107

Ulf Morgenstern
„Vielleicht sogar eventuell Karthum und später Sinai.“
Zwei Orientreisen Carl Heinrich Beckers in den Jahren 1900–1902 145

Ulrich Müller
1828 | 1990 – Vier Kieler Archäologen entdecken die Welt 167

Knut-Hinrik Kollex
„Das Reizvolle liegt in den Ergebnissen.“
Karl Gripps fast vergessene Arktis-Expeditionen in den 1920er Jahren 189

Silke Göttsch-Elten
Katesa Schlosser – Völkerkunde als Wissenschaft vom Fremden 211

Dirk Brandis
Das Zoologische Museum der Universität Kiel und seine
Sammlungen: Ein Fenster in die Entdeckungsgeschichte der Meere 233

Johannes Müller
Archäologie in Krisengebieten: die soziale
Praxis archäologischer Ausgrabungen 247

Abbildungsverzeichnis 257

Vorwort der Herausgeber

Der vorliegende Sammelband vereint in sich zehn Beiträge der Ringvorlesung mit dem Titel „Mit Forscherdrang und Abenteuerlust“, die die Abteilung für Regionalgeschichte der Christian-Albrechts-Universität (CAU) im Sommersemester 2016 in den Räumlichkeiten der Schleswig-Holsteinischen Landesbibliothek durchgeführt hat. Elfmal versammelte sich eine interessierte Hörerschaft dienstags um 19 Uhr, um Vorträge fachkundiger Forscherinnen und Forscher aus den unterschiedlichsten Disziplinen zum Thema der Expeditions- und Forschungsreisen Kieler Wissenschaftler und Wissenschaftlerinnen hören und im Anschluss anspruchsvoll diskutieren zu können. Nur einmal fand die Vorlesung aus organisatorischen Gründen zwar zur gewohnten Uhrzeit, nicht aber an einem Dienstag-, sondern einem Donnerstagabend statt.

Auf die Ringvorlesung folgt nun, wie gesagt, als erfolgreicher Abschluss des Projektes dieser Sammelband mit den einzelnen Referaten derselben. Uns Herausgebern verbleibt es an dieser Stelle, der Pressestelle der CAU für die Unterstützung bei der Veranstaltung und Bewerbung der Ringvorlesung zu danken. Ebenso gebührt unser Dank Herrn Dr. Jens Ahlers für die Möglichkeit, die Räumlichkeiten der Schleswig-Holsteinischen Landesbibliothek für die Vortragsreihe nutzen zu dürfen. Es passte sehr gut, dass der Sartori & Berger-Speicher, in dem die Landesbibliothek untergebracht ist, unmittelbar an der Kieler Förde als dem Tor Kiels zur weiten Welt liegt. Danken möchten wir zudem vielmals allen Referentinnen und Referenten für ihre Bereitschaft zur Mitarbeit an der Vortragsreihe und zur Ausarbeitung ihrer mündlichen Referate zu druckfertigen Aufsätzen. Das ist angesichts der allseits immer engeren Zeitbudgets längst keine Selbstverständlichkeit mehr. Die Themen haben die von uns Angefragten im Übrigen durchweg ohne langes Zögern frei gewählt und formuliert. Die Hilfskraft-Unterstützung von Frau Carina Storm und Herrn Jan Ocker hat die redaktionelle Bearbeitung der Texte sehr erleichtert, wofür wir ebenfalls Danke sagen. Außerdem gebührt dem Peter Lang-Verlag ein Wort aufrichtigen Dankes für die kompetente und verlässliche Zusammenarbeit bei Satz und Druck. Zu guter Letzt gilt unser aufrichtiger herzlicher Dank der Kieler Graduate School „Human Development in Landscapes“ und dem Deutschen Marinebund e.V., ohne deren finanzielles Engagement die Drucklegung des Bandes nicht realisierbar geworden wäre.

Oliver Auge und Martin Göllnitz — Kiel, im Frühjahr 2017

Oliver Auge und Martin Göllnitz

Kieler Forscherinnen und Forscher als Entdecker der Welt: Eine Einführung

Bekanntlich feierte die 1665 gestiftete Christian-Albrechts-Universität zu Kiel (CAU) im Jahr 2015 mit großem Aufwand und ebenso großer Resonanz in der Öffentlichkeit ihr 350-jähriges Bestehen. Aus diesem Anlass wurde eine imposante Festschrift unter dem Titel „Christian-Albrechts-Universität zu Kiel. 350 Jahre Wirken in Stadt, Land und Welt" publiziert – immerhin das dickste Buch, das bis dato jemals im Wachholtz-Verlag veröffentlicht worden ist![1] Der Titel der Festschrift mit dem Fingerzeig auf die Stadt Kiel, das Land Schleswig-Holstein sowie die große, weite Welt als Wirkungsfelder der CAU in Vergangenheit, Gegenwart und Zukunft trägt der Tatsache Rechnung, dass die historische und natürlich auch aktuelle Bedeutung der Universität und ihrer Angehörigen nicht nur bezogen auf die Stadt Kiel als Standort und das Land Schleswig-Holstein als nähere Umgebung, sondern eben auch im Arbeiten in der Welt fassbar ist und daher stärker als bisher von der wissenschaftlichen Forschung betrachtet werden sollte.[2] Das betrifft gerade die Beteiligung Kieler Professorinnen und Professoren an nationalen und internationalen Expeditions- und Forschungsreisen, vor allem in der zweiten Hälfte des 19. und der ersten Hälfte des 20. Jahrhunderts.

Eine Betrachtung dieses Themenfeldes erscheint in dreierlei Hinsicht als besonders lohnenswert:[3] Zum einen eröffnet sich auf diese Weise ein von der lokalen, auch regionalen universitätsaffinen Geschichtsforschung bislang wenig bis gar nicht beachtetes Wissensgebiet. Zum anderen können sich hierbei wertvolle Konvergenzen zwischen Wissenschaftsgeschichte und allgemeiner

1 Oliver Auge (Hrsg.), Christian-Albrechts-Universität zu Kiel. 350 Jahre Wirken in Stadt, Land und Welt, Kiel u.a. 2015.

2 Vgl. dazu bereits den Hinweis bei Oliver Auge/Martin Göllnitz, Die Christian-Albrechts-Universität und ihre Geschichtsschreibung, in: Christiana Albertina 78 (2014), S. 38–58, hier S. 51f.

3 Siehe dazu und zum Folgenden auch Oliver Auge/Martin Göllnitz, Kieler Professoren als Erforscher der Welt und als Forscher in der Welt: Ein Einblick in die Expeditionsgeschichte der Christian-Albrechts-Universität, in: Christian-Albrechts-Universität zu Kiel. 350 Jahre Wirken in Stadt, Land und Welt, hrsg. von Oliver Auge, Kiel u.a. 2015, S. 949–972.

Geschichtsforschung ergeben.[4] Und zum dritten wird dadurch eine integrierte Sichtweise auf Wissenschaft(en) als Perspektive möglich. So wird eine „history in science“ vermieden, wonach „die Geschichte einer Wissenschaft zur jeweiligen Disziplin gehört und aus ihr heraus zu erforschen“ ist, sondern eine Vernetzung zwischen den verschiedenen Disziplinen angestrebt und realisiert.[5] Universitäts- und Wissenschaftsgeschichte kann und darf umgekehrt aber auch nie allein Sache von Historikern sein, sondern muss auf vielen, interdisziplinären Schultern ruhen, die das breite Fächer- und Themenspektrum einer Volluniversität wie der CAU widerspiegeln. Ohne eine solche Verknüpfung der Disziplinen bliebe die Geschichte der Expeditions- und Forschungsreisen ein irgendwie „leeres Gehäuse“.[6] Insofern ist es gewiss ein Vorteil, dass Vertreterinnen und Vertreter der Archäologie, Ethnologie und Zoologie für eine aktive Mitwirkung an der diesem Band zugrunde liegenden Ringvorlesung gewonnen werden konnten. Da sich für die Wissenschaftshistoriker oftmals theoretische und arbeitspraktische Probleme bei der Analyse spezieller Forschungsmethoden ergeben, müssen sie sich aber in jedem Fall zumindest rudimentär in die Fachgeschichte und die Inhalte der jeweiligen Disziplin einarbeiten. Das ist jeweils ein großer, nicht zu unterschätzender Kraftakt!

Bei der Betrachtung der Expeditions- und Forschungsreisen soll es auch keineswegs um das Schreiben einer reinen Erfolgsgeschichte älteren Typs gehen, die lediglich große Forscherpersönlichkeiten in den Blick nimmt und eine kumulative Abfolge von Höhepunkten, erfolgreichen Entdeckungen und neuen Erkenntnissen präsentiert.[7] Vielmehr muss anhand dessen nach der

---

4 Helge Kragh, An Introduction to the Historiography of Science, Cambridge u.a. 1987, S. 171.

5 Zitat aus Margit Szöllösi-Janze, Lebens-Geschichte – Wissenschafts-Geschichte. Vom Nutzen der Biographie für Geschichtswissenschaft und Wissenschaftsgeschichte, in: Berichte zur Wissenschaftsgeschichte 23 (2000), S. 17–35, hier S. 18. – Vgl. dazu nochmals Auge/Göllnitz, Geschichtsschreibung (wie Anm. 2), S. 52.

6 Siehe Rüdiger vom Bruch, Wissenschaft im Gehäuse: Vom Nutzen und Nachteil institutionsgeschichtlicher Perspektiven, in: Berichte zur Wissenschaftsgeschichte 23 (2000), S. 37–49, hier S. 37ff.

7 Geradezu hagiographische Musterbeispiele stellen die Biographien über den Jenaer Zoologen Ernst Haeckel dar. Vgl. exemplarisch Heinrich Schmidt (Hrsg.), Was wir Ernst Haeckel verdanken. Ein Buch der Verehrung und Dankbarkeit, 2 Bde., Leipzig 1914; Klaus Keitel-Holz, Ernst Haeckel. Forscher, Künstler, Mensch. Eine Biographie, Frankfurt am Main 1984. Zu den Biographien „großer Männer“ siehe überdies die Ausführungen bei Szöllösi-Janze, Lebens-Geschichte (wie Anm. 5), S. 18; Helmut Scheuer, Biographie. Überlegungen zu einer Gattungsbeschreibung, in: Vom Anderen und vom Selbst. Beiträge zu Fragen der Biographie und Autobiographie, hrsg. von Reinhold Grimm und Jost Hermand, Königstein 1982, S. 9–27. Zu neueren Trends in der Biographik siehe u.a. Simone

Rolle der CAU „als Ort und Motor von Ausdifferenzierungsprozessen sowie nach institutionalisierten Wechselbeziehungen“ zwischen Wissenschaft auf der einen, Politik und Öffentlichkeit auf der anderen Seite gefragt werden.[8] Eine streng universitätsgeschichtliche Betrachtung würde dabei oftmals zu kurz greifen, waren es doch vielmehr traditionsbewusste Herrscherhäuser oder fortschrittliche Staatsregierungen, privilegierte Handelsgesellschaften und Institutionen der öffentlichen Hand, die mit jeweils eigener Motivation als Financiers von Expeditionen auftraten und die benötigten Ressourcen erst zur Verfügung stellten. Diese Motivation der staatlichen oder privaten Geldgeber muss von der modernen Forschung erst noch hinterfragt werden. Denn in nicht wenigen Fällen ging es den Financiers eigentlich nicht um wissenschaftliche Erkenntnisse. Es waren diplomatische, koloniale oder ökonomische Ziele, die eine wissenschaftliche Expedition erst ermöglichten. Oder anders gewendet: Forschungsreisen hatten gewisse Erwartungshaltungen zu erfüllen, wie beispielsweise

> „the public's thirst for adventure, the scientists' demand for data, the merchants' desire for details about new markets and sources of supply, and the government's need for objective information upon which to base diplomatic and Imperial decisions."[9]

Zu denken ist etwa an das gescheiterte geheime Meeresgoldprojekt des Kaiser-Wilhelm-Instituts für physikalische Chemie und Elektrochemie in Berlin-Dahlem unter der Leitung des bekannten Chemikers Fritz Haber (1868–1934), bei dem es darum ging, das im Wasser der Weltmeere vorhandene Gold zu gewinnen, um damit die Reparationen leichter begleichen zu können, die die Weimarer Republik nach dem Ersten Weltkrieg so schwer

---

Lässig, Die historische Biographie auf neuen Wegen?, in: Geschichte in Wissenschaft und Unterricht 60 (2009), S. 540–553; Hans-Erich Bödeker, Biographie. Annäherung an den gegenwärtigen Forschungs- und Diskussionsstand, in: Biographie schreiben (Göttinger Gespräche zur Geschichtswissenschaft Bd. 18), hrsg. von dems., Göttingen 2003, S. 9–63.

8 Diesbezüglich siehe Sylvia Paletschek, Stand und Perspektiven der neueren Universitätsgeschichte, in: NTM. Zeitschrift für Geschichte der Wissenschaften, Technik und Medizin 19 (2011), S. 169–189, hier S. 185. Vgl. darüber hinaus Szöllösi-Janze, Lebens-Geschichte (wie Anm. 5), S. 22; Sybilla Nikolow/Arne Schirrmacher, Das Verhältnis von Wissenschaft und Öffentlichkeit als Beziehungsgeschichte. Historiographische und systematische Perspektiven, in: Wissenschaft und Öffentlichkeit als Ressourcen füreinander. Studien zur Wissenschaftsgeschichte im 20. Jahrhundert, hrsg. von dens., Frankfurt am Main u.a. 2007, S. 11–36, hier S. 12f.

9 Robert Stafford, Scientific Exploration and Empire, in: The Oxford History of the British Empire, Bd. 3: The Nineteenth Century, hrsg. von Andrew Porter, Oxford 1999, S. 294–319, hier S. 298.

belasteten.[10] Untersuchungen wurden von den Teilnehmern der Deutschen Atlantischen Expedition, u.a. den späteren Kieler Professoren für Ozeanographie Georg Wüst (1890–1977) sowie für Hydrographie und Chemie des Meeres Hermann Wattenberg (1901–1944), vorgenommen. Das Ergebnis war freilich niederschmetternd: Schon die ersten Messungen ergaben, dass der Goldgehalt des Meeres zu gering war für eine wirtschaftliche Ausbeutung – keine Erfolgsgeschichte also.[11] Die Frage des Scheiterns von Expeditionen und Forschungsreisen stellt sogar einen nicht unwesentlichen Aspekt von Expeditionsgeschichte dar, gingen doch auch aus gescheiterten Projekten oftmals wichtige *spin off*-Effekte hervor, die ebenfalls ganz eigene Erkenntnisse oder Ergebnisse erbrachten bzw. weitere Expeditionen initialisierten. Das Meeresgoldprojekt bewirkte beispielsweise einen beträchtlichen Fortschritt bei der mikrochemischen Bestimmung und Analyse kleinster Goldgehalte, wodurch sich die Messgenauigkeit der Geräte und Verfahren erhöhte. Die Münchener Historikerin Margit Szöllösi-Janze fragt daher mit gutem Grund, ob naturwissenschaftliche Forschungen überhaupt scheitern können.[12] Und man erinnere sich: Schon die Entdeckung Amerikas war im Prinzip das Resultat einer fehlgeschlagenen Expedition auf der Suche nach einem westlichen Weg nach Indien.

Im Folgenden soll anhand einer tabellarischen Übersicht das vielfältige Spektrum von Forschungs- und Expeditionsreisen eingefangen werden, an denen Kieler Professoren bis zur Mitte des 20. Jahrhunderts teilnahmen, die wissenschaftliche Leitung innehatten oder die, wie im Falle der berühmt

---

10 Dazu Margit Szöllösi-Janze, Fritz Haber 1868–1934. Eine Biographie, München 1998, S. 508–527. Vgl. dazu allgemein auch Dies., Der Wissenschaftler als Experte – Kooperationsverhältnisse von Staat, Militär, Wirtschaft und Wissenschaft 1914–1933, in: Geschichte der Kaiser-Wilhelm-Gesellschaft im Nationalsozialismus. Bestandsaufnahme und Perspektiven der Forschung, Bd. 1 (Geschichte der Kaiser-Wilhelm-Gesellschaft im Nationalsozialismus Bd. 1), hrsg. von Doris Kaufmann, Göttingen 2000, S. 46–64; Mitchell G. Ash, Wissenschaft und Politik als Ressourcen für einander, in: Wissenschaften und Wissenschaftspolitik. Bestandsaufnahmen zu Formationen, Brüchen und Kontinuitäten im Deutschland des 20. Jahrhunderts, hrsg. von Rüdiger vom Bruch und Brigitte Kaderas, Stuttgart 2002, S. 32–51; Rüdiger Hachtmann, Die Wissenschaftslandschaft zwischen 1930 und 1949. Profilbildung und Ressourcenverschiebung, in: Gebrochene Wissenschaftskulturen. Universität und Politik im 20. Jahrhundert, hrsg. von Michael Grüttner, Rüdiger Hachtmann, Konrad H. Jarausch, Jürgen John und Matthias Middell, Göttingen 2010, S. 193–205.

11 Fritz Haber, Das Gold im Meerwasser, in: Zeitschrift für Angewandte Chemie 40 (1927), S. 303–314, hier S. 313f.

12 Szöllösi-Janze, Lebens-Geschichte (wie Anm. 5), S. 24.

gewordenen Plankton-Expedition, sogar ihren Ursprung an der CAU hatten. Bekannte Forschungsreisende, die eng mit Schleswig-Holstein verbunden waren, aber nicht dem Lehrkörper der CAU angehörten – wie Adam Olearius (1599–1671)[13], Carsten Niebuhr (1733–1815)[14] oder Rudolf von Willemoes-Suhm (1847–1875)[15], Mitglied der ebenfalls bekannten Challenger-Expedition (1872–1876), werden dabei verständlicherweise nicht berücksichtigt.[16]

---

13 Vgl. zu ihm exemplarisch Wolfgang Struck, „Persien in Persien suchen und nicht finden“. Adam Olearius und Paul Fleming auf der Reise nach Isfahan (1633–1639), in: Ins Fremde schreiben. Gegenwartsliteratur auf den Spuren historischer und fantastischer Entdeckungsreisen (Poiesis: Standpunkte der Gegenwartsliteratur Bd. 5), hrsg. von Christof Hamann und Alexander Honold, Göttingen 2009, S. 23–41; Elisabeth Rothmund, „Der treffliche Mann und die Kinder des Unglaubens“. Wahrnehmung und Darstellung Persiens bei Adam Olearius (1599–1671), in: Akten des XI. Internationalen Germanistenkongresses Paris 2005: „Germanistik im Konflikt der Kulturen“, Bd. 9: Divergente Kulturräume in der Literatur und Kulturkonflikte in der Reiseliteratur (Jahrbuch für internationale Germanistik Bd. 85), hrsg. von Jean-Marie Valentin, Bern u.a. 2007, S. 55–60; Elio Christoph Brancaforte, Visions of Persia. Mapping the travels of Adam Olearius (Harvard studies in comparative literature Bd. 48), Cambridge u.a. 2003.

14 Zu ihm vgl. Roger H. Guichard Jr., Niebuhr in Egypt. European science in a biblical world, Cambridge 2014; Volker Heenes, Carsten Niebuhr und seine Reise nach Arabien von 1761 bis 1767, in: Reisen in den Orient vom 13. bis zum 19. Jahrhundert (Schriften der Winckelmann-Gesellschaft Bd. 26), hrsg. von Eva Hofstetter, Stendal 2007, S. 49–57; Josef Wiesehöfer/Stephan Conermann (Hrsg.), Carsten Niebuhr (1733–1815) und seine Zeit. Beiträge eines interdisziplinären Symposiums vom 7.-10. Oktober 1999 in Eutin (Oriens et occidens: Studien zu antiken Kulturkontakten und ihrem Nachleben Bd. 5), Stuttgart 2002.

15 Vgl. zu ihm und seiner Beteiligung an der Challenger-Expedition neuerdings Martin Göllnitz, Expeditions- und Forschungsreisen als Karrieresprungbrett? Norddeutsche Wissenschaftler als Teilnehmer der Galathea-, Challenger- und Plankton-Expedition, in: Zeitschrift der Gesellschaft für Schleswig-Holsteinische Geschichte 141 (2016), S. 235–265, insb. S. 247–253. Siehe ferner folgende, bereits etwas in die Jahre gekommenen Studien: Gerhard Kortum, Der holsteinische Beitrag zur britischen „Challenger“-Expedition 1872–1876. Zum Leben und Werk des Zoologen Rudolph von Willemoes-Suhm (1847–1875). Ein Beitrag zur Geschichte der Meeresforschung, in: Schriften des Naturwissenschaftlichen Vereins für Schleswig-Holstein 66 (1996), S. 97–134; Siegfried Büchner, Rudolf v. Willemoes-Suhm (11.9.1847-13.9.1875). Andenken an einen jungen holsteinischen Forschungsreisenden, in: Steinburger Jahrbuch 17 (1973), S. 23–32.

16 Die Tabelle ist entnommen aus Auge/Göllnitz, Kieler Professoren (wie Anm. 3), S. 951f.

Name	Fachgebiet	Forschungs- bzw. Expeditionsreise
Johann Christian Fabricius	Ökonomie, Zoologie	Forschungsreisen nach Frankreich, England und Norwegen (1760/70er)
Wilhelm Behn	Anatomie, Zoologie	Teilnehmer der ersten dänischen Weltumsegelung (1845/47); Forschungsreise nach Südamerika (1847/48)
Karl August Möbius	Ökologie, Zoologie	Forschungsreisen nach Frankreich, England (beide 1868/69), Mauritius und den Seychellen (1874/75)
Adolf Pansch	Anatomie, Naturkunde	Teilnehmer der Zweiten Deutschen Nordpolar-Expedition (1869/70)
Victor Hensen	Meeresbiologie, Physiologie	Leiter der Kieler Plankton-Expedition (1889)
Karl Brandt	Meeresbiologie, Zoologie	Teilnehmer der Kieler Plankton-Expedition (1889)
Friedrich Dahl	Zoologie	Teilnehmer der Kieler Plankton-Expedition (1889); Forschungsreise in den Bismarck-Archipel (1884/85)
Otto Krümmel	Geographie, Meereskunde	Teilnehmer der Kieler Plankton-Expedition (1889)
Bernhard Fischer	Bakteriologie, Meeresmikrobiologie	Teilnehmer der Kieler Plankton-Expedition (1889)
Ernst Vanhöffen	Zoologie	Teilnehmer der Grönland-Expedition Erich von Drygalskis (1892/93), der Deutschen Tiefsee-Expedition (1898/99) sowie der Deutschen Antarktis-Expedition (1901/03)
Carl Heinrich Apstein	Zoologie	Teilnehmer der Deutschen Tiefsee-Expedition (1898/99)
Ludwig Mecking	Geographie, Meteorologie	Forschungsreisen auf dem Atlantik, Pazifik und Indischen Ozean (1911/12) sowie nach Japan, Spitzbergen und Afrika (1912/13)
Leonhard Schultze	Anthropologie, Zoologie	Forschungsreisen nach Südafrika und Namibia (1903/05); Teilnehmer der Deutsch-holländischen Neuguinea-Grenzexpedition (1910/11); Forschungsreise nach El Salvador (1930)

Name	Fachgebiet	Forschungs- bzw. Expeditionsreise
Hans Lohmann	Zoologie	Teilnehmer der Zweiten Deutschen Antarktis-Expedition (1911/12)
Oskar Schmieder	Humangeographie	Forschungsreisen nach Latein- (1915, 1920/25) und Nordamerika (1925/30)
Hermann Wattenberg	Chemie, Meereskunde	Teilnehmer der Deutschen Atlantischen Expedition (1925/27); Forschungsreisen mit dem Schiff „Meteor“ (1929, 1933, 1935)
Georg Wüst	Ozeanographie	Teilnehmer der Deutschen Atlantischen Expedition (1925/27)
Karl Gripp	Geologie	Expeditionsreisen nach Spitzbergen (1925 und 1927) sowie nach Grönland (1930)
Hans Frebold	Geologie, Paläontologie	Leiter einer Spitzbergen-Expedition für das Norwegische Polarinstitut (1930); Teilnehmer der Dänischen Ostgrönland-Expedition (1931)
Wolf Herre	Zoologie	Forschungsreisen in die Türkei, nach Lappland, Schweden, Südamerika, Westafrika, in die Sowjetunion, nach Nepal und zu den Galapagos-Inseln (seit 1932)
Günter Dietrich	Geophysik, Ozeanographie	Forschungsreisen in die Nord- und Ostsee sowie den Atlantik (seit 1935)
Katesa Schlosser	Afrikanistik, Ethnographie	Forschungsreisen nach Afrika und in die Südsee (seit 1953)
Eugen Seibold	Meeresgeologie	Forschungsreisen in den Indischen und Atlantischen Ozean und im Arabischen Golf (seit 1958)

Beim Blick auf die Tabelle wird ersichtlich, dass der Großteil der – im Übrigen historisch meist erst noch eingehender zu erforschenden – Expeditionen, an denen sich Kieler Professoren beteiligten, im ausgehenden 19. und beginnenden 20. Jahrhundert unternommen wurde. An der europäischen Welterkundungseuphorie im Zeitalter der Aufklärung hatte die 1665 gegründete CAU hingegen nur einen marginalen Anteil. Zum Ende des 17. Jahrhunderts hatte sich die Forschungsreise parallel zum wissenschaftlichen Experiment und zum Laboratorium herausgebildet; zu den wichtigsten Komponenten der Entdeckungsreise gehörten die Schlagwörter „travel over, describe and measure".[17] Diese sollten auch in den folgenden zwei Jahrhunderten ein wesentlicher Bestandteil bei der Erkundung des Unbekannten bleiben, an denen zahlreiche wissenschaftliche Disziplinen teilnahmen: die Astronomie und Geographie, Zoologie und Biologie, Natur- und Meereskunde, Ethnographie und weitere, sich immer stärker spezialisierende Einzeldisziplinen. Hier wäre danach zu fragen, ob sich Vertreter bestimmter Fachgebiete an der Kieler Universität durch besondere Mobilität oder eben Immobilität auszeichneten.

Um das spezifische Profil der CAU im Rahmen von Expeditions- und Forschungsreisen, resultierend aus ihren bisherigen Traditionslinien, ihrer räumlichen Lage, ihres disziplinären Zuschnitts und der spezifischen Personenkonstellation, herauszuarbeiten, bedarf es allerdings noch vieler, kleinteiliger Untersuchungen.[18]

Ein unverwechselbarer Schwerpunkt kann allerdings jetzt schon für die verschiedenen Fachbereiche der Meereskunde ausgemacht werden, was Kiels geographischer Lage geschuldet ist. Lisa Kragh, die auch im Rahmen der Ringvorlesung vortrug und für diesen Band einen Beitrag erarbeitet hat, hat sich diesem Feld in ihrer mit dem Nachwuchspreis der Gesellschaft für Schleswig-Holsteinische Geschichte prämierten Masterarbeit in fruchtbarer Weise gewidmet.[19] Weiterhin traten verstärkt die Direktoren und Mitarbeiter des Zoologischen Museums und des Völkerkundemuseums als eifrige Entdeckungsreisende in Erscheinung und spornten als akademische Lehrer in zahlreichen Fällen ihre eigene Schülerschaft zu neuen Expeditionen an. Dirk Brandis beziehungsweise Silke Göttsch-Elten äußerten sich hierzu in der Vortragsreihe und befassen sich mit dieser Thematik im vorliegenden Band näher. Eine in diesem Kontext bisher zu wenig wahrgenommene Disziplin ist die Geologie, deren Kieler Fachvertreter sich vor allem im ersten Drittel des 20. Jahrhunderts als wichtige Polarforscher betätigt haben, um dort vergleichende Erkenntnisse zur diluvialen Vorgeschichte, Paläontologie und Stratigraphie zu gewinnen. Knut Kollex hat 2016 seine Untersuchung zum Kieler Geologen Karl Gripp (1891–1985), der sich nach dem Zweiten Weltkrieg auch um die ungemein rasche und reibungslose Wiedereröffnung der CAU am neuen Standort der ELAC verdient machte, erfolgreich abgeschlossen und präsentierte seine Ergebnisse gleichfalls in dieser Vortragsreihe,

17 Philippe Despoix, Die Welt vermessen. Dispositive der Entdeckungsreise im Zeitalter der Aufklärung. Übersetzt aus dem Französischen von Guido Goerlitz, Göttingen 2009, S. 24.

18 Vgl. dazu den Ansatz bei Paletschek, Perspektiven (wie Anm. 8), S. 179.

19 Lisa Kragh, Kieler Meeresforschung im Kaiserreich. Die Planktonexpedition von 1889 zwischen Wissenschaft, Wirtschaft, Politik und Öffentlichkeit, Frankfurt am Main u.a. 2017.

wie im Folgenden ebenfalls nachgelesen werden kann.[20] In der heutigen Zeit entwickelt sich hingegen die ur- und frühgeschichtliche Archäologie zu einem weiteren Leuchtfeuer Kieler Expeditionsgeschichte. Die Entwicklung hierin beschreibt Ulrich Müller; den heutigen Stand fängt Johannes Müller ein.

Für solche und künftige Untersuchungen, die expeditionsgeschichtliche Profilschwerpunkte der CAU ausmachen, Verknüpfungen zwischen Forschungsreisen herausstellen oder die Netzwerke einzelner Expeditionsteilnehmer aufdecken wollen, ist in jedem Fall das 2015 ins Netz gestellte Kieler Gelehrtenverzeichnis für die Jahre 1919 bis 1965 ein unverzichtbares Instrument.[21] Mithilfe dieser im Augenblick weiter im Ausbau begriffenen Online-Datensammlung lassen sich die Lebensstationen der Forscherinnen und Forscher ermitteln und vom interessierten Nutzer ganz individuell in ihrem Verhältnis zu der Region, der Stadt oder eben der Forschungs- und Expeditionsreise interpretieren. Die Arbeit mit elektronischen Datensammlungen wie dem Kieler Gelehrtenverzeichnis bietet in Hinblick auf Karrierestationen und Laufbahnentwicklungen ganz neue Erkenntnisse: So wird vor allem für die erste Hälfte des 20. Jahrhunderts sichtbar, dass die Kieler Universität für die Forschungsreisenden meist den Höhepunkt und die Abschlussstation der wissenschaftlichen Karriere bedeutete. An Expeditionsreisen nahmen Ordinarien nur noch in äußerst seltenen Fällen teil; die „wissenschaftlichen Abenteuer" blieben meist den jüngeren Nachwuchswissenschaftlern vorbehalten. Es verwundert daher nicht, dass viele der in der oben abgedruckten Tabelle genannten Forscher in ihrer Assistenten- oder Dozententätigkeit an Expeditionen teilnahmen, damals also oft noch gar nicht an der Förde arbeiteten, und erst nach der Berufung an die CAU mit der wissenschaftlichen Analyse und Auswertung der Expeditionsergebnisse begannen. Die Geschichte der Expeditions- und Forschungsreisen muss also unbedingt auch als interuniversitäres und transnationales Phänomen wahrgenommen werden, wie in der Universitätsfestschrift am Beispiel des Greifswalder Geologen und späteren Kieler Honorarprofessors Hans Frebold (1899–1983) aufgezeigt werden konnte, der 1929/30 an einer Expedition nach Spitzbergen und im Jahr 1931 an der Dänischen Ostgrönland-Expedition teilgenommen hat.[22] Mit der 1941

20 Knut-Hinrik Kollex, Karriere und Karriereknick. Der Arktisforscher Karl Gripp (1891–1985) zwischen Weimar, Weltkrieg und Wiederaufbau [im Druck].

21 Siehe dazu unter der URL: www.gelehrtenverzeichnis.de (letzter Stand: 5.1.2017). Vgl. dazu auch den Beitrag von Swantje Piotrowski, Das Kieler Gelehrtenverzeichnis – Eine Online-Datensammlung als Werkzeug universitätsgeschichtlicher und biographischer Forschung, in: Jahrbuch für Universitätsgeschichte 16 (2013), S. 153–167.

22 Dazu und zum Folgenden Auge/Göllnitz, Kieler Professoren (wie Anm. 3), S. 954–967.

eigentlich unerwarteten Berufung zum Leiter der Arktischen Abteilung und der zeitgleich erfolgten Ernennung zum Reichsdozenten im Deutschen Wissenschaftlichen Institut in Kopenhagen, das der Kieler Universität angegliedert war, kam seine Karriere nach einer Phase der Stagnation wieder in Schwung. Als international anerkannter Experte auf dem Gebiet der Paläontologie und Stratigraphie knüpfte er schnell wichtige Kontakte zu den Kieler Kollegen. Die geologischen Fachvertreter der CAU waren es auch, die ihn in der Nachkriegszeit für die Ernennung zum Honorarprofessor vorschlugen und ihm so eine Lehrtätigkeit an der Förde verschafften.

Der Blick auf Expeditionen und Forschungsreisen Kieler Forscherinnen und Forscher führt nicht nur geographisch in die Ferne, sondern auch inhaltlich weit über Kiel und seine CAU hinaus, wie schon dieses Beispiel anschaulich macht. Die damit verbundene Entdeckung unbekannter Zusammenhänge und neuer Regionen im Kontext der Kieler Universitätsgeschichte, die die im Folgenden abgedruckten Beiträge der Ringvorlesung ermöglichen, verspricht in jedem Falle eine spannende Lektüre.

Der vorliegende Band ist natürlich räumlich wie zeitlich nur bedingt kohärent – und dies mit gutem Grund. In ihren Texten bearbeiten die Autorinnen und Autoren ausgesprochen vielfältige historische Bereiche – sie thematisieren Ozeane und Nebenmeere, Kontinente und Städte, Akteure und Gemeinschaften. Sie spiegeln somit das zentrale Anliegen des Bandes: eine bewusste, konzeptionelle Pluralisierung von Forschungsreisen unterschiedlichster akademischer Disziplinen, deren wissenschaftliche Sujets ebenso facettenreich wie vielfältig motiviert waren. Wissenschaftspolitik spielt dabei eine wesentliche Rolle; ebenso jedoch figurieren Wissensgeschichte, kulturelle Konstruktionen und die Sehnsucht nach Abenteuern als relevante Felder. Eine mit Bedacht weitgefasste Definition Kieler Wissenschaftlerinnen und Wissenschaftler schärft dabei den Blick für längerfristige Entwicklungen.[23] Epochal liegt eine Konzentration auf das entwicklungsreiche 19. sowie das von Extremen dominierte 20. Jahrhundert vor; ein Ausblick in die aktuelle Gegenwart rundet den Band am

---

23 Unter Kieler Wissenschaftlerinnen und Wissenschaftler werden im Kontext dieses Sammelbandes all jene Personen verstanden, die im Rahmen ihrer universitären Karriere einen Bezug zur CAU aufwiesen. Eine derart offene Definition erlaubt es, auch diejenigen Forscherinnen und Forscher zu berücksichtigen, die einen späteren Ruf an die CAU (teilweise) der Tatsache verdankten, dass sie zu einem früheren Zeitpunkt an einer Expeditions- und Forschungsreise teilgenommen hatten, oder denen eine Tätigkeit an der Kieler Universität aus verschiedenen Gründen verwehrt blieb, die aber dennoch eng mit der norddeutschen Hochschule verbunden waren, wie zum Beispiel Rudolf von Willemoes-Suhm (Habilitation über niedere Meerestiere in der Förde) oder Carl Heinrich Becker (Ehrendoktor und Förderer der Universität, vor allem in seiner Rolle als Kultusminister).

Beispiel der Archäologie ab.[24] Die allgemeine wie Kieler Geschichte der Expeditions- und Forschungsreisen soll derart aus den Fängen der Meistererzählungen gelöst und zugleich komplexer, komplizierter, bunter gestaltet werden.

So erarbeitet *Martin Krieger* in seinem Beitrag über den anderthalbmonatigen Aufenthalt der dänischen Galathea-Expedition in Kalkutta die fragile Verknüpfung kolonialer Interessen mit einer naturkundlichen Bestandsaufnahme der Nikobaren durch Kopenhagener und Kieler Wissenschaftler. Die botanische und zoologische Forschung sollte den Grundstein für einen erneuten dänischen Kolonisationsversuch der Inselgruppe legen, wollte doch das Königreich im Indischen Ozean gegenüber den Briten nicht völlig ins Hintertreffen geraten. Mit der traditionell maritimen Nation England befasst sich *Martin Göllnitz* am Beispiel der britischen Weltumsegelung der Challenger-Expedition, deren einziger nichtbritischer Teilnehmer im *scientific corps*, der norddeutsche Wissenschaftler Rudolf von Willemoes-Suhm, ganz eigene Karrierevorstellungen mit diesem Meeresabenteuer verband. Das dabei deutlich werdende „Sprungbrett Forschungsreise" entwickelte sich ab dem letzten Drittel des 19. Jahrhunderts immer stärker zu einem Karrieremotiv junger Nachwuchsakademiker. *Lisa Kraghs* Beitrag zur Kieler Plankton-Expedition erlaubt differenzierte Einblicke in die Wissenschaftslandschaft des späten Deutschen Kaiserreichs und legt am „Gelehrtenstreit" zweier „Mandarine" der ozeanographischen Disziplin die akademischen, politischen, ökonomischen und häufig hochemotionalen Auswirkungen meereskundlicher Diskussionen dar.

In seinem Beitrag über die philosophischen Arbeiten Paul Deussens (1845–1919), der 1892/93 eine halbjährige Rundreise durch den indischen Subkontinent unternahm, untersucht *Tobias Delfs* die Vereinnahmung des Kieler Philosophen durch den militanten Hindu-Nationalismus. Deussens in englischer und deutscher Sprache publizierter Reisebericht dürfte dazu wesentlich beigetragen haben, immerhin verehrt er darin das „glorreiche" alte Indien im „Goldenen Zeitalter" der Veden, kreiert ein durch und durch negatives Islambild und kritisiert lautstark die britische Herrschaft in Indien sowie die christliche Mission überhaupt. Derartige Ideen finden sich gleichsam schon in der frühen indischen Nationalbewegung.

Dagegen nimmt *Ulf Morgenstern* am Upper-Class-Gelehrten Carl Heinrich Becker (1876–1933) das Bild des als forsch und verwegen imaginierten Expeditions- und Forschungsreisenden während der Phase des Hochimperialismus in den Blick. Auch dem späteren Linksliberalen und deutschen Kultusminister Becker, der 1900 zu einer umfassenden Orienterkundung aufbrach, war das Wissen um die Unmöglichkeit einer unvoreingenommenen und teilnehmenden

24 Das Referat von Dominik Hünniger (Göttingen), „London, Paris, Kiel. Der vielgereiste Professor der Naturgeschichte und Ökonomie Johann Christian Fabricius (1745–1808)", konnte leider nicht zum Abdruck gelangen.

Beobachtung noch fremd. *Ulrich Müller* stellt den Typ des Forschungsreisenden auf andere Weise ins Zentrum, wenn er in seiner wissenschaftshistorischen Abhandlung vier Vertreter der Archäologie über einen Zeitraum von mehr als 150 Jahren zur Entwicklung der Fachdisziplin kontrastiert. Deutlich wird dabei keineswegs ein vermuteter Königsweg archäologischer Expeditionen, sondern oft genug ein sehr pragmatischer Zugang, der im Rahmen eines SS-Sonderkommandos ebenso erfolgen konnte wie am heimischen Schreibtisch. Eine zunächst weniger pragmatische als vielmehr das Dramatische hervorhebende Herangehensweise beschreibt *Knut Kollex*, wenn er die fast vergessenen Arktis-Expeditionen des Geologen Karl Gripp untersucht. Gleichwohl die Reisen nach Einschätzung von Kollex Opfer ihres reibungslosen Verlaufs waren und ihnen schlichtweg jeder Hauch des Mythischen und des Spektakulären fehlte, kann man dies von Gripps akademischer Karriere kaum behaupten – infolge eines persönlichen Zerwürfnisses geriet die Universitätslaufbahn des Geologen im Anschluss an seine letzte Unternehmung ins Stocken.

In einem Beitrag, der die Frage nach der Wissenschaft vom Fremden mit einem Blick in die Magie Südafrikas verbindet, analysiert *Silke Göttsch-Elten* die ethnographische Feldforschung der Kieler Professorin Katesa Schlosser (1920–2010) und betrachtet die Schwierigkeiten, aber auch Möglichkeiten, mit denen eine wissenschaftliche Abenteurerin in der zweiten Hälfte des 20. Jahrhunderts konfrontiert wurde. Die Ethnologin hat im Gegensatz zu vielen ihrer männlichen Fachkollegen bereits früh damit begonnen, das zu betreiben, was heute „partizipative Forschung" heißt, also die Einbindung der Menschen aus der indigenen Kultur in den Forschungsprozess und die Überlassung von Materialien für Museumsausstellungen. *Dirk Brandis*' Text bezieht sich am Beispiel des Zoologischen Museums der CAU eben auf jene Materialien und – insbesondere die marinen – Objekte, die im Kontext von Expeditions- und Forschungsreisen noch heute als zum Teil weltweit einmalige Museumssammlungen bestaunt werden können. Indem Brandis eine Vielzahl der bedeutenderen Unternehmungen wie die Galathea- oder Challenger-Expedition noch einmal aufgreift und in einen musealen Kontext stellt, fügt er zugleich das Gesamtensemble der hier versammelten Beiträge noch einmal zu einem mehr oder weniger stark verknüpften Bild zusammen. Zum Abschluss beschreibt *Johannes Müller* anhand von ihm unternommener Ausgrabungsreisen in die Krisenländer Bosnien und Ukraine den aktuellen Stellenwert von Forschungs- und Expeditionsreisen in der Hochschullandschaft. Dabei kontextualisiert er die Probleme und Chancen europäischer Zusammenarbeit auf dem Feld der Archäologie, die letztlich deutlich machen, dass auch in unserer heutigen digitalen Moderne der Reiz am Fremden sowie die Lust zum akademischen Abenteuer nicht verloren gegangen sind.

Der vorliegende Sammelband erschließt sich somit durch einen akteurszentrierten Zugang, verstanden als „Beziehungsgeflecht" von Orten, Personen, Praktiken, Objekten und Ideen, der die Expeditions- und Forschungsreisenden innerhalb der deutschen und Kieler *scientific community* erstmals in globalen, regionalen und lokalen Kontexten analysiert. Die Herausgeber hoffen, auf diese Weise die Notwendigkeit einer nachhaltigen Förderung interdisziplinär betriebener und global gedachter Universitätsgeschichte zu unterstreichen.

Martin Krieger

Die „Galathea“ in Kalkutta. Naturforschung und koloniale Macht

Am frühen Morgen des 6. November 1845 blickte der dänische Botaniker Nathaniel Wallich (1786–1854) aus dem Fenster seines Arbeitszimmers im Botanischen Garten von Kalkutta. Direkt vor dem Haus erstreckte sich das breite Band des Hughly. Jedes Schiff, das vom Indischen Ozean flussaufwärts nach Kalkutta oder in die anderen Handelsplätze weiter im Landesinneren unterwegs war, kam hier vorbei. Schon lange hatten allerdings kaum mehr Fahrzeuge mit dem Ziel der dänischen Kolonie Serampore seinen Garten passiert. Umso erfreuter war er, als an jenem Morgen eine große, unter dem Danebrog segelnde Fregatte mit der hereinströmenden Flut vorbeiglitt.[1] Die „Galathea“ war viereinhalb Monate zuvor aus Kopenhagen aufgebrochen und befand sich auf einer naturkundlichen Weltumsegelung.[2] Im Mittelpunkt sollte die Erforschung der Nikobarischen Inseln stehen. Auf dem Weg dorthin machte das Schiff gut anderthalb Monate in Kalkutta Station.

Kalkutta stellte seit langem nicht allein politisches und wirtschaftliches Zentrum Britisch-Indiens dar, sondern war auch Mittelpunkt der naturkundlichen Erforschung Südasiens. Hier residierte in der Park Street die ehrwürdige Asiatic Society; Bildungs- und Forschungseinrichtungen wie das Fort William College, das Sanskrit College oder das Medical College hatten die Stadt als Wissensstandort weltbekannt gemacht. Seit drei Jahrzehnten leitete Nathaniel Wallich als Superintendent den renommierten Botanischen Garten wenige

---

1 Königliche Bibliothek Kopenhagen, Handschriftensammlung, Brief Wallichs an Schou vom 6.11.1845.

2 Daneben bildeten die Übergabe zweier vormals dänischer Besitzungen (Tranquebar und Serampore) an die englische Ostindien-Kompanie, die Untersuchung der Nikobarischen Inseln auf „Kolonisationsmöglichkeiten“ sowie die Aushandlung zweier Handelsverträge mit Uruguay bzw. Argentinien die vorrangig politischen Motive der Galathea-Fahrt. Vgl. dazu Steen Andersen Bille, Beretning om Corvetten Galathea's Reise omkring Jorden 1845–1847, 3 Bde., Kopenhagen 1849–1851; Ders., Bericht über die Reise der Corvette Galathea um die Welt in den Jahren 1845, 46 und 47, 2 Bde., übers. und bearb. von Wilhelm Sophus Andreas von Rosen, Kopenhagen u.a. 1852; Asger Lomholt, Den videnskabelige ekspedition med korvetten „Galathea“ 1845–1847, in: Det Kongelige Danske Videnskabernes Selskab 1742–1942. Samlinger til Selskabets Historie, Bd. III, hrsg. von dems., Kopenhagen 1960, S. 361–381; Hinrich Johannes Rink, Die Nikobarischen Inseln. Eine geographische Skizze mit specieller Berücksichtigung der Geognosie, Kopenhagen 1847.

Kilometer flussabwärts am gegenüberliegenden Ufer des Hughly. Aus allen Teilen Indiens und aus dem verschlossenen Nepal gelangten Informationen und naturkundliche Objekte in die Stadt. Von Kalkutta aus gingen wiederum Pakete botanischen, zoologischen oder geologischen Inhaltes hinaus in die Welt. In der Stadt bündelten sich in vielfältiger Weise die Kommunikationsströme einer zunehmend globalisierten Naturforschung.[3]

Auch wenn in Kalkutta keine primären Forschungsaufgaben zu bewältigen waren, stellte die Stadt für die „Galathea" ein Ziel ersten Ranges dar, worauf allein der vergleichsweise lange Aufenthalt deutet. Anhand der überlieferten Quellen ist es möglich, die Relevanz und die Funktion des Aufenthaltes der „Galathea" am Hughly zumindest in groben Zügen zu rekonstruieren. Welche Bedeutung besaß die Tatsache, dass sich ein voll bemanntes dänisches Kriegsschiff so lange im Herzen Britisch-Indiens aufhielt? Welche praktische Funktion besaß der Aufenthalt für den Gesamtablauf der Reise? Bediente jener andererseits auch die Interessen individueller Expeditionsteilnehmer? Was machten die dänischen und norddeutschen Naturforscher konkret vor Ort? Eine Untersuchung des Aufenthaltes der „Galathea" in Kalkutta Ende 1845 eröffnet einen bemerkenswerten und für andere Aufenthaltsorte kaum zu gewinnenden Einblick in den Mikrokosmos einer dänischen Forschungsreise am Abend des gesamtstaatlichen Jahrhunderts.[4]

Die Spuren dieser ersten dänischen wissenschaftlichen Weltumsegelung 1845–1847 führen zunächst nach Kiel. Der Kieler Zoologe, Anatom und Leiter des Naturhistorischen Museums Wilhelm Friedrich Georg Behn (1808–1878) war der wichtigste Impulsgeber. Während eines Besuches des dänischen Monarchen in Kiel (die dänische Historiographie konstatiert hingegen: während Behns Besuch in Kopenhagen)[5] hatte Behn König Christian VIII. auf die naturkundlichen Schätze seines Museums aufmerksam gemacht. Gleichzeitig formulierte er Perspektiven, auf welchem Wege die Sammlung sinnvoll erweitert werden könne. Zweifellos sei jene am gezieltesten und nachhaltigsten mit einer eigenen Kieler Forschungsreise auszubauen.[6]

---

3 Bidisha Chakraborty/Sarmistha De, Calcutta in the Nineteenth Century. An Archival Exploration, New Delhi 2013, S. 293–325.

4 Informationen über den Aufenthalt liefern vor allem Nathaniel Wallichs Briefnachlass und der gedruckte Reisebericht des Kapitäns Steen Bille: Central National Herbarium Kalkutta (CNH), Briefe Nathaniel Wallichs. Weiterführend siehe Bille, Bericht (wie Anm. 2).

5 Søren Koustrup, Galatheas forunderlige rejse jorden rundt, 1845–47, Kopenhagen 2006, S. 8.

6 Ingeborg Irmler, Leben und Werk des Anatomen, Zoologen und Physiologen Wilhelm Friedrich Georg Behn (1808–1878), Diss. phil., Kiel 1983, S. 41; Dirk Brandis/Wolfgang Dreyer, Die zoologischen Schätze der Universität. Ein Jubiläum im Jubiläum, in: Christian-Albrechts-Universität zu Kiel. 350 Jahre Wirken in Stadt, Land

Das sich nach einem ersten Gedankenaustausch entwickelnde vertrauensvolle Verhältnis zwischen Naturforscher und Landesherrn bildete die Basis für die Generierung eines Expeditionsprojektes von beachtlicher Tragweite. Behn mag zwar zunächst an eine bescheidene Individualreise auf einem Handels- oder Kriegsschiff in fremde Erdteile gedacht haben. Aus den Gesprächen mit dem Monarchen entwickelte sich schließlich aber etwas Größeres: So erklärte sich Christian VIII. bereit, aus der Staatskasse ein komplettes Schiff für eine groß angelegte Weltumsegelung zur Verfügung zu stellen.[7] Dass ein solches Projekt noch 1845, also drei Jahre vor dem Ausbruch der sogenannten „Schleswig-Holsteinischen Erhebung“ initiiert werden konnte, zeugt deutlich von der Lebensfähigkeit und der Kohärenz des Gesamtstaates noch in jener Zeit. Wie auch die ein Jahr zuvor eröffnete Altona-Kieler Eisenbahn zeigt, war der König bereit, erhebliche Summen in den Herzogtümern zu investieren.

Andererseits kam der avisierten Expedition aber auch in außenpolitischer Perspektive große Bedeutung zu, und sie wurde deshalb nicht zufällig mit einem voll bemannten königlichen Kriegsschiff durchgeführt. Schon längst war die naturkundliche Forschung mit der kolonialen Expansion der europäischen Seemächte eine dauerhafte Liaison eingegangen. Entdeckungen neuen Landes und damit verbundene naturkundliche Studien waren zu einer nationalen Prestigesache geworden. Das zeigt etwa das Beispiel Großbritanniens, wo sich die Ereignisse in jener Zeit geradezu überschlugen. Im September 1843 war James Clark Ross aus dem Südpolarmeer heimgekehrt. Nie zuvor hatte ein Mensch einen südlicheren Punkt auf der Erde erreicht. An Bord hatte Ross mit Thomas Dalton Hooker einen bedeutenden Naturforscher.[8] Gleichzeitig arbeitete Charles Darwin an der Veröffentlichung der wissenschaftlichen Ergebnisse seiner Weltumsegelung mit der „Beagle“. Am 19. Mai 1845 brach Sir John Franklin zu seiner letzten Expedition auf, die ihn durch die Nordwestpassage führen sollte, letztlich aber ein dramatisches Ende nahm. Im selben Jahr erschien in Deutschland der erste Band von Alexander von Humboldts „Kosmos“, mit dem erstmals der Versuch gewagt wurde, das damals bekannte

und Welt, hrsg. von Oliver Auge, Kiel u.a. 2015, S. 881–894, hier S. 884–886; Martin Göllnitz, Expeditions- und Forschungsreisen als Karrieresprungbrett? Norddeutsche Wissenschaftler als Teilnehmer der Galathea-, Challenger- und Plankton-Expedition, in: Zeitschrift der Gesellschaft für Schleswig-Holsteinische Geschichte 141 (2016), S. 235–265, hier S. 242–247.

7 Michael Kaasch, Der (un)bekannte Reformer. Wilhelm Friedrich Georg Behn (1808–1878) und die Reorganisation der Leopoldina, in: Acta Historica Leopoldina 55 (2010), S. 213–250, hier S. 219.

8 Ray Desmond, Sir Joseph Dalton Hooker. Traveller and Plant Collector, Woodbridge 1999, S. 35–85.

naturkundliche Wissen möglichst umfassend und als dynamische Einheit in einem Werk zu bündeln.[9]

Die letzte vom dänischen König finanzierte größere Forschungsreise mag hingegen die Arabien-Expedition in den 1760er Jahren gewesen sein. Auch mit der kolonialen Bilanz der Dänen war es in jener Zeit nicht zum Besten bestellt. So war am 22. Februar 1845 in Kalkutta ein Verkaufsvertrag zwischen Dänen und Briten unterzeichnet worden, womit die beiden letzten dänischen Handelsplätze in Ostindien, Tranquebar und Serampore, nach einer langen dänischen Kolonialherrschaft an die Briten verkauft werden sollten.[10] Noch wehte der Danebrog aber auch über den zwischen Indien und der Malayischen Halbinsel gelegenen Nikobarischen Inseln. Auch wenn sich bis zu diesem Zeitpunkt ausnahmslos alle dänischen Kolonisationsversuche in Anbetracht des ungesunden Klimas als Fehlschläge erwiesen hatten, war und blieb der Besitzanspruch auf die Inselgruppe eine Frage nationalen Prestiges. Er hatte aber ebenso praktische Gründe. Denn im Zeichen einer wachsenden Bedeutung der Dampfschifffahrt hätte sich auf den Nikobaren trefflich eine Kohlenbunkerstation direkt an der profitablen Handelsroute durch die Straße von Malakka nach China anlegen lassen.[11]

Eine kräftige Stärkung dänischer Präsenz am Indischen Ozean bot sich also mit einem Neuanfang auf den Nikobaren an, wollte der Gesamtstaat in dieser Hinsicht gegenüber den Briten nicht vollständig ins Hintertreffen geraten. Als Grundlage würde eine vertiefende naturkundliche Erforschung der Inselgruppe im Rahmen der geplanten Weltumsegelung dienen. Allein aus Motiven des innerstaatlichen Gleichgewichtes wäre es für den dänischen König andererseits nicht opportun gewesen, eine ausschließlich aus Kieler Naturwissenschaftlern bestehende Expedition zu fördern. Entsprechend entstand das Projekt, eine gesamtstaatlich-dänische Forschungsreise unter maßgeblicher Beteiligung dänischer Naturforscher zu initiieren.

Eine Kommission der dänischen Akademie der Wissenschaften unter dem Vorsitz des betagten Hans Christian Ørsted (1777–1851) sollte neben Behn weitere, jüngere Wissenschaftler identifizieren und ernennen.[12] So wurde der Kopenhagener Medizinstudent Theodor Reinhardt (1816–1882) als weiterer

9 Alexander von Humboldt, Kosmos. Entwurf einer physischen Weltbeschreibung, Bd. 1, Stuttgart u.a. 1845.

10 Traktat mellem Danmark og England, dat. Calcutta 22de Februar 1845, angaaende Overdragelse af de danske Etablissementer paa Indiens Fastland til de Britisk-Ostindiske Compagni, in: Danske Traktater efter 1800, Bd. 1,1, hrsg. vom Dansk Udenrigsministeriet, Kopenhagen 1877, S. 166–170.

11 Aage Rasch, Dansk Ostindien 1777–1845 (Vore gamle Tropekolonier Bd. 7), 2. Aufl., Kopenhagen 1967, S. 247ff.

12 Kaasch, Reformer (wie Anm. 7), S. 219.

Zoologe ausgewählt. Als Entomologe kam zudem der Student Carl Emil Kiellerup (1822–1908) mit. Der Apotheker Bernhard Casper Kamphøvener (1813–1846) wurde Expeditions-Botaniker und in dieser Funktion von dem Medizinstudenten Ditrick Ferdinand Diderichsen (1814–1887) unterstützt. Mineralogische und geologische Forschungen sollte Heinrich Johannes Rink (1819–1893) durchführen. Neben Behn besaß auch der in Kopenhagen geborene Rink Verbindungen in die Herzogtümer: So stammten seine Eltern aus Dithmarschen; er selbst promovierte nach einem Studium der Chemie und Physik in Dänemark im Jahre 1844 in Kiel. Für die „Galathea“ wurde er in Berlin angeworben, wo er seinerzeit medizinische Vorlesungen besuchte.[13] Als wissenschaftlicher Zeichner stand Johann Christian Thornam (1822–1908) zur Verfügung. Zudem waren der Kunstmaler Poul August Plum (1815–1876), der aus Plön stammende Arzt Wilhelm Sophus Andreas von Rosen (1820–1866) und der Pfarrer Aleth Sophus Hansen (1817–1889) an Bord.[14]

Mit auf den Weg erhielt die Expedition eine Instruktion, wonach jeder Forscher möglichst umfänglich und auch über sein eigenes Fachgebiet hinaus zu den Feldern Geologie, Botanik und Zoologie sammeln und beobachten sollte. Alles sei in einem umfangreichen Reisejournal niederzulegen. Jenes Programm war nicht zufällig gewählt, sondern gründete auf den Prämissen einer ganzheitlichen Naturforschung jener Zeit, wie sie maßgeblich von Humboldt formuliert worden war. Ebenso wurde detailliert die Aufteilung der gewonnenen zoologischen, mineralogischen und botanischen Sammlungen zwischen Kiel und Kopenhagen festgelegt.[15]

Die dänische Marine stellte die 1832 gebaute, dreimastige Korvette „Galathea“ von 43 Metern Länge zur Verfügung. Diese hatte bereits längere Seereisen hinter sich und war für die Expedition gut geeignet. Sie stand unter dem Kommando des erfahrenen Kapitäns Steen Andersen Bille (1797–1883).[16] Mit voller Besatzung von mehr als 230 Mann (die für eine reine Forschungsreise zweifellos unnötig gewesen wären und zur Platzknappheit und Problemen an Bord beitrugen) stach die „Galathea“ am 24. Juni 1845 in See. Über den Hafen von Plymouth ging es zunächst nach Madeira, das am 21. Juli erreicht war. Über den Südatlantik gelangte das Schiff ohne weiteren Landgang in den Indischen Ozean. Den ersten Anlaufpunkt nach Madeira stellte am 12. Oktober die an der südindischen Koromandelküste gelegene dänische Kolonie

13 P. Lauridsen, Art. „Rink, Hinrich Johannes“, in: Dansk Biografisk Leksikon, Bd. XIV, hrsg. von Carl Frederik Bricka, Kopenhagen 1900, S. 125–128, hier S. 125.

14 Irmler, Leben und Werk (wie Anm. 6), S. 43.

15 Ebd., S. 44f.

16 Zu Steen Andersen Bille siehe allgemein: B. With, Art. „Bille, Steen Andersen“, in: Dansk Biografisk Leksikon, Bd. II, hrsg. von Carl Frederik Bricka, Kopenhagen 1888, S. 253–257.

Tranquebar dar. Tranquebar sollte nunmehr vom dänischen Kapitän feierlich an die Briten übergeben werden. Lapidar vermerkt Bille dazu in seiner Reisebeschreibung:

> „Meine Geschäfte in Tranquebar waren sehr schnell abgemacht. Die Ueberlieferung des Etablissements an die englische Regierung hatte nicht die geringsten Schwierigkeiten – Alles war in der besten Ordnung […].“[17]

Über die französische Kolonie Pondicherry und das britische Madras erreichte die Expedition am 6. November 1845 Kalkutta.[18] Zu jenem Zeitpunkt waren Franklins „Erebus“ und „Terror“ auf ihrer unglücklichen Reise in Richtung Nordwestpassage schon längst im hohen Norden Kanadas vor der Beechey Island eingefroren.

Nach den langen Monaten auf See, die nur von kurzen Aufenthalten unterbrochen waren, bot Kalkutta den Mitgliedern der Forschergruppe Freiräume, jeweils ein eigenes Programm zu gestalten, aber auch organisatorischen Verpflichtungen nachzukommen. Es lässt sich nicht mehr von jedem einzelnen Expeditionsmitglied feststellen, womit er in den Wochen in Kalkutta beschäftigt war. Dennoch vermitteln die Quellen einige aufschlussreiche Einblicke.

Manch Forscher hatte es offenbar eilig, das beengte Schiff möglichst rasch zu verlassen – allen voran der Botaniker. Noch am Vormittag des 6. November, dem Tag der Ankunft, tauchte der gesundheitlich angeschlagene und als leicht reizbar geltende Kamphøvener bei Wallich im Botanischen Garten auf. Dieser fand in ihm trotz allem einen „vorzüglichen Botaniker und einen in jeder Hinsicht interessanten Mann“.[19] Wallich selbst zeigte sich darüber hinaus erfreut, nach langer Zeit wieder einmal Dänisch sprechen zu dürfen. Kamphøvener begann seinerseits in den darauffolgenden Tagen damit, in Wallichs Garten zu botanisieren. Wie Wallich an Humboldt schrieb, hielt sich jener seitdem die meiste Zeit bei ihm auf, was als Indikator für seine zunehmende Entfremdung von Bille und den übrigen Teilnehmern der Expedition gedeutet werden kann.[20]

Während die See für den Botaniker kaum Beschäftigung bot, hielt die Natur dem Zoologen sowohl auf dem Wasser als auch auf dem Lande reichlich Forschungsobjekte bereit. So war Behn bis kurz vor Erreichen Kalkuttas mit seinen marinen Forschungen beschäftigt. Er entnahm dem Golf von Bengalen noch wenige Tage nach der Ankunft zoologische Proben, wobei sein Interesse

---

17 Bille, Bericht (wie Anm. 2), S. 67f.

18 Irmler, Leben und Werk (wie Anm. 6), S. 49.

19 Königliche Bibliothek Kopenhagen, Handschriftensammlung, Brief Wallichs an Schou vom 6.11.1845: „Han er en ypperlig Botaniker og i enhver Henseende en meget interessant Mand.“

20 CNH, Briefe Nathaniel Wallichs, Schreiben Wallichs an Alexander von Humboldt vom 10.12.1845.

insbesondere den Krebstieren galt.[21] Auch an Land setzte er seine naturwissenschaftlichen Untersuchungen fort. So nutzte Behn den Landaufenthalt für eine zweiwöchige zoologische Erkundung des Hughly und eines Nebenflusses. Zudem hielt er sich eine Zeitlang in einem europäischen Landhaus außerhalb Kalkuttas auf, um ganz für seine „naturhistorischen Zwecke leben“ zu können. Ebenso besuchte er in Kalkutta medizinische Einrichtungen, vermutlich das renommierte Medical College.[22]

Andere Kollegen begaben sich stattdessen auf touristische Besichtigungstouren und goutierten das gesellschaftliche Leben der europäischen Elite. Dabei scheuten sie nicht vor einem Besuch der nördlich des europäischen Stadtzentrums gelegenen indischen „black town“ mit ihrem Gassengewirr, aber auch ihren herrschaftlichen Palästen zurück. Kiellerup machte sich zu Rundgängen durch die Stadt auf, nachdem er feststellen musste, dass ein ihm in Kalkutta empfohlener Entomologe bereits zwei Jahre zuvor verstorben war. Er geriet mit einem Briten namens Morris ins Gespräch und zeigte sich über die spirituelle Mannigfaltigkeit des Hinduismus und über das Kastenwesen beeindruckt. Gleichzeitig nahm er mit Widerwillen den niedrigen gesellschaftlichen Status und die schlechte Behandlung der Unberührbaren zur Kenntnis und missbilligte vermeintliche Exzesse hinduistischer Glaubensausübung, die für ihn schlicht „Religionsfanatismus“ darstellten.[23]

Auch vom Zeichner Thornam wissen wir aus eigener Feder über seinen Zeitvertreib. Sonst mit der Anfertigung von Zeichnungen naturkundlicher Objekte beschäftigt, begab er sich aufmerksamen Auges und mit einem Blick für das Detail durch die Stadt. Schon bald plagten ihn bei seinen langen Spaziergängen im warmen Kalkutta die europäischen Wollkleider. Er stieg auf die Pferdedroschke um – der fünfzehnjährige Fahrer sprach ein gutes Englisch und diente gleichzeitig als Touristenführer.[24] Auf diese Weise begab sich auch Thornam durch das indische Kalkutta – staunte über die Fülle an Fahrzeugen, Rindern, Kamelen und alle Arten von menschlichen Lastenträgern. Auf der Seite einer Gasse fand er einmal ausschließlich die Geschäfte der Pantoffelmacher, auf der anderen wiederum die der Eisenhändler; dann gelangte er zu den Bäckern und Geldwechslern. Er beobachtete und zeichnete.[25] Thornam genoss aber auch das gesellschaftliche Leben im europäischen Teil der Stadt, war mehrfach zu Mittagsgesellschaften eingeladen und nahm an

21 Siehe dazu die Sammlungen im Archiv des Zoologischen Museums der Christian-Albrechts-Universität zu Kiel, Behn-Archiv, Galathea-Diarium, Crustaceae, Nr. 281, 284–287.

22 Zitiert nach: Irmler, Leben und Werk (wie Anm. 6), S. 49.

23 Koustrup, Galatheas forunderlige (wie Anm. 5), S. 65.

24 Ebd., S. 62.

25 Ebd., S. 67.

einem Ball teil, bei dem sich 21 junge Frauen, die eine Woche zuvor aus England angekommen waren, vermutlich als Heiratskandidatinnen der örtlichen Gesellschaft präsentierten. Ein Besuch galt auch seinem Landsmann Theodor Edvard Cantor (1809–1860), Wallichs in Kopenhagen geborenem Neffen, der als Bediensteter der britischen Ostindienkompanie und Zoologe in Kalkutta lebte. Thornam zeichnete Cantors Orang-Utan für seine zoologische Bildkollektion. Daneben verbrachte er zudem ruhige, erholsame Tage im Botanischen Garten.[26]

Neben den wissenschaftlichen Erkundungen und dem touristischen und gesellschaftlichen Programm galt es aber auch, erste Pakete mit naturkundlichen Proben zur Versendung von Kalkutta nach Kopenhagen zu verpacken und auf den direkten Weg dorthin zu bringen, woran sich alle Naturforscher der Expedition beteiligten. Im Juli 1846 traf eine erste größere Lieferung mit Proben von Madeira, aus Südindien und Bengalen in Kopenhagen ein.[27] Für den Kapitän Steen Bille rückte mit dem Erreichen Kalkuttas das eigentliche Ziel seiner Mission näher, wie er sich stets versicherte:

> „Es war mir nämlich von meiner Regierung zur unabweichlichen Pflicht gemacht, unter keiner Bedingung das Hoheitsrecht über die nicobarischen Inseln aufzugeben, und es zu wahren, auf welche Weise ich es am geeignetsten finden würde."[28]

Seine wichtigste Aufgabe bestand in Kalkutta mithin darin, neben der „Galathea", die in Kalkutta überholt wurde, ein zweites Schiff auszurüsten, das die Expedition zu den Nikobaren begleiten sollte. Ein solches Fahrzeug war von Bille bereits zuvor angefordert und in Form des kleinen Dampfers „Ganges" als eine der letzten Amtshandlungen des dänischen Gouvernements in Serampore beschafft worden. Dieses sollte vorausfahren, um in der Stadt Penang auf der Malaysischen Halbinsel chinesische Arbeitskräfte für die auf der Inselgruppe geplanten Rodungsarbeiten aufzunehmen und dann zu den Nikobaren zu fahren.[29]

Zudem begab sich der Kapitän zu einem Abstecher nach Serampore. Der etwa 20 Kilometer nördlich Kalkuttas gelegene Ort hatte sich seit 1755 in dänischem Besitz befunden. Hier hatte bis zum Eintritt Dänemarks in die Napoleonischen Kriege der Schwerpunkt des dänischen Indienhandels gelegen

---

26 Ebd., S. 70f.

27 Vgl. dazu die Aufzeichnungen im Archiv des Zoologischen Museums der Christian-Albrechts-Universität zu Kiel, Behn-Archiv, Conservators Journal angaaende Opbevaringen af de ved Corvetten Galathea gjorte Indsamlinger af Naturgenstande, 1845–1846.

28 Bille, Bericht (wie Anm. 2), S. 105f.

29 Ebd., S. 105f., 110.

und es waren gewaltige Gewinne erwirtschaftet worden.[30] Im Gegensatz zu Tranquebar wurde Serampore nicht im Rahmen einer feierlichen Zeremonie durch den dänischen Kapitän übertragen, sondern war bereits am 11. Oktober 1845 in britische Hände übergegangen.[31] Metaphorische Wehmut kam auf, als der dänische Kapitän die einstige Kolonie besuchte:

> „Wer bezweifelt wohl, daß der gethane Schritt richtig war; wohl muß der dürre Ast abgehauen werden, damit der Saft des Mutterstammes nicht unnütze vertrockne; trug aber einst der Ast goldene Früchte, schaut man ihn an mit wehmütigen Dank, liegt er auch abgehauen am Fuß des Baums, und noch lange wird man ein frisches Laub vermissen am verstümmelten Baum […].“[32]

Auch erinnerten die besondere „Schönheit, Reinlichkeit und Ordnung“ irgendwie an die dänische Heimat.[33] Bald schon sollte Serampore allerdings in einen Dornröschenschlaf fallen, aus dem es mittlerweile als lebendiger Vorort Kalkuttas wieder erwacht ist.

In Serampore traf Bille auf den letzten dort noch verbliebenen dänischen Amtsträger – Frederik Emil Elberling (1804–1880) –, seine Frau Harriet Anna und deren zwei kleine Kinder. Elberling diente als Buchhalter des einstigen dänischen Gouvernements der aufgegebenen Kolonie. Seine Aufgabe bestand nach Übergabe Serampores an die Briten darin, die dänische Buchführung abzuschließen. Anfang Februar 1846 war seine Arbeit beendet, woraufhin er mit seiner Familie nach Dänemark zurückkehrte.[34]

Wieder in Kalkutta, stellte sich Bille ein eigenes gesellschaftliches und touristisches Programm zusammen, zu dem selbstverständlich auch Wallichs Garten zählte: „Der botanische Garten war mein Sonntagsaufenthalt.“[35] Hin und wieder übernachtete er in Wallichs Villa und genoss am anderen Tag bei einem Spaziergang „den herrlichen, kühlen Morgen.“[36] Dabei besuchte er den alten Banyan-Baum, der auch heute noch den Vorübergehenden Schatten spendet. Bille mag sich bei seinen Spaziergängen wohl bewusst gewesen sein, dass er Zeuge eines gleichsam doppelten Abschiedes des Danebrogs aus Bengalen war: Nicht nur war die dänische Flagge über Serampore für immer eingeholt worden, auch der mittlerweile sechzigjährige Nathaniel Wallich, der damals

30 Siehe dazu Ole Feldbæk, India Trade under the Danish Flag 1772–1808. European Enterprise and Anglo-Indian Remittance and Trade (Scandinavian Institute of Asian Studies monograph series Bd. 2), Odense 1969, passim.

31 Rasch, Dansk Ostindien (wie Anm. 11), S. 245f.

32 Bille, Bericht (wie Anm. 2), S. 125.

33 Ebd.

34 Dänisches Reichsarchiv Kopenhagen, Kay Larsen, Ostindiske Personalier or Data, Elberling, Frederik Emil.

35 Bille, Bericht (wie Anm. 2), S. 129.

36 Ebd.

zweifellos bekannteste Däne in Indien, hatte um seinen Abschied nachgesucht. Er ging Anfang 1846 in den Ruhestand und reiste nach Europa ab.[37]

Immer wieder kehrten die Expeditionsteilnehmer zwischendurch auf die „Galathea" zurück. Schon bald wurde offensichtlich, dass Kalkutta voller gesundheitlicher Gefahren steckte. Früh schlugen die Cholera und andere Krankheiten an Bord zu. Es kam zu zahlreichen Ausfällen, und die Stimmung unter der Mannschaft sank auf einen Tiefpunkt.[38] Auch der eine oder andere Besuch in den berüchtigten Rotlichtvierteln der Kolonialmetropole mag einen Beitrag zum sich verschlechternden Gesundheitszustand geleistet haben. Dass am Ende nur drei Besatzungsmitglieder während des Aufenthaltes auf dem Hughly starben, darf daher durchaus als positive Bilanz gewertet werden. Vielleicht lag es aber auch an Wallichs medizinischer Fürsorge, da er neben seinem Beruf als Botaniker zudem ein begabter Mediziner war und sich regelmäßig an Bord umsah.[39]

Krankheiten hinderten die Besatzung nicht an der Verfolgung der wöchentlichen Routine, wozu ferner der sonntägliche dänisch-sprachige Gottesdienst zählte. Zu dessen Teilnehmern zählte nicht nur Wallich, sondern auch der eigens aus Serampore anreisende Elberling. Dieser nutzte die Gelegenheit der Anwesenheit eines dänisch-lutherischen Geistlichen und ließ seine beiden Kinder während eines Gottesdienstes taufen. Am 19. Dezember 1845 beehrte kein Geringerer als Sir Herbert Maddock, der kommissarisch amtierende Generalgouverneur von Britisch-Indien, mit einer Gesellschaft britischer Damen und Herren das Schiff.[40]

Die Zusammensetzung von Besatzung und Forschergruppe erfuhr in Kalkutta indes einige Veränderungen. Neben den drei verstorbenen Seeleuten verzeichnete die „Galathea" weitere Abgänge. So boten die guten Verkehrsanbindungen der britischen Kolonialmetropole die Möglichkeit, die „Galathea" vorzeitig zu verlassen. Mit der „Overland Mail" würde es über Bombay und Suez in wenigen Wochen wieder nach Hause gehen, während andererseits eine mehrjährige (und vielleicht auch tödliche) Expedition quer über den Pazifischen Ozean und rund um Kap Horn wartete. Kurz vor Ablegen verließ Kamphøvener endgültig die Expedition, um auf eigene Faust wieder in seine Heimatstadt Køge zurückzureisen. Immerhin beteiligte er sich zuvor an der Zusammenstellung der ersten Heimsendung von naturkundlichen Objekten und brachte eine große Menge Herbarmaterials von seinen bisherigen

---

37 CNH, Briefe Nathaniel Wallichs, General Order by the President of the Council of India vom 3.4.1846.

38 Bille, Bericht (wie Anm. 2), S. 105–109.

39 Ebd., S. 109.

40 Koustrup, Galatheas forunderlige (wie Anm. 5), S. 70.

botanischen Studien auf den Weg nach Kopenhagen.[41] Auch Kamphøveners Gehilfe Diderichsen verließ in Kalkutta die „Galathea“, allerdings nur, um bereits am 9. Dezember des Jahres auf der mit einer kleinen Besatzung vorausgesandten „Ganges“ in Richtung Penang und Nikobaren vorauszufahren und dort wieder auf die Expedition zu stoßen.[42] Zwei Seeleute, Jens Meldelsen aus Randers und Heinrich Madsen aus Flensburg, versuchten zu desertieren. Sie verließen eigenmächtig Schiff und Stadt, ehe sie der Dschungel, die Sümpfe und die wilden Tiere Bengalens nach immerhin 75 Meilen verletzt und mittellos zur Umkehr zwangen. In Gegenwart der gesamten Mannschaft wurden sie mit jeweils 27 Tauschlägen bestraft.[43]

Eine Einigung über Kamphøveners Ausscheiden wäre zweifellos nicht so rasch erzielt worden, hätte in Kalkutta nicht bereits ein Ersatz bereitgestanden. So befanden sich beim Auslaufen der „Galathea“ aus dem Hughly zwei weitere Deutsche an Bord: der Botaniker Rudolf Amandus Philippi (1808–1904) und der Altonaer Kaufmann Wilhelm Hermann Nopitsch (1818–1891). Letzterer war der „Galathea“ als Ökonom von Kopenhagen aus nachgefolgt und unternahm vor Abreise des Schiffes in Richtung der Nikobaren eine systematische Analyse von Umfang und Art des Handels in Kalkutta.[44]

Rudolf Amandus Philippi stellte eine bemerkenswerte Forscherpersönlichkeit dar: Der Berliner hatte zunächst in seiner Heimatstadt Medizin studiert. Aus gesundheitlichen Gründen hatte er sich eine Zeitlang in Italien aufgehalten, wo er auch botanische Forschungen betrieb. Seit 1835 lehrte er Naturwissenschaften am Polytechnikum in Kassel, ehe er knapp zehn Jahre später zu einer Einzelexpedition nach Indien aufbrach. Bekanntheit erlangte Philippi allerdings erst in späteren Jahrzehnten für seine botanischen Forschungen in Chile.[45]

Philippi war zum Botanisieren zunächst an die Küste der Malayischen Halbinsel gereist. Am 29. November 1845 erreichte Philippi mit dem Dampfer „Enterprize“ von Mergui aus Kalkutta, wo bereits seit mehr als drei Wochen die „Galathea“ lag. Er plante ursprünglich, mit dem nächstmöglichen Schiff

---

41 E. Rostrup, Art. „Kamphøvener, Bernhard Caspar“, in: Dansk Biografisk Leksikon, Bd. IX, hrsg. von Carl Frederik Bricka, Kopenhagen 1895, S. 95–96, hier S. 95.

42 Bille, Bericht (wie Anm. 2), S. 110.

43 Koustrup, Galatheas forunderlige (wie Anm. 5), S. 69.

44 Irmler, Leben und Werk (wie Anm. 6), S. 50; Wilhelm Hermann Nopitsch, Kaufmännische Berichte gesammelt auf einer Reise um die Welt mit der Kriegs-Corvette Galathea in den Jahren 1845, 46 und 47. Ein Handbuch für Handels- und Gewerbs-Statistik und für den practischen deutschen Kaufmann, Fabricanten und Schiffsrheder, Hamburg 1849, S. 1–32.

45 Gottfried Zirnstein, Art. „Philippi, Rudolf Amandus“, in: Neue Deutsche Biographie 20 (2001), S. 391–392.

wieder nach Europa zurückzureisen.[46] Zunächst besuchte jener aber Wallich, bei dem sich auch Kamphøvener aufhielt. Gleichsam als Visitenkarte diente ihm das Exemplar einer *Amherstia nobilis* – eines Baumes, der durch seine außergewöhnlichen Blüten Aufsehen erregt hatte. Dieses sandte er gleich nach seiner Ankunft noch von Bord der „Enterprize" direkt an den Direktor des Botanischen Gartens.[47] Das schmeichelte, denn gut anderthalb Jahrzehnte zuvor hatte jene Pflanze zu Ehren der Generalgouverneursgattin von Indien von keinem anderen als von Wallich selbst ihren Namen erhalten.

Der Direktor genoss seine Anwesenheit und lernte Philippi zu schätzen, wie er am 10. Dezember des Jahres an Humboldt schrieb: „He is an extreme intelligent and amiable gentleman [...]."[48] Wallich übergab Philippi jeweils ein Päckchen mit Samen für den berühmten Humboldt und eines für ihn selbst – „nach der Ausdrucksweise des Dr. Wallich, Silber, Gold und Platina, d.h. sehr wertvolle Sachen. Die Samen sind frisch vom Himalaya Gebirge hier angekommen".[49] Als Ersatz für den scheidenden Kamphøvener wurde Philippi, obwohl er in jenen Tagen ebenfalls unter einem „Anfall von Cholera litt", sehr kurzfristig von Kapitän Bille eingeladen, die Expedition zumindest bis zu den Nikobaren zu begleiten, um „dann von Penang auß meine Reiß Überland nach Berlin" fortzusetzen. Philippi gab seinen Plan, direkt heimzukehren, auf und ging mit an Bord.[50]

Am 24. Dezember 1845 brach die „Galathea" von Kalkutta aus in Richtung Nikobaren auf. Der Besuch hatte immerhin sechs Wochen gedauert, und der Abschied war würdevoll. Einen Tag vor Abreise luden die Offiziere des Schiffes die Elite Kalkuttas zu einem prächtigen Ball an Bord bei Kerzenschein ein. Auf dem Oberdeck war ein Zelt aufgestellt, um das herum tropischer Dschungel imitiert war. Steen Bille weiß in seiner Reisebeschreibung zu berichten: „Der gute Dr. Wallich hatte den botanischen Garten geplündert, und sandte mehrere Bootladungen voll Grün und Blumen, die unser Maler, Herr Plum, auf's Geschmackvollste zwischen den Zeltöffnungen anbrachte".[51] Bis nachts um zwei Uhr wurde getanzt.[52] Es sollte lange dauern, ehe die Mannschaft der „Galathea" wieder Gelegenheit zum Feiern bekam.

---

46 CNH, Briefe Nathaniel Wallichs, Schreiben Rudolf Amandus Philippis an Wallich vom 30.11.1845.

47 Ebd., Schreiben Rudolf Amandus Philippis an Wallich vom 1.12.1845.

48 Ebd., Brief Wallichs an Alexander von Humboldt vom 10.12.1845.

49 Biblioteka Jagiellońska, Krakau, Sammlung Autographen, Alexander von Humboldt, Schreiben Rudolf Amandus Philippis an Rother vom 6.12.1845.

50 CNH, Briefe Nathaniel Wallichs, Brief Rudolf Amandus Philippis an Wallich vom 24.12.1845.

51 Bille, Bericht (wie Anm. 2), S. 164.

52 Koustrup, Galatheas forunderlige (wie Anm. 5), S. 74.

Erst am 23. August 1847 war die Fregatte nach Umrundung der Welt wieder daheim in Kopenhagen. Behn trennte sich schon am 23. Februar 1847 im chilenischen Cobija von den übrigen Teilnehmern, durchquerte zu Fuß Südamerika, erreichte am 24. Dezember 1847 Rio de Janeiro und kehrte im Frühjahr 1848 nach Kiel zurück.[53] Als er sich im April des Jahres Schleswig-Holstein näherte, war sein Gönner König Christian VIII. tot und seine Heimat taumelte in einen dreijährigen blutigen Bürgerkrieg.[54]

Zu jenem Zeitpunkt lag der Besuch der „Galathea“ in Kalkutta bereits mehr als zwei Jahre zurück. Im Gesamtkontext der Reise betrachtet, kam dem Aufenthalt in der kolonialen Metropole eine entscheidende Funktion zu – sowohl, was die Durchführung der Expedition insgesamt, als auch, was die Interessen einzelner Teilnehmer betraf. Für den einzelnen Teilnehmer besaß der Aufenthalt ganz unterschiedliche Funktionen. Auch wenn, bis auf Behn, kaum eigenständige Forschungen betrieben wurden, diente jener Besuch Kalkuttas doch der Vernetzung mit dem Kreis der Naturforscher vor Ort. Eine besondere Funktion als Anlaufpunkt besaß dabei Nathaniel Wallich als gebürtiger Däne. Aber auch Geselligkeit und touristische Unternehmungen kamen nicht zu kurz.

Daneben hatte der Aufenthalt in Kalkutta aber auch ganz praktische Aspekte: Kaum anderenorts dürfte es gelungen sein, ein Dampfschiff für die Fahrt auf die Nikobaren zu erwerben und auszurüsten. Nirgendwo – abgesehen von Bombay – war es schneller und zuverlässiger, Postsendungen auf den Weg nach Europa zu bringen. Gleichzeitig diente der Aufenthalt als Katalysator einer partiellen Erneuerung der Besatzung – während der eine Naturforscher das Schiff verließ, stand ein anderer sogleich bereit.

Die vorangegangenen Zwischenhalte in Tranquebar, Pondicherry und Madras hatten jeweils nur wenige Tage gedauert. Zudem hatte die unrühmliche Aufgabe in Tranquebar darin bestanden, die dänische Kolonie an die Briten zu überliefern. Der kurze Besuch im Süden des indischen Subkontinentes war also kaum mehr als ein Intermezzo, das darüber hinaus in Form des Verlustes einer Kolonie in der Wahrnehmung der Teilnehmer und im Rückblick der Öffentlichkeit kaum positiv konnotiert gewesen sein dürfte. Gleichsam befreit vom Ballast der vergangenen Kolonialgeschichte und mit einem perspektivischen Blick auf die Nikobaren präsentierte sich die Galathea-Expedition erstmals in Kalkutta. Mit Nopitsch stand ein Kaufmann bereit, der in der Lage war, künftige Handelschancen zu eruieren. Voll bemannt und

53 Wilhelm Behn, Von Cobija nach Potosi. Ein 80 Jahre altes Reisetagebuch aus Nordchile und dem angrenzenden Bolivien, geführt von W. F. G. Behn, herausgegeben von W. Wetzel, in: Deutsche Monatshefte für Chile 8 (1928), S. 206–221, 254–266, 304–312, 377–381.

54 Irmler, Leben und Werk (wie Anm. 6), S. 62f.

bewaffnet stellte das Schiff eine solide visuelle Manifestation künftiger dänischer Interessen am Indischen Ozean dar: einerseits als Schutzmacht über die Nikobarischen Inseln, andererseits als ernstzunehmender Akteur in einer zunehmend globalen, aber auch imperial ausgerichteten naturkundlichen Forschung.[55] Es dürfte in jener Zeit zu einer solchen Demonstration keinen geeigneteren Ort in ganz Asien als eben Kalkutta im Herzen Britisch-Indiens gegeben haben. Der Aufenthalt diente den Briten in diesem Sinne vielleicht auch als bescheidene Warnung, nicht die eigene koloniale Hand in Richtung Nikobaren auszustrecken. So dürften der Besuch des kommissarischen Generalgouverneurs an Bord sowie der Empfang am letzten Tag vor der Abreise nicht dem bloßen gesellschaftlichen Vergnügen gedient haben, sondern hatten vermutlich auch die Funktion, der gesellschaftlichen und politischen Elite Kalkuttas die Ernsthaftigkeit des dänischen Projektes noch einmal unmittelbar vor Augen zu führen.

55 Vgl. hierzu allgemein Richard H. Grove, Green Imperialism. Colonial Expansion, Tropical Island Edens and the Origins of Environmentalism 1600–1860 (Studies in environment and history), Cambridge 1995.

Martin Göllnitz

Weltumsegelung mit Karriereblick. Die britische Challenger-Expedition und Rudolf von Willemoes-Suhm (1847–1875)

Ein wesentliches Resultat der im Kontext der Ringvorlesung „Mit Forscherdrang und Abenteuerlust“ behandelten Expeditions- und Forschungsreisen, die seit Mitte des 19. Jahrhunderts von Kieler Wissenschaftlern und Wissenschaftlerinnen durchgeführt wurden, stellten präzise und detailreiche Messungen, Sammlungen und Beschreibungen dar. Diese sollten im Nachgang der wissenschaftlichen Unternehmungen ausgewertet und publiziert werden, also der *scientific community* zugänglich gemacht und dadurch der Aufstieg der Teilnehmer in selbiger ermöglicht oder weiter vorangetrieben werden. Das Thema „Expeditions- und Forschungsreisen als akademische Karrierebeschleuniger“ ist indes noch immer ein kaum erforschter Gegenstand.[1] Die Ursachen für diesen Befund haben in erster Linie mit Verlauf, Ausrichtung und den spezifischen Erkenntnisinteressen der älteren und neueren Forschungsliteratur, weniger mit den wissenschaftlichen Reisen selbst zu tun.[2] Ohne näher auf die inhaltlichen Schwerpunktsetzungen einzugehen, lässt sich konstatieren, dass einerseits vornehmlich nationale, diplomatische oder wirtschaftliche Interessen, die oft genug erst den Anlass zu Expeditions- und Forschungsreisen boten oder zumindest einen gewichtigen Faktor bildeten, betrachtet werden. Andererseits weisen

---

1 Dazu ausführlich Martin Göllnitz, Expeditions- und Forschungsreisen als Karrieresprungbrett? Norddeutsche Wissenschaftler als Teilnehmer der Galathea-, Challenger- und Plankton-Expedition, in: Zeitschrift der Gesellschaft für Schleswig-Holsteinische Geschichte 141 (2016), S. 235–265.

2 Zum Folgenden siehe Oliver Auge/Martin Göllnitz, Kieler Professoren als Erforscher der Welt und als Forscher in der Welt: Ein Einblick in die Expeditionsgeschichte der Christian-Albrechts-Universität, in: Christian-Albrechts-Universität zu Kiel. 350 Jahre Wirken in Stadt, Land und Welt, hrsg. von Oliver Auge, Kiel u.a. 2015, S. 949–972. Zu Wissenschaftlerbiographien siehe etwa Margit Szöllösi-Janze, Lebens-Geschichte – Wissenschafts-Geschichte. Vom Nutzen der Biographie für Geschichtswissenschaft und Wissenschaftsgeschichte, in: Berichte zur Wissenschaftsgeschichte 23 (2000), S. 17–35. Exemplarisch zu neueren Trends in der Universitäts- und Wissenschaftsgeschichte siehe Stefan Gerber, Wie schreibt man zeitgemäße Universitätsgeschichte?, in: NTM. Zeitschrift für Geschichte der Wissenschaften, Technik und Medizin 22 (2014), S. 277–286; Sylvia Paletschek, Stand und Perspektiven der neueren Universitätsgeschichte, in: NTM. Zeitschrift für Geschichte der Wissenschaften, Technik und Medizin 19 (2011), S. 169–189.

vor allem die älteren sowie die populärwissenschaftlichen Untersuchungen vielfach die Merkmale biographischer Erfolgsstorys älteren Typs auf, die lediglich große Forscherpersönlichkeiten in den Blick nehmen und eine kumulative Abfolge von Höhepunkten, erfolgreichen Entdeckungen und neuen Erkenntnissen präsentieren.

Vor diesem Hintergrund fragt der folgende Beitrag am Beispiel des jungen Gelehrten Rudolf von Willemoes-Suhm gezielt nach den karrierebeeinflussenden Momenten wissenschaftlicher Forschungsreisen und Expeditionen. Der aus Norddeutschland stammende Zoologe stellte seine naturwissenschaftliche Fachexpertise der britischen Challenger-Expedition zur Disposition; oder wie es Jens Schröder in der Zeitschrift Geo-Kompakt formulierte: der „Apollo-Mission der viktorianischen Zeit“.[3] In einem ersten Schritt wird dafür der allgemeine Entwicklungsprozess der deutschen Forschungsuniversität des 19. Jahrhunderts näher betrachtet, um dann in einem zweiten Schritt die Beteiligung Willemoes-Suhms am Challenger-Projekt präzise herauszustellen. Im Mittelpunkt des Erkenntnisinteresses stehen dabei die Karriereerwartungen, die der Naturwissenschaftler mit seiner Beteiligung verknüpfte. Dabei ist zu erwarten, dass er die Entbehrungen beziehungsweise die Gefahren einer Forschungsreise als Investition in seine berufliche Zukunft an der Universität verstand.

Der *research imperative* und die deutsche Forschungsuniversität im 19. Jahrhundert

Zur Genese der deutschen Hochschulen im 19. Jahrhundert und den damit verbundenen Reformbemühungen ist bereits erschöpfend geforscht worden, sodass eine minutiöse Nacherzählung an dieser Stelle unterbleiben kann. Im Mittelpunkt soll vielmehr die sukzessive Standardisierung der professoralen Laufbahn stehen, die zu Beginn des Jahrhunderts begonnen hatte und noch vor dem Ausbruch des Ersten Weltkrieges ihren Abschluss fand. Spätestens in den 1880er Jahren hatte sich die schriftliche Habilitationsleistung als übliche Berufungsvoraussetzung etabliert. Sie erfolgte im Durchschnitt vier bis sechs Jahre nach der Promotion und sollte als Barriere vor einer Überzahl wissenschaftlich unbedeutender Habilitanden schützen.[4] Eine zusätzliche

3 Jens Schröder, Das „Challenger“-Projekt, in: GEO-Kompakt 22 (2010), S. 64–74, hier S. 65.

4 Dazu und zum Folgenden siehe ausführlich Lothar Burchardt, Naturwissenschaftliche Universitätslehrer im Kaiserreich, in: Deutsche Hochschullehrer als Elite 1815–1945 (Deutsche Führungsschichten in der Neuzeit Bd. 17), hrsg. von Klaus Schwabe, Boppard am Rhein 1988, S. 151–214, hier S. 161f.; Göllnitz, Karrieresprungbrett (wie Anm. 1), S. 239ff. Zur Entwicklung der Habilitation bis in die Gegenwart siehe den konzisen Beitrag von Sylvia Paletschek, Verschärfte

akademische Hürde bildete die mit der Habilitation verbundene Probevorlesung vor der Fakultät mit anschließendem Kolloquium, die es für hoffnungsvolle Jungakademiker zu überwinden galt. An die Habilitation schloss sich schließlich die Privatdozentenzeit an, in der die Nachwuchswissenschaftler eine freie Lehrtätigkeit ohne amtliche Verpflichtung ausübten, also nicht verbeamtet waren und meist in ungesicherten Verhältnissen lebten. Wem es nicht gelang, eines der raren Privatdozentenstipendien zu ergattern, erhielt als Entschädigung lediglich die von seinen Hörern gezahlten Kolleggelder und war oft genug auf sein Privatvermögen angewiesen.

Während dieser Karrierephase befanden sich die Nachwuchswissenschaftler in einer Art Wartestellung, „ohne zu wissen, wie lange das Warten dauern würde und ob es jemals von Erfolg gekrönt sein würde".[5] Oder überspitzt formuliert: Die Privatdozentur war eine Leiter ohne Sprossen und wies dementsprechend keinen eigentlichen Laufbahncharakter auf. Denn diese Karrierephase endete nicht mit einem Abschluss, sondern wurde nur im Erfolgsfall mit einer Berufung honoriert.[6] Demgegenüber konnten alle Privatdozenten in der Regel nach fünf bis sechs Jahren mit einer Ernennung zum nichtbeamteten außerordentlichen Professor rechnen, ohne dass sich mit dieser Titularprofessur eine ökonomische Verbesserung einstellte.[7] Die planmäßigen außerordentlichen Professuren bedeuteten immerhin eine Sicherung des sozialen Status und ein festes Einkommen; den Höhepunkt einer akademischen Karriere markierten aber auch sie nicht – dies blieb den ordentlichen Professuren beziehungsweise Ordinariaten vorbehalten. Aus ihren Reihen rekrutierten sich die Rektoren und Dekane der Hochschulen. Letztlich entschieden die Ordinarien in ihren einflussreichen Positionen in den Universitätsgremien und im Senat sowie in den Fakultäten über Berufungen und die Erteilung der Venia Legendi.

In der aktuellen Forschung herrscht Konsens darüber, dass diese Standardisierung der professoralen Laufbahn einen Wandel im Wissenschaftsverständnis bedeutete, indem nämlich „enzyklopädische Gelehrsamkeit" im Laufe des 19. Jahrhunderts „durch forschende spezialisierte Wissenschaftlichkeit" abgelöst

---

Risikopassage. Ein historischer Blick auf Nutzen und Nachteil der deutschen Privatdozentur, in: Forschung und Lehre 11 (2004), S. 598–600.

5 Michael Grüttner, Nationalsozialistische Wissenschaftler: ein Kollektivporträt, in: Gebrochene Wissenschaftskulturen. Universität und Politik im 20. Jahrhundert, hrsg. von dems., Rüdiger Hachtmann, Konrad H. Jarausch, Jürgen John und Matthias Middell, Göttingen 2010, S. 149–165, hier S. 154.

6 Martin Schmeiser, Akademischer Hasard. Das Berufungsschicksal des Professors und das Schicksal der deutschen Universität 1870–1920. Eine verstehend soziologische Untersuchung, Stuttgart 1994, S. 42.

7 Diesbezüglich und zum Folgenden siehe Burchardt, Universitätslehrer (wie Anm. 4), S. 161f.; Göllnitz, Karrieresprungbrett (wie Anm. 1), S. 240.

wurde.[8] Der Typ des neuen Professors definierte sich nun verstärkt durch seine Leistungen als Forscher, Wissenschaftler und Lehrender – ab dem 20. Jahrhundert zudem zunehmend als Wissenschaftsorganisator –, der grundsätzlich weder lokal noch sozial an eine Hochschule gebunden war.[9] Um für den ersehnten Ruf auf ein festbeamtetes (Extra-)Ordinariat künftig infrage zu kommen, musste sich der jeweilige Kandidat durch Forschungsleistungen und Lehrerfolge qualifizieren.[10] Mit der Vokation erhielt der aufstrebende Nachwuchswissenschaftler schließlich nicht nur ein festes Salär, sondern auch, was oftmals viel entscheidender war, wissenschaftliches Renommee, Machtzuwachs in der *scientific community* sowie einen höheren Institutsetat – der wiederum als Grundlage für weitere Forschungen diente. Erst durch die Einführung dieses „Belohnungssystems" für Forschungsleistungen konnte der angestrebte „Verwissenschaftlichungsprozess und das Voranschreiten der

---

8 Marita Baumgarten, Professoren- und Universitätsprofile im Humboldt`schen Modell 1810–1914, in: Humboldt International. Der Export des deutschen Universitätsmodells im 19. und 20. Jahrhundert (Veröffentlichungen der Gesellschaft für Universitäts- und Wissenschaftsgeschichte Bd. 3), hrsg. von Rainer Christoph Schwinges, Basel 2001, S. 105–129, hier S. 106. Siehe auch Peter Moraw, Humboldt in Gießen. Zur Professorenberufung an einer deutschen Universität des 19. Jahrhunderts, in: Geschichte und Gesellschaft 10 (1984), S. 47–71, hier S. 52. Vgl. darüber hinaus die umfassenden Überlegungen zur deutschen Universität im 19. Jahrhundert bei Sylvia Paletschek, Verbreitete sich ein ‚Humboldt`sches Modell' an den deutschen Universitäten im 19. Jahrhundert?, in: Humboldt International. Der Export des deutschen Universitätsmodells im 19. und 20. Jahrhundert (Veröffentlichungen der Gesellschaft für Universitäts- und Wissenschaftsgeschichte Bd. 3), hrsg. von Rainer Christoph Schwinges, Basel 2001, S. 75–104.

9 Baumgarten, Universitätsprofile (wie Anm. 8), S. 108; Martin Göllnitz, Forscher, Hochschullehrer, Wissenschaftsorganisatoren: Kieler Professoren zwischen Kaiserreich und Nachkriegszeit, in: Christian-Albrechts-Universität zu Kiel. 350 Jahre Wirken in Stadt, Land und Welt, hrsg. von Oliver Auge, Kiel u.a. 2015, S. 498–527, hier S. 499f.

10 R. Steven Turner, The Prussian Universities and the Concept of Research, in: Internationales Archiv für Sozialgeschichte der deutschen Literatur 5 (1980), S. 68–93, hier S. 74. In dieser Entwicklung spiegelt sich deutlich der Wandel vom Geburts- zum Leistungsprinzip innerhalb der deutschen Hochschullandschaft wider, an dessen Ende sich die Forschungsuniversität endgültig gegen die Familienuniversität durchsetzen konnte. Siehe Marita Baumgarten, Professoren und Universitäten im 19. Jahrhundert. Zur Sozialgeschichte deutscher Geistes- und Naturwissenschaftler (Kritische Studien zur Geschichtswissenschaft Bd. 121), Göttingen 1997; Bernhard vom Brocke, Berufungspolitik und Berufungspraxis im Deutschen Kaiserreich, in: Professorinnen und Professoren gewinnen. Zur Geschichte des Berufungswesens an den Universitäten Mitteleuropas (Veröffentlichungen der Gesellschaft für Universitäts- und Wissenschaftsgeschichte Bd. 12), hrsg. von Christian Hesse und Rainer Christoph Schwinges, Basel 2012, S. 55–104.

wissenschaftlichen Erkenntnis und Forschung permanent gehalten und beschleunigt" werden.[11] Augenscheinlich wirkte die offene Konkurrenzsituation zwischen den Hochschulen dabei überaus stimulierend und motivierend auf die Entdeckung und Förderung talentierter Jungakademiker, die im letzten Drittel des 19. Jahrhunderts vor allem in kleineren Universitäten wie Kiel oder Gießen ihre akademische Karriere starteten.

Im Laufe eines Jahrhunderts trat auf diese Weise an die Stelle der alten, einseitig strukturierten Vorlesungsuniversität eine moderne, durch Seminare, Labore und Institute ergänzte Forschungsuniversität. Dieser sukzessiv fortschreitende Strukturwandel innerhalb der Hochschulen und ihre Entwicklung zu Trägern eines *research imperative* blieb freilich keineswegs krisenfrei; bereits gegen Ende des Jahrhunderts wurde vielfach der Wunsch nach außeruniversitären Forschungsstätten laut.[12] Die zunehmende Spezialisierung in den Wissenschaften, die sich durch eine Aufteilung einzelner Fächer in mehrere Disziplinen und die Etablierung neuer Forschungs-/Fachbereiche äußerte, bedingte immer stärker eine enge Zusammenarbeit mehrerer Gelehrter und den Einbezug von wachsenden Mitarbeiterstäben.[13] Um 1900 entstanden daher in fast allen Industriestaaten selbständige, hochschulunabhängige Forschungsinstitute. Befeuert durch nationale Konkurrenz und internationale Kooperation, waren sie ausschließlich der Forschung verpflichtet und übernahmen fortan verstärkt im naturwissenschaftlichen und medizinischen Sektor eine impulsgebende Funktion.[14] Für das in der vorliegenden Studie zu

---

11 Baumgarten, Universitätsprofile (wie Anm. 8), S. 128f.; auch Burchardt, Universitätslehrer (wie Anm. 4), S. 183.

12 Bernhard vom Brocke, Die Entstehung der deutschen Forschungsuniversität, ihre Blüte und Krise um 1900, in: Humboldt International. Der Export des deutschen Universitätsmodells im 19. und 20. Jahrhundert (Veröffentlichungen der Gesellschaft für Universitäts- und Wissenschaftsgeschichte Bd. 3), hrsg. von Rainer Christoph Schwinges, Basel 2001, S. 367–401, hier S. 385; Turner, Universities (wie Anm. 10), S. 86f. Zur Bedeutung der deutschen Kultusministerien für diesen Prozess siehe Bernhard vom Brocke, Preußische Hochschulpolitik im 19. und 20. Jahrhundert. Kaiserreich und Weimarer Republik, in: Die Universität Greifswald und die deutsche Hochschullandschaft im 19. und 20. Jahrhundert (Pallas Athene Bd. 10), hrsg. von Werner Buchholz, Stuttgart 2004, S. 27–56; Rüdiger vom Bruch, Langsamer Abschied von Humboldt? Etappen deutscher Universitätsgeschichte 1810–1945, in: Mythos Humboldt. Vergangenheit und Zukunft der deutschen Universitäten, hrsg. von Mitchell G. Ash, Wien u.a. 1999, S. 29–57.

13 Dazu und zum Folgenden siehe Brocke, Forschungsuniversität (wie Anm. 12), S. 388ff.

14 Beispielhaft seien an dieser Stelle genannt: Margit Szöllösi-Janze, Die institutionelle Umgestaltung der Wissenschaftslandschaft im Übergang vom späten Kaiserreich zur Weimarer Republik, in: Wissenschaften und Wissenschaftspolitik. Bestandsaufnahmen zu Formationen, Brüchen und Kontinuitäten im Deutschland des

untersuchende Challenger-Projekt spielten die außeruniversitären Forschungsinstitute indes noch keine Rolle. Die Expedition fand vielmehr zwischen der Etablierung des universitären Forschungsimperativs und der Errichtung erster wissenschaftlicher, nicht hochschulgebundener „Großbetriebe" statt – eine Mentoringfunktion im Etablierungsprozess der „Big Science" kann ihr gewiss nicht abgesprochen werden.[15]

20. Jahrhunderts, hrsg. von Rüdiger vom Bruch und Brigitte Kaderas, Stuttgart 2002, S. 60–74; Bernhard vom Brocke, Die Kaiser-Wilhelm-Gesellschaft im Kaiserreich. Vorgeschichte, Gründung und Entwicklung bis zum Ausbruch des Ersten Weltkrieges, in: Forschung im Spannungsfeld von Politik und Gesellschaft. Geschichte und Struktur der Kaiser-Wilhelm-/Max-Planck-Gesellschaft, hrsg. von Rudolf Vierhaus und Bernhard vom Brocke, Stuttgart 1990, S. 17–162.

15 Der These Harold L. Burstyns, die Challenger sei die erste „Big Science" (in Victorian Britain) gewesen, kann an dieser Stelle nicht zugesprochen werden, da die Argumentation des amerikanischen Anwalts nicht überzeugt. Neben „big money" und „the choice of project leader" nennt Burstyn als gewichtige Kriterien für „Big Science" ein „multidisciplinary team, a division of labour, team commitments [...] and hierarchical organization". Vgl. Harold L. Burstyn, ‚Big Science' in Victorian Britain. The *Challenger* Expedition (1872–6) and its *Report* (1881–95), in: Understanding the Oceans. A century of ocean exploration, hrsg. von Margaret Deacon, Tony Rice und Colin Summerhayes, London u.a. 2001, S. 49–55, hier S. 51f. Da hier nicht der richtige Ort für eine intensive Beschäftigung mit der These Burstyns ist, soll lediglich auf die vier spezifischen Charakteristiken von Großforschung verwiesen werden: Big budgets, big staffs, big machines, big laboratories. Vgl. exemplarisch Derek J. de Solla Price, Little science, big science, New York u.a. 1963; sowie am Beispiel Deutschlands Gerhard A. Ritter, Großforschung und Staat in Deutschland. Ein historischer Überblick, München 1992. Betrachtet man das Projekt Challenger als Ganzes, von der Organisation der Expedition im Jahr 1872 bis zur Verteilung der letzten freien Kopien der Challenger-Berichte 1899, wird deutlich, dass die Expedition tatsächlich über ein enormes Budget (ungefähr 171.000 Pfund Sterling in 27 Jahren) verfügte. Demgegenüber wurden den Wissenschaftlern im Rahmen der Auswertung aber weder ein eigenes Laboratorium noch größere Maschinen zur Verfügung gestellt, tatsächlich unterlagen schon wesentliche Instrumente auf dem Forschungsschiff einem veralteten technischen Standard; nachfolgende Expeditionen verwendeten im Regelfall weitaus neuere Apparaturen. Vgl. zur technischen Ausrüstung A.L. Rice, The Challenger Expedition. The end of an era or a new beginning?, in: Understanding the Oceans. A century of ocean exploration, hrsg. von Margaret Deacon, Tony Rice und Colin Summerhayes, London u.a. 2001, S. 27–48. Über die Größe des Wissenschaftlerstabes lässt sich freilich streiten, da eine ganze Reihe renommierter internationaler Forscher an der Auswertung mitwirkte, die aber nach heutigem Verständnis teilweise als Korrespondenzpartner verstanden werden müssen. Und während das Expeditionsteam nur aus fünf Personen bestand, beteiligten sich am Auswertungsprozess zeitweilig mindestens 20 Personen, die eigenständige Untersuchungen vornahmen. Siehe dazu

Die Teilnahme an der britischen Expedition konnte sich auf die Universitätskarriere Willemoes-Suhms folglich vitalisierend auswirken, sofern es dem jungen Gelehrten gelang, hier neue wissenschaftliche Erkenntnisse zu erzielen, bislang unbekannte Forschungsbereiche zu entdecken und seine Ergebnisse der nationalen wie internationalen *scientific community* zugänglich zu machen. Nicht zu unterschätzen sind außerdem zwei weitere Faktoren von Forschungsreisen: Einerseits galt der „akademische Abenteurer" fortan als besonders exponierter Vertreter eines *research imperative* und andererseits ließen sich während der Unternehmung vielfach internationale Kontakte zu anderen Wissenschaftlern knüpfen. Darüber hinaus stand nach dem Abschluss einer Expedition im Regelfall ausreichend Forschungsmaterial zur Verfügung, mit dem die eigene universitäre Laufbahn abgesichert werden konnte. Aber auch akademische Schüler oder Kollegen profitieren bisweilen von der Bandbreite der gewonnenen Erkenntnisse oder der Menge des mitgebrachten Forschungsmaterials, sofern diese die arbeitstechnischen Kapazitäten beziehungsweise Möglichkeiten des Expeditionsreisenden überstiegen.

Abenteuerlust und Forscherdrang, oder: Eine Definition des Forschungsreisenden

Es ist zu konstatieren, dass eine allgemeine Definition wissenschaftlicher Forschungsreisen oder eben Forschungsreisender nicht existiert.[16] Die Problematik einer Begriffsbestimmung ist evident, zumal viele Forschungsreisende des 19. Jahrhunderts nicht zwangsläufig über eine universitäre Grundausbildung verfügten und ihre Reisemotivation oftmals schlicht ein unentwirrbares Motivknäuel aus „Abenteuerlust, Sammeleifer und [dem] Streben nach wissenschaftlicher Durchdringung des Gesehenen und Erlebten" bildete.[17]

Margaret Deacon, Scientists and the Sea 1650–1900. A study of marine science, London u.a. 1971, S. 367ff.

16 Göllnitz, Karrieresprungbrett (wie Anm. 1), S. 236ff. Die von Robert A. Stafford verwendete Definition greift m.E. zu kurz, da sie nur zwischen dem verwegen imaginierten Expeditions- und Forschungsreisenden im Auftrag seiner Majestät auf der einen und dem *gentleman scholar* auf der anderen Seite unterscheidet. Vgl. dazu ausführlich Robert Stafford, Scientific Exploration and Empire, in: The Oxford History of the British Empire, Bd. 3: The Nineteenth Century, hrsg. von Andrew Porter, Oxford 1999, S. 294–319, hier S. 295ff.

17 Stefan Fisch, Forschungsreisen im 19. Jahrhundert, in: Der Reisebericht. Die Entwicklung einer Gattung in der deutschen Literatur, hrsg. von Peter J. Brenner, Frankfurt am Main 1989, S. 383–405, hier S. 383f. Zu ähnlichen Problemen einer Rollendefinition des „wissenschaftlichen Forschungsreisenden" siehe Cornelia Essner, Deutsche Afrikareisende im neunzehnten Jahrhundert. Zur Sozialgeschichte des Reisens (Beiträge zur Kolonial- und Überseegeschichte Bd. 32), Stuttgart

Ebenso erscheint ein Rückgriff auf die Termini Entdeckung und Erkundung nicht befriedigend, deren gängige Deutung auf James Cook zurückgeht, der zwischen Entdeckung – im Sinne von Auffinden – und Erkundung – im Sinne von Vermessung, Bestandsaufnahme und Beschreibung – unterschied: „The World will hardly admit of an excuse for a man leaving a coast unexplored he has once discovered.“[18] Aus diesem Grund empfiehlt sich für die weiteren Überlegungen folgende Definition von wissenschaftlichen Expeditions- und Forschungsreisen:[19] Demnach bildeten natur- und/oder kulturwissenschaftliche Ziele und Aufgaben einen wichtigen, bereits bei der Planung und Ausrüstung berücksichtigten Bestandteil der Unternehmung und waren damit kein bloßes Abfallprodukt wirtschaftlicher, militärischer oder diplomatischer Direktiven. Dies schließt zudem die generelle Absicht mit ein, die fachgerechte Untersuchung der Materialien sowie die fachkundige Einbettung der Ergebnisse in den allgemeinen Forschungskontext zu gewährleisten und dadurch die wesentlichen wissenschaftlichen Erkenntnisse einer internationalen *scientific community* zur Verfügung zu stellen, ganz gleich ob durch Publikationen im Anschluss oder auch schon während der Forschungsreise. Die Teilnahme akademisch ausgebildeten Personals, dessen Kompetenzen und Qualifikationen auf den jeweils zu untersuchenden Forschungsfeldern lagen beziehungsweise die über grundlegende Kenntnisse benachbarter Disziplinen verfügten, ist damit als (wünschenswerte) Voraussetzung zu betrachten.

Sinnvollerweise waren die späteren Teilnehmer oder aber qualifizierte Kollegen bereits in die wissenschaftliche Konzeption und Vorbereitung der Expeditionen involviert, um durch die fachgerechte Ausstattung mit den benötigten

---

1985. Wie namentlich Wolfgang Treue herausgearbeitet hat, war beispielsweise für die Reisenden des Spätmittelalters und der Frühen Neuzeit das Reisen nur in den seltensten Fällen reiner Selbstzweck. Vielmehr spielten dabei Neugier und Abenteuerlust ebenso eine Rolle wie der Erwerb klar definierter Kenntnisse in den Bereichen Fremdsprachen, Fachwissen oder Landeskunde. In einigen Fällen ging es auch schlicht um die Generierung eines Nimbus des Gereisten. Vgl. dazu Wolfgang Treue, Abenteuer und Anerkennung. Reisende und Gereiste in Spätmittelalter und Frühneuzeit (1400–1700), Paderborn 2014, S. 264.

18 Auszug aus Captain James Cooks Journal, zitiert nach: John Noble Wilford, The Mapmakers, New York 2000, S. 174. Zu den Begriffen der Entdeckung und Erkundung siehe exemplarisch Jürgen Osterhammel, Entdeckung und Eroberung, Neugier und Gewalt. Modelle frühneuzeitlichen Kulturkontaktes, in: Ders., Geschichtswissenschaft jenseits des Nationalstaats. Studien zu Beziehungsgeschichte und Zivilisationsvergleich (Kritische Studien zur Geschichtswissenschaft Bd. 147), Göttingen 2001, S. 183–202, hier S. 186f.; John Horace Parry, The Age of Reconnaissance. Discovery, Exploration and Settlement 1450–1650 (Histories of civilization), London 1963, S. 17.

19 Dazu und zum Folgenden siehe ausführlich Göllnitz, Karrieresprungbrett (wie Anm. 1), S. 238f.

Apparaturen, grundlegenden Publikationen sowie weiteren wichtigen Instrumenten ein möglichst störungsfreies wissenschaftliches Arbeiten zu gewährleisten. Im günstigsten Fall übernahmen die Forschungsreisenden ferner die wissenschaftliche Auswertung der Ergebnisse oder leiteten geeignete nationale oder internationale Fachkollegen zu diesem Zweck an, wobei wissenschaftliche Netzwerke für den Forschungsertrag einer Expedition entscheidend sein konnten. Denn auch nach Abschluss des eigentlichen Reiseaktes wurden für die Untersuchung und Ausarbeitung der Materialien, Beobachtungen und Messungen finanzielle, personelle, strukturelle oder apparativ-institutionelle Ressourcen benötigt, deren Bereitstellung von verschiedenen inner- und außeruniversitären Faktoren abhängig war.[20] Für die hier zu untersuchende, auf ozeanographische Fragestellungen konzentrierte Challenger-Expedition boten im letzten Drittel des 19. Jahrhunderts vor allem die Universitäten in Edinburgh und Kiel ideale Voraussetzungen, worauf im Verlauf dieses Beitrages noch einzugehen sein wird.

„The Dredge is up“: Die Challenger-Expedition (1872–1876)

Salopp formuliert war die umgerüstete Dampf-Korvette „Challenger“ nicht weniger als eine schwimmende Akademie, als sie im Dezember 1872 England verließ.[21] Denn 20 der ursprünglich 22 Kanonen waren zugunsten der

20 Diesbezüglich siehe Mitchell G. Ash, Wissenschaft und Politik als Ressourcen für einander, in: Wissenschaften und Wissenschaftspolitik. Bestandsaufnahmen zu Formationen, Brüchen und Kontinuitäten im Deutschland des 20. Jahrhunderts, hrsg. von Rüdiger vom Bruch und Brigitte Kaderas, Stuttgart 2002, S. 32–51; Ders., Wissenschaft und Politik. Eine Beziehungsgeschichte im 20. Jahrhundert, in: Archiv für Sozialgeschichte 50 (2010), S. 11–46; Ders., Wissenschaft(en) und Öffentlichkeit(en) als Ressourcen füreinander. Weiterführende Bemerkungen zur Beziehungsgeschichte, in: Wissenschaft und Öffentlichkeit als Ressourcen füreinander. Studien zur Wissenschaftsgeschichte im 20. Jahrhundert, hrsg. von Sybilla Nikolow und Arne Schirrmacher, Frankfurt am Main u.a. 2007, S. 349–365; Rüdiger vom Bruch/Aleksandra Pawliczek, Einleitung. Zum Verhältnis von politischem und Wissenschaftswandel, in: Kontinuitäten und Diskontinuitäten in der Wissenschaftsgeschichte des 20. Jahrhunderts (Wissenschaft, Politik und Gesellschaft Bd. 1), hrsg. von Rüdiger vom Bruch, Uta Gerhardt und Aleksandra Pawliczek, Stuttgart 2006, S. 9–17; Sybilla Nikolow/Arne Schirrmacher, Das Verhältnis von Wissenschaft und Öffentlichkeit als Beziehungsgeschichte. Historiographische und systematische Perspektiven, in: Wissenschaft und Öffentlichkeit als Ressourcen füreinander. Studien zur Wissenschaftsgeschichte im 20. Jahrhundert, hrsg. von dens., Frankfurt am Main u.a. 2007, S. 11–36; Margit Szöllösi-Janze, Wissensgesellschaft in Deutschland. Überlegungen zur Neubestimmung der deutschen Zeitgeschichte über Verwissenschaftlichungsprozesse, in: Geschichte und Gesellschaft 30 (2004), S. 277–313.

21 Zum Reiseverlauf der „Challenger“, zu der genauen Route und zu den einzelnen Ereignissen siehe ausführlich Harold L. Burstyn, Science and government in the

Unterkünfte für die Forscher sowie für ein chemisches Labor und eine biologische Werkstatt entfernt worden. Dabei mussten die Wissenschaftler auf keinen Luxus verzichten – so fanden sich in der biologischen Werkstatt beispielsweise Arbeitsplatten, eine Pflanzenpresse oder von der Decke hängende Tische, damit die Präparate exotischer Meerestiere auch bei Wind und Wetter sicher liegen blieben. Eine kleine Fachbibliothek und am Werktisch festverschraubte Mikroskope gehörten weiterhin ebenso zum Standardrepertoire der Ausrüstung wie Hummertöpfe, Harpunen und ein riesiger Tank, aus dem während der Unternehmung letztlich mehrere tausend Liter hochprozentiger Alkohol in rund 10.000 Gläser, Flaschen und Schalen abgefüllt wurde – weniger für die an Bord befindlichen Matrosen der englischen Admiralität als vielmehr für die Konservierung gefundener Meerestiere. Einen nicht geringen Anteil an der Ausstattung des als hervorragend einzustufenden Laboratoriums hatte die Christian-Albrechts-Universität zu Kiel (CAU) beigesteuert, unter anderem besondere Wasserschöpfer sowie „a genious modification of Bunsen's apparatus, by Dr. Jacobsen of Kiel, [which] is used for boiling the atmospheric gases out of the sea-water".[22]

---

nineteenth century: the Challenger expedition and its report, in: Bulletin de l'Institut Océanographique 2 (1968), S. 603–613; Eric Linklater, The voyage of the Challenger, London 1972; Maurice Yonge, The inception and significance of the Challenger Expedition, in: Proceedings of the Royal Society of Edinburgh, Section B (Biology) 72 (1971/72), S. 1–13. Zeitgenössisch hingegen William James Joseph Spry, Die Expedition des Challenger. Eine wissenschaftliche Reise um die Welt, die erste in großartigem Maßstabe ausgeführte Erforschung der Tiefen der Oceane in populärer Darstellung, übersetzt von Hugo von Wobeser, Leipzig 1877; Henry Nottidge Moseley, Notes by a naturalist on the „Challenger". Being an account of various observations made during the voyage of H.M.S. „Challenger" round the world, in the years 1872–1876, London 1879; Charles Wyville Thomson/John Murray (Hrsg.), Report on the scientific results of the voyage of H.M.S. Challenger-Expedition during the years 1873–1876, Bd. 1: Narrative, London 1885.

22 Wyville Thomson, The Voyage of the Challenger. The Atlantic, Bd. 1, London 1877, S. 22. Ferner Gerhard Kortum, Der holsteinische Beitrag zur britischen „Challenger"-Expedition 1872–1876. Zum Leben und Werk des Zoologen Rudolph von Willemoes-Suhm (1847–1875). Ein Beitrag zur Geschichte der Meeresforschung, in: Schriften des Naturwissenschaftlichen Vereins für Schleswig-Holstein 66 (1996), S. 97–134, hier S. 104f.

Abb. 1: Das scientific corps *der Challenger gemeinsam mit Vertretern der Royal Society am 6. Dezember 1872 im Hafen von Sheerness.*

Bis zu ihrer Rückkehr im Mai 1876 legten die Expeditionsteilnehmer nahezu 69.000 Seemeilen zurück, verbrachten 713 von 1.606 Reisetagen auf offener See und sammelten dabei etwa 13.000 Tier- und Pflanzenarten – davon waren mehr als 4.000 Tierarten sogar Neuentdeckungen.[23] Aber auch in anderer Hinsicht stellte das Projekt Rekorde auf: Am 23. März 1875 lotete die Besatzung auf der Höhe der Marianen-Inseln die zu diesem Zeitpunkt größte Meerestiefe mit fast 8.200 Metern. An dieser Stelle lohnt es sich, kurz einen Blick auf die alltägliche Arbeit des Wissenschaftlerteams zu werfen. Eine Beschreibung des Assistenten des Schiffsstewards, Joseph Matkin (1853–1927), drängt sich dafür geradezu auf. Und auch wenn der Bericht nur mit einem Augenzwinkern zu lesen ist, trifft er doch zumindest teilweise einen wahren Kern und spiegelt wohl die Perspektive eines Großteils der akademisch ungebildeten Crew wider:

23 Zum Folgenden siehe Deacon, Scientists (wie Anm. 15), S. 333–358. Diesbezüglich und zur Organisation der Challenger-Expedition vgl. Harold L. Burstyn, Pioneering in Large-scale Scientific Organisation: The Challenger Expedition and its Report. Launching the Expedition, in: Proceedings of the Royal Society of Edinburgh, Section B (Biology) 72 (1971/72), S. 47–61, hier S. 54ff.; Daniel Merriman, Challengers of Neptune: the ‚Philosophers', in: Proceedings of the Royal Society of Edinburgh, Section B (Biology) 72 (1971/72), S. 15–45, hier S. 19ff.

„We were five days on the way to Gibraltar, distant from Lisbon 400 miles, but the best part of each day was spent in Dredging, Sounding etc., with Fishing, which, on the whole was very successful. No more line was lost, and a good deal has been done by the Scientific party, when the dredge is hauled up they stand round in their shirt sleeves, and commence over-hauling the mud for fish etc., and as soon as they get any, down they all go to dissect and pickle them in glass jars. [...] of course the Scientifics were in rare good humour and took them down to the analysing room, where they christened them over some bottles of Champagne; I forget the name with which they were honoured but should know it by sight as it was composed of about forty letters."[24]

Es verwundert dementsprechend nur wenig, dass die 1881 begonnene Herausgabe der wissenschaftlichen Ergebnisse bis zum Jahr 1895 andauerte und schließlich 50 voluminöse Bände mit über 295.000 Seiten umfasste. Insgesamt verfolgte die Expedition eine konkrete Aufgabenstellung, die sich von der Erforschung der physikalischen Bedingungen der Tiefsee, der Bestimmung der chemischen Zusammensetzung des Seewassers über die Erfassung der physikalischen und chemischen Merkmale der Tiefseeablagerungen bis hin zur Untersuchung der Verteilung organischen Lebens in verschiedenen Tiefen und am Meeresboden erstreckte. Für die Admiralität sollten zudem anthropologische Untersuchungen sowie die Erfassung von Fauna und Flora der angelaufenen Inseln und Festlandgebiete vorgenommen werden.[25] Die Challenger-Expedition war damit die erste globale Seeexpedition, die zu einem reinen Forschungszweck konzipiert worden war, gleichwohl wissenschaftliches Interesse und die wachsende Verbreitung der Tiefseekabel, für deren sichere Verlegung man freilich Informationen über die Beschaffenheit des Meeresbodens benötigte, hier Hand in Hand gingen.[26] Zugleich markierte die Reise das Ende der hydrographischen Aktivitäten der Admiralität.

---

24 Scripps Institution of Oceanography (San Diego, Californian), Swann Letterbook, Brief Joseph Matkins an seinen Cousin John Thomas Swann vom 20.1.1873 (nahe Gibraltar). Lesenswert ist zugleich: Philip F. Rehbock (Hrsg.), At sea with the scientifics. The Challenger letters of Joseph Matkin, Honolulu 1992. Einen analytischen Einblick in die Briefe Matkins liefert Ders., Challenger from Below-Decks: The Letters of Seaman Joseph Matkin, in: Ocean Sciences: Their History and Relation to Man (Deutsche Hydrographische Zeitschrift: Ergänzungsheft Reihe B Bd. 22), hrsg. von Walter Lenz und Margaret Deacon, Hamburg 1990, S. 30–33.

25 Rudolf von Willemoes-Suhm, Die Challenger-Expedition. Zum tiefsten Punkt der Weltmeere 1872–1876, hrsg., bearbeitet u. eingeleitet von Gerhard H. Müller, Wiesbaden 2015, S. 22.

26 Julia Angster, Erdbeeren und Piraten. Die Royal Navy und die Ordnung der Welt 1770–1860, 2. Aufl., Göttingen 2012, S. 131; Richard J. Ruggles, Geographical Exploration by the English, in: The Pacific Basin. A History of Its Geographical Exploration, hrsg. von Herman Friis, New York 1967, S. 221–255, S. 254f. Siehe

Mit Ausnahme des deutschen Rudolf von Willemoes-Suhm gehörten dem übrigen *scientific corps* der „Challenger“, von den Matrosen nur „Philosophen“ genannt, ausschließlich britische Wissenschaftler an: Die Leitung der Expedition übernahm der Zoologe Wyville Thomson (1830–1882), der seit 1870 den Lehrstuhl für Naturgeschichte in Edinburgh innehatte.[27] Zudem ergänzten der Chemiker und Physiker John Young Buchanan (1844–1925), der Mediziner und Ozeanograph John Murray (1841–1914) sowie der Anatom und Zoologe Henry Nottidge Moseley (1844–1891) das Team.[28]

In den nachfolgenden Ausführungen liegt der Schwerpunkt vornehmlich auf dem deutschen Naturwissenschaftler Willemoes-Suhm; es geht um dessen akademische Laufbahn, um seine Motive und Ziele, um seine Aufnahme in das *scientific corps* und letztlich um die sich ihm bietenden Karrieremöglichkeiten im Anschluss an das Challenger-Projekt. Es geht dabei nicht um die Geschichte der wissenschaftlichen Unternehmung insgesamt, weshalb der Expeditionsverlauf im Fortgang der Studie nur noch am Rande zu diskutieren sein wird. Ist man indes versucht, bereits an dieser Stelle die Definitionskriterien wissenschaftlicher Forschungsreisen an die Challenger-Expedition im Allgemeinen und an die daran beteiligten Wissenschaftler im Besonderen anzulegen, kann bilanzierend festgehalten werden, dass die britische Weltumsegelung vor allem hinsichtlich Organisation und Zielsetzung geradezu einen Idealtyp verkörpert.

„The German Challenger of Neptune“: Biographie eines (Un)Bekannten?

Gleichwohl sich die anglo-amerikanische Wissenschaftshistoriographie bereits ausführlich mit der Challenger-Expedition befasst hat, kann die Geschichte der britischen Weltumsegelung keineswegs als „ausgeforscht“ gelten. So hat das Expeditionsmitglied Willemoes-Suhm kaum Niederschlag in der internationalen Forschungsliteratur gefunden; lediglich eine Handvoll nationaler

---

auch Susan Schlee, Die Erforschung der Weltmeere. Eine Geschichte ozeanographischer Unternehmungen, Oldenburg u.a. 1974.

27 Vgl. William Herdman, Sir C. Wyville Thomson and the ‚Challenger‘ Expedition, in: Founders of oceanography and their work. An introduction to the science of the sea, hrsg. von William A. Herdman, London 1923, S. 37–67.

28 Vgl. ausführlich Merriman, Challengers (wie Anm. 23), S. 19ff. Siehe ferner Richard Corfield, The chemist who saved biology, in: Chemistry World 5 (2008), S. 56–60; Harold L. Burstyn, Science Pays Off: Sir John Murray and the Christmas Island Phosphate Industry, 1886–1914, in: Social Studies of Science 5 (1975) H. 1, S. 5–34.

Beiträge widmet sich dem Naturwissenschaftler en détail.[29] Die Autoren bedienen sich dafür vornehmlich einer biographischen Herangehensweise, ohne dabei eine quellenkritische Perspektive einzunehmen oder analysierend vorzugehen.[30] Insbesondere die verdienstvollen Studien des Geographen Gerhard Kortum, seines Zeichens wissenschaftlicher Direktor und Kustos am Kieler Institut für Meereskunde (1987–2003) sowie außerplanmäßiger Professor an der CAU (1989–2003), fühlen sich streckenweise einer „history in science" verpflichtet, wonach „die Geschichte einer Wissenschaft zur jeweiligen Disziplin gehört und aus ihr heraus zu erforschen" sei.[31] Wertvolle Konvergenzen ergeben sich demgegenüber erst durch eine enge Zusammenarbeit zwischen Wissenschaftsgeschichte und allgemeiner Geschichtsforschung; letztlich ermöglicht wohl erst eine interdisziplinäre Kooperation „an integrated perspective on science".[32] Im Umkehrschluss bedeutet dies für die nachfolgenden Ausführungen, dass zugleich eine Brücke zu den naturwissenschaftlichen

29 Die nachfolgenden Hinweise zur Biographie Rudolf von Willemoes-Suhms basieren im Wesentlichen auf einem von Willemoes-Suhm im Jahr 1871 verfassten Lebenslauf für seine Habilitation: Universitätsarchiv München, Littera E, Abteilung II, Nr. 700, Lebenslauf Willemoes-Suhms vom Dezember 1871. Ergänzend dazu siehe folgende Studien: Siegfried Büchner, Rudolf v. Willemoes-Suhm (11.9.1847–13.9.1875). Andenken an einen jungen holsteinischen Forschungsreisenden, in: Steinburger Jahrbuch 17 (1973), S. 23–32; Kortum, Der holsteinische Beitrag (wie Anm. 22); Ders., The German Challenger of Neptune. The short life und tragic death of Rudolph von Willemoes-Suhm, in: Ocean Challenge 8 (1998), S. 42–46; Ders., The German Challenger of Neptune. On the short life and tragic death of Rudolph von Willemoes-Suhm (1847–1875) and a memorial plate on graveyard in Holstein, in: The History of Oceanography 8 (1996), S. 3–6; Ders., Über den „Challenger"-Gedenkstein in Bad Segeberg. Bemerkungen zum Leben und Werk von Rudolph von Willemoes-Suhm (1847–1875), in: Mitteilungen der Deutschen Gesellschaft für Meeresforschung Jg. (1996) H. 3, S. 12–14. Weitere Anmerkungen zu Willemoes-Suhm werden vor allem in Bezug zu erhaltenen zeitgenössischen Quellen gesetzt.

30 Zu neueren Trends in der Biographik siehe exemplarisch Simone Lässig, Die historische Biographie auf neuen Wegen?, in: Geschichte in Wissenschaft und Unterricht 60 (2009), S. 540–553; Hans-Erich Bödeker, Biographie. Annäherung an den gegenwärtigen Forschungs- und Diskussionsstand, in: Biographie schreiben (Göttinger Gespräche zur Geschichtswissenschaft Bd. 18), hrsg. von dems., Göttingen 2003, S. 9–63.

31 Szöllösi-Janze, Lebens-Geschichte (wie Anm. 2), S. 18. Siehe auch Oliver Auge/Martin Göllnitz, Die Christian-Albrechts-Universität und ihre Geschichtsschreibung, in: Christiana Albertina 78 (2014), S. 38–58, hier S. 52.

32 Helge Kragh, An Introduction to the Historiography of Science, Cambridge u.a. 1987, S. 171.

Beiträgen Kortums geschlagen und damit zumindest rückwirkend eine Vernetzung zwischen den Disziplinen angestrebt wird. Ohne eine derartige – in diesem Fall theoretische – Verknüpfung liefert eine Betrachtung der Challenger-Expedition oder Willemoes-Suhms nur das vielzitierte „leere Gehäuse".[33] Denn eines sollte inzwischen hinreichend deutlich geworden sein: Die Verbindung von *content* und *context* ist in der Geschichte der Expeditions- und Forschungsreisen unerlässlich.

Unter diesen Voraussetzungen lässt sich gleichfalls eine Brücke zur Sozialgeschichte schlagen, infolge dessen der Protagonist der Biographik nicht bloß als Forschungsobjekt zu betrachten ist, sondern als analytische Sonde zur Erfassung überindividueller Prozesse dient.[34] Oder anders gewendet: Es ist folglich zu einer conditio sine qua non der biographischen Forschung neueren Zuschnitts geworden, über das spezifische Untersuchungsobjekt hinausgehende Fragen zu bearbeiten.[35] Heute gilt es als Grundvoraussetzung moderner Biographik, im Sinne einer breiten Kontextualisierung den Lebenslauf einer Person nicht mehr losgelöst von der Ausgangssituation zu betrachten. Entfaltungs- und Entscheidungsmöglichkeiten werden durch die Sozialisation im Kindesalter und spätere Einflüsse wesentlich mitbestimmt.[36] Regionale, konfessionelle und soziale Strukturen stellen somit nicht zu unterschätzende Determinanten im politischen, gesellschaftlichen oder wissenschaftlichen Koordinatensystem der Menschen dar.

---

33 Rüdiger vom Bruch, Wissenschaft im Gehäuse: Vom Nutzen und Nachteil institutionsgeschichtlicher Perspektiven, in: Berichte zur Wissenschaftsgeschichte 23 (2000), S. 37–49, hier S. 37ff.

34 Anita Runge, Wissenschaftliche Biographik, in: Handbuch Biographie. Methoden, Traditionen, Theorien, hrsg. von Christian Klein, Stuttgart u.a. 2009, S. 113–121, hier S. 115; Cornelia Rauh-Kühne, Das Individuum und seine Geschichte. Konjunkturen der Biographik, in: Neueste Zeit, hrsg. von Andreas Wirsching, München 2006, S. 215–232, hier S. 215f.

35 Carsten Mish, Otto Scheel (1876–1954). Eine biographische Studie zu Lutherforschung, Landeshistoriographie und deutsch-dänischen Beziehungen (Arbeiten zur Kirchlichen Zeitgeschichte, Reihe B: Darstellungen Bd. 61), Göttingen 2015, S. 16. Siehe ferner Lutz Raphael, Geschichtswissenschaft im Zeitalter der Extreme. Theorien, Methoden und Tendenzen von 1900 bis zur Gegenwart, München 2003, S. 17.

36 Klaus A. Schneewind, Sozialisation in der Familie, in: Handbuch der Sozialisationsforschung, hrsg. von Matthias Grundmann, Klaus Hurrelmann und Sabine Walper, 7. Aufl., Weinheim u.a. 2008, S. 256–273, hier S. 256ff.; Klaus Hurrelmann, Einführung in die Sozialisationstheorie, Weinheim u.a. 2002, S. 127–186.

Abb. 2: Porträt Rudolf von Willemoes-Suhms aus dem Jahr 1872.

Dies trifft freilich auch auf die Biographie von Willemoes-Suhm zu: Der am 11. September 1847 in Glückstadt geborene Sohn eines Landrates wuchs in Holstein auf und legte Ostern 1866 am Johanneum in Hamburg sein Abitur ab. Bereits zu diesem Zeitpunkt befasste sich der spätere Zoologe mit naturkundlichen Beobachtungen und scheute nicht davor zurück, seine Erkenntnisse in der Frankfurter Zeitschrift „Der Zoologische Garten" einem breiten Publikum zugänglich zu machen.[37] Schnell folgten dort größere Arbeiten speziell

37 Zuschriften Rudolf von Willemoes-Suhms vom 21.6.1864 und vom 4.8.1864, in: Der Zoologische Garten 5 (1864), S. 267f., 306, 343f.

zur Vogelfauna Norddeutschlands.[38] Trotz des jungen Alters resümierte der Hobby-Ornithologe in diesem Zusammenhang fast schon altklug, dass die „geographische Verbreitung der Arten“ einen der wichtigsten Zweige der Naturwissenschaften darstelle und der interessierte Forscher an der Erweiterung dieser Kenntnisse seinen Beitrag zu leisten habe – aber „Vieles, sehr Vieles ist noch dabei zu thun übrig.“[39]

Im Anschluss an das Abitur studierte er zwei Semester Rechtswissenschaft in Bonn, wechselte aber alsbald nach München, um sich ab dem Wintersemester 1867/68 endgültig dem Studium der Zoologie zu widmen. In Göttingen wurde er schließlich im Februar 1870 mit einer Arbeit über die Anatomie und Entwicklung einiger Parasiten aus der Familie der Trematoden und Nemathelminthen promoviert.[40] Zu Studienzwecken hatte sich der Zoologe Ende des Jahres 1869 auch nach La Spezia und Genua begeben, wo er erste wissenschaftliche Netzwerke zum Gründer des Museo Civico di Storia Naturale, Giacomo Doria (1840–1913), knüpfte.[41] Was wohl heute mit dem Gütesiegel der „akademischen Mobilität“ versehen werden würde, gehörte für die Wissenschaftler des 19. und auch noch des 20. Jahrhunderts zur Grundlagenarbeit – keinesfalls lässt sich daraus ein früher Beleg für „Fernweh“ oder allgemeine Reiselust ablesen, wie es in anderen Akademikerbiographien oft genug der Fall ist.

Bereits während seines Studiums in der bayerischen Universitätsstadt hatte Willemoes-Suhm engere Bekanntschaft mit Carl von Siebold (1804–1885), dem Münchener Ordinarius für vergleichende Anatomie und Zoologie, gemacht, der ihm 1871 eine Assistentenstelle anbot.[42] Im gleichen Jahr erfolgte in München zudem seine Habilitation, sodass der junge Holsteiner mit nur 24 Jahren bereits als Privatdozent an der Ludwig-Maximilians-Universität (LMU) lehrte und forschte. Seine Habilitationsschrift „Biologische Studien über niedere Thiere“ basierte auf biologischen Materialien, die der Nachwuchswissenschaftler im

---

38 Vgl. exemplarisch Rudolf von Willemoes-Suhm, Beiträge zur Vogelfauna Norddeutschlands, in: Der Zoologische Garten 6 (1865), S. 76–78; Ders., Die Albinos unter den Vögeln des Hamburger Museums, in: Der Zoologische Garten 6 (1865), S. 407–410; Ders., Die Raubvögel der Gegend von Hamburg-Altona, in: Der Zoologische Garten 7 (1866), S. 182–186, 219–221.

39 Ders., Raubvögel (wie Anm. 38), S. 183.

40 Ders., Ueber einige Trematoden und Nemathelminthen, Leipzig 1870. Am 17. April 1869 hatte er sich an der Georg-August-Universität Göttingen eingeschrieben. Die Dissertation war Carl von Siebold gewidmet.

41 Zum Museum siehe Roberto Poggi, Short history of the Museo Civico di Storia Naturale „Giacomo Doria“ in Genoa, Italy, in: Archives of Natural History 11 (1982), S. 107–122. Der Italiener Giacomo Doria erlangte eine gewisse Bekanntheit durch seine Reisen nach Sumatra, Borneo und Persien.

42 Zu Carl von Siebold siehe Franz von Winckel, Art. „Siebold, Karl Theodor Ernst v.“, in: Allgemeine Deutsche Biographie 34 (1892), S. 186–188.

Sommersemester 1870 an der Kieler Förde gesammelt hatte, wo er in engem Kontakt mit Carl von Kupffer (1829–1902), ordentlicher Professor für Anatomie an der CAU, stand.[43] Gemeinsam machten sie zahlreiche Fischzüge in der Kieler Bucht und korrespondierten in der Folgezeit verstärkt über ihre biologischen Beobachtungen.[44] Zwischenzeitlich wurden die Arbeiten an seiner Qualifikationsschrift allerdings durch die Einberufung zu dem in Kassel stationierten zweiten Hessischen Husarenregiment, im Zuge des Deutsch-Französischen Krieges (1870/71), unterbunden.[45]

Erstmals im Sommersemester 1872 las Willemoes-Suhm an der LMU öffentlich zur „Biologie wirbelloser Thiere", einem Thema also, mit dem er sich bereits in seiner Habilitationsschrift ausführlich befasst hatte.[46] Zusätzlich leitete er viermal wöchentlich ein „zoologisch-zootomisches Practicum", welches er ferner in Ergänzung für das folgende Wintersemester 1872/73 wieder anbot. Darüber hinaus vermerkt das Vorlesungsverzeichnis für das Winterhalbjahr eine Vorlesung „Ueber die Parasiten des Menschen und der Haussäugethiere". Doch noch vor Beginn des neuen Semesters schloss sich der junge Zoologe auf Empfehlung Siebolds und Kupffers im September 1872

43 Rudolf von Willemoes-Suhm, Biologische Beobachtungen über niedere Thiere, Leipzig 1871. Siehe auch die separaten Abdrucke: Ders., Biologische Beobachtungen über niedere Meeresthiere, in: Zeitschrift für wissenschaftliche Zoologie 21 (1871), S. 380–396; Ders., Zur Naturgeschichte des Polystoma integerrimum und des P. ocellatum Rud., in: Zeitschrift für wissenschaftliche Zoologie 22 (1872), S. 29–39.

44 Telse Hillmann, Der Anatom Carl von Kupffer (1829–1902). Persönlichkeit und Wirken, Diss. med., Kiel 1981, S. 41; Büchner, Andenken (wie Anm. 29), S. 27.

45 Willemoes-Suhm, Meeresthiere (wie Anm. 43), S. 394. Tatsächlich wirft dessen Teilnahme am Deutsch-Französischen Krieg einige Fragen auf, die in der Forschung bisher kaum Beachtung gefunden haben. So schreiben Kortum, Der holsteinische Beitrag (wie Anm. 22), S. 121, und analog Büchner, Andenken (wie Anm. 29), S. 27, Willemoes-Suhm habe in einem „Ersatzschwadron in Kassel ohne Einsatz im Felde" gedient. Demgegenüber erwähnt Joseph Matkin, ein Zeitgenosse Willemoes-Suhms, dass der deutsche Zoologe kurz vor seinem Tode im Delirium vom Deutsch-Französischen Krieg berichtete. Demzufolge nahm er als einfacher Soldat an diversen Gefechten teil und wurde infolgedessen sogar verwundet. Die Schilderung Matkins erscheint m.E. durchaus glaubwürdig, da dieser weiterhin vermerkt, dass Willemoes-Suhm auf Deutsch gesprochen habe und der anwesende John Young Buchanan simultan übersetzte. Vgl. Brief Matkins an seine Mutter vom 15.9.1875, abgedruckt in: Rehbock (Hrsg.), At sea with the scientifics (wie Anm. 24), S. 285–286. Die Behauptung Kortums und Büchners dürfte somit widerlegt sein.

46 Dazu und zum Folgenden siehe Verzeichnis der Vorlesungen an der königlichen Ludwig-Maximilians-Universität zu München im Sommer-Semester 1872, S. 11; Verzeichnis der Vorlesungen an der königlichen Ludwig-Maximilians-Universität zu München im Winter-Semester 1872/73, S. 11. Büchner, Andenken (wie Anm. 29), S. 27, bemerkt, dass Willemoes-Suhm während dieser Zeit Kontakt zum bekannten Augenarzt Herzog Carl Theodor von Bayern pflegte, der sich für zoologische Fragen interessierte.

zunächst einer dänischen Expedition zu den Färöern an, um die regionale Fauna der Inselgruppe zu erfassen und zu beschreiben.

„Mit der englischen Expedition um die Erde abzusegeln“: Die Einladung Thomsons

Die von dänischen Wissenschaftlern organisierte, auf drei Wochen angelegte Forschungsreise zu der zwischen Schottland und Island gelegenen Inselgruppe galt vornehmlich Kohleuntersuchungen, weshalb sich Willemoes-Suhm schon am ersten Tag von seinen Begleitern trennte und den Aufenthalt in Torshawn verbrachte.[47] Dort konnte er „vom Lande aus mit dem Schleppnetze arbeiten und an einem Tische sitzend das Gefangene durchsuchen“, wobei es sich mehrheitlich um eine bestimmte Klasse der Ringelwürmer (Polychaeta) handelte.[48] Zu einer größeren Ausarbeitung erster Ergebnisse reichte die Zeit indes nicht aus, da die Rückreise bereits auf den 2. Oktober datiert worden war – mit einem Zwischenstopp über Edinburgh, um dort Kohle aufzunehmen. Dieser Reiseverlauf bot dem Zoologen zugleich die Gelegenheit, bei dem bekannten Tiefseeforscher und Leiter der Challenger-Expedition Wyville Thomson vorstellig zu werden; ein Entschluss, den Willemoes-Suhm offenkundig schon auf den Färöern fasste, wie einem Brief an dessen Mutter entnommen werden kann.[49] Thomson, der bereits mit einigen Arbeiten des Holsteiners vertraut war, schlug dem deutschen Zoologen beim ersten Aufeinandertreffen vor, die englische Forschungsreise als Ersatzmann des aus nicht bekannten Gründen zurückgetretenen William Stirling zu begleiten.[50] Der junge Zoologe erbat sich einige Bedenkzeit und nahm – zurück in Kopenhagen – mit seinem akademischen Lehrer Siebold Kontakt auf. Dabei ging es vor allem um seine

47 Dazu siehe Rudolf von Willemoes-Suhm, Danish expedition to the Faroes, in: Nature 6 (1872), S. 394–395.

48 Brief Willemoes-Suhms an seine Mutter vom 20.9.1872, in: Challenger-Briefe von Rudolf v. Willemoes-Suhm 1872–1875. Nach dem Tode des Verfassers hrsg. von seiner Mutter, Leipzig 1877, S. 1–3, hier S. 2. Im Folgenden wird Rudolf von Willemoes-Suhm im Briefverkehr mit RvWS abgekürzt. Zu den Färöer Forschungen siehe Rudolf von Willemoes-Suhm, Ueber die Anneliden an den Küsten der Faer-Oer, in: Zeitschrift für wissenschaftliche Zoologie 23 (1873), S. 346–349; Ders., Ueber die Fauna der Binnenseen auf den Faer-Oer. Mit einem Zusatz von C. v. Siebold, in: Zeitschrift für wissenschaftliche Zoologie 23 (1873), S. 349–353; Ders., Remarks on the zoology of the Faroe islands, in: Nature 7 (1873), S. 105–106.

49 Brief RvWS an seine Mutter vom 20.9.1872, in: Challenger-Briefe (wie Anm. 48), S. 1–3, hier S. 2.

50 Siehe Thomson, Voyage (wie Anm. 22), S. 92; A.L. Rice, Oceanographic fame – and fortune; the salaries of the sailors and scientists on HMS *Challenger*, in: Archives of Natural History 16 (1989) H. 2, S. 213–220, hier S. 213.

akademische Laufbahn und eine ihm von dem Naturwissenschaftler Thomas Henry Huxley (1825–1895) in Aussicht gestellte Position als Kurator in einem britischen Museum auf Ceylon:

> „Ich bat um Bedenkzeit, da ich vorher erst wegen der Ceylon-Angelegenheit mit Herrn *Huxley* reden müsse. [Thomson] meinte, ich solle doch nicht nach Ceylon gehen, dies sei ja viel vorteilhafter für mich und er werde an *Huxley* schreiben, um ihm dies vorzustellen. Ich fuhr also nach London und sprach mit *Huxley*, der mich, Dank sei es Ihrem Briefe, mit ausgezeichneter Liebenswürdigkeit empfing. Derselbe meinte, mit Ceylon sei noch nichts abgemacht, da der Gouverneur noch nicht geantwortet hatte, und eine solche Gelegenheit, wie sie sich mir jetzt biete, dürfe ich nicht ausschlagen. Ich sagte also ja und erhielt heute Nacht ein Telegramm, das mir meine amtliche Ernennung mittheilte. [...] Was sagen Sie nun dazu? Ich denke und hoffe, Sie werden es nicht missbilligen. Wenn sich einem im Leben etwas Glückliches darbietet, muss man, scheint mir, zugreifen und nicht zaudern. Was nach der Expedition aus mir wird, weiss ich noch nicht, und bitte ich deshalb heute um Urlaub, den mir als Privatdocenten der Senat der Universität in München wohl ertheilen wird."[51]

Willemoes-Suhm entschied sich also bewusst gegen eine Museumskarriere auf der fernen Insel Ceylon, die leicht in einer beruflichen Sackgasse hätte enden können. Im Dienst der englischen Krone wäre er in Indien schnell aus dem Sichtfeld der deutschen Hochschullandschaft geraten und hätte ohne Lehrerfahrungen nur schwerlich eine Berücksichtigung bei eventuellen Berufungsverhandlungen gefunden. Eine reguläre Tätigkeit als Privatdozent kam für ihn aber ebenfalls nicht in Betracht, da er diese als eine „trockene Beschäftigung" empfand, die ihm „auf die Länge ein schlimmeres Nervenfieber" bereiten würde.[52] Sein Brief an Siebold verdeutlicht außerdem, dass er die Expeditionsteilnahme keineswegs als sicheren Garanten für eine Universitätskarriere verstand, sondern vielmehr als einmalige Gelegenheit – mögliche Auswirkungen der Reise auf seine akademische Laufbahn ließ er hingegen offen. Auch im privaten Schriftwechsel verkannte er das Risiko einer derart langen Reise für seine beruflichen Erfolgsaussichten keineswegs, gab sich aber hoffnungsvoll: „[...] ich will später schon dafür sorgen, dass ich weiter komme."[53] Wohl deshalb besprach er noch Ende November 1872 mit dem Londoner Professor für Naturgeschichte, dem bereits

---

51 Brief RvWS an Siebold vom 20.10.1872, abgedruckt in: Von der Challenger-Expedition. Nachträge zu den Briefen an C. Th. E. v. Siebold von R. v. Willemoes-Suhm. VIII, in: Zeitschrift für wissenschaftliche Zoologie 29 (1877), S. CIX-CXXXVI, hier S. CIXf. Zu Thomas Henry Huxley siehe Adrain Desmond, Huxley. From devil's disciple to evolution's high priest, London 1998.

52 Brief RvWS an seine Mutter (undatiert), zitiert nach: Büchner, Andenken (wie Anm. 29), S. 28.

53 Brief RvWS an seine Mutter vom 20.10.1872, in: Challenger-Briefe (wie Anm. 48), S. 9.

erwähnten Huxley, „seine Zukunft“.[54] Leider haben sich diesbezüglich keine weiteren Informationen erhalten; es gilt allerdings als gesichert, dass der Brite die Teilnahme des deutschen Zoologen an der Expedition befürwortete und sich bei der Royal Society wiederholt für ihn stark machte.[55]

Da ihn die LMU zeitnah beurlaubte und Siebold zudem zusagte, die von Willemoes-Suhm begonnenen Färöer-Studien abzuschließen und zur Veröffentlichung zu bringen, stand einer Zusage, „mit der englischen Expedition um die Erde abzusegeln“, nichts mehr entgegen.[56] Mit der Ernennung Willemoes-Suhms zum wissenschaftlichen Zoologen der Expedition komplementierte die englische Admiralität am 20. Oktober 1872 das Wissenschaftlerteam der Challenger, sodass die Dampf-Korvette im Dezember 1872 – zumindest sinnbildhaft – die Segel zu einer dreieinhalb Jahre währenden Expeditionsfahrt setzen konnte.

Berufungsstrategie „Expeditionsteilnahme“ als Erfolgsfaktor?

Erste Karriereausblicke ergaben sich für den deutschen Nachwuchswissenschaftler bereits mit dem Antritt der Expedition, da in der Royal Society frühzeitig Pläne ventiliert wurden, nach Abschluss der Unternehmung ein eigenes Challenger-Büro an der Edinburgher Universität einzurichten, von wo aus die Materialien an geeignete Kollegen in aller Welt versandt werden sollten.[57] Die Zusammenführung der Ergebnisse und deren Publikation hatten aber unmittelbar an einem Ort zur erfolgen, wofür sich Edinburgh als wissenschaftliches Zentrum geradezu anbot – immerhin befand sich dort die universitäre Schnittstelle der beteiligten britischen Wissenschaftler.[58] Neben Thomson, der den Vorsitz des Challenger-Büros übernahm, lehrte und forschte ferner Buchanan als Fellow der Royal Society an der Universität. Murray hatte demgegenüber erst 1872 sein Studium in Edinburgh beendet und war als *Chief Assistent* für das Challenger-Büro vorgesehen. Lediglich Moseley und Willemoes-Suhm wiesen keine spezifischen Bezüge zum schottischen Hochschulstandort auf. Als Expeditionsteilnehmer sollten aber auch sie zum

54 Brief RvWS an seine Mutter vom 30.10.1872, in: Ebd., S. 10–12, hier S. 12.

55 Brief RvWS an seine Mutter vom 14.10.1872, in: Ebd., S. 7–9, hier S. 9.

56 Willemoes-Suhm, Fauna (wie Anm. 48), S. 352. Dort findet sich auch das Zitat. Verzeichnis der Vorlesungen an der königlichen Ludwig-Maximilians-Universität zu München im Sommer-Semester 1873, S. 11.

57 Yonge, The inception (wie Anm. 21), S. 12.

58 Zum allgemeinen Standing Edinburghs innerhalb der britischen Wissenschaftslandschaft des 18. und 19. Jahrhunderts vgl. Anthony E. Ritchie, Edinburgh's Place in Science and Medicine, in: Proceedings of the Royal Society of Edinburgh, Section B (Biology) 72 (1971/72), S. 63–68; Deacon, Scientists (wie Anm. 15), S. 366ff.

engeren Kreis des Auswertungsteams gehören, wie Willemoes-Suhm seinem Freund Kupffer im Januar 1875 berichtete:

> „Nach meiner Rückkehr bleibe ich wohl in England (natürlich die Ferien für nordische Länder, wie für München, Italien reservirend [sic!]). [...] Die Challenger-Sachen sollen prompt bearbeitet werden, die Admiralität wird Künstler und hohes Honorar bezahlen, damit die Tiefseefauna in würdiger Gestalt vor die Augen Europas trete.“[59]

Abb. 3: Die Expeditionsreisenden Rudolf von Willemoes-Suhm (Mitte) und Wyville Thomson (rechts) während eines Landganges.

59 Brief RvWS an Kupffer vom 30.1.1875, in: Challenger-Briefe (wie Anm. 48), S. 155–157, hier S. 156.

Sein Verbleiben in England hätte es ihm erlaubt, einerseits gemeinsam mit den bedeutendsten internationalen Meereswissenschaftlern seiner Zeit unter außergewöhnlichen Bedingungen zu arbeiten, und andererseits hätte er durch die weitere Zusammenarbeit mit deutschen Wissenschaftlern, die an der Auswertung beteiligt waren, wie beispielsweise Siebold und der bekannte Jenaer Zoologe Ernst Haeckel (1834–1919), einen engen Kontakt zur Hochschullandschaft des Deutschen Reiches pflegen können.[60] Möglicherweise wäre er dann auch für die Nachfolge Kupffers an der CAU in Betracht gezogen worden, welcher 1877 einem Ruf nach Königsberg folgte.[61] Einer breiteren Fachöffentlichkeit war Willemoes-Suhm ohnehin durch seine regelmäßigen Veröffentlichungen über neue Ergebnisse und Ereignisse der Challenger-Expedition bekannt, die er zuerst ausschließlich in der britischen Nature publizierte und ab 1874 zudem in Siebolds Zeitschrift für wissenschaftliche Zoologie, da „Thomson nichts mehr gegen ein Publizieren auf Deutsch einzuwenden [hatte] und [ihm] erlaubte, an Siebold zu schicken, was [er] wolle."[62] Dass er unter den wissenschaftlichen Kollegen durch seine Teilnahme und Veröffentlichungen zu einigem Ansehen gelangte, davon zeugt zugleich ein Brief an seine Mutter, welche sich über seine mangelnde Popularität in Deutschland sorgte:

> „Liebe Mutter! Du fragst, ob ich nichts Populäres schreiben werde? – Ich publiziere genug wissenschaftliche Sachen und bemerke auch an den Zusendungen aus Europa, dass man meine Arbeiten beachtet, brauche also nichts Populäres zu schreiben, was zeitraubend und unbefriedigend ist. – Schicke gerade jetzt wieder eine kleine Arbeit über einen sehr wichtigen Gegenstand nach London, und werde bei meiner Ankunft in Europa viele ähnliche Arbeiten folgen lassen."[63]

Ein interessanter Fakt führt indes vor Augen, dass Willemoes-Suhm gegenüber seiner Mutter keineswegs nur kokettierte – schließlich praktizierte er sogar noch auf hoher See die akademische Gepflogenheit des „gelehrten Hausfriedensbruchs im Heftformat", einer *cultural practice* des Hochschulwesens,

---

60 Zu den von Thomson ausgewählten Wissenschaftlern im Rahmen des Auswertungsprozesses siehe auch die knappen Ausführungen bei Deacon, Scientists (wie Anm. 15), S. 367. Zu Haeckels Beteiligung vgl. u.a. Geheimes Staatsarchiv Preußischer Kulturbesitz (GStA PK), I. HA, Rep. 76, Vc Sekt. 1 XI Teil V C Nr. 12, Bd. 2, Brief Victor Hensens an das preußische Kultusministerium vom 21.1.1891.

61 Hillmann, Der Anatom (wie Anm. 44), S. 57; Kortum, German Challenger (wie Anm. 29), S. 42.

62 Brief RvWS an seine Mutter vom 15.4.1874, in: Challenger-Briefe (wie Anm. 48), S. 88–89, hier S. 88.

63 Brief RvWS an seine Mutter vom 10.1.1875, in: Ebd., S. 150–152, hier S. 150f.

die sich bis in unsere digitale Gegenwart erhalten hat.[64] In regelmäßigen Abständen wies er beispielsweise seine Mutter an, an seiner statt die mühsam aufgebauten akademischen Netzwerke zu pflegen, indem diese den Fachkollegen und bekannten Professoren ihres Sohnes auf postalischem Wege diverse Sonderdrucke publizierter Aufsätze zukommen ließ.[65]

Es ist zu mutmaßen, dass diese Verknüpfung von intensiver Netzwerkpflege und temporärem Forschungsaufenthalt in Edinburgh – zur Auswertung der von Willemoes-Suhm und den anderen Teilnehmern gesammelten Materialien – einer künftigen Hochschulkarriere ungemein zuträglich gewesen wäre.[66] Darüber hinaus stand mit Thomson, der in Personalunion die Leitung des Challenger-Büros sowie das Direktorenamt der Challenger-Kommission übernahm, ein gewichtiger Förderer und guter Bekannter des deutschen Zoologen an der Spitze des Bearbeitungs- und Organisationsgeschehens.[67] Und obwohl der Auswertungs- und Veröffentlichungsprozess mit knapp 20 Jahren eindeutig zu lange dauerte, hätten sich in dieser Phase vermutlich neue Karriereoptionen eröffnet, sodass Willemoes-Suhm aller Voraussicht nach wohl nur in der ersten Bearbeitungszeit in der schottischen Universitätsstadt hätte

64 Die Formulierung ist einem Artikel von Carlos Spoerhase entnommen, der unter dem Titel „Gelehrter Hausfriedensbruch im Heftformat. Das sonderbare Genre des Sonderdrucks: Was die Sammlungen des Deutschen Literaturarchivs in Marbach über die Kommunikationsformen der Geisteswissenschaften verraten" in der Frankfurter Allgemeinen Zeitung vom 8.6.2016 erschien. Zum Genre des Sonderdrucks vgl. Heinz Schlaffer, Über den Geist der Geisteswissenschaften. Akademische Glossen, in: Strategien der Verdummung. Infantilisierung in der Fun-Gesellschaft, hrsg. von Jürgen Wertheimer und Peter Václav Zima, 6. Aufl., München 2006, S. 92–109, hier insb. S. 100f.

65 Vgl. Brief RvWS an seine Mutter vom 14.2.1873, in: Challenger-Briefe (wie Anm. 48), S. 27; Brief RvWS an seine Mutter vom 9.3.1873, in: Ebd., S. 29–30, hier S. 30. Darüber hinausgehend pflegte Willemoes-Suhm aber auch seine privaten Kontakte, wie ein Brief an Henriette von Liebig vom 10. Mai 1873 belegt, in welchem der Zoologe aus Halifax (Nova Scotia) sein Beileid über den Tod des am 18. April des Jahres verstorbenen Ehemannes der Adressatin, der Chemiker Justus von Liebig, bekundete. Siehe Bayerische Staatsbibliothek, Liebigiana II.D, Brief RvWS an Henriette von Liebig vom 10.5.1873.

66 Auch in kultureller Hinsicht hätte sich ein Aufenthalt in Edinburgh fruchtbar auswirken können, da zwischen 1876 und 1881 Arthur Conan Doyle ein Medizinstudium an der örtlichen Universität absolvierte und als Assistent für Professor Joseph Bell arbeitete. Nicht von ungefähr ist Doyles Romanfigur Professor George Edward Challenger (Die vergessene Welt) nach der Expedition benannt. Zur Edinburgher Studienzeit Doyles siehe Ely Liebow, Dr. Joe Bell. Model for Sherlock Holmes, Bowling Green 1982, S. 125ff.

67 Dass Thomson bereits im Alter von 52 Jahren am 10.3.1882 in Bonsyde verstarb und Murray die Leitung des Challenger-Büros übernahm, konnte 1875 freilich niemand erahnen. Vgl. Rice, Expedition (wie Anm. 15), S. 31.

verweilen müssen. Mit Thomson, Huxley, Siebold und Kupffer verfügte er schließlich über einflussreiche Kontakte innerhalb der europäischen *scientific community*.

Tatsächlich bleiben weiterführende Überlegungen zu den Karriereerwartungen Willemoes-Suhms spekulativ, da der junge Naturwissenschaftler von der Expedition nicht zurückkehrte. Er verstarb am 13. September 1875 nach kurzer Krankheit an den Folgen einer Kopfwundrose während der Fahrt von Hawaii nach Tahiti.[68] Dennoch waren sich seine Kollegen sicher, dass ihm eine große Laufbahn bevorgestanden hätte. Thomson schrieb gar über seinen jungen Kollegen:

> „It is very sad – a young life of so much promise snuffed out. He was a very accomplished man. He knew Natural Science well – very well, and had an excellent eye, rarely making mistakes. He had a good acquaintance with modern European literature and could speak fluently in Danish, German, French, Italian and English. He also knew a little Dutch and Spanish. He was a painstaking, hard-working, thoroughly industrious man […]. He will be a great loss."[69]

Nun mag eine solche Lobpreisung auf einen verstorbenen Wissenschaftler auf den ersten Blick keineswegs überraschen, vor allem wenn man sich die spezifischen *cultural practices* der Universitäten vergegenwärtigt, zu denen auch die aus dem Respekt vor dem wegen seines Spezialwissens bewährten Kollegen geborene Achtung gehört.[70] Nicht selten führte diese Wertschätzung in Gelehrten-Nachrufen nur noch zu oberflächlichen Verbeugungen, da das eigene Fachgebiet und damit auch die eigene wissenschaftliche Urteilsfähigkeit innerhalb der Reinform dieser Tributerweisungen überschritten wurde.

---

68 Vgl. Brief Buchanans an die Eltern von RvWS vom 25.11.1875, in: Challenger-Briefe (wie Anm. 48), S. 177–179.

69 Tagebucheintrag Thomsons vom 11.-14.9.1875, zitiert nach: Merriman, Challengers (wie Anm. 23), S. 41.

70 Zum Folgenden vgl. Ulf Morgenstern, Vom Namensregister zum agilen Recherchewerkzeug. Überlegungen zu Geschichte und Wandel von Professorenkatalogen aus der Sicht des Catalogus Professorum Lipsiensis, in: Professorinnen und Professoren gewinnen. Zur Geschichte des Berufungswesens an den Universitäten Mitteleuropas (Veröffentlichungen der Gesellschaft für Universitäts- und Wissenschaftsgeschichte Bd. 12), hrsg. von Christian Hesse und Rainer Christoph Schwinges, Basel 2012, S. 441–469, hier S. 446f. Der Autor betont zu Recht, dass die Gelehrten-Nachrufe längst zu einer eigenen Stilart wissenschaftlicher Prosa geworden sind, die wie kaum eine andere Textsorte genauso viel über den Geehrten wie über den Schreiber verraten. Siehe überdies exemplarisch Anna Echterhölter, Akademisches Totenlob: Nachrufe auf Wissenschaftler, in: Zeitschrift für Ideengeschichte 2 (2008), S. 22–38; Anne Christine Nagel, Wenn aus Erinnerung Geschichte wird. Nachrufe als Quellen historiographiegeschichtlicher Betrachtung, in: Jahrbuch für Universitätsgeschichte 9 (2006), S. 197–212.

Tatsächlich handelt es sich bei der hier zitierten Ehrerweisung Thomsons gegenüber Willemoes-Suhm aber um einen persönlichen Tagebucheintrag, der nicht zur Veröffentlichung bestimmt war und dementsprechend wohl seine reale Einschätzung des deutschen Naturwissenschaftlers widerspiegeln dürfte. Auch die von Siebold und Kupffer verfassten Nachrufe beklagen den viel zu frühen Tod des jungen Akademikers, dem ihrer Einschätzung nach mit Sicherheit eine glänzende Universitätskarriere in Deutschland vorgezeichnet gewesen wäre.[71]

Eine größere Tragweite entwickelte das Ableben Willemoes-Suhms in Bezug auf die Auswertung und Publikation der Expeditionsergebnisse, wie Thomson in der britischen Zeitschrift Nature eingestehen musste: „The loss of his valuable assistance in working up the final results of the expedition must, I fear, seriously affect their completeness."[72] Auch von deutscher Seite ist dieser Umstand – unter anderem vom Kieler Expeditionsreisenden Wilhelm Behn (1808–1878) – bedauert worden, da man nun einerseits auf die englische Berichterstattung in der Nature angewiesen war und andererseits Willemoes-Suhms Vorarbeiten und Kenntnisse als essentiell für eine fachgerechte Untersuchung der während der Challenger-Expedition erworbenen Sammlungen, Materialien und Messungen betrachtete.[73] Wie einem Vermerk Moseleys zu entnehmen ist, hinterließ Willemoes-Suhm „many descriptions of animals and drawings, some complete, others only partly finished. They comprehended about 72 plates of octavo size and a few drawings of larger size."[74] Und

71 Carl von Siebold, Dr. Rudolph von Willemoes-Suhm. Nachschrift, in: Zeitschrift für wissenschaftliche Zoologie 26 (1876), S. XCI–XCVI, hier S. XCIII; Carl von Kupffer, Vorwort, in: Challenger-Briefe von Rudolf v. Willemoes-Suhm 1872–1875. Nach dem Tode des Verfassers hrsg. von seiner Mutter, Leipzig 1877, S. V–XII, hier S. Xf.

72 Wyville Thomson, Dr. R. v. Willemoes-Suhm, in: Nature 13 (1875), S. 88–89, hier S. 88. Er führt weiter aus: „Altogether I looked upon Rudolf v. Willemoes-Suhm as a young man of the very highest promise, perfectly certain, had he lived, to have achieved a distin-guished position in his profession, and I look upon his untimely death as a serious loss not only to the expedition in which he took so important a part, but also to the younger generation of scientific men among whom he was steadily preparing him-self to become a leader."

73 Wilhelm Behn, Die Ergebnisse der Challenger-Expedition (Fortsetzung), in: Leopoldina. Amtliches Organ XII (1876) H. 11/12, S. 93–96. Zu Behn und der dänischen Galathea-Expedition siehe den Beitrag von Martin Krieger in diesem Band sowie Göllnitz, Karrieresprungbrett (wie Anm. 1), S. 242–247.

74 Moseley, Notes (wie Anm. 21), S. 513. Dort findet sich eine exakte Angabe aller unfertigen Projekte von Willemoes-Suhm, die dieser während der Challenger-Expedition bearbeitet hat. Zudem bemerkt Moseley interessanterweise, dass der deutsche Zoologe offenbar plante, eine eigene Fachzeitschrift als Herausgeber zu zeichnen: „I sat with him during the whole of the „Challenger" voyage, working

der Kieler Meeresforscher Victor Hensen (1835–1924) machte im Jahr 1891 nachträglich den frühen Tod des Holsteiner Zoologen sogar teilweise für die wissenschaftlichen Aufgaben und Ziele der Plankton-Expedition des Jahres 1889 mitverantwortlich:

> „Es ist für jene [gemeint ist die Challenger-Expedition, Anm. d. Verf.] ein Unglück gewesen, dass sie die beiden Zoologen, Sir Wyville Thomson und Willemoes-Suhm, verloren hat, ehe die Publikation begann. Niemand kann ihr das zum Vorwurf machen, jeder wird es beklagen, aber die Fiction, dass diese und andere Verluste gleichgültig gewesen seien, dass Alles so vortrefflich ausgearbeitet worden sei, wie nur denkbar, die geht zu weit! Meiner Ansicht nach sind die Unklarheiten und grossen Lücken, welche ich zu zeigen habe, ganz wesentlich durch den Verlust der Mitarbeit der anderen Begleiter der Expedition entstanden; aber wenn die Lücken unverschuldet sind, kann man es zwar für zweckdienlich halten, ihre Abwesenheit zu behaupten, man bringt sie dadurch nur leider nicht fort."[75]

Die angeführten Beispiele, die sich problemlos weiterführen ließen, verdeutlichen, dass Willemoes-Suhm zum Zeitpunkt seines Todes bereits über einen außerordentlich guten Ruf in der britischen und deutschen *scientific community* verfügte, den er vor allem durch seine Teilnahme an der Challenger-Expedition erlangte. Trotz seines jungen Alters und seiner wissenschaftlichen Position als Privatdozent verfügte er über ein wirkmächtiges universitäres Netzwerk – sowohl in der deutschen Hochschullandschaft als auch in Edinburgh. Den Sprung auf ein Ordinariat hatte er bis zu seinem Tod jedoch nicht geschafft. In Verbindung mit seiner regen Publikationstätigkeit und den zum Teil grundlegenden Forschungsarbeiten auf dem Gebiet der Meeresbiologie kann gemutmaßt werden, dass ihm eine steile Universitätskarriere bevorgestanden hätte. Gleichwohl zahlte sich die Investition in seine berufliche Zukunft durch die Teilnahme an der britischen Expedition nicht aus. So gesehen endete Willemoes-Suhms hoffnungsvolle Karriere, bevor sie richtig Fahrt aufnehmen konnte.

---

day after day with the microscope at the same table. I am very greatly indebted to him for information in all branches of zoology, and especially in the matter of zoological literature, of which he had a most comprehensive knowledge. [...] He was full of hope for the future, and, no doubt, could he have published his journal himself, would have established a reputation as a man of science, which would have been far greater than that which he most deservedly possessed at the time of this death." Vgl. ebd., S. 514.

75 Victor Hensen, Die Plankton-Expedition und Haeckel's Darwinismus. Ueber einige Aufgaben und Ziele der beschreibenden Naturwissenschaften, Kiel u.a. 1891, S. 12. Zu Hensen und der Kieler Plankton-Expedition siehe den Beitrag von Lisa Kragh in diesem Band sowie Göllnitz, Karrieresprungbrett (wie Anm. 1), S. 253–258.

Schlussüberlegungen

Die Beantwortung der eingangs gestellten Frage, ob sich wissenschaftliche Expeditions- und Forschungsreisen positiv auf eine universitäre Laufbahn auswirkten, fällt anhand des ausgewählten Fallbeispiels durchaus ambivalent aus: Eine derartige Teilnahme konnte im Berufungssystem der deutschen Forschungsuniversität nur eine von vielen Qualifikationskriterien sein, die von einem geeigneten Kandidaten für das zu besetzende (Extra-)Ordinariat erwartet wurden. Publikationstätigkeit (Stichwort: *publish or perish*), akademische Netzwerke und Lehrerfahrung waren oftmals die entscheidenderen Faktoren, wenn es um die Zusammenstellung einer Dreierliste ging.[76] Allerdings konnte die Beteiligung an einer wissenschaftlichen Expedition zum Zünglein an der Waage werden und die Chancen eines Kandidaten zu dessen Gunsten beeinflussen.

Problematisch erscheint des Weiteren die mühsame Auswertungsphase wissenschaftlicher Forschungsreisen, da durch diese die jüngeren Nachwuchswissenschaftler oftmals über einen Zeitraum von mehreren Jahren eng an eine Universität gebunden waren, sodass sie im inneruniversitären Konkurrenzkampf benachteiligt waren.[77] In die akademische Lehre waren sie im Regelfall während des Bearbeitungsprozesses nur begrenzt eingebunden, und die Veröffentlichung ihrer Forschungsergebnisse erfolgte vielfach – sofern sie im Rahmen der Expeditionsauswertung entstanden oder auf Materialien einer Expedition basierten – in Koordination und Absprache mit den beteiligten Kollegen, zumindest aber mit dem Expeditionsleiter. Dies bedeutet zugleich, dass sie vorerst in ihren Assistentenpositionen verblieben und weiterhin im Schatten der Professoren forschten und publizierten.

Im schlimmsten Fall fand eine hoffnungsvolle Wissenschaftskarriere sogar aufgrund einer Expeditionsteilnahme frühzeitig ihr Ende, wie das Beispiel Willemoes-Suhms unter Beweis stellt. Schwere Erkrankungen oder der eigene Tod gehörten naturgemäß zu den nicht kalkulierbaren Risiken einer Expeditionsreise, die nur wenige Nachwuchsakademiker einzugehen

---

76 Beschäftigungen mit der im internationalen Wissenschaftsbetrieb gängigen Redewendung sind zahlreich, jedoch selten analytisch. Für einen solchen Versuch ist hier beispielhaft zu nennen: Svenja Hagenhoff/Lutz Seidenfaden/Björn Ortelbach/Matthias Schumann, Neue Formen der Wissenschaftskommunikation. Eine Fallstudienuntersuchung (Göttinger Schriften zur Internetforschung Bd. 4), Göttingen 2007. Für einen lesenswerten Beitrag über die Geschichte der Schriftlichkeit im akademischen Alltag siehe Michael Huber, Schriftlichkeit in der Wissenschaft und die Organisation der Universität, in: Internationales Archiv für Sozialgeschichte der deutschen Literatur 40 (2015) H. 2, S. 329–347.

77 Dazu und zum Folgenden siehe die Überlegungen in Göllnitz, Karrieresprungbrett (wie Anm. 1), S. 258.

bereit waren.[78] Ein derartiges Wagnis musste also immer auch als akzeptable Investition in die berufliche Zukunft an einer Universität verstanden werden. Eine präzise Einordnung von wissenschaftlichen Expeditions- und Forschungsreisen in den Kriterienkatalog universitärer Berufungsverhandlungen oder in die akademischen Karrierestrategien deutscher Hochschullehrer während des 19. Jahrhunderts bedarf somit weiterer Untersuchungen sowie empirischer Analysen von Personal- und Berufungsakten.

---

78 Wie gefahrvoll eine wissenschaftliche Expeditionsreise im 19. Jahrhundert sein konnte, wird schon allein daran deutlich, dass neben Willemoes-Suhm zehn weitere Teilnehmer der Challenger-Expedition, vornehmlich Matrosen aber auch ein Schulmeister sowie ein in Hongkong angeworbener „Caffre Servent", im Verlauf der Unternehmung durch Krankheit oder Schiffsunfälle verstarben. Vgl. die Zusammenstellung bei Rehbock (Hrsg.), At sea with the scientifics (wie Anm. 24), S. 371. Es ist ferner zu mutmaßen, dass Willemoes-Suhm auch der Tod des dänischen Wissenschaftlers Bernhardt Caspar Kamphøvener, der an der Galathea-Expedition (1845–1847) teilnahm, bekannt war. Der Botaniker Kamphøvener erkrankte während der dänischen Weltumsegelung an Tuberkulose und kehrte nach Kopenhagen zurück, wo er kurz darauf seinem Leiden erlag. Siehe dazu Asger Lomholt, Den videnskabelige ekspedition med korvetten „Galathea" 1845–1847, in: Det Kongelige Danske Videnskabernes Selskab 1742–1942. Samlinger til Selskabets Historie, Bd. III, hrsg. von dems., Kopenhagen 1960, S. 361–381, hier S. 363; Göllnitz, Karrieresprungbrett (wie Anm. 1), S. 244.

Lisa Kragh

„In's Wasser geworfenes Geld"? Eine Kontextualisierung der öffentlichen Kontroverse um die Plankton-Expedition von 1889

> „Wohl keiner, der ungerufen Zeuge eines häuslichen Streites ist, wird sich eines unbehaglichen Gefühls erwehren können, denn gewöhnlich ist er nicht so vollständig in die Verhältnisse eingeweiht, dass er sich ein selbständiges Urteil bilden kann. [...] Und doch möchte ich die Aufmerksamkeit auf einen Fall von einer Streitigkeit innerhalb der Wissenschaft lenken, auf den Streit zwischen Professor Häckel in Jena und Mitgliedern der deutschen Planktonexpedition, denn die Sache ist längst dem Kreise der Gelehrten entrückt und durch Tagesblätter und andere Zeitschriften ins Volk getragen."[1]

Mit diesen Worten begann der Kieler Pädagoge Friedrich Junge (1832–1905) seine Darstellung des Forschungsstreits um die Kieler Planktonexpedition von 1889.[2] Dabei sprach Junge zwei ganz wesentliche Aspekte an, die es in diesem Zusammenhang zu berücksichtigen gilt: Zum einen die Schwierigkeit, die es Außenstehenden bereiten musste, die komplexen Umstände des Streits zu ergründen, um sich ein Urteil darüber zu bilden, und zum anderen die Rezeption der Geschehnisse nicht nur in Wissenschaftskreisen, sondern über die Massenmedien auch in der breiten Öffentlichkeit. Gerade Letzteres gab der Kontroverse eine derartige Dynamik, dass das Vordringen zu Ersterem, den Auslösern, noch zusätzlich erschwert wurde.

Genau dies soll jedoch das Ziel der sich anschließenden Darstellung sein: Eine Kontextualisierung dieses Forschungsstreits zu liefern, die eine möglichst vollständige Berücksichtigung der relevanten Umstände anstrebt. Ein durchaus lohnendes Ziel – denn bei genauerer Analyse der vorhandenen Quellen und umfangreichen Forschungsliteratur zu beiden Kontrahenten offenbaren sich in Bezug auf die Kontroverse, die vordergründig zunächst ein wissenschaftsinterner Methodenstreit zu sein scheint, nach und nach immer tiefergehendere Motive, immer neue Ursachenzusammenhänge, die über rein fachliche Divergenzen hinausgehen. Tatsächlich ging es, wie noch näher auszuführen sein wird, auch um die unterschiedliche Naturauffassung der Streitenden,

1 Friedrich Junge, ‚Die' deutsche ‚Planktonexpedition und Häckel's Darwinismus', in: Deutsche Blätter für erziehenden Unterricht 18 (1891) H. 35, S. 281–283, hier S. 281.

2 Zu Junge siehe Gaston Mayer, Art. „Junge, Friedrich", in: Neue Deutsche Biographie 10 (1974), S. 680.

um Personen und Persönlichkeiten, um die wissenschaftsinterne Konkurrenz hinsichtlich finanzieller Ressourcen, um verletzten Stolz und persönliche Aversionen und schließlich gar um die Medialisierung, Ideologisierung und Politisierung biologischer Konzepte, um deren Öffentlichkeitswirksamkeit und die Furcht vor ihrer angeblich subversiven Kraft. So werden diese Ausführungen enden bei der Definitionsmacht einflussreicher Netzwerke und deren Auswirkungen auf wissenschaftlichen Fortschritt und Innovation. Oder kurz gesagt: Bei den vielfältigen Verflechtungen von Naturwissenschaft und Gesellschaft in ihrer politischen und weltanschaulichen Verfasstheit.[3]

Die Plankton-Expedition von 1889: Erkenntnisziele und Finanzierung

Doch zunächst zum Stein des Anstoßes – der Plankton-Expedition des Kieler Forschungskollektivs um Expeditionsleiter Victor Hensen (1835–1924). Diese in neunjährigen Vorstudien Hensens methodisch und apparativ intensiv vorbereitete Forschungsfahrt verfolgte das Ziel, die quantitative und qualitative Verteilung des Planktons im Atlantischen Ozean in Abhängigkeit von verschiedenen biotischen wie abiotischen Faktoren zu untersuchen.[4] Während es die Aufgabe der Forschungsreise war, die zur Beantwortung dieser Frage nötigen Proben im Atlantik zu entnehmen, sollte die eigentliche Arbeit, die Auszählung und Bestimmung der gefangenen Mikroorganismen, daheim in Kiel erfolgen, wofür Hensen in seiner Kostenaufstellung 3.600 Arbeitstage veranschlagte, die – auf sechs Untersucher verteilt – innerhalb von zwei Jahren abgeleistet werden sollten.[5] Dass die Fachwelt diese Untersuchungen mit

---

3 Mit Letzterem befasst sich die Autorin auch im Rahmen ihrer an der Abteilung für Regionalgeschichte des Historischen Seminars der Christian-Albrechts-Universität zu Kiel angesiedelten Dissertation mit dem Arbeitstitel „Nützlich – ruhmreich – lukrativ? Der Aufstieg der Naturwissenschaften im 19. Jahrhundert am Kieler Beispiel".

4 Zur Entwicklung des Erkenntniszieles vgl. Victor Hensen, Entwicklung des Reiseplans, in: Reisebeschreibung der Plankton-Expedition nebst Einleitung von Dr. Hensen und Vorberichten von Drr. Dahl, Apstein, Lohmann, Borgert, Schütt und Brandt (Ergebnisse der Plankton-Expedition der Humboldt-Stiftung Bd. 1), hrsg. von Otto Krümmel, Kiel u.a. 1892, S. 3–17.

5 Geheimes Staatsarchiv Preußischer Kulturbesitz (GStA PK), I. HA, Rep. 76, Vc Sekt. 1 XI Teil V C Nr. 12, Bd. 1, Beglaubigte Abschrift der Eingabe Hensens, Brandts und Schütts wegen einer Untersuchungsfahrt im Atlantischen Ozean an Goßler vom 21.4.1888, Anlage II: Voranschlag und dessen Motivierung. In diesem Schreiben führt Hensen zudem aus, dass diese Arbeiten zwar von den Expeditionsteilnehmern überwacht und ausgewertet werden würden, die Zählungen selbst aber von jüngeren Kräften – gegen „eine jährliche Remuneration von 1500 M" – ausgeführt werden könnten.

regem Interesse verfolgte, ist nicht weiter überraschend. Dem Laien jedoch müssen „diese schwierigen und höchstens ein gewisses befremdetes Staunen erregenden Untersuchungen", wie der Expeditionsleiter sein Vorhaben selbst umschrieb, „ungefähr so fern wie irgend möglich" gelegen haben.[6] Umso erstaunlicher scheint es deshalb, dass das Unternehmen in der Tagespresse durchaus intensiv rezipiert wurde. Wie es in einem Beitrag aus der „Täglichen Rundschau" von 1891 heißt, hielten „zahlreiche Zeitungsartikel" die Allgemeinheit „über die glücklich vollendete Fahrt auf dem Laufenden und mit den Hoffnungen auf die zu erwartenden bedeutenden Ergebnisse in Athem".[7] Diese andauernde mediale Aufmerksamkeit gegenüber Hensens Projekt ist aber wohl kaum auf das Verlangen der interessierten Öffentlichkeit zurückzuführen, sich über die Verteilung ozeanischer Mikroorganismen im offenen Ozean belehren zu lassen. Was also faszinierte die Laienwelt an diesem Unterfangen? „Die Aufmerksamkeit der Fachleute ist ihr [der Planktonexpedition, Anm. d. Verf.] schon lange gesichert, die des großen Publicums ist angeregt worden durch das namhafte Geschenk, welches unser Kaiser ihr zugewandt hat", erklärt der namentlich nicht bekannte Verfasser eines Artikels in der Böhmischen Zeitung.[8] Dieses „namhafte Geschenk", nämlich ein Zuschuss zu den Expeditionskosten in Höhe von 70.000 Mark aus dem Allerhöchsten Dispositionsfonds des Kaisers, signalisierte dem Volk eine Bedeutung des Vorhabens jenseits aller wissenschaftsimmanenten Legitimation.

Der Großteil der Projektmittel von insgesamt 105.600 Mark stammte also von höchster Stelle. Als weitere Financiers traten die Preußische Akademie der Wissenschaften (24.600 Mark), die Sektion für Küsten- und Hochseefischerei des Deutschen Fischereivereins (10.000 Mark) und ein privater Geldgeber (1.000 Mark) auf. Während es vor allem der Berliner Elektrophysiologe Emil du Bois-Reymond (1818–1896) war, der in seiner Position als ständiger Sekretar der Preußischen Akademie der Wissenschaften die Bezuschussung der Expedition durch die Humboldt-Stiftung für Naturforschung und Reisen bewirkte, kam es zur finanziellen Beteiligung Kaiser Wilhelms II. vor allem durch die engagierte Vermittlung des damaligen Kultusministers Gustav von Goßler (1838–1902), der sich gegenüber dem Finanzminister, dem Reichskanzler und

---

6 GStA PK, I. HA, Rep. 76, Vc Sekt. 1 XI Teil V C Nr. 12, Bd. 2, Brief Hensens an Goßler vom 28.10.1890.

7 Ernst Krause alias Carus Sterne, Die neueren Forschungen über den Stoffwechsel des Meeres, in: Tägliche Rundschau, Unterhaltungsbeilage vom 14.3.1891. Der Zeitungsartikel wurde auszugsweise abgedruckt in Victor Hensen, Die Plankton-Expedition und Haeckel's Darwinismus. Ueber einige Aufgaben und Ziele der beschreibenden Naturwissenschaften, Kiel u.a. 1891, S. 80–83.

8 O.V., Hensens wissenschaftliche Expedition zur Erforschung der See I, in: Böhmische Zeitung vom 28.7.1889. Der Zeitungsartikel ist in GStA PK, I. HA, Rep. 76, Vc Sekt. 1 XI Teil V C Nr. 12, Bd. 1, Bl. 173, enthalten.

in letzter Instanz dem Kaiser dafür verwandte, „daß dem von Hensen und Genossen geplanten Unternehmen sowohl in wissenschaftlicher wie in wirtschaftlicher und namentlich auch in nationaler Beziehung eine ungewöhnliche Bedeutung beizumessen“ sei.[9] Die ihr hiermit attestierte Multifunktionalität liefert eine hinreichende Erklärung dafür, warum die Forschungsreise von den Medien so intensiv begleitet wurde.

Der Auftakt zum Gelehrtenstreit

Nur ein Jahr nach der erfolgreichen Heimkehr der Expeditionsteilnehmer wurde der oben zitierte Topos von der allgemeinen Nützlichkeit der Unternehmung jedoch unvermittelt ganz grundsätzlich infrage gestellt: Im Dezember 1890 gab der Jenaer Zoologe Ernst Haeckel (1834–1919) den Startschuss für eine jahrelange, öffentlich ausgetragene Debatte über die Sinnhaftigkeit der Expedition. In einer Streitschrift sprach Haeckel der Forschungsreise jeglichen wissenschaftlichen Wert ab, indem er darin beispielsweise proklamierte, „dass die ganze von Hensen angewendete Methode zur Bestimmung des Plankton völlig nutzlos ist, und dass die daraus gezogenen allgemeinen Schlüsse nicht allein falsch sind, sondern auch ein ganz unrichtiges Licht auf die wichtigsten Probleme der pelagischen Biologie werfen.“[10]

Ein Exemplar dieser Schrift sandte Haeckel, „mit Rücksicht auf das besondere Interesse, welches die Kieler Plankton-Expedition der ‚National‘ (1889) erregt hat“, wie er in einer beigefügten Notiz ausführt, dem preußischen Kultusministerium.[11] Da dieses, wie bereits beschrieben, an der Realisierung des Projekts maßgeblichen Anteil gehabt hatte, kommt diese Zusendung einer direkten Kritik an ihrer Wissenschaftspolitik gleich, was von Haeckel wohl auch durchaus beabsichtigt war. Entsprechend knapp gestaltet sich die Antwort des Kultusministers an Haeckel, aus deren Entwurf sogar die übliche Phrase, man habe von dem eingesandten Werk „mit Interesse Kenntniß genommen“, gestrichen wurde.[12] Schnell kam die Angelegenheit der Akademie

9 GStA PK, I. HA, Rep. 76, Vc Sekt. 1 XI Teil V C Nr. 12, Bd. 1, Briefentwurf Goßlers an Scholz vom 24.11.1888. Es würde den Rahmen dieses Beitrags sprengen, eine Erläuterung der hinter der Planktonexpedition stehenden Motivik der verschiedenen beteiligten Gruppen zu liefern. Siehe hierzu Lisa Kragh, Kieler Meeresforschung im Kaiserreich. Die Planktonexpedition von 1889 zwischen Wissenschaft, Wirtschaft, Politik und Öffentlichkeit, Frankfurt am Main u.a. 2017.

10 Ernst Haeckel, Plankton-Studien. Vergleichende Untersuchungen über die Bedeutung und Zusammensetzung der Pelagischen Fauna und Flora, Jena 1890, S. 10.

11 GStA PK, I. HA, Rep. 76, Vc Sekt. 1 XI Teil V C Nr. 12, Bd. 2, Beglaubigte Abschrift eines Briefes von Haeckel vermutlich an Goßler vom 29.12.1890 mit beigelegter Schrift.

12 Ebd., Briefentwurf aus dem Kultusministerium an Haeckel vom 6.2.1890.

der Wissenschaften zu Ohren, der, wie Hensen schrieb, „etwas das Herz in die Hosen gefallen zu sein scheint, trotzdem Möbius und Schulze den Angriff für ungerechtfertigt und rein mißverständlich" erklärten.[13]

Die hier angesprochenen Zoologen Karl August Möbius (1825–1908) und Franz Eilhard Schulze (1840–1921), die beide als Gutachter und Fürsprecher des Forschungsvorhabens fungiert hatten, hätten wohl ohne Gesichtsverlust auch kaum etwas anderes gelten lassen können. Der Expeditionsleiter selbst reagierte auf Haeckels Streitschrift zunächst relativ gelassen. Er schrieb dem Kultusministerium, dass er momentan nicht recht die Zeit finde, eine Erwiderung zu formulieren, dass er aber vom Erfolg der Planktonfahrt absolut überzeugt sei; man könne „also ruhig der Entwicklung der Dinge entgegensehen".[14] In einem Antwortbrief an du Bois-Reymond, der sich kurz nach Bekanntwerden der Vorwürfe an Hensen gewandt hatte, pflichtete er der Ansicht des Sekretars bei, „dass ein unwahrer und verläumderischer wissenschaftlicher Arbeiter Beachtung nicht verdient [...]. Doch bedarf unser, nur zu gläubiges Publikum zuweilen einer Klärung über das, was solche Autoren ihm vormachen".[15] Deshalb wolle er, schreibt Hensen in einem zweiten Brief einige Tage später, zu den Vorwürfen Stellung nehmen, um „bezüglich der Expedition zwar nicht ihm [Haeckel, Anm. d. Verf.], aber dem Publikum Rechenschaft abzulegen".[16] Seine jüngeren Kollegen und Begleiter, der Zoologe Karl Brandt (1854–1931) und der Botaniker Franz Schütt (1859–1921), so schreibt Hensen weiter, würden darauf brennen, „ihre Dinge zu verteidigen".[17]

Diese erste Darstellung der wissenschaftsinternen Reaktionen auf den Angriff aus Jena ist bereits in vielerlei Hinsicht aufschlussreich. Deutlich wird insbesondere, dass die Planktonexpedition – wie bereits eingangs geschildert – zu einem öffentlichen Ereignis geworden war – und dass die öffentliche Meinung – oder präziser gesagt die mediale Darstellung der Expedition – den Beteiligten durchaus nicht gleichgültig war. Aus diesem Grunde erachteten sie es als notwendig, Haeckel nicht nur in Fachkreisen entgegenzutreten, sondern die Expedition auch dem Publikum gegenüber zu rehabilitieren.

Bevor nun aber vonseiten der Kieler Fraktion irgendeine öffentliche Stellungnahme zu Haeckels schwerwiegenden Vorwürfen gedruckt wurde, nahm die Verunglimpfung des Unternehmens eine neue Qualität an, als am 14. März 1891 ein ausführlicher Artikel zur Thematik in der Unterhaltungsbeilage

13 Ebd., Abschrift eines Briefes von Hensen an das Kultusministerium vom 21.1.1891.

14 Ebd.

15 Archiv der Berlin-Brandenburgischen Akademie der Wissenschaften (ABBAW), Preußische Akademie der Wissenschaften (PAW) (1812–1945), II-XI-84, Brief Hensens an du Bois-Reymond vom 12.1.1891.

16 Ebd., Brief Hensens an du Bois-Reymond vom 17.1.1891.

17 Ebd.

der „Täglichen Rundschau“, einer Berliner Zeitung, erschien. Basierend auf Haeckels „Plankton-Studien“, deren „schwerwiegende[m] Urtheil“ sich der Autor dieses Beitrags, der Wissenschaftsjournalist und -autor Ernst Krause alias Carus Sterne (1839–1903)[18], anschloss, da es ihm „in allen Punkten wohlbegründet“[19] erscheine, bot dieser Artikel einen gründlichen Verriss des gesamten Unternehmens. Haeckels grundsätzliche und erbarmungslose Kritik an der methodischen Ausrichtung, die Krause umfassend wiedergibt, hinterlässt beim Leser den Eindruck, dass die bereitgestellten Mittel schlicht und ergreifend verschwendet worden waren:

> „Während Professor du Bois-Reymond mit den Theilnehmern der Fahrt von dieser Zählung [der quantitativen Auswertung der Proben, Anm. d. Verf.] eine neue Epoche unserer Kunde des Meerlebens anbrechen sieht, erklärt Professor Häckel in seinen ‚Plankton-Studien‘ die Arbeit für nahezu völlig nutzlos, weil der Plan einer in solcher Weise aufzunehmenden Meeresstatistik nach jeder Richtung verfehlt sei. Man liest zwischen den Zeilen, dass er die aufgewendeten beträchtlichen Kosten für in's Wasser geworfenes Geld ansieht, und dass er die Theilnehmer wenigstens vor der geistlosen Arbeit des Zählens bewahren möchte.“[20]

Für Hensen muss diese Kritik – nach neun Jahren der Konzeption und praktischen Erprobung der Methodik seines quantitativen Ansatzes, nach der Herstellung der benötigten Apparaturen und schließlich nach anderthalb Jahren der Verhandlungen um die Mittelbewilligung mit dem Kultusministerium und der Akademie der Wissenschaften – ein herber Schlag gewesen sein. Ganz offensichtlich handelte es sich dabei nicht um wohlmeinende, konstruktive Kritik. Haeckel und – ihm folgend – Krause sprachen der Expedition unumwunden jegliche Nützlichkeit für die Wissenschaft ab. Die Tragweite dieser Vorwürfe für das Ansehen der Kieler Forscher – gerade auch in Anbetracht des großen öffentlichen Interesses an der Expedition – darf nicht unterschätzt werden.

Haeckel vs. Hensen: Zwei Planktologen treffen aufeinander

Dabei standen sich mit Victor Hensen und Ernst Haeckel in diesem Konflikt, auch nach je eigener Aussage, zwei Experten der Planktologie gegenüber: Über Haeckel schreibt dessen journalistischer Unterstützer und langjähriger Weggefährte Krause im bereits zitierten Artikel:[21]

---

18 Zu Krause siehe Albert Schwarz, Art. „Krause, Ernst“, in: Neue Deutsche Biographie 12 (1979), S. 699–700.

19 Krause, Forschungen (wie Anm. 7), S. 83.

20 Ebd., S. 81.

21 Zur Zusammenarbeit Krauses und Haeckels siehe Andreas Daum, Wissenschaftspopularisierung im 19. Jahrhundert. Bürgerliche Kultur, naturwissenschaftliche Bildung und die deutsche Öffentlichkeit 1848–1914, 2. erg. Aufl., München 2002,

„Hierbei mag zunächst hervorgehoben werden, dass wohl kein jetzt lebender Naturforscher in höherem Grade befähigt sein kann, ein Urtheil über diese Dinge zu geben, als gerade Häckel. Denn seit seinen Studienjahren, in denen er wiederholt seinen verehrten Lehrer Johannes Müller, den Urheber der Fischerei mit dem feinen Netze, auf Wochen und Monate an die See begleitet hatte, ist er dieser Art der Meeresforschung beständig treu geblieben, hat er mehr als irgend ein anderer Privatmann aus eigenen Mitteln für solche Forschungen ausgegeben."[22]

Tatsächlich muss Haeckel ohne Zweifel als Fachmann auf dem Gebiet der systematischen Planktonforschung gelten, da er sich dieser bereits seit Beginn seiner akademischen Laufbahn voller Eifer widmete. Wie in den 1850er Jahren noch üblich, als die verschiedenen Naturwissenschaften sich noch nicht als eigenständige Fächer an den Universitäten etabliert hatten, studierte der spätere Zoologe von 1852 bis 1858 Medizin in Berlin, Würzburg, Prag und Wien. In dieser Zeit inspirierte ihn vor allem der auch im obigen Zitat angesprochene Physiologe und Anatom Johannes Müller (1801–1858), bei welchem er während seines zweiten Studienaufenthaltes in Berlin 1854/55 hörte, zur wissenschaftlichen Beschäftigung mit Meeresorganismen – so beispielsweise durch einen gemeinsamen Forschungsaufenthalt auf Helgoland im Sommer 1855.[23] „Niemals werde ich das Erstaunen vergessen, mit dem ich zum ersten Male das Gewimmel der pelagischen Glastiere bewunderte, die Müller durch Umstülpen seines feinen Netzes in ein Glasgefäß mit Seewasser entleerte: dieses bunte Durcheinander von zierlichen Medusen und schillernden Ctenophoren, von pfeilschnellen Sagitten und schlangenähnlichen Tomopteris, diese Massen von Copepoden und Schizopoden, von pelagischen Würmern und Echinodermenlarven" – so beschreibt Haeckel später diese erste Begegnung mit dem Meer, als er alles, was er „jahrelang vorher in Büchern studiert" hatte, „nun mit einem Male mit eigenen Augen wie hingezaubert" sah.[24] Am Ende dieses Schlüsselerlebnisses stand Haeckels Entschluss, sein Forscherleben der Zoologie zu widmen.[25]

Doch die Begeisterung Haeckels für die Meereskunde war bereits in seiner ersten Würzburger Studienzeit (1852/54 sowie 1855/56) geweckt worden: Der Histologe Albert von Koelliker (1817–1905) verarbeitete in seiner Lehrveranstaltung zur Vergleichenden Anatomie im Sommersemester

---

S. 449–452; Otto Hamann, Professor Ernst Haeckel in Jena und seine Kampfesweise. Eine Erwiderung, Göttingen 1893, S. IV.

22 Krause, Forschungen (wie Anm. 7), S. 81.

23 Georg Uschmann, Art. „Haeckel, Ernst Heinrich Philipp August", in: Neue Deutsche Biographie 7 (1966), S. 423–425, hier S. 423; Johannes Hemleben, Ernst Haeckel in Selbstzeugnissen und Bilddokumenten (Rowohlts Monographien Bd. 99), Hamburg 1964, S. 34f.

24 Hemleben, Haeckel (wie Anm. 23), S. 36.

25 Ebd.

1853 Ergebnisse einer Reise ans Mittelmeer, wo er Polypen, Medusen und Mollusken studiert hatte. Tief beeindruckt schrieb Haeckel hierüber an seine Eltern: „Heute erzählte uns z.B. Koelliker von Infusionstierchen Sachen, daß wir Maul und Nase aufsperrten, und uns ins Reich der Märchen versetzt glaubten […].“[26] Überhaupt betrachtete Haeckel seine Würzburger Zeit, wo er Vorlesungen weiterer renommierter Lehrer wie Johann Joseph von Scherer (1814–1869), Rudolf Virchow (1821–1902), Franz von Leydig (1821–1908) und Carl Gegenbaur (1826–1903) besuchte, als unabdingbare Basis für seine späteren Studien.[27]

Trotz dieser frühen Neigung zur Zoologie beendete Haeckel auf Druck seines Vaters jedoch zunächst ordnungsgemäß sein Studium der Medizin. 1857 wurde er in Berlin mit seiner Arbeit „Über das Gewebe des Flußkrebses“ zum Dr. med. promoviert; 1858 bestand er das medizinische Staatsexamen und erlangte seine Approbation als Arzt.[28] Bald schon wandte er sich aber wieder ganz seiner großen Leidenschaft zu: In den Jahren 1859/60 hielt sich Haeckel am Golf von Messina auf, wo es ihm gelang, weit über 100 neue Arten der Gruppe der Radiolarien – einzellige Organismen mit Kieselpanzern, von denen Johannes Müller zuvor 50 Arten erfasst hatte – zu fangen.[29] Mit einem Vortrag zu den ersten Ergebnissen seiner diesbezüglichen Forschungen auf der 35. Versammlung Deutscher Naturforscher und Ärzte in Königsberg weckte der junge Zoologe bereits 1860 das Interesse seiner etablierten Fachkollegen.[30] Die Auswertung seiner Fänge beschäftigte Haeckel fast zwei Jahre und sollte sich für seine weitere Karriere noch als überaus fruchtbar erweisen; denn seine akribische Forschungsleistung sicherte Haeckel nicht nur die Anerkennung großer Autoritäten auf diesem Gebiet wie Phillip Franz von Siebold (1796–1866), Adolf Eduard Grube (1812–1880) und Rudolf

---

26 Brief Haeckels an seine Eltern vom 4.5.1853, zitiert nach: Erika Krauße, Ernst Haeckel (Biographien hervorragender Naturwissenschaftler, Techniker und Mediziner Bd. 70), Leipzig 1984. Vgl. auch Hemleben, Haeckel (wie Anm. 23), S. 27.

27 Reinhard Mocek, Neugier und Nutzen. Fragen an die Wissenschaftsgeschichte (Studien zur Dialektik), Köln 1988, S. 169; Uschmann, Haeckel (wie Anm. 23), S. 423; Hemleben, Haeckel (wie Anm. 23), S. 56.

28 Krauße, Haeckel (wie Anm. 26), S. 25; Uschmann, Haeckel (wie Anm. 23), S. 423.

29 Krauße, Haeckel (wie Anm. 26), S. 40. Haeckel schrieb voller Begeisterung über einen besonders erfolgreichen Fangtag an seine zukünftige erste Ehefrau, Anne Sethe: „Ein Glücksfang, der mich halb unsinnig vor Freude machte: ich fiel vor meinem Mikroskop auf die Knie und jubelte dem blauen Meere und den grünen Meeresgöttern, den zarten Nereiden, die mir immer so herrliche Geschenke schicken, innigsten Dank zu, versprach auch, recht gut und brav zu sein und, dieses Glückes würdig, all mein Leben dem Dienst der herrlichen Natur, der Wahrheit und Freiheit zu widmen.“ Zitiert nach: Hemleben (wie Anm. 23), S. 65.

30 Krauße, Haeckel (wie Anm. 26), S. 41.

Virchow, sondern bot ihm auch die nötige Basis für seine Habilitationsschrift „Über die Grenzen und Ordnungen der Rhizopoden" (1861) sowie für eine prachtvoll illustrierte, zweibändige Monographie, mit deren Erscheinen sich Haeckel im Jahr 1862 den Ruf eines talentierten Systematikers und Zoologen erwarb.[31] In der Folge ehrte man den noch jungen Gelehrten mit der Aufnahme in die Deutsche Akademie der Naturforscher Leopoldina (1863) und mit der großen goldenen Cothenius-Medaille.[32] Auch sein Ruf auf ein Extraordinariat in Jena zum Sommersemester 1862, der insbesondere durch die Vermittlung seines Freundes und ehemaligen Lehrers Gegenbaur zustande kam, findet seine Begründung in dieser Leistung. Nicht zuletzt bescherte Haeckel seine Radiolarienmonographie auch die Einladung zur Mitarbeit an der Auswertung der britischen Challenger-Expedition (1872–1876), zu welcher er etwa 2.500 Seiten Text und 230 Abbildungstafeln beisteuerte – eine Arbeit, die den Jenaer Zoologen insgesamt etwa zwölf Jahre beschäftigte.[33]

Unzweifelhaft kann Haeckel also als Experte für die Meeresforschung auf der Ebene der Mikroorganismen gelten. Doch auch Hensen war auf diesem Gebiet sehr gut qualifiziert, obwohl er – von Haus aus Physiologe – erst im späteren Verlauf seiner Karriere zum Plankton fand. Genau wie der um ein Jahr ältere Haeckel studierte Hensen in Würzburg (1854/56) und Berlin (1856/57) Medizin. So hatten die beiden späteren Kontrahenten zu Beginn ihrer wissenschaftlichen Ausbildung die gleichen akademischen Lehrer: unter anderem Joseph von Scherer, Albert von Koelliker, Rudolf Virchow und Johannes Müller. Ob Haeckel und Hensen sich in Würzburg, wo sie zur gleichen Zeit immatrikuliert waren, auch persönlich kennenlernten, geht aus den vorliegenden Quellen allerdings nicht hervor.

Ebenso wie Haeckel erzielte auch Hensen bereits früh in seiner Karriere große Erfolge: Zunächst angeleitet durch Scherer und Koelliker und schließlich in Berlin unter Virchow, gelang es dem jungen Medizinstudenten – zeitgleich mit dem bereits etablierten Physiologen Claude Bernard (1813–1878) in Frankreich – Glykogen zu isolieren.[34] Damit präsentierte sich Hensen schon

31 Ernst Haeckel, Die Radiolarien [Rhizopoda radiaria]. Eine Monographie, Berlin 1862; vgl. auch Hemleben, Haeckel (wie Anm. 23), S. 65f.

32 Krauße, Haeckel (wie Anm. 26), S. 50.

33 Report of the scientific results of the voyage of H.M.S. Challenger during the years 1873–76 […]. Published by order of Her Majesty's government, 50 Bde., Edinburgh 1877–1895; vgl. hierzu auch Krauße, Haeckel (wie Anm. 26), S. 98–100. Zur Challenger-Expedition siehe auch den Beitrag von Martin Göllnitz in diesem Band.

34 Veröffentlicht als Victor Hensen, Ueber die Zuckerbildung in der Leber, in: Virchows Archiv für Pathologische Anatomie 11 (1857), S. 395–398. Virchow hatte Hensen selbst auf die Ergebnisse Bernards hingewiesen und seinen Studenten zu einer schnellen Veröffentlichung angetrieben. Bernard kam Hensen mit einer eigenen

in einer frühen Phase seiner akademischen Laufbahn als vielversprechendes wissenschaftliches Talent. 1858 legte er in Kiel sein medizinisches Examen ab, arbeitete als Volontärarzt an der dortigen Nervenheilanstalt und wurde schließlich 1859 mit einer Arbeit über Epilepsie zum Dr. med. promoviert. Da sich die Habilitation als eigene Qualifikationsstufe in der universitären Karriere erst um 1880 durchzusetzen begann, folgte auf Hensens Promotion und Disputation auch umgehend seine Habilitation zum Privatdozenten sowie noch im selben Jahr die Ernennung zum Prosektor.[35] In den folgenden Jahren forschte der junge Mediziner über die Sinnesorgane, insbesondere das Ohr.[36]

In Anerkennung seiner frühen wissenschaftlichen Leistungen – aber gleichzeitig auch begünstigt durch die aktuelle politische Großwetterlage, die den Weggang seines Vorgängers beschleunigte und ein ordnungsgemäßes Berufungsverfahren verhinderte – wurde Hensen 1864 im Alter von 30 Jahren zum außerordentlichen Professor für Physiologie und zum Direktor des Physiologischen Instituts der Christian-Albrechts-Universität zu Kiel (CAU) ernannt.[37] Neben seinen Studien zu Glykogen und den Sinnesorganen befasste er sich in den folgenden Jahren außerdem mit der Embryologie sowie mit der erweiterten Vererbungslehre, dem Alterungsprozess und dem Einfluss von Regenwürmern auf die Bodenqualität.[38]

Publikation zum Glykogen jedoch einige Wochen zuvor. Vgl. hierzu Dietrich Trincker, Art. „Hensen, Christian Andreas Victor“, in: Neue Deutsche Biographie 8 (1969), S. 563–564, hier S. 563; Rüdiger Porep, Der Physiologe und Planktonforscher Victor Hensen (1835–1924). Sein Leben und Werk (Kieler Beiträge zur Geschichte der Medizin und Pharmazie Bd. 9), Neumünster 1970, S. 78–81.

35 Porep, Physiologe (wie Anm. 34), S. 27. Zur Standardisierung der professoralen Karriere im 19. und frühen 20. Jahrhundert siehe Martin Göllnitz, Forscher, Hochschullehrer, Wissenschaftsorganisatoren. Kieler Professoren zwischen Kaiserreich und Nachkriegszeit, in: Christian-Albrechts-Universität zu Kiel. 350 Jahre Wirken in Stadt, Land und Welt, hrsg. von Oliver Auge, Kiel u.a. 2015, S. 496–525, hier S. 497.

36 In diesem Bereich hat sich Hensen als Namensgeber für zwei anatomische Strukturen im Innenohr, die Hensen'schen Zellen und den Ductus reuniens Henseni, verewigt. Vgl. Walter Lenz, Victor Hensen (1835–1924). Founder of Quantitative Plankton Research, in: Ocean Sciences Bridging the Millennia. A Spectrum of Historical Accounts, hrsg. von Selim Morcos, Gary Wright, Mingyuan Zhu, Roger Charlier, Walter Lenz, Ming Lu und Emei Zou, Beijing 2004, S. 29–34, hier S. 29f.

37 Brigitte Lohff/Reinhard Kölmel, Victor Hensens Wirken an der Christian-Albrechts-Universität. Zum 150jährigen Geburtstag des Kieler Physiologen und Meeresforschers, in: Christiana Albertina 21 (1985), S. 45–56, hier S. 46f.

38 Letztere Forschungen wurden gar 1881 von Darwin zitiert. Vgl. hierzu Otto Graff, Die Regenwurmfrage im 18. und 19. Jahrhundert und die Bedeutung Victor Hensens, in: Zeitschrift für Agrargeschichte und Agrarsoziologie 27 (1979), S. 232–243. Zu Hensens wissenschaftlichen Betätigungsfeldern siehe Lenz, Hensen

Zwischen Wissenschaft und Wirtschaft: Das Plankton als „Expeditionsmotor"

Doch wie gelangte der Physiologe Hensen nun zu seinen späteren meereswissenschaftlichen Untersuchungsfeldern, obwohl er doch völlig andere wissenschaftliche Interessensgebiete bearbeitete? Die Meeresbiologie berührte Hensens Schaffen zunächst im Zusammenhang mit seinen Studien zu den Augen und Ohren von Wirbellosen, für die er im Mittelmeer Untersuchungsobjekte fing.[39] Sein innovativer Forschungsansatz ging jedoch nicht aus dieser Forschungsarbeit hervor, sondern stand in Zusammenhang mit seinem politischen Engagement und letztendlich mit absolut pragmatischen Gesichtspunkten: Die neugeschaffene Provinz Schleswig-Holstein befand sich um die Zeit des Anschlusses an Preußen vor allem im Bereich der Landwirtschaft und der Fischerei in einer Phase wirtschaftlicher Stagnation.[40] Um im Bereich der Fischereiindustrie wieder für Aufschwung zu sorgen, begann Hensen, als er 1867 als Abgeordneter in den Preußischen Landtag gewählt wurde, für die Einrichtung einer Kommission zu kämpfen, die durch wissenschaftliche Untersuchungen in Nord- und Ostsee letztlich den Weg zu effektiverem Fischfang weisen sollte.[41]

Unterstützt durch die Fürsprache des 1870 in Berlin gegründeten Deutschen Fischerei-Vereins (DFV), bewegte diese Kampagne den preußischen Minister für Landwirtschaft, Domänen und Forsten, Werner von Selchow (1806–1884), dazu, am 13. Juli 1870 die Preußische Kommission zur wissenschaftlichen Untersuchung der deutschen Meere im Interesse der Fischerei in Kiel (Kieler Kommission) einzusetzen.[42] Diese richtete Beobachtungsstationen

(wie Anm. 36), S. 29f.; Eric L. Mills, Biological Oceanography. An Early History, 1870–1960, Ithaca u.a. 1989, S. 12f. Hensens Publikationsverzeichnis ist abgedruckt bei Porep, Physiologe (wie Anm. 34), S. 123–128.

39 Victor Hensen, Über das Auge einiger Cephalopoden, in: Zeitschrift für wissenschaftliche Zoologie 15 (1865), S. 155–242 und Tafeln XII–XXI; Ders., Über das Gehörorgan von Locusta, in: Zeitschrift für wissenschaftliche Zoologie 16 (1866), S. 190–207 und Tafel X.

40 Mills, Oceanography (wie Anm. 38), S. 13.

41 Victor Hensen, Über die Bestimmung des Planktons oder des im Meere treibenden Materials an Pflanzen und Thieren, in: Jahresbericht der Commission zur Wissenschaftlichen Untersuchung der Deutschen Meere in Kiel für die Jahre 1882–1886, hrsg. im Auftrag des Königlich-Preussischen Ministeriums für die Landwirtschaftlichen Angelegenheiten, Berlin 1887, S. 1–109, hier S. 2.

42 Victor Hensen, Ansprache des geschäftsführenden Vorsitzenden der Kommission Prof. V. Hensen, in: Festschrift der Preussischen Kommission zur wissenschaftlichen Untersuchung der deutschen Meere zu Kiel aus Anlass ihres 50jährigen Bestehens, Kiel u.a. 1921, S. 1–6, hier S. 1. Ausführlich zur Gründung und Entwicklung der Kommission bis zu ihrer Auflösung im Jahr 1936 siehe Reinhard

an der Ostseeküste ein und unternahm in den Sommermonaten 1871 und 1872 Expeditionen in die Nord- und Ostsee, wobei physikalisch-chemische und biologische Untersuchungen durchgeführt wurden.[43] In diesem Zusammenhang begann Hensen, unter anderem durch den innovativen Einsatz von Fragebögen, eine aussagekräftige Fischereistatistik zu erarbeiten.[44] Gleichzeitig erforschte er das Laichverhalten der Fische.[45] Hierbei wandte er sich quantitativen Fragestellungen zu und begann die Gerätschaften und Methoden zu entwickeln, die Grundlage der Planktonexpedition werden sollten.[46]

Während er mit seinem Vertikalnetz fischte, richtete sich Hensens Aufmerksamkeit auch auf den überaus reichen Beifang an Kleinstlebewesen – auf das Plankton. Entgegen der unter Wissenschaftlern damals allgemein verbreiteten Ansicht, „dass die Meeresbewohner in Scharen verbreitet seien und dass man je nach Glück und Gunst, nach Wind, Strömung und Jahreszeit, bald auf dichte Massen, bald auf unbewohnte Flächen“ treffe, ergaben Hensens Proben aus küstenfernen Abschnitten von Nord- und Ostsee für das Plankton eine gleichmäßige Verteilung.[47] Gleichzeitig erkannte er, dass das offene Meer erheblich reicher an Plankton war, als gemeinhin angenommen. Warum war das von Interesse? Deswegen, weil Hensen langsam zu verstehen begann – und darin lag ein gewaltiger Fortschritt –, dass das Plankton nicht

Kölmel, The Prussian ‚Kommission zur wissenschaftlichen Untersuchung der deutschen Meere in Kiel‘ and the Origin of Modern Concepts in Marine Biology in Germany, in: Ocean Sciences. Their History and Relation to Man (Deutsche Hydrographische Zeitschrift: Ergänzungsheft Reihe B Bd. 22), hrsg. von Walter Lenz und Margaret Deacon, Hamburg 1990, S. 399–407. Insbesondere zur Rolle des DFV bei der Gründung der Kieler Kommission vgl. Ernst Ehrenbaum, 50 Jahre Kieler Kommission zur Untersuchung der deutschen Meere, in: Der Fischerbote XII (1920) H. 8, S. 454–457. Und zum DFV im Allgemeinen siehe Gerd Wegner, 125 Jahre Deutsche Fischereiforschung, in: Informationen für die Fischwirtschaft 42 (1995) H. 3, S. 128–133.

43 Gerhard Kortum, Victor Hensen in der Geschichte der Meeresforschung, in: Schriften des Naturwissenschaftlichen Vereins für Schleswig-Holstein 71 (2009), S. 3–25, hier S. 10.

44 Franziska Torma, Wissenschaft, Wirtschaft und Vorstellungskraft. Die „Entdeckung“ der Meeresökologie im Deutschen Kaiserreich, in: Weltmeere. Wissen und Wahrnehmung im langen 19. Jahrhundert (Umwelt und Gesellschaft Bd. 10), hrsg. von Alexander Kraus und Martina Winkler, Göttingen u.a. 2014, S. 25–45, hier S. 37.

45 Kortum, Hensen (wie Anm. 43), S. 11.

46 So entwickelte er in den 1880er Jahren bspw. das sog. Eiernetz, mit dem es erstmals möglich wurde, Vertikalzüge durchzuführen und somit die abgefischte Wassersäule zu berechnen. Hierzu und zum Folgenden vgl. Hensen, Entwicklung (wie Anm. 4), S. 4; zum Netz vgl. Mills, Oceanography (wie Anm. 38), S. 17.

47 Hensen, Plankton-Expedition (wie Anm. 7), S. 71.

nur für einige wenige Spezialisten von Interesse ist. Vielmehr löste sich für ihn dadurch ein Rätsel, das seit der Challenger-Expedition bestanden hatte: die Frage nach der Ernährungsgrundlage der Tiefseefauna.[48]

Die Lösung, davon war Hensen berechtigterweise überzeugt, lag im Plankton, von dem er ja bereits wusste, dass es in deutlich größeren Mengen vorkam, als bisher angenommen, und dass es außerdem der einzige Produzent war, den man auf hoher See kannte, sodass es – direkt oder indirekt – den dort lebenden Konsumenten als Nahrung dienen musste.[49] Hierin ist also die große Bedeutung der pelagischen Mikroorganismen zu sehen, die Hensen deshalb als „das eigentliche Meeresblut" bezeichnete.[50] Das Ziel der Planktonexpedition war es nun, die Verteilung dieser Kleinstlebewesen im Atlantischen Ozean zu untersuchen, denn Hensen hatte bisher fast ausschließlich Untersuchungen in Nord- und Ostsee durchgeführt. Ein praktischer Gedanke dahinter war folgender: „Wenn die hohe See mehr Plankton auf die Flächeneinheit enthält, als die Küstengewässer, so kann es darauf mehr essbare Thiere ernähren als jene."[51] Theoretisch könnten die Ozeane sich also als ergiebige Fanggründe erweisen, in welchem Fall sich eine Ausdehnung der Fischerei auf das offene Meer anböte.[52] Hier schließt sich also der Kreis zu Hensens Tätigkeit für die Kieler Kommission; der Physiologe war sicher, „dass man nur dann richtige Maßnahmen im Interesse der Fischerei werde auffinden vermögen, wenn man in der Lage sei, sich ein Urteil über die Ertragsfähigkeit des Meeres zu bilden."[53] Das Hauptziel der Plankton-Expedition, die Frage nach der Verteilung des Planktons im Atlantik, war gefunden, seine Bedeutung als Urnahrungsquelle der Meere erkannt.

48 GStA PK, I. HA, Rep. 76, Vc Sekt. 1 XI Teil V C Nr. 12, Bd. 1, Immediateingabe Hensens, Brandts und Schütts vom 21.4.1888.

49 Ebd. Produzenten sind, vereinfacht gesagt, Organismen, die Photosynthese betreiben und dadurch aus anorganischem Material (Wasser und Kohlenstoffdioxid) unter Lichteinfall organisches Material (vor allem Kohlenhydrate) bilden. Sie stellen das unterste Glied in der Nahrungskette dar. Konsumenten sind Organismen, die für ihre Ernährung auf das Vertilgen anderer Organismen angewiesen sind. Die Zahl der Konsumenten ist deshalb abhängig von der Zahl der Produzenten.

50 ABBAW, PAW (1812–1945), II-XI-74, Brief Hensens an du Bois-Reymond vom 31.1.1888.

51 Hensen, Entwicklung (wie Anm. 4), S. 11.

52 Ebd., S. 10f. Zu diesem Zeitpunkt wurde Fischerei nur in Küstennähe betrieben. Vgl. Ingo Heidbrink, „Deutschlands einzige Kolonie ist das Meer!" Die deutsche Hochseefischerei und die Fischereikonflikte des 20. Jahrhunderts (Schriften des Deutschen Schiffahrtsmuseums Bd. 63), Hamburg 2004, S. 31–33. Für eine Analyse der wirtschaftlichen Motive hinter der Expedition siehe Kragh, Meeresforschung (wie Anm. 9).

53 Hensen, Bestimmung (wie Anm. 41), S. 2.

Hensen selbst war von der Bedeutung seiner Forschungsfrage ebenso überzeugt wie von seiner Eignung als Expeditionsleiter:

> „Ich kannte keinen Jünger der biologischen Wissenschaften in Deutschland, der so viele Vorstudien und Erfahrungen für eine Oceanexpedition hätte aufweisen können, wie ich, der ich wenig genug, aber doch Einiges über die bezüglichen Erfordernisse aus Erfahrungen eigener Unternehmungen wusste. Es war die Aufgabe, welche verfolgt werden sollte, eine neue, originelle und bisher noch nicht in Angriff genommene.“[54]

Kleinorganismen mit Konfliktpotential: Öde Zahlen gegen lebendige Ästhetik

Vor allem Letzteres, Hensens Verweis auf die Neuartigkeit seiner Fragestellung, ist an dieser Stelle bedeutsam, erklärt es doch, warum Haeckels Kritik so grundsätzlich ausfallen konnte. So kritisiert Haeckel denn auch in Anbetracht dieser Innovation, dass „die wichtigsten allgemeinen Resultate“ der Planktonexpedition „zu allen bisherigen Erfahrungen in schneidendem Widerspruch“ stünden.[55] Gerade aus der Feder Haeckels, der selbst ein großer Verfechter neuartiger biologischer Konzepte war, wie später noch ausgeführt werden wird, erscheint ein solcher Ausspruch erstaunlich und hat offenbar auch nicht jeden überzeugt. So schreibt beispielsweise Friedrich Junge hierauf bezugnehmend:

> „Sie müssen unrichtig sein, weil sie den bisher geltenden Anschauungen nicht entsprechen! Was soll aus der Wissenschaft – nehmen wir, welche man will – werden, wenn solche Motive eingeführt werden, wenn sie einfach an frühere Anschauungen festgenagelt werden soll? Das müsste jedem, der sich für die Freiheit wissenschaftlicher Forschungen interessiert […] wehe thun.“[56]

Selbstverständlich kann eine historische Darstellung wie diese sich nicht anmaßen, die meereswissenschaftliche Methodik Hensens oder Haeckels Kritik daran zu bewerten – und dies ist auch nicht das Ziel dieser Ausführungen. Dennoch soll an dieser Stelle nicht verschwiegen werden, dass Hensens neuartiger Ansatz sich als äußerst fruchtbar für die zukünftige Meeresforschung erwiesen hat, sodass Haeckels Grundsatzkritik daran als ungerechtfertigt bezeichnet werden kann.[57]

---

54 Ders., Plankton-Expedition (wie Anm. 7), S. 8.

55 Haeckel, Plankton-Studien (wie Anm. 10), S. 10.

56 Junge, Planktonexpedition (wie Anm. 1), S. 282.

57 Für eine Bewertung des methodischen Aspektes vgl. ferner Olaf Breidbach, Über die Geburtswehen einer quantifizierenden Ökologie. Der Streit um die Kieler Planktonexpedition von 1889, in: Berichte zur Wissenschaftsgeschichte 13 (1990) H. 2, S. 101–114; Rüdiger Porep, Methodenstreit in der Planktologie – Haeckel

Was durch das Vorausgegangene mehr als deutlich geworden sein sollte, ist, dass Hensens Erkenntnisinteresse gegenüber dem Plankton sich von dem Haeckels schon im Grundsatz unterschied: Während der Morphologe Haeckel den Formenreichtum der Mikroorganismen studierte, dokumentierte und systematisierte, fragte Hensen nach der Rolle des Planktons im größeren Gefüge der Lebenszyklen im Ozean. Rückblickend beschrieb er sich selbst gar als den Entdecker der Bedeutung des Planktons – das er im Übrigen als Erster im Jahr 1887 mit dem noch heute gültigen Fachbegriff bezeichnet hatte[58] – für den Stoffwechsel der Meere.[59] Im Einklang mit der Analyse Olaf Breidbachs kann an dieser Stelle also festgehalten werden, dass die Forschungskontroverse um die Planktonexpedition auch Ausdruck des diametralen Gegensatzes der beiden beteiligten Denkschulen, der deskriptiven Morphologie Haeckels und der physiologisch-analytischen quantifizierenden Ökologie Hensens, war.[60]

---

contra Hensen. Auseinandersetzung um die Anwendung quantitativer Methoden in der Meeresbiologie um 1900, in: Medizinhistorisches Journal 7 (1972) H. 1/2, S. 72–83. Zur Durchsetzung von Hensens Methode siehe Adolf Steuer, Die Entwicklung der deutschen marinen Planktonforschung, in: Die Naturwissenschaften 24 (1936) H. 9, S. 129–131; Brigitte Lohff, Die Entdeckung der Welt des Planktons, in: Historisch-Meereskundliches Jahrbuch 1 (1992), S. 35–44; David M. Damkaer/Tenge Mrozek-Dahl, The Plankton-Expedition and the Copepod Studies of Friedrich and Maria Dahl, in: Oceanography. The Past. Proceedings of the 3rd International Congress on the History of Oceanography, hrsg. von Mary Sears, New York u.a. 1980, S. 462–473. Zu der Ansicht, dass Wissenschaftshistoriker Forschungskontroversen nicht vor dem Hintergrund des heutigen Wissensstandes bewerten sollten, siehe Helge Kragh, An Introduction to the Historiography of Science, Cambridge u.a. 1987, S. 21–31, hier S. 30.

58 Die erstmalige Bezeichnung als Plankton findet sich in Hensen, Bestimmung (wie Anm. 41). Aus dem Griechischen abgeleitet hatte den Begriff auf Hensens Nachfrage Richard Foerster (1843–1922), Professor für Klassische Philologie und Beredsamkeit an der CAU, zunächst noch als ‚Halyplankton'. Vgl. Porep, Physiologe (wie Anm. 34), S. 104.

59 Diese Sicht findet sich in folgendem Zitat Hensens: „Es hat vor etwa 60 Jahren der ausgezeichnete Forscher Johannes Müller gefunden, dass man mit sehr dichtem Kätscher von der Oberfläche des Meeres eine Menge kleiner Tiere und Pflanzen fangen könne, die ein interessantes Formenstudium gewährten. Er bezeichnete diese Fänge scherzweise als ‚philosophischen Dreck', weil eben nur Naturphilosophen darin Interessantes schienen finden zu können. Seit dieser Zeit haben sich sehr viele Forscher mit diesem Material beschäftigt, aber es steht, glaube ich, fest, dass dessen grosse, allgemeine Bedeutung erst durch mich erkannt worden ist." Victor Hensen, Die Biologie des Meeres. Rede am Stiftungsfest des Naturwissenschaftlichen Vereins in Kiel, in: Schriften des Naturwissenschaftlichen Vereins für Schleswig-Holstein 13 (1905), S. 221–237, hier S. 226.

60 Breidbach, Geburtswehen (wie Anm. 57), S. 112.

Eine ausschließliche Reduktion der Kontroverse auf diesen vordergründigen methodischen Aspekt greift aber dennoch zu kurz. Wie bereits einleitend bemerkt worden ist, spielten noch viel grundsätzlichere Divergenzen zwischen den beiden Protagonisten in diesem Zusammenhang eine Rolle. So wurde das Verständnis Haeckels für Hensens neuartigen Ansatz zusätzlich dadurch erschwert, dass beide sehr unterschiedlichen Typen von Naturforschern entsprachen: Hensens Herangehensweise zeichnet das Bild eines wissenschaftlichen Buchhalters, der das Lebendige ökonomisiert und in nüchternen Statistiken fasst. Gleichzeitig war der Physiologe ein Techniker, der die Instrumente seinen neuartigen Fragestellungen entsprechend selbst konstruierte beziehungsweise modifizierte.[61] Dagegen war Haeckels Schaffen von Grund auf von einer tiefen Faszination für die Ästhetik der natürlichen Formen geprägt. Dieses künstlerische Feingefühl und ästhetische Interesse an der Natur spiegelt sich deutlich in den ansprechenden Tafelwerken wider, in denen es dem Zoologen gelang, den ihm unter dem Mikroskop erscheinenden konservierten Organismen neues Leben einzuhauchen. So brachten ihm die Lithographien seiner ersten großen Studie, der Radiolarienmonographie, großes Lob ein.[62] Später sollte der Zoologe mit seinem Werk „Kunstformen der Natur" (1899–1904), einer Zusammenstellung aus über 1.000 einzelnen Stichen zu 100 prächtigen Tafeln mit Erläuterungen, die vor allem verschiedene, oft von Haeckel selbst erstmals beschriebene Meeresorganismen zeigen, großen Einfluss auf die Künstler seiner Zeit ausüben: Der französische Jugendstilmaler und -architekt René Binet (1866–1911) schrieb Haeckel persönlich, wie sehr dieser ihn in seinem Schaffen beeinflusste und inspirierte:

> „In sending you my ‚Esquisses décoratives', I wanted to render a homage (as much as lay within my feeble powers) to the great naturalist and the great philosopher admired throughout the world. From your discoveries, I wished to draw out the wonderful principles of order and balance that appear in the infinite variety of microscopic animals which you have brought to light; I thought that there, where naturalists have found an object of wonder, artists must also seek

61 Ebd.

62 Der ehemals in Kiel tätige Möbius bedankte sich 1887 bei Haeckel für die Zusendung dieses Werkes in einem begeisterten Brief. Vgl. Krauße, Haeckel (wie Anm. 26), S. 100. Beiden Zoologen war eine künstlerische Naturauffassung gemeinsam und sie korrespondierten über viele Jahre miteinander. Am 3. März 1899 schrieb Möbius an Haeckel über dessen „Kunstformen der Natur": „Sie machen durch Ihr neues Unternehmen das Studium der schönen Thierformen sehr leicht und dürfen des Dankes aller Künstler und Kunstfreunde sicher sein." Möbius selbst verfolgte in seiner „Ästhetik der Thierwelt" (1887) einen ähnlichen Ansatz, vgl. hierzu ausführlich Ilse Jahn, Ernst Haeckel und die Berliner Zoologen, in: Wissenschaftshistorisches Kolloquium. Georg Uschmann zum 70. Geburtstag gewidmet (Acta Historica Leopoldina Bd. 16), hrsg. von Georg Uschmann, Halle 1985, S. 65–109, hier S. 84–92.

out the causes of this peculiar beauty. Through this the idea for my ‚Esquisses décoratives‘ was inspired.”[63]

Auch das von Binet entworfene Porte Monumentale der Pariser Weltausstellung von 1900 nahm sich Haeckels Darstellungen zum Vorbild.[64] Neben Binet kann Haeckels Einfluss außerdem in den Werken des französischen Kunsthandwerkers Èmile Gallé (1846–1904), des niederländischen Architekten Hendrik Petrus Berlage (1856–1934), des Pflanzenphotographen Karl Blossfeldt (1865–1932) und des Jugendstilmalers Hans Christiansen (1866–1945) ausgemacht werden.[65]

Abb. 4: Porpema. Nesseltiere aus der Klasse der Siphonophoren.

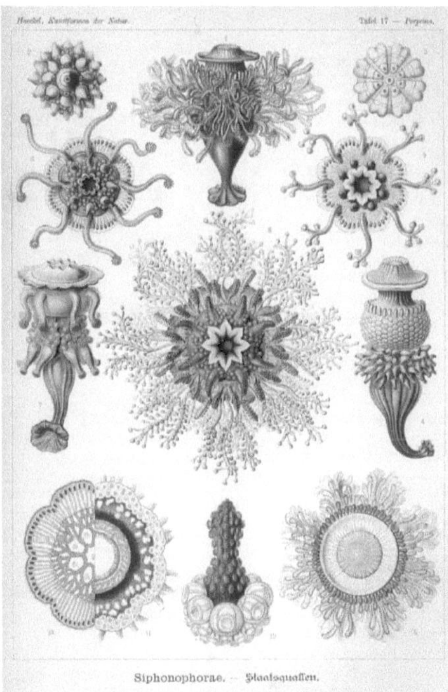

63 Brief Binets an Haeckel vom 10.7.1903, zitiert nach: Robert Proctor, Architecture from the cell-soul. René Binet and Ernst Haeckel, in: The Journal of Architecture 11 (2006) H. 4, S. 407–424, hier S. 407.

64 Proctor, Architecture (wie Anm. 63), S. 407f.

65 Olaf Breidbach, Visions of Nature. The Art and Science of Ernst Haeckel, München 2006, S. 231, 268f. Mit dem Verhältnis von „Biologie und Kunst“ befasste sich auch die 25. Jahrestagung der Deutschen Gesellschaft für Geschichte und Theorie der Biologie (DGGTB) vom 16. bis 19. Juni 2016 in Bonn. Weitere Informationen und das Programm sind unter der URL: http://www.geschichte-der-biologie.de/jahrestagungen/jahrestagung-2016/ (zuletzt abgerufen am 3.1.2017) einsehbar.

Abb. 5: Maeandrina. Nesseltiere aus der Klasse der Korallen.

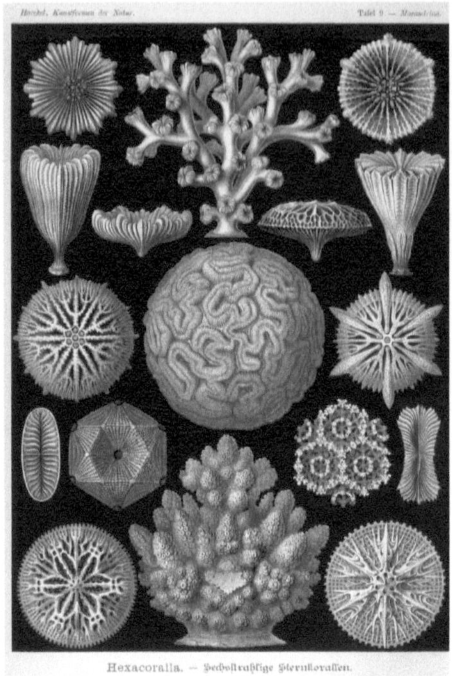

Abb. 6: Das monumentale Portal der Weltausstellung 1900 in Paris, entworfen und errichtet von René Binet.

Tatsächlich dachte Haeckel nach Abschluss seines Studiums darüber nach, „den Naturforscher zugunsten des Landschaftsmalers aufzustecken, zumal dieser Zweig der Kunst eigentlich auch nur ein Stückchen Naturforscherei ist."[66] Auch plagten den Zoologen Zweifel hinsichtlich seiner Eignung für den Beruf des Wissenschaftlers; zum einen, weil er, wie er selbst zugab, die mathematisch-abstrakte Seite seiner naturwissenschaftlichen Bildung, insbesondere in Bezug auf die Nachbardisziplinen der Physik und Chemie, zeit seines Lebens vernachlässigt hatte, zum anderen aber auch, weil sein von Leidenschaft und Begeisterungsfähigkeit geprägtes Naturell ihm hierfür unpassend vorkam: Besonders deutlich wurde Haeckel dies im Vergleich mit Rudolf Virchow, für den er 1856 in Würzburg als Assistent tätig war:[67]

> „Wie oft habe ich schon dieser ruhigen, klaren, scharfen Größe gegenüber die kleinliche Alltäglichkeit meines unsteten, Irrlichtern gleich hin- und herflackernden, nirgends sich rein und scharf aus sich selbst sich ablösenden Geistes verwünscht! Wie wenig paßt ein so unklares, konfuses, subjektives Wesen für einen Naturforscher!"[68]

Angesichts dieser sich von Hensens analytischem Pragmatismus[69] doch stark unterscheidenden Naturauffassung verwundert es wenig, dass Haeckel mit der nüchternen quantitativen Methodik der Plankton-Expedition, mit dieser „geisttödtende[n] Quälerei" des Planktonzählens, wenig anzufangen wusste und von dem Kieler Forschungsvorhaben „ebensowenig ein wissenschaftlich vertretbares Ergebnis, als ein[nen] praktische[n] Nutzen" erwartete.[70]

---

66 Zitiert nach: Hemleben, Haeckel (wie Anm. 23), S. 63.

67 Uschmann, Haeckel (wie Anm. 23), S. 423.

68 Zitiert nach: Hemleben, Haeckel (wie Anm. 23), S. 54.

69 An dieser Stelle soll nicht verschwiegen werden, dass auch Hensen von der Schönheit der Meeresfauna nicht unberührt blieb. „Diese Masse ist", so schrieb er, „in vielen Beziehungen interessant, erweckt unter anderem ein gewisses -- ich will nicht sagen künstlerisches – aber doch artistisches Interesse [...]. Die schwimmenden Steinorganismen vermögen [...] das spröde Material so zu meistern, dass ich wieder und wieder auf Formen gestossen bin, von denen ich sagen musste, dass ich Schöneres und Vollendeteres nie und nirgends gesehen habe." Vgl. Victor Hensen, Die Naturwissenschaft im Universitätsverband. Rede beim Antritt des Rektorats der Königlichen Christian-Albrechts-Universität zu Kiel am 5. März 1887, Kiel 1887, S. 6f.

70 So gibt Krause Haeckels Meinung wieder in Krause, Forschungen (wie Anm. 7), S. 81.

Haeckels wissenschaftliche Isolation und die Verteidigungsstrategie der „Kieler Schule“

Dass Haeckel mit dieser – auch von seiner persönlichen Befähigung und seinem Naturverständnis beeinflussten – Einschätzung der Planktonexpedition nicht richtig lag, lässt sich zwar aus heutiger Perspektive schnell konstatieren, doch dauerte es mehrere Jahre, bis weitere Forschungen und methodische Verbesserungen die von Haeckel geäußerten Vorwürfe entkräften konnten. Somit sahen sich die Expeditionsteilnehmer zunächst einmal, insbesondere nach der Veröffentlichung des breitenwirksamen Artikels von Ernst Krause, mit einem deutlichen Umschwung in der medialen Berichterstattung über ihre Untersuchungen konfrontiert. Hensen beobachtete diese Entwicklung mit Unverständnis:

> „Während ich immer mehr von der Sorgfalt, mit welcher meine Begleiter die Fänge behandeln, und mit welcher sie alle erforderlichen Notizen gemacht haben, mich überzeuge und mit wachsendem Interesse die neuen Nachrichten verfolge, welche die Untersuchungen an jedem Tage zeitigen, sehe ich mit Erstaunen, daß die Tagespresse die Planktonfahrt als ein völlig mißglücktes Unternehmen darzustellen beginnt. Die Expedition ist von der deutschen Presse mit einer so liebenswürdigen und erfreulichen Antheilnahme begleitet worden, daß ich mich selbstverständlich für verpflichtet halte, das sich geltend machende Mißverständniß, so viel an mir liegt, sofort zu berichtigen.“[71]

Und Aufklärung vonseiten der Kieler war auch bitter nötig, hatte doch der neue Finanzminister bereits Zweifel dahingehend angekündigt, ob der preußische Staat die Publikation der Ergebnisse überhaupt mitfinanzieren werde.[72] Schlechte Presse kam dem Kieler Physiologen also auch aus diesem Grund denkbar ungelegen. Tatsächlich interpretierte Hensen den Angriff aus Jena auch ganz

71 Victor Hensen, „Kunst und Wissenschaft“, in: Deutscher Reichsanzeiger vom 19.3.1891. Der Zeitungsartikel findet sich in GStA PK, I. HA, Rep. 76, Vc Sekt. 1 XI Teil V C Nr. 12, Bd. 2.

72 Der neue Finanzminister, Johannes von Miquel (1828–1901), reagierte regelrecht ungehalten, als Goßler zu diesem Zweck 50.000 Mark beantragte. Man sei davon ausgegangen, dass die bereits bewilligten 70.000 Mark alle notwendigen Kosten der Expedition decken würden. Nun befände er sich in einer Zwickmühle, „da es den Anschein gewinnt, als würden die früher bewilligten 70 000 M nutzlos verwendet sein, wenn nicht der weitere Zuschuss von 50 000 M bewilligt würde.“ GStA PK, I. HA, Rep. 76, Vc Sekt. 1 XI Teil V C Nr. 12, Bd. 2, Brief Miquels an Goßler vom 10.3.1891. Am Ende gab Miquel jedoch nach und die beantragten 50.000 Mark wurden wiederum aus dem Allerhöchsten Dispositionsfonds bereitgestellt. Dies geschah unter der Auflage, dass die Akademie der Wissenschaften sich ebenfalls an den Kosten beteilige, was sie mit 16.650 Mark auch tat. Vgl. ebd., Allerhöchste Order des Kaisers vom 19.5.1891; ABBAW, PAW (1812–1945), II-XI-84, Bericht du Bois-Reymonds vom 5.2.1891.

konkret als Versuch, ein Erscheinen der Expeditionsergebnisse zu verhindern: „Es erscheint wirklich kaum denkbar, daß es gelingen sollte, die Veröffentlichung der deutschen Expedition zu verhindern, aber, quien sabe?"[73] Vor diesem Hintergrund ist es umso verständlicher, dass die Expeditionsteilnehmer, die Akademie der Wissenschaften sowie das Kultusministerium größtes Interesse daran hatten, jeglichen Zweifel am Erfolg der Planktonfahrt auszuräumen – zumal Haeckel und Krause mit ihren Anschuldigungen die Kompetenz der letzteren beiden Instanzen infrage gestellt hatten.[74]

Folglich wurde nach dem Erscheinen von Krauses Artikel eine rege Öffentlichkeitsarbeit betrieben: Den Anfang machte der Expeditionsleiter selbst mit einer Replik, die nur wenige Tage nach Krauses Verriss vom 14. März 1891 in verschiedenen Zeitungen, unter anderem der Kieler Zeitung (18. März 1891), dem Deutschen Reichsanzeiger (18. März 1891) und der Nationalzeitung (19. März 1891), veröffentlich wurde, was wiederum auf das große Interesse schließen lässt, das die Öffentlichkeit der Angelegenheit entgegenbrachte. Darin führte Hensen aus, dass die Auswertung der Ergebnisse noch längere Zeit in Anspruch nehmen werde und dass es keinen Grund gebe, die Resultate der Fahrt schon zu kritisieren, bevor diese in wissenschaftlich korrekter Form vorlägen. Nichtsdestotrotz sei bereits abzusehen, dass die Expedition sich sogar als erfolgreicher erweisen würde, als man im Voraus zu hoffen gewagt hatte.[75] Zuletzt nutzte Hensen den Artikel noch, um auf die Entgegnungen zu Haeckels Vorwürfen von ihm selbst sowie von Karl Brandt, die in Kürze erscheinen würden, zu verweisen.[76]

Bemerkenswert ist in Bezug auf das Verhältnis von Wissenschaft und Öffentlichkeit an dieser Stelle zum einen die Schnelligkeit, mit der hier reagiert wurde, als Haeckels Anschuldigungen einem größeren Publikum bekannt gemacht wurden, sowie zum anderen die Verbreitung der Verteidigung über mehrere Tageszeitungen. Die Druckschriften Hensens und Brandts, die der öffentlichen, aber auch innerwissenschaftlichen Rehabilitation ihrer Forschungsfahrt dienen sollten und noch im selben Jahr veröffentlicht wurden,

73 GStA PK, I. HA, Rep. 76, Vc Sekt. 1 XI Teil V C Nr. 12, Bd. 2, Abschrift eines Briefes von Hensen an das Kultusministerium vom 21.1.1891.

74 Hensen war schon kurz nach seiner Rückkehr sowohl von der Regierungsseite als auch von der Akademie dazu aufgefordert worden, Vorträge bzw. Zeitungsartikel zu den ersten Ergebnissen zu liefern, die auch dem Kaiser vorgelegt werden sollten. GStA PK, I. HA, Rep. 76, Vc Sekt. 1 XI Teil V C Nr. 12, Bd. 1, Brief Hensens an Althoff vom 7.11.1889.

75 Hensen, „Kunst und Wissenschaft" (wie Anm. 71).

76 Karl Brandt, Haeckels Ansichten über die Plankton-Expedition, in: Schriften des Naturwissenschaftlichen Vereins für Schleswig-Holstein VIII (1891) H. 2, S. 1–15; Hensen, Plankton-Expedition (wie Anm. 7).

beschränkten sich in ihrer Argumentationsstrategie aber nicht auf eine rein wissenschaftliche Widerlegung der Vorwürfe, die vermutlich in der damaligen Phase der Auswertungsarbeiten noch nicht vollständig möglich war.[77] Sie griffen auch Haeckels Glaubwürdigkeit als Wissenschaftler an. So stellte Brandt den Jenaer Zoologen als einen Polemiker hin, der bei seinen Recherchen grob unwissenschaftlich vorgehe:

> „Es ist eben für Haeckel's Kampfesweise charakteristisch, dass er in erster Linie bestrebt ist, den Gegner lächerlich zu machen oder ihn als recht dumm hinzustellen. Um dieses Ziel zu erreichen, sind ihm alle Mittel recht. Eine möglichst flüchtige Lektüre und Verdrehen dieses oder jenes Satzes führt zuweilen schon zu einem solchen Ergebniss, wenn nicht, so wird etwas untergeschoben."[78]

Tatsächlich polarisierte Haeckel zeit seines Lebens so sehr, dass er von der einen Seite zum „größte[n] Schwindler, den die Sonne je beschienen!", ausgerufen wurde,[79] während die andere Seite ihn als einen unbeirrbaren Propheten der Wahrheit und einen verdienstvollen Popularisierer naturwissenschaftlichen Wissens verehrte.[80] Während seiner Karriere geriet der Jenaer Zoologe mit zahlreichen anderen Wissenschaftlern in Streit: Dazu gehörten der Geologe Otto Volger (1822–1897), die Zoologen Otto Hamann (1857–1925), Arnold Braß (1854–1915), Louis Agassiz (1807–1873) und Carl Semper (1832–1893), die beiden Schweizer Anatomen Wilhelm His (1831–1904) und Ludwig Rütimeyer (1825–1895), der Ethnologe Adolf Bastian (1826–1905), der Philosoph Friedrich Michelis (1815–1886), der Theologe Johannes Huber (1830–1879), der Kieler Botaniker Johannes

---

77 Vgl. hierzu auch Breidbach, Geburtswehen (wie Anm. 57), S. 109f.

78 Brandt, Ansichten (wie Anm. 76), S. 1.

79 Kirchlicher Anzeiger der katholischen Josefsgemeinde Dortmund vom April 1909, zitiert nach: Katrin Friedemann, „Haeckel ist der größte Schwindler, den die Sonne je beschienen!" – Haeckel als Wissenschaftler, in: Verborgene Schönheit. Kunstformen der Natur. Katalog zur Ausstellung vom 18. Februar bis zum 16. Mai 2016 im Hessischen Landesmuseum Darmstadt, Graphische Sammlung, Darmstadt 2016, S. 9–16, hier S. 9.

80 Geradezu hagiographisch ist Heinrich Schmidt (Hrsg.), Was wir Ernst Haeckel verdanken. Ein Buch der Verehrung und Dankbarkeit, 2 Bde., Leipzig 1914; ähnlich der „Versuch einer Würdigung" Haeckels in Klaus Keitel-Holz, Ernst Haeckel. Forscher, Künstler, Mensch. Eine Biographie, Frankfurt am Main 1984; vgl. auch Wilhelm Bölsche, Eine nichtgehaltene Grabrede. Ein letztes Wort zu Ernst Haeckel, in: Der gerechtfertigte Haeckel. Einblicke in seine Schriften aus Anlaß des Erscheinens seines Hauptwerkes „Generelle Morphologie der Organismen" vor 100 Jahren, hrsg. von Gerhard Heberer, Stuttgart 1968, S. 23–42.

Reinke (1849–1931) sowie die bereits bekannten Akteure Rudolf Virchow und Emil du Bois-Reymond, wozu später noch mehr zu sagen sein wird.[81]

Somit muss Haeckels Angriff gegen die Planktonexpedition auch vor dem Hintergrund gesehen werden, dass er allgemein dazu neigte, über wissenschaftliche Fragen in Streitigkeiten mit anderen Forschern zu geraten, sodass Brandts oben zitierter Ausspruch wohl nicht ganz unberechtigt ist. De facto versuchte aber auch Hensen, in seiner Verteidigungsschrift die Glaubwürdigkeit seines Gegners grundsätzlich in Zweifel zu ziehen:

> „Es sind Häckel so erhebliche und muthwillige Vergehen gegen die Wissenschaft in unwiderlegbarer Weise nachgewiesen worden, dass zwar eine Nachsicht im persönlichen Verkehr möglich ist, aber bei wissenschaftlicher Discussion die Sachlage in der That recht schwierig wird."[82]

Worauf bezieht sich Hensen hier? Der Ursprung der Ereignisse, die letztlich zu der öffentlichen Diffamierung des Jenaer Zoologen führen sollten, war dessen frühe und unermüdliche Fürsprache für die Evolutionslehre Charles Darwins (1809–1882), die Haeckel für die wichtigste Entdeckung seiner Zeit hielt.[83] „On the Origin of Species" war am 24. November 1859 erschienen; eine deutsche Übersetzung folgte nur ein Jahr später.[84] Schon in seiner 1862 publizierten Radiolarienmonographie griff Haeckel Darwins Thesen unterstützend auf, gleichwohl diese noch in den nachfolgenden Jahren heftig umstritten waren und vom wissenschaftlichen Establishment zunächst mehrheitlich zurückgewiesen wurden.[85]

Unbeirrbar sollte er diesen Kurs zeit seines Lebens beibehalten. Obwohl ihm von manchem Freund davon abgeraten wurde, sprach Haeckel 1863 auf der 38. Versammlung Deutscher Naturforscher und Ärzte in Stettin „Über die Entwicklungstheorie Darwins".[86] Er ging dabei doch in einem wichtigen

81 Zu Volger, Agassiz, Michelis, Semper und Huber vgl. Krauße, Haeckel (wie Anm. 26), S. 49, 92; zu Hamann vgl. Jahn, Haeckel (wie Anm. 62), S. 86f.; zu Bastian vgl. Daum, Wissenschaftspopularisierung (wie Anm. 21), S. 449.

82 Haeckel, Plankton-Expedition (wie Anm. 10), S. 10f.

83 Vgl. Hemleben, Haeckel (wie Anm. 23), S. 86.

84 Charles Darwin, On the Origin of Species by Means of Natural Selection, or the Preservation of Favoured Races in the Struggle for Life, London 1859; Ders., Über die Entstehung der Arten im Thier- und Pflanzen-Reich durch natürliche Züchtung, oder Erhaltung der vervollkommneten Rassen im Kampfe um's Daseyn. Aus dem Englischen übersetzt und mit Anmerkungen versehen von Heinrich Georg Bronn, Stuttgart 1860.

85 Vgl. Hemleben, Haeckel (wie Anm. 23), S. 69f.

86 Ernst Haeckel, Ueber die Entwicklungstheorie Darwin's. Vortrag gehalten in der ersten allgemeinen Sitzung der 38. Versammlung deutscher Naturforscher und Aerzte zu Stettin am 19. September 1863, Bonn 1878.

Punkt über das hinaus, was dieser in seinem wegweisenden Werk postuliert hatte: Im Gegensatz zu den frühen Publikationen Darwins klammerte Haeckel den Menschen aus seinen Überlegungen niemals aus.[87] In seinem Vortrag schlussfolgerte er etwa, dass die Vorfahren des Menschen „affenähnliche Säugetiere“ gewesen seien.[88]

Dass dieses Postulat unmittelbare und tiefgreifende weltanschauliche Konsequenzen implizierte, war ihm dabei sicherlich bewusst – doch war Haeckel niemals bereit, Diplomatie oder Sensibilität Andersdenkenden gegenüber walten zu lassen, wenn es um seine Überzeugungen ging. Ganz im Gegenteil: Mit viel Polemik und Spott trat er jenen entgegen, die sich durch die von ihm proklamierte Stammesverwandtschaft zwischen Menschen und Affen in ihrem Weltbild erschüttert sahen:

> „Interessant und lehrreich ist dabei nur der Umstand, dass besonders diejenigen Menschen über die Entdeckung der natürlichen Entwickelung des Menschengeschlechts aus echten Affen am meisten empört sind und in den heftigsten Zorn gerathen, welche offenbar hinsichtlich ihrer intellectuellen Ausbildung und cerebralen Differenzierung sich bisher noch am wenigsten von unseren gemeinsamen tertiären Stammeltern entfernt haben.“[89]

Der überbordende Enthusiasmus, mit dem Haeckel für die Deszendenztheorie eintrat, äußerte sich auch in seinem wohl wichtigsten wissenschaftlichen Werk, der über 1.000 Druckseiten starken „Generellen Morphologie“, die der noch junge Wissenschaftler innerhalb eines Jahres verfasste; hierin lieferte er eine allgemeine Darstellung der Lebensformen aus deszendenztheoretischer Sicht, die bereits all die Themenkomplexe enthielt, die seine Bedeutung als Wissenschaftler, aber auch seine Brisanz und Kontroversität begründeten: die sogenannte „Urzeugung“, Stammbäume, die Stammesgeschichte des Menschen, das Biogenetische Grundgesetz und der Monismus als naturwissenschaftliche Weltanschauung.[90] Zwar erntete Haeckel zugleich Kritik für dieses offensichtlich in großer Eile abgefasste Werk, doch trug es dennoch dazu bei,

---

87 Darwin selbst schrieb erstmals 1871 über die Stammesentwicklung des Menschen. Siehe Charles Darwin, The descent of man, and selection in relation to sex, 2 Bde., London 1871.

88 Haeckel, Entwicklungstheorie (wie Anm. 86), S. 3.

89 Ders., Generelle Morphologie der Organismen, Bd. 2: Allgemeine Entwickelungsgeschichte der Organismen. Kritische Grundzüge der mechanischen Wissenschaft von den entstehenden Formen der Organismen, begründet durch die Descendenz-Theorie. Mit 8 genealogischen Tafeln, Berlin 1866, S. 429f.

90 Zu Inhalt und Resonanz der „Generellen Morphologie“ siehe Hemleben, Haeckel (wie Anm. 23), S. 76f.

seinen Ruf als talentierten Systematiker zu festigen; zudem enthält es erstmals noch heute gültige Konzepte der Biologie.

Fortan kämpfte Haeckel an zwei Fronten: Innerhalb seiner Wissenschaftsdisziplin stritt er unermüdlich für die Anerkennung der Evolutionstheorie, indem er vor allem überschaubare Organismengruppen intensiv studierte – wobei er insgesamt mehr als 4.000 neue Arten erfasste – und so ihre gemeinsame Stammesgeschichte und damit die Deszendenztheorie zu belegen versuchte.[91] Eine dieser Arbeiten war Haeckels „Monographie der Kalkschwämme"[92] – die unter anderem von Darwin hoch gelobt wurde.[93] Darüber hinaus machte sich Haeckel, überzeugt von den weltanschaulichen Konsequenzen seiner Theorien, aber auch um die Verbreitung der Evolutionslehre in der breiten Bevölkerung verdient: Bereits seit dem Wintersemester 1862/63 behandelte er Darwins Theorien in seinen Lehrveranstaltungen und zog hiermit nicht nur Jenaer Studenten aller Fakultäten, sondern auch interessierte Laien an. Nur der größte Hörsaal der Friedrich-Schiller-Universität verfügte über ausreichend Sitzplätze, um diese Großveranstaltung zu beherbergen, die „allgemeines Stadtgespräch und Gegenstand alle[n] Gesellschafts-Klatsches" wurde, wie Haeckel seinen Eltern schrieb.[94]

Gerade die Einbeziehung des Menschen in seine Argumentation zur Evolutionstheorie, so scheint es, machte diese eigentlich fachwissenschaftliche Debatte zu einer Angelegenheit von großem Interesse für eine breite Öffentlichkeit.[95] Denn die „Frage aller Fragen für die Menschheit – das Problem, das allen anderen zugrunde liegt und das stärker interessiert als irgendein anderes" –, davon war auch der britische Evolutionsbiologe und Vergleichende Anatom Thomas Henry Huxley (1825–1895) überzeugt, „ist die Bestimmung der Stellung, welche der Mensch in der Natur einnimmt, und seine Beziehungen zu

---

91 Vgl. Krauße, Haeckel (wie Anm. 26), S. 129.

92 Ernst Haeckel, Die Kalkschwämme. Eine Monographie in zwei Bänden und einem Atlas mit 60 Abbildungen, Berlin 1872.

93 Brief Darwins an Haeckel vom 20.1.1873, zitiert nach: Hemleben, Haeckel (wie Anm. 23), S. 99f.: „Mein lieber Haeckel! Ich empfing vor ungefähr 10 Tagen Ihr prachtvolles Werk über die Kalkschwämme und bin aufrichtig erstaunt über die Summe von Arbeit, die es gekostet haben muß. Die schönen Tafeln müssen, wie mir scheint, allein Monate harter Arbeit gekostet haben. Ich wünsche Ihnen zu der Vollendung dieses großen Unternehmens herzliches Glück und zweifle nicht, daß es bei denjenigen Naturforschern, die imstande sind, es zu würdigen, Beachtung finden wird. Sie sind ein wunderbarer Mann, aber nun erweisen Sie sich als ein weiser Mann, indem Sie sich ein wenig Ruhe gönnen. Ihr Sie bewundernder Freund Charles Darwin."

94 Brief Haeckels an seine Eltern vom 11.11.1865, zitiert nach: Krauße, Haeckel (wie Anm. 26), S. 57.

95 Vgl. hierzu auch Hemleben, Haeckel (wie Anm. 23), S. 86f.

der Gesamtheit der Dinge."[96] Diese und die sich daraus ergebenden Fragen, so Huxley weiter, seien für jeden Erdenbürger von unvermindertem Interesse. Der Brite war es auch, der Haeckel dazu anregte, seine Darwin-Vorlesungen zu publizieren; 1868 folgte der Zoologe dieser Empfehlung und veröffentlichte die populärwissenschaftliche „Natürliche Schöpfungsgeschichte", mit der er die Evolutionstheorie einem breiten Publikum bekannt machte und die bis zu seinem Tod in insgesamt elf, ständig verbesserten Auflagen sowie zahlreichen Übersetzungen erschien – ein eindeutiger Gradmesser für die Popularität des Buches.[97] Mit diesem Werk hatte Haeckel sich das Ziel gesetzt, auch interessierten Laien „jene höchste Befriedigung des Verstandes durch wahre Naturerkenntnis" zu ermöglichen.[98]

Und auf dieses Werk bezieht sich Hensen nun, wenn er Haeckel – wie oben zitiert – nachweisliche Unwissenschaftlichkeit und wissenschaftliche Unglaubwürdigkeit nachsagt. Haeckel versuchte die Evolutionstheorie in der „Natürlichen Schöpfungsgeschichte" vor allem anhand der Embryologie zu belegen. Bereits in seiner „Generellen Morphologie" hatte er postuliert, dass die Ontogenese, sprich die individuelle Entwicklung eines Wesens von der befruchteten Eizelle bis zum vollausgebildeten Lebewesen, die Phylogenese, also dessen stammesgeschichtliche Entwicklung, rekapituliere.[99] Haeckel stützte seine These durch Abbildungen, die die Ähnlichkeiten zwischen den Embryonen beziehungsweise Eiern unterschiedlicher Arten veranschaulichen sollten. Diese lösten allerdings die sogenannte „Embryonenkontroverse" aus und sollten Haeckels Gegnern noch lange Futter für ihre Kritik an dem unliebsamen Jenaer Zoologen liefern: Denn Haeckel wurde von anderen

96 Thomas Henry Huxley, Evidence as to Man's Place in Nature, London 1963, S. 71: „The question of questions for mankind – the problem which underlies all others, and is more deeply interesting than any others – is the ascertainment of the place which Man occupies in nature and of his relations to the universe of things. Whence our race has come; what are the limits of our power over nature, and of nature's power over us; to what goal we are tending; are the problems which present themselves anew and with undiminished interest to every man born into the world."

97 Ernst Haeckel, Natürliche Schöpfungs-Geschichte. Gemeinverständliche wissenschaftliche Vorträge über die Entwicklungslehre im Allgemeinen und diejenige von Darwin, Goethe und Lamarck im Besonderen, über die Anwendung derselben auf den Ursprung des Menschen und andere damit zusammenhängende Grundfragen der Naturwissenschaft, Berlin 1868. Siehe hierzu auch Krauße, Haeckel (wie Anm. 26), S. 79.

98 Zitat Haeckels nach Hemleben, Haeckel (wie Anm. 23), S. 88.

99 Diese zunächst als „Biogenetisches Grundgesetz" bezeichnete Theorie gilt heute in etwas abgeschwächter Form als beobachtbare Grundregel, die eine Verwandtschaft der betrachteten Arten aufzeigt. Siehe ebd., S. 77.

Fachwissenschaftlern, vor allem von den oben bereits erwähnten Anatomen Rütimeyer und His, nachgewiesen, dass er diese Abbildungen absichtlich manipuliert sowie schematisiert hatte, um seine Theorie zu stützen.[100] So schrieb Hensen in seiner Erwiderung:

> „[His] weist [...] nach, dass Häckel 1. in seiner ‚Natürlichen Schöpfungsgeschichte' in drei untereinander stehenden Abbildungen das Ei des Menschen, des Affen und des Hundes, ferner [...] in drei nebeneinander stehenden Abbildungen den Embryo des Hundes, des Huhnes und der Schildkröte für menschliche Sinne vollkommen identisch abgebildet hat. Häckel bewirkte diese Täuschung dadurch, dass er je drei Clichés desselben Holzschnittes hat nebeneinander abdrucken lassen. [...] Mögen daher Andere in Herrn Häckel den thätigen und rücksichtslosen Parteiführer verehren, nach meinem Urtheil hat er durch die Art seiner Kampfführung selbst auf das Recht verzichtet, im Kreise ernsthafter Forscher als Ebenbürtiger mitzuzählen."[101]

Zwar tat Haeckel diese schwerwiegenden Vorwürfe ab, indem er erläuterte, dass er „einfache schematische Figuren für weit brauchbarer und lehrreicher halte, als möglichst naturgetreue und sorgfältigst ausgebildete," doch gab er zu, in seiner didaktischen Reduktion zu weit gegangen zu sein.[102] Diese Einsicht bewirkte allerdings bei dem enthusiastischen Popularisierer keine Besserung; ähnliche Fälschungsvorwürfe wurden später erneut gegenüber seiner populärwissenschaftlichen „Anthropogenie"[103] sowie seinen „Berliner Vorträgen"[104] laut.[105] Sowohl Haeckel als auch seine Gegner führten ihren Kampf über offene Briefe und Erklärungen auch in den Massenmedien weiter.[106]

---

100 Vgl. Ludwig Rütimeyer, Rezension, in: Archiv für Anthropologie 3 (1868), S. 300f.

101 Hensen, Plankton-Expedition (wie Anm. 7), S. 11, bezieht sich auf Wilhelm His, Unsere Körperform und das physiologische Problem ihrer Entstehung. Briefe an einen befreundeten Naturforscher, Leipzig 1874, S. 168ff.

102 Ernst Haeckel, Ziele und Wege der heutigen Entwicklungsgeschichte, Jena 1875, S. 38.

103 Ders., Anthropogenie oder Entwickelungsgeschichte des Menschen. Gemeinverständliche wissenschaftliche Vorträge über die Grundzüge der menschlichen Keimes- und Stammes-Geschichte, Leipzig 1874.

104 Ders., Der Kampf um den Entwickelungs-Gedanken. Drei Vorträge, gehalten am 14., 16. und 19. April 1905 im Saale der Sing-Akademie zu Berlin, Berlin 1905.

105 Arnold Braß, Das Affen-Problem. Professor E. Haeckel's Darstellungs- und Kampfesweise. Sachlich dargelegt nebst Bemerkungen über Atmungsorgane und Körperform der Wirbeltier-Embryonen von Dr. A. Brasz. Mit 40 Abbildungen, Leipzig 1908, passim.

106 So veröffentlichten 1909 insgesamt 46 Mediziner und Naturwissenschaftler in den „Münchener Neusten Nachrichten" eine Stellungnahme zu Braß' Vorwürfen [Braß, Affen-Problem (wie Anm. 105)], die sie „im Interesse der Wissenschaft und der Freiheit der Lehre [...] aufs Schärfste" verurteilten. Haeckels übertriebene Schematisierungen taten der Deszendenztheorie im Ganzen keinen Abbruch.

Erneut fällt in diesem Zusammenhang die mediale Aufmerksamkeit gegenüber den Naturwissenschaften im ausgehenden 19. Jahrhundert auf: Die Vorfälle wurden in der Tagespresse intensiv rezipiert. In der Reaktion der Zeitungen auf Haeckels Bloßstellung zeigte sich daher auch prompt die Kehrseite seiner Popularität: Das Westfälische Volksblatt bezeichnete ihn als „den unsterblich blamierten Taschenspieler mit Embryonenbildern".[107] Die Ingolstädter Zeitung urteilte hingegen über ihn: „Professor Haeckel, der als Fälscher schon so und so oft gebrandmarkt worden ist, wird von keinem großen Gelehrten mehr ernst genommen!"[108] Während sein Ruf als Wissenschaftler in Folge der Fälschungsvorwürfe – sowie auch seiner vielen und nicht immer sachlich geführten Polemiken – dauerhaft geschädigt war, wodurch Haeckel und sein Institut infolgedessen zunehmend wissenschaftlich isoliert dastanden, tat all dies seiner Popularität jedoch keinerlei Abbruch. Im Gegenteil: Seine 1899 veröffentlichten, gemeinverständlichen „Welträthsel"[109] avancierten mit einer Erstauflage von 400.000 Exemplaren und Übersetzungen in 30 Sprachen gar zum internationalen Bestseller.[110]

Zitat und Paraphrase nach Keitel-Holz, Haeckel (wie Anm. 80), S. 101f. Darauf folgte eine Gegenerklärung, die von 37 Wissenschaftlern unterzeichnet wurde und Haeckels fehlende wissenschaftliche Genauigkeit in seinen populärwissenschaftlichen Werken kritisierte. Vgl. hierzu Daum, Wissenschaftspopularisierung (wie Anm. 21), S. 233ff. Zu den offenen Briefen siehe Krauße, Haeckel (wie Anm. 26), S. 81.

107 Westfälisches Volksblatt vom 9.2.1909, zitiert nach: Keitel-Holz, Haeckel (wie Anm. 80), S. 101.

108 Ingolstädter Zeitung vom 16.3.1909, zitiert nach: Ebd.

109 Ernst Haeckel, Die Welträthsel. Gemeinverständliche Studien über monistische Philosophie, Bonn 1899.

110 Zu Haeckels wissenschaftlicher Isolation vgl. Daum, Wissenschaftspopularisierung (wie Anm. 21), S. 449; zu den „Welträthseln" vgl. Krauße, Haeckel (wie Anm. 26), S. 107.

Abb. 7: Umschlagillustration einer gegen Haeckel gerichteten Broschüre.

Dass Hensen bezüglich seiner Erwiderung auf Haeckels Vorwürfe an du Bois-Reymond schrieb, es erscheine ihm „zu öde, auf alle Einzelheiten der ganz verständnislosen Einwürfe von H[aeckel] einzugehen", weshalb er entschieden habe, sich stattdessen verstärkt mit dessen „darwinistischen, stammbaum und embryologischen Standpunkt" zu befassen, war Teil einer äußerst geschickten Verteidigungsstrategie, die sich Haeckels zunehmende wissenschaftliche Isolation zunutze machte.[111]

Auffällig an der gesamten Publizistik zu Haeckels populären Werken über die Abstammungslehre sind vor allem die Vehemenz und die Grundsätzlichkeit, mit der auf beiden Seiten gestritten wurde, sowie die Nutzung der Massenmedien als Austragungsort dieser Kontroverse, die auf eine große Anteilnahme

111 ABBAW, PAW (1812–1945), II-XI-84, Brief Hensens an du Bois-Reymond vom 17.1.1891.

der Öffentlichkeit an diesem Thema schließen lässt. Wie bereits angedeutet, lagen die Ursachen für die Deutlichkeit, mit der Haeckels Postulate zurückgewiesen wurden, nicht nur in der Kritik an seinem (un)wissenschaftlichen Vorgehen oder einer allgemeinen Ablehnung der Evolutionstheorie: Gerade Haeckels dezidierte Herausstellung der weltanschaulichen Konsequenzen seiner Theorien führte zu einer Verhärtung der Fronten, der weniger eine innerfachliche, als vielmehr eine grundsätzliche politische beziehungsweise philosophische oder religiöse Uneinigkeit zugrunde lag. Haeckel nämlich erweiterte die Evolutionslehre zu „einer neuen auf naturwissenschaftlicher Grundlage ruhenden einheitlichen Weltanschauung“, die „den Glauben an die veralteten traditionellen Dogmen und Offenbarungen“ gänzlich verwarf, ja als „ständig wachsende Gefahr“ für Wissenschaft, Kultur und Politik hinstellte.[112] Dem Verständnis dieses sogenannten Monismus nach, der ausgeht von der absoluten Einheit der organischen wie anorganischen Materie, ist Gott identisch mit der Natur.[113] In Kombination mit der Deszendenztheorie widerlege diese monistische Weltanschauung, so Haeckel, die christliche Darstellung der Schöpfung, was er auch in seiner 1874 publizierten gemeinverständlichen „Anthropogenie“ ausführte.

Dass hierauf vonseiten führender Theologen und Philosophen, wie dem bereits erwähnten Bonner Gelehrten Michelis, ein Sturm der Entrüstung losbrach, ist wenig verwunderlich. Michelis schrieb über Haeckels Buch, es sei „ein Attentat auf die Wahrheit der Offenbarung, auf die Grundlage der Religion und auf die Bedingung der Sittlichkeit“ sowie „eine Schmach und ein Schandfleck für Deutschland“, da insbesondere „die Kraft des Denkens nach Leibniz und Kant in Deutschland bis zu dem Grade der Impotenz herabgekommen [sei], daß es zu solchen Symptomen einer wissenschaftlichen Halluzination und eines senilen Marasmus kommen mußte.“[114] Der Anatom Julius Kollmann (1834–1918), der selbst das Buch durchaus als Gewinn für die Wissenschaft betrachtete, schrieb über dessen Rezeption: „Im Mittelalter hätte man Haeckel wegen dieses Buches vor die Inquisition gefordert und ihn und seine Anthropogenie verbrannt. Wir sind heute humaner geworden; das Ketzergericht besteht zwar noch, aber es waltet ein anderes Verfahren […].

112 So fasste der Gründungsaufruf des „Monistenbundes“ vom 11.1.1906 diese von Haeckel wesentlich mitbegründete philosophische Position zusammen. Zitiert nach: Hemleben, Haeckel (wie Anm. 23), S. 130f. Haeckel war Ehrenvorsitzender dieser Organisation, die bereits im folgenden Jahr 2.500, 1911 schon 5.000 Mitglieder hatte. Krauße, Haeckel (wie Anm. 26), S. 114–117.

113 Vgl. hierzu Uschmann, Haeckel (wie Anm. 23), S. 424; Krauße, Haeckel (wie Anm. 26), S. 60f.; Hemleben, Haeckel (wie Anm. 23), S. 86–90.

114 Zitiert nach: Heinrich Schmidt, Die Anthropogenie, in: Was wir Ernst Haeckel verdanken. Ein Buch der Verehrung und Dankbarkeit, Bd. 1, hrsg. von dems., Leipzig 1914, S. 126–132, hier S. 127.

Die schwarze Armee greift zur Feder, um das Buch zu vernichten."[115] Mehrmals forderten Gegner des Jenaer Zoologen angesichts dieses und anderer „ketzerischer" Werke Haeckels Entlassung, die jedoch nie vollzogen wurde.[116]

Aber nicht nur wegen ihrer Implikationen in Glaubensfragen erhitzten Haeckels Lehren die Gemüter: Dem Jenaer Zoologen zufolge sollte die Entwicklungslehre nicht nur die Biologie in allen ihren Ausprägungen revolutionieren, sondern vielmehr die zukünftige Grundlage „alle[r] wahre[n] Wissenschaft" sein.[117] Dies ging einigen Kollegen, insbesondere in Anbetracht des stark hypothetischen Charakters der Deszendenzlehre, deutlich zu weit – ein Umstand, dessen Hensen sich wohlbewusst war, als er seine Erwiderung an Haeckel strategisch geschickt vor allem gegen dessen „Darwinismus" richtete, wodurch der Kieler sich des Wohlwollens der Gegner Haeckels fast schon gewiss sein konnte. Ihren Höhepunkt hatten die weltanschaulichen Auseinandersetzungen um die Evolutionslehre schon eine Dekade vor der Debatte um die Plankton-Expedition erreicht, als 1877 eine während der 50. Versammlung Deutscher Naturforscher und Ärzte in München entflammte Kontroverse zwischen Haeckel und seinem ehemaligen Lehrer Virchow sowie du Bois-Reymond ihren Weg bis in die Parlamente und in die deutschlandweite Presselandschaft fand, sodass sich in diesem Fall die Sphären der Wissenschaft, der Politik und der Öffentlichkeit in beispielhafter Weise vermischten:[118]

> „Noch selten haben die Verhandlungen der deutschen Naturforscher in der Oeffentlichkeit ein so lautes und lebhaftes Echo gefunden, wie in diesem Jahr zu München. Sind es doch nicht blosse Fachgegenstände und specielle Forschungen, die dort zur Erörterung gekommen sind, sondern auch die wichtige Frage, wie die Resultate der Wissenschaft für das Leben und die höchsten Ziele der Menschheit verwendbar gemacht werden können und sollen, ist in einer Weise angeregt und discutirt worden, welche der offentlichen Aufmerksamkeit in hohem Grade werth ist."[119]

Debattiert wurde ursprünglich nichts Geringeres als die Grenzen der wissenschaftlichen Erkenntnis; schnell fand man sich jedoch bei der sehr viel praktischeren Frage nach der Freiheit von Wissenschaft und Lehre wieder:

115 Zitiert nach: Hemleben, Haeckel (wie Anm. 23), S. 106–108.

116 Haeckel bot sogar nach Erscheinen seiner „Natürlichen Schöpfungsgeschichte" und deren Rezeption selbst seinen Rücktritt an, der jedoch vom amtierenden Kurator abgelehnt wurde. Vgl. Hemleben, Haeckel (wie Anm. 23), S. 114f.

117 Haeckel, Schöpfung-Geschichte (wie Anm. 97), S. VI.

118 Grundlegende Einsichten zu dieser Thematik verdankt diese Arbeit dem verdienstvollen Werk Daum, Wissenschaftspopularisierung (wie Anm. 21), S. 43ff.

119 Frankfurter Zeitung vom 28.9.1877, zitiert nach: Ernst Haeckel, Freie Wissenschaft und freie Lehre. Eine Entgegnung auf Rudolf Virchow's Münchener Rede über „Die Freiheit der Wissenschaft im modernen Staat", Stuttgart 1878, S. 103.

Während Haeckel einen Einbezug der Evolutionsbiologie in den Schulunterricht forderte, ja die Deszendenztheorie als „massgebend und leitend“ für die schulische Bildung überhaupt betrachtete, da sie das einigende Band zwischen allen – theoretischen wie praktischen – Wissenschaftsdisziplinen sei, warnte Virchow angesichts des hypothetischen Charakters der Theorie sehr dezidiert davor.[120] Ironisch beschrieb der Berliner Pathologe in seiner Gegenrede, wie aktuelle Erkenntnisse der Anthropologie die Abstammung des Menschen von anderen Wirbeltieren mehr und mehr in Zweifel zögen:

> „Vor noch zehn Jahren, wenn man etwa einen Schädel im Torfe fand [...], so glaubte man, wunderbare Merkmale eines wilden, noch ganz unentwickelten Zustandes an ihm zu sehen. Man witterte eben Affenluft, (Heiterkeit.) allein das hat sich hoffentlich immer mehr verloren. Die alten Troglodyten, Pfahlbauern und Torfleute erweisen sich als eine ganz respectable Gesellschaft. (Heiterkeit.) Sie haben Köpfe von solcher Grösse, dass wohl mancher Lebende sich glücklich preisen würde, einen ähnlichen zu besitzen.“[121]

In offensichtlicher Anspielung auf Haeckel mahnte Virchow in derselben Rede, man dürfe nicht auf der Grundlage von naturwissenschaftlichen Theorien hochspekulativen Charakters auch „die ganze übrige Weltanschauung konstruiren wollen“[122] – er forderte eine strikte Trennung zwischen dem Forschungsbetrieb der Universität und den Bildungsinhalten des Schulunterrichts: „Wir müssen daher den Schullehrern sagen, lehrt das nicht.“[123] Dabei wertete Virchow die Entwicklungslehre nicht nur als reine Spekulation ab, sondern stellte sie auch – sehr wirksam in Anbetracht der Zeitumstände – unter Sozialismusverdacht:[124]

> „Nun stellen sie [sic] sich einmal vor, wie sich die Descendenztheorie heute schon im Kopfe eines Sozialisten darstellt! (Heiterkeit.) Ja, meine Herren, das mag Manchem lächerlich erscheinen, aber es ist sehr ernst [...]. Immerhin hat auch diese Theorie, wenn sie consequent durchgeführt wird, eine ungemein bedenkliche Seite, und dass der Sozialismus mit ihr Fühlung gewonnen hat, wird Ihnen hoffentlich nicht entgangen sein. Wir müssen uns das ganz klar machen.“[125]

120 Zu Haeckels Standpunkt vgl. Amtlicher Bericht der 50. Versammlung Deutscher Naturforscher und Aerzte in München vom 17. bis 22. September 1877, München 1877, S. 14–22, hier S. 18.

121 Vortrag Virchows, zitiert nach: Amtlicher Bericht (wie Anm. 120), S. 65–77, hier S. 76f.

122 Ebd., S. 73. Später veröffentlicht als Rudolf Virchow, Die Freiheit der Wissenschaft im modernen Staat. Rede gehalten in der 3. allgemeinen Sitzung der 50. Versammlung Deutscher Naturforscher und Aerzte zu München am 22. September 1877, Berlin 1877.

123 Amtlicher Bericht (wie Anm. 120), S. 70.

124 Ausführlich hierzu Daum, Wissenschaftspopularisierung (wie Anm. 21), S. 65–71.

125 Amtlicher Bericht (wie Anm. 120), S. 68f.

In seiner Erwiderung wies Haeckel diese Vorwürfe entschieden zurück und verwehrte sich heftig gegen Virchows Vorwurf, die Deszendenztheorie leiste dem Sozialismus Vorschub; im Gegenteil, sie sei vielmehr „das beste Gegengift gegen den bodenlosen Widersinn der socialistischen Gleichmacherei", da sie ja gerade von der Ungleichheit der menschlichen Individuen ausgehe und sich somit einer demokratischen oder gar sozialistischen Vereinnahmung generell verschließe.[126] Überhaupt stellte Haeckel Virchows Urteilsfähigkeit in diesem Zusammenhang grundsätzlich in Frage: Virchow wisse nicht, „wie unwissend er in der Morphologie" sei.[127] Du Bois-Reymond unterstützte indes Virchow bei der Diskreditierung von Haeckels Auffassung, unter anderem im Jahr 1880 in einem Vortrag über „Die sieben Welträthsel"[128], nachdem Haeckel auch ihm „auffallende Unbekanntschaft mit den morphologischen Forschungen"[129] vorgeworfen und seine „Ignorabimus-Rede"[130], in der du Bois-Reymond den Erkenntnismöglichkeiten der Naturwissenschaft gewisse Grenzen aufzeigte, heftig kritisiert hatte: „Es sind immer, diejenigen, welche wenig wissen, und nicht die, welche viel wissen, welche positiv behaupten, dass dieses oder jenes Problem nie von der Wissenschaft werde gelöst werden", zitierte Haeckel Darwin in diesem Zusammenhang.[131] In seinem Vortrag mit dem Titel „Culturgeschichte und Naturwissenschaft" äußerte sich du Bois-Reymond nun ebenfalls zur Unterrichtsfrage und forderte: „Der Darwinismus, dem ich sonst huldige, bleibe dem Gymnasium fern."[132]

Der Einfluss der Berliner Fraktion auf die politische Führung in der Hauptstadt sollte am Ende überwiegen: Nachdem die Debatte zunächst 1878 im Zusammenhang mit den Verhandlungen um das Sozialistengesetz Einzug in den Deutschen Reichstag gehalten hatte, wurden 1879 schließlich die Schriften Darwins und Haeckels als Folge einer 30-tägigen Diskussion im Preußischen Abgeordnetenhaus aus den Schulen verbannt – mit der Begründung, dass „Theorien und unbewiesene [...] Hypothesen, wie sie in den Schriften von

---

126 Haeckel, Wissenschaft (wie Anm. 119), S. 73.

127 Ebd., S. 27.

128 Emil du Bois-Reymond, Die sieben Welträthsel. Festrede gehalten am 8. Juli 1880 zur Feier des Leibnizischen Jahrestages, in: Monatsberichte der Königlich Preußischen Akademie der Wissenschaften zu Berlin, Berlin 1880, S. 1045–1072.

129 Amtlicher Bericht (wie Anm. 120), S. 21.

130 Emil du Bois-Reymond, Über die Grenzen des Naturerkennens. Ein Vortrag in der zweiten öffentlichen Sitzung der 46. Versammlung Deutscher Naturforscher und Ärzte zu Leipzig am 14. August 1872, Leipzig 1872.

131 Amtlicher Bericht (wie Anm. 120), S. 21. Das Darwin-Zitat stammt aus der Einleitung zu Darwin, The descent of man (wie Anm. 87).

132 Emil du Bois-Reymond, Culturgeschichte und Naturwissenschaft. Vortrag gehalten am 24. März 1877 für wissenschaftliche Vorlesungen zu Köln, Leipzig 1878, S. 55.

Haeckel, von Darwin, von Carus Sterne[133] vielfach zum Ausdruck kommen, nicht vor Schülerkreise unserer Gymnasien und höherer Lehranstalten überhaupt gehören."[134] Ab 1882 wurde zudem der Biologieunterricht in den oberen Klassen der höheren Lehranstalten in Preußen abgeschafft.[135]

Hier zeigt sich deutlich eine – vielleicht aus heutiger Sicht etwas schwer nachvollziehbare – Politisierung beziehungsweise Verweltanschaulichung biologischer Problemstellungen, die sogar in dem Versuch der preußischen Regierung gipfelte, ihre Verbreitung in der Gesellschaft – über einen Eingriff in die schulischen Lehrpläne – administrativ zu unterbinden. Daum interpretiert dieses Hinterherhinken der staatlichen Akzeptanz gegenüber der öffentlichen Meinung überzeugend als sinnbildlich für „die Gleichzeitigkeit von modernen

---

133 Haeckel und der Journalist Ernst Krause, der auch den bereits ausführlich zitierten Verriss der Planktonexpedition in der Berliner Tagespresse verfasste, waren schon länger freundschaftlich verbunden und verbündet im Kampf gegen das Berliner wissenschaftliche Establishment. In Briefen an Haeckel bezeichnete Krause du Bois-Reymond, Virchow und den Ethnologen Adolf Bastian, mit dem Haeckel ebenfalls in eine Kontroverse geraten war, als „Götzen der Menge" und „Dalai-Lama-Dreieinigkeit", die in der Hauptstadt verehrt würden und „deren Koth man mit Wolllust frißt." Ernst-Haeckel-Haus Jena, Briefe Krauses an Haeckel vom 15. Februar 1896 und 15. Februar 1881, zitiert nach: Daum, Wissenschaftspopularisierung (wie Anm. 21), S. 449.

134 Stenographische Berichte über die Verhandlungen der durch die Allerhöchste Verordnung vom 3. November 1878 einberufenen Häuser des Landtages. Haus der Abgeordneten, Bd. 1, Berlin 1879, 29. Sitzung am 15. Januar 1879, S. 606. – Weiterführend hierzu Philipp Depdolla, Hermann Müller-Lippstadt (1829–1883) und die Entwicklung des biologischen Unterrichts, in: Sudhoffs Archiv 34 (1941) H. 5/6, S. 261–334, hier S. 301–308.

135 Ulrich Dankmeier, Naturwissenschaft und Christentum im Konflikt. Die Konstruktion konkurrierender Weltanschauungen unter dem Einfluss des naturwissenschaftlichen Paradigmas durch den Deutschen Monistenbund und den Keplerbund am Beginn des 20. Jahrhunderts, zugl. Univ. Diss., o.O. 2007, S. 60. – Vgl. hierzu auch Kraußе, Haeckel (wie Anm. 26), S. 95f.; sowie Daum, Wissenschaftspopularisierung (wie Anm. 21), S. 71. – Die Wiedereinführung des Biologieunterrichts in den Oberstufen preußischer Gymnasien 1907/08 bewirkte v.a. der Kieler Botaniker und Abgeordnete im Preußischen Herrenhaus Johannes Reinke, ein dezidierter Gegner der Evolutionslehre. Ihm zufolge sollten die Schüler gerade deshalb Biologieunterricht erhalten, um nicht vorbehaltlos und urteilsunfähig mit dem Darwinismus konfrontiert zu werden, den er als sozialistisch, materialistisch und atheistisch – kurz als staatsgefährdend – charakterisierte. Vgl. hierzu Volker Wissemann, Johannes Reinke. Leben und Werk eines lutherischen Botanikers (Religion, Theologie und Naturwissenschaft Bd. 26), Göttingen u.a. 2012, S. 40–42; Daum, Wissenschaftspopularisierung (wie Anm. 21), S. 229–233; Hemleben, Haeckel (wie Anm. 23), S. 132–136; Keitel-Holz, Haeckel (wie Anm. 80), S. 103.

und antimodernen Elementen in der politischen Kultur des Kaiserreichs."[136] Letztlich beweist es auch die Definitionsmacht des einflussreichen Berliner Netzwerkes, dass der Evolutionstheorie lange Zeit ihre Anerkennung versagt blieb. So auch von Hensen, der vor allem deshalb Haeckels umstrittenen „Darwinismus" zur Gegenwehr gegen dessen Angriff auf seine eigene wissenschaftliche Methode nutzte.

Die persönliche Komponente des Gelehrtenstreits

Der zehn Jahre zurückliegende Streit zwischen Haeckel und den Berlinern Virchow und du Bois-Reymond hat aber noch auf einer anderen Ebene einen Bezug zu der Forschungskontroverse um die Kieler Plankton-Expedition: Vor dem Hintergrund des gerade Geschilderten erscheint es vollkommen unverständlich, dass Haeckel im Jahr 1881 einen Antrag auf ein Reisestipendium für Planktonstudien auf Ceylon in Höhe von 12.000 Mark bei der Berliner Akademie der Wissenschaften stellte, über den unter anderem Virchow und du Bois-Reymond abstimmungsberechtigt waren.[137] Letzterer war damals sogar Vorsitzender des Geldverwendungsausschusses. Haeckels Antrag wurde im Mai 1881 einstimmig abgelehnt. In der Begründung hierzu bezog sich die Akademie vor allem auf Haeckels Polemiken und seine als verderblich eingestuften Popularisierungsbestrebungen:

> „Die Gründe für die Äußerung des Ausschusses sind [...] dahin zusammenzufassen, daß – obschon Herrn Häckels rein empirische Arbeiten von vielen Forschern sehr anerkannt werden, Herr Häckel sich in theoretischer Beziehung solche Ausschreitungen habe zu Schulden kommen lassen und seinen so verderblichen Einfluß ausgeübt habe, daß es der Akademie als Hüterin der Methode nicht anstehen könne, Herrn Haeckel zu unterstützen."[138]

Stattdessen finanzierte die Akademie elektrophysiologische Studien, für die sich vor allem du Bois-Reymond ausgesprochen hatte, der selbst auf dieses Fachgebiet spezialisiert war.[139] Haeckel schrieb daraufhin einen wütenden Brief an Huxley, in dem er angebliche Zitate Virchows und du Bois-Reymonds

---

136 Daum, Wissenschaftspopularisierung (wie Anm. 21), S. 230–233, Zitat auf S. 233.

137 Vgl. hierzu und zum Folgenden den gründlich recherchierten Aufsatz von Ilse Jahn, Die Humboldt-Stipendien für Planktonforschung und die Haeckel-Hensen-Kontroverse (1881–1893), in: Berichte zur Geschichte der Hydro- und Meeresbiologie und weitere Beiträge zur 8. Jahrestagung der DGGTB in Rostock 1999 (Verhandlungen zur Geschichte und Theorie der Biologie Bd. 5), hrsg. von Ekkehard Höxtermann, Joachim Kaasch, Michael Kaasch und Ragnar Kinzelbach, Berlin 2000, S. 47–60.

138 Ebd., S. 53.

139 Ebd., S. 51.

als Grund für die Ablehnung anführte: Sie hätten ihn als einen „hervorragende[n] Förderer der Darwinschen Irrlehren und des wissenschaftlichen Materialismus“ verunglimpft, der der Wissenschaft „viel mehr Schaden als Nutzen zugefügt“ habe. Auch seien seine „zoologischen Monographien“ den Berlinern zufolge „ohne wirklichen Werth!“[140] Da derartige Äußerungen in den Protokollen der Akademie nirgends verzeichnet sind und Haeckels systematische Werke sogar positiv hervorgehoben wurden, wertet Jahn dies als Ausdruck der Neigung Haeckels zu heftigen Übertreibungen.[141] Dennoch ist es nur verständlich, dass sich Virchow und du Bois-Reymond angesichts der gerade erst geführten Polemik mit Haeckel gegen dessen Antrag aussprachen.

Dass nun Hensen nur wenige Jahre später von der Humboldt-Stiftung eine mehr als doppelt so große Summe für seine Planktonfahrt erhielt, als Haeckel zuvor beantragt hatte – und dies vor allem durch die Fürsprache du Bois-Reymonds –, muss Haeckel zwangsläufig übel aufgestoßen sein. So schrieb denn auch der Zoologe Ernst Ehlers (1835–1925), nachdem er Haeckels „Plankton-Studien“ gelesen hatte, an Hensen bezüglich dieser Schrift:

> „Das ist augenscheinlich ein ab irato geschriebenes Pamphlet und dessen Spitze soll auch wohl gar nicht gegen Sie und Ihre Studien, sondern gegen Berlin, insbesondere gegen du Bois gerichtet sein. H[aeckel] grollt offenbar, dass ihm eine Unterstützung nicht zu Theil geworden sei, wie Ihnen.“[142]

Somit ist der Forschungsstreit zwischen Haeckel und Hensen ein anschauliches Beispiel dafür, wie Forschungskontroversen – und das ist wohl eine wissenschaftsgeschichtliche Konstante – jenseits aller Wissenschaftlichkeit auch eine persönliche Komponente beinhalten mögen. Dass Hensen sich später auch noch weigerte, Haeckel, der immerhin ein ausgewiesener Experte auf dem Gebiet der systematischen Betrachtung bestimmter Meeresmikroorganismen war, an der Auswertung der Expedition zu beteiligen, muss Haeckels Stolz noch weiter verletzt haben.

Tatsächlich, das zeigt sich hier deutlich, hatte sich Haeckel, sicherlich auch durch seine polemische Art, aber vor allem durch die offensive, zuweilen wissenschaftlich nicht einwandfreie Propagierung der Evolutionslehre und des Monismus, in die wissenschaftliche Isolation manövriert beziehungsweise wurde er vom wissenschaftlichen Establishment um Virchow und du Bois-Reymond gründlich isoliert.[143] Hinzu kam noch, dass viele seiner Freunde, unter anderem Darwin, Huxley und Gegenbaur, an der Art und Weise Anstoß nahmen, wie

140 Zitiert nach: Ebd., S. 49.

141 Ebd., S. 54.

142 ABBAW, PAW (1812–1945), II-XI-84, Brief Hensens an du Bois-Reymond vom 26.12.1890.

143 Daum, Wissenschaftspopularisierung (wie Anm. 21), S. 449.

Haeckel die Durchsetzung der Deszendenzlehre voranzutreiben versuchte, und sich daraufhin zunehmend von ihm zurückzogen.[144] Und dennoch sah Haeckel, wie er selbst ausführte, keine andere Möglichkeit zur Reformierung der Morphologie:

> „Sehr leid sollte es mir aber thun, wenn ich durch meine radicale Consequenz auch unserer Wissenschaft und speciell der Geltung der Deszendenz-Theorie geschadet haben sollte, wie u.a. auch Darwin und Gegenbaur glauben. In diesem Punkte bin ich anderer Ansicht. Eine radicale Reform der Wissenschaft wie wir sie erstreben, kann nicht durch zarte und sanfte, sondern nur durch energische und rücksichtslose Mittel herbeigeführt werden. Einen Augias-Stall, wie die Morphologie, kann man nicht mit Glacé-Handschuhen, sondern nur mit Mistgabeln ausräumen, und man muß derb und ungeniert anpacken."[145]

Die Öffentlichkeit der Wissenschaft: Chancen und Gefahren aus Sicht der Gelehrten

Haeckels Verfehlungen und Theorien wurden aber auch deshalb so heftig kritisiert, weil seine Kontrahenten in Wissenschaft, Klerus und Teilen der preußischen Wissenschaftsadministration die Öffentlichkeitswirksamkeit des Zoologen fürchteten. Dabei galt das „Laienpublikum" vielen als unfähig, sich selbst ein Urteil über naturwissenschaftliche Fragen zu bilden beziehungsweise Haeckels Hypothesen auch als solche, sprich als unbewiesene Theorien, zu erkennen: „Ist dieser Mann nicht längst gerichtet durch die ihm immer von Neuem vorgeworfenen Unwahrheiten, die er sich in seinen Werken hat zu Schulden kommen lassen?", fragte beispielsweise Haeckels früherer Schüler Otto Hamann, der mit diesem 1893 einen erbitterten Beleidigungsprozess führte, an deren Ende beide Parteien mit Geldstrafen belegt wurden. „Gewiss, antworte ich [Hamann, Anm. d. Verf.], sollte er es sein, allein das grosse Publikum kann es gar nicht begreifen und fassen, dass alles das, was ihm von Häckel als Thatsache, als die Wahrheit vorgetragen wird, nur Phantasieen, besten Falles Hypothesen sind."[146]

Diese scheinbare Resistenz Haeckels auch gegen negative Berichterstattung und seine andauernde Popularität fielen im Streit um die Nützlichkeit der Planktonexpedition schwer gegen die Kieler Fraktion ins Gewicht. Hensen resignierte angesichts dessen fast schon: „Unser grosses Publikum ist heute so kritiklos, dass mit ihm Alles gelingen kann; was soll man dabei machen? Wirklich nur mit Zagen klammere ich mich an den Glauben fest,

---

144 Krauße, Haeckel (wie Anm. 26), S. 75, 79ff.

145 Zitiert nach: Hemleben, Haeckel (wie Anm. 23), S. 84.

146 Hamann, Professor (wie Anm. 21), S. 1.

dass schliesslich doch die Wahrheit durchgreift."[147] Haeckel und Hensen, das ist offenkundig, gingen ganz unterschiedlich mit der neuartigen Öffentlichkeit der Wissenschaft zum Ende des 19. Jahrhunderts um: Während Haeckel in dieser einen Verbündeten für seine Theorien suchte und – wohl aus persönlicher Überzeugung – enthusiastisch dafür arbeitete, Menschen aller Berufsstände Zugang zu naturwissenschaftlichem Wissen zu verschaffen, das seiner Meinung nach Grundlage jeder Weltanschauung sein sollte, verhielt sich Hensen ambivalent; im Grunde hatte der Kieler Physiologe wohl keine hohe Meinung von seinem Laienpublikum, dem er keinerlei Urteilsfähigkeit in schwierigen wissenschaftlichen Fragen zugestand.[148] Auch pädagogische Beweggründe für die Popularisierung seiner Forschung lagen ihm vollkommen fern; so erklärte er du Bois-Reymond: „Mir liegt daran, die Verhältnisse der See zu kennen und soweit möglich verstehen zu lernen. Ob Andere dies auch bei dieser Gelegenheit lernen, ist mir nicht so überaus wichtig, aber ich bin bereit, weil das meine Pflicht ist, für die Publikation so gut zu sorgen, wie es die Umstände gestatten."[149]

Gleichzeitig erkannte Hensen aber durchaus die Funktion der Öffentlichkeit als wichtigen Legitimationsort der Forschung an.[150] Als Verbündeter konnte diese dem „Public Scientist" bei der Mobilisierung von Mitteln zuträglich sein, als Gegner die Förderungswürdigkeit der eigenen Forschung infrage stellen.[151] Beide Erfahrungen sollte Hensen in Bezug auf seine Planktonexpedition machen. Als nämlich 1888, nach dem Tod Friedrichs III., die Finanzierungsverhandlungen

147 ABBAW, PAW (1812–1945), II-XI-84, Brief Hensens an du Bois-Reymond vom 17.1.1891.

148 Zu dieser Thematik schreibt Hensen, Plankton-Expedition (wie Anm. 7), S. 63: „In der Natur liegen die Dinge selten so einfach und mühelos verständlich, wie man das nach manchen populären Schriften glauben könnte. Die Schwierigkeiten für das Verständnis mehren sich, wenn es sich, wie in dem vorliegenden Fall um Forschungen handelt, welche dem gewöhnlichen Gedankenkreis sehr entrückt sind. Daher liegt mir die Absicht durchaus fern, die für wissenschaftliche Dinge sich interessirenden Laien zu einem Urtheil über wissenschaftliche Streitpunkte zu veranlassen."

149 ABBAW, PAW (1812–1945), II-XI-84, Brief Hensens an du Bois-Reymond vom 26.12.1890.

150 Vgl. zu dieser Thematik vor allem für das 17. und 18. Jahrhundert Philippe Despoix, Die Welt vermessen. Dispositive der Entdeckungsreise im Zeitalter der Aufklärung (Wissenschaftsgeschichte), übers. aus dem Französischen von Guido Goerlitz, Göttingen 2009, S. 15, 97, 106–112.

151 Grundsätzlich hierzu Frank M. Turner, Contesting Cultural Authority. Essays in Victorian Intellectual Life, Cambridge u.a. 1993, S. 202; Daum, Wissenschaftspopularisierung (wie Anm. 21), S. 379–429. Weiterführend auch Bernadette Bensaude Vincent, In the Name of Science, in: Science in the Twentieth Century, hrsg. von John Krige und Dominique Pestre, Hoboken 2013, S. 319–338.

um seine Expedition vollkommen zum Erliegen kamen, veröffentlichte Hensen in der „Humboldt", einer Zeitschrift für naturwissenschaftlich Interessierte, einen Beitrag, in dem er um mehr öffentliche Unterstützung für die deutsche Meeresforschung warb:

> „Recht wesentlich ist immerhin, daß unter den Freunden der Naturwissenschaften, zu denen ja in erster Reihe die Leser des ‚Humboldt' gerechnet werden dürfen, ein ähnliches Interesse für solches Unternehmen wach werde, wie bei der Challengerfahrt unter den Lesern der ‚Nature' in England sich kund gab. [...] Die Neigung, die Lösung allgemeiner Probleme zu ermuntern und zu unterstützen, [dürfte] bei uns nicht geringer sein, als sie unter Gebildeten anderer Nationen ist."[152]

Hier nutzte Hensen vor allem auch die Tatsache aus, dass er mit einem derartigen Artikel mehrere „Öffentlichkeitsschichten" gleichzeitig erreichen konnte, nämlich neben einer interessierten Öffentlichkeit insbesondere auch die preußische Wissenschaftsverwaltung.[153] Dass ihm dies gelang, zeigt schon die Aufnahme des Artikels in die Akten des Kultusministeriums, aber besonders, dass Gustav von Goßler Exemplare sowohl an den Kaiser als auch an den Kronprinzen weitergab.[154] Hensens Wunsch nach einem öffentlichen Interesse an seiner Expedition sollte schließlich in Erfüllung gehen – allerdings inklusive der Kehrseite dieses Medieninteresses: der ausführlichen Wiedergabe des sich anschließenden Forschungsstreits und der Vorwürfe Haeckels in Zeitungen und Zeitschriften – mit allen damit einhergehenden Konsequenzen für die beteiligten Wissenschaftler.

Ein kurzes Resümee

Bis hierhin sollte hinreichend deutlich geworden sein, wie öffentlichkeitswirksam die Naturwissenschaften in der zweiten Hälfte des 19. Jahrhunderts waren und wie biologische Theorien politisch oder weltanschaulich vereinnahmt werden konnten. Dabei waren die Wissenschaftler zwangsläufig eingebunden in die „kommunikative Dynamik des öffentlichen Raumes", woraus sich Rückkoppelungseffekte für beide Seiten ergaben.[155] Die

152 Victor Hensen, Über biologische Meeresuntersuchungen, in: Humboldt vom Juli 1888. Der Zeitungsartikel findet sich auch in GStA PK, I. HA, Rep. 76, Vc Sekt. 1 XI Teil V C Nr. 12, Bd. 1, Bl. 20–31.

153 Grundlegend hierzu Sybilla Nikolow/Arne Schirrmacher, Das Verhältnis von Wissenschaft und Öffentlichkeit als Beziehungsgeschichte. Historiographische und systematische Perspektiven, in: Wissenschaft und Öffentlichkeit als Ressourcen füreinander. Studien zur Wissenschaftsgeschichte im 20. Jahrhundert, hrsg. von dens., Frankfurt am Main u.a. 2007, S. 11–36, hier S. 28f.

154 GStA PK, I. HA, Rep. 76, Vc Sekt. 1 XI Teil V C Nr. 12, Bd. 1, Brief Goßlers an den Kaiser vom 1.5.1889; ebd., Brief Goßlers an Prinz Heinrich vom 9.3.1889.

155 Zitat nach: Daum, Wissenschaftspopularisierung (wie Anm. 21), S. 66.

Forschungskontroverse um die Plankton-Expedition illustriert anschaulich, wie vielschichtig die Ursachenzusammenhänge wissenschaftlicher Debatten sein können und dass diese deshalb auch für die Geschichtswissenschaft und nicht nur für die aus der Fachdisziplin heraus betriebene Wissenschaftsgeschichte von Interesse sein können.

Tobias Delfs

Devasena auf Reisen. Der Kieler Philosoph Paul Deussen, die Briten und der „Orient"

1939 veröffentlichte der Hindu-Nationalist Madhav Sadashiv Golwalkar (1906–1973) in Indien ein radikales Pamphlet namens „We or Our Nationhood Defined".[1] Es sollte bis 1947 noch drei Neuauflagen erfahren und gilt bis heute gemeinhin als die „Bibel" eines militanten Hindu-Nationalismus.[2] Golwalkar bezog sich in seinem Versuch, das „Hindutum" (hindutva) zu definieren, unter anderem auch auf den Nationalsozialismus und dessen Umgang mit den Minderheiten, die sich die Hindus doch zum Vorbild insbesondere gegenüber der muslimischen Minorität in Indien nehmen sollten.[3] Gerade die indischen Muslime dienten ihm und anderen führenden Hindu-Nationalisten als auszugrenzendes Gegenbild, über das sich, angesichts der hinduistischen Vielfalt, ex negativo eine Hindu-Nation leichter konstituieren ließ.[4] Um die vermeintliche Großartigkeit seines „Hindutums" darzustellen, bezog Golwalkar auch Europa ein und präsentierte in seinem Werk zwei Listen mit bedeutenden Persönlichkeiten, die er einander gegenüberstellte: Auf der einen Seite handelte es sich um eine beeindruckend lange Aneinanderreihung von Namen aus der Geschichte, Religion und Kultur seines hinduistischen Indiens,

1 Madhav Sadashiv Golwalkar, We or Our Nationhood Defined. With a Foreword by Loknayak M. S. Aney, Nagpur 1939, wieder abgedruckt in: Tobias Delfs, Hindu-Nationalismus und europäischer Faschismus. Vergleich, Transfer- und Beziehungsgeschichte (Bonner Asienstudien Bd. 6), Hamburg 2008, S. 178–226.

2 Delfs, Hindu-Nationalismus (wie Anm. 1), S. 92f.

3 Golwalkar, Nationhood (wie Anm. 1), S. 35. Zur zeitgenössischen Rezeption von Nationalsozialismus und italienischem Faschismus in Indien insgesamt siehe Maria Framke, Delhi – Rom – Berlin. Die indische Wahrnehmung von Faschismus und Nationalsozialismus 1922–1939 (Veröffentlichungen der Forschungsstelle Ludwigsburg der Universität Stuttgart Bd. 21), Darmstadt 2013; Benjamin Zachariah, A Voluntary Gleichschaltung? Indian Perspectives Towards a non-Eurocentric Understanding of Fascism, in: Transcultural Studies 2 (2014), S. 63–100. Das Standardwerk zum Hindu-Nationalismus ist nach wie vor Christophe Jaffrelot, The Hindu Nationalist Movement in India, New York 1996.

4 Siehe dazu Julia Eckert, Der Hindu-Nationalismus und die Politik der Unverhandelbarkeit. Vom politischen Nutzen eines (vermeintlichen) Religionskonfliktes, in: Aus Politik und Zeitgeschichte 42/43 (2002), S. 23–30, hier S. 23; zum Hinduismus: Heinrich von Stietencron, Hinduism. On the Proper Use of a Deceptive Term, in: Hinduism Reconsidered (South Asian studies Bd. 24), hrsg. von Günther-Dietz Sontheimer und Hermann Kulke, Neu-Delhi 1997, S. 32–54.

auf der anderen Seite nur um sieben „westliche" Namen, die er als bedeutsam wahrnahm. Zu Letzteren gehörte überraschenderweise auch der Kieler Philosophieprofessor Paul Deussen (1845–1919).[5] Seine Nennung ist zugleich ein Indikator für die Bedeutung, die ihm in Indien allgemein beigemessen wurde.

Schon seit Jahrhunderten existierte im deutschsprachigen Raum eine Faszination für Indien. Waren es zunächst insbesondere Kaufleute, die mit der portugiesischen Kolonialmacht in Richtung Asien reisten,[6] kamen später zudem Missionare, Soldaten, Seeleute, Touristen, aber auch Abenteurer und Forscher hinzu, die sich etwa mit den Niederländern, Dänen, aber vor allem den Engländern nach Indien einschifften.[7] Einige hinterließen Reiseberichte, die nicht nur im deutschsprachigen Raum stark nachgefragt waren.[8] Nicht wenige suchten – häufig mit mäßigem Erfolg – Reichtum oder eine Karriere, andere versuchten wirtschaftlicher Not in Europa zu entkommen, wieder andere waren schlicht von einem Exotismus oder wissenschaftlicher Neugierde angetrieben, um nur einige der durchaus vielfältigen Motivlagen zu nennen.[9] Hinzu kamen seit dem späten 18. Jahrhundert deutsche Schriftsteller

---

5 Golwalkar, Nationhood (wie Anm. 1), S. 41–43.

6 Vgl. etwa Pius Malekandathil, The Germans, the Portuguese and India (Periplus Parerga Bd. 6), Münster u.a. 1999; als Fallstudie: Gerhard Fouquet, Vom Meer zum Land. Indien 1502 aus Sicht eines deutschen Reisenden, in: Studia Eurasiatica. Kieler Festschrift für Hermann Kulke zum 65. Geburtstag (Asien und Afrika Bd. 10), hrsg. von Stephan Conermann und Jan Kusber, Schenefeld 2003, S. 71–95.

7 Vgl. beispielsweise Roelof van Gelder, Das ostindische Abenteuer. Deutsche in Diensten der Vereinigten Ostindischen Kompanie der Niederlande (VOC) 1600–1800 (Schriften des Deutschen Schiffahrtsmuseums Bd. 61), Hamburg 2004; Martin Krieger, Kaufleute, Seeräuber, Diplomaten. Der dänische Handel auf dem Indischen Ozean (1620–1868) (Wirtschafts- und Sozialhistorische Studien Bd. 8), Köln u.a. 1998; Andreas Gross/Vincent Kumaradoss/Heike Liebau (Hrsg.), Halle and the Beginning of Protestant Christianity in India, 3 Bde., Halle 2006; Chen Tzoref-Ashkenazi, German Voices from India. Officers of the Hanoverian Regiments in East India Company Service, in: South Asia. Journal of South Asian Studies 32 (2009) H. 2, S. 189–211.

8 Vgl. dazu u.a. Gita Dharampal-Frick, Indien im Spiegel deutscher Quellen der Frühen Neuzeit (1500–1750). Studien zu einer interkulturellen Konstellation (Frühe Neuzeit: Studien und Dokumente zur deutschen Literatur und Kultur im europäischen Kontext Bd. 18), Tübingen 1994.

9 Siehe etwa Michael Mann, Indien ist eine Karriere. Biographische Skizzen deutscher Söldner, Ratsherren und Mediziner in Südasien 1500–1800, in: Deutsche Eliten in Übersee (16. bis frühes 20. Jahrhundert) (Deutsche Führungsschichten in der Neuzeit Bd. 27), hrsg. von Markus A. Denzel, St. Katharinen 2006, S. 249–289; zum Teil als Fallstudie über einen holsteinischen Missionar und dessen Motive: Tobias Delfs, „What shall become of the mission when we have such incompetent missionaries there?" Drunkenness and Mission in Eighteenth Century Danish East India, in: A History of Alcohol and Drugs in Modern South Asia. Intoxicating

und Philosophen, die selbst häufig niemals indischen Boden betreten hatten, sich aber gleichwohl intensiv über die zunächst von Engländern verfassten Übersetzungen verstärkt mit dem alten Indien beschäftigten und sich davon inspiriert fühlten. Gerade der deutschsprachige Raum steigerte sich in eine buchstäbliche „Indomanie" hinein, die vor allem über die Entdeckung einer indogermanischen Sprachfamilie und der Verwandtschaft des Deutschen zum Sanskrit Teil deutscher Nationenbildungsprozesse wurde.[10] Erinnert sei nur an den Romantiker Herder,[11] an Goethe und an Friedrich Schlegel,[12] dessen Bruder August Wilhelm gar in Bonn seit 1818 den ersten Lehrstuhl für Sanskrit in Deutschland bekleidete.[13]

Der ebenfalls eine solche Indienbegeisterung teilende Paul Deussen, der 1892/93 für ein halbes Jahr zusammen mit seiner Frau eine Rundreise durch den Subkontinent unternahm und elf Jahre später einen sehr lesenswerten Reisebericht darüber veröffentlichte, ist sicherlich der Kategorie der wissenschaftlichen Neugierde, aber in gewissem Maße auch des Exotismus und des Tourismus zuzurechnen.[14] Wie jedoch lässt sich die Wichtigkeit, die nicht nur Golwalkar, sondern auch andere Nationalisten Deussen in Indien zugestanden, erklären?[15] Zur Beantwortung dieser Frage bedarf es zunächst eines Rückgriffes auf seinen Werdegang im Allgemeinen wie auch seine wissenschaftliche Tätigkeit in Kiel.

Affairs (Routledge studies in the modern history of Asia Bd. 92), hrsg. von Harald Fischer-Tiné und Jana Tschurenev, London u.a. 2014, S. 65–89.

10 Vgl. dazu Douglas T. McGetchin, Indology, Indomania, and Orientalism. Ancient India's Rebirth in Modern Germany, Madison u.a. 2009; Ders./Peter Park/Damodar SarDesai (Hrsg.), Sanskrit and „Orientalism". Indology and Comparative Linguistics in Germany 1750–1958, Neu Delhi 2004.

11 Alexa Frank, Sanftes Gefühl und stille Tiefe der Seele. Herders Indien (Epistemata Bd. 688), Würzburg 2009.

12 Nicholas A. Germana, The Orient of Europe. The Mythical Image of India and Competing Images of German National Identity, Newcastle upon Tyne 2009, S. 98–130; Michael Dusche, Friedrich Schlegel's Writings on India. Reimagining Germany as Europe's True Oriental Self, in: Deploying Orientalism in Culture and History. From Germany to Central and Eastern Europe (Studies in German literature, linguistics, and culture), hrsg. von James Hodkinson und John Walker, Rochester 2013, S. 31–54.

13 Siehe überblicksartig Jürgen Lütt, Das moderne Indien 1498–2004 (Oldenbourg Grundriss der Geschichte Bd. 40), München 2012, S. 159f.

14 Paul Deussen, Erinnerungen an Indien. Mit einer Karte, 16 Abbildungen und einem Anhange: „On the philosophy of the Vedânta in its relations to occidental Metaphysics", Kiel u.a. 1904.

15 Vgl. Paul Hacker, Schopenhauer und die Ethik des Hinduismus, in: Saeculum 12 (1961), S. 336–399, hier S. 383–392. Dort finden sich ferner weitere Hinweise zu Swami Vivekananda und Bal Gangadhar Tilak.

Archivrecherchen haben ergeben, dass in Schleswig-Holstein leider nur noch sehr wenige Archivalien von Deussen überliefert sind.[16] Hier gilt es, in der Hauptsache auf die Autobiographie sowie die quellengesättigte Biographie Deussens von Heiner Feldhoff zurückzugreifen, der deutschlandweit auf reichlich Archivmaterial Zugriff hatte.[17] Anschließend werden die Bilder zu behandeln sein, die sich Deussen in seinen publizierten Reiseerinnerungen von *den* Hindus, aber auch einigen religiösen indischen Minderheiten wie den Muslimen, den Parsis, den Buddhisten oder den Juden, anderen geistigen Strömungen der Zeit wie der Theosophie sowie der britischen Kolonialmacht machte. Sie ermöglichen Einblicke in seine spezifische Form des Orientalismus, aber auch in antisemitische und rassistische Denkfiguren.

Bisherige Arbeiten zu Deussen konzentrierten sich vornehmlich auf seine Sicht auf Indien und im Speziellen auf den Hinduismus oder auch die Briten in Indien; weniger ging es um sein Orientbild insgesamt.[18] In der Erforschung dieses Bildes sollten jedoch auch die Minderheiten und andere Regionen außerhalb Indiens eingeschlossen werden.[19] Denn der Kieler Ordinarius, der während der Indienreise seinen Nachnamen in Devasena sanskritisierte, beschäftigte sich durchaus, wenngleich nicht sehr ausführlich, mit Letzteren. In

---

16 Ich danke Frau Dr. Maike Manske von der Schleswig-Holsteinischen Landesbibliothek in Kiel und Frau Dr. Dagmar Bickelmann vom Landesarchiv in Schleswig herzlich für die Hilfe und Auskünfte. Die vorhandenen Dokumente, etwa aus dem Tönnies-Nachlass, beschränken sich auf Universitätsinterna und weisen keinen Bezug zu Asien auf. Für Unterstützung bei der Literaturbeschaffung aus den USA danke ich wiederum Frau Dr. Maria Framke (Universität Rostock) und Associate Professor Mr. Peter K. J. Park, PhD (State University of Texas). Wichtige Hinweise gab außerdem Herr Professor Dr. Martin Krieger (Universität Kiel).

17 Heiner Feldhoff, Nietzsches Freund. Die Lebensgeschichte des Paul Deussen, 2. Aufl., Köln u.a. 2009.

18 Aus der neueren Literatur ist exemplarisch zu nennen: Kaushik Bagchi, Orientalism without Colonialism? Three Nineteenth Century German Indologists and India, unveröffentlichte Dissertation, Ohio State University 1996, S. 236–285; Michael Bergunder, Indischer Swami und deutscher Professor. „Religion" jenseits des Eurozentrismus, in: Religionswissenschaft, hrsg. von Michael Stausberg, Berlin u.a. 2012, S. 95–109; Perry Myers, German Travelers to India at the fin-de-siècle and their Ambivalent Views of the Raj, in: Transcultural Encounters between Germany and India. Kindred Spirits in the Nineteenth and Twentieth Centuries (Routledge studies in the modern history of Asia Bd. 90), hrsg. von Joanne Miyang Cho, Eric Kurlander und Douglas T. McGetchin, London u.a. 2014, S. 84–98.

19 Hervorzuheben ist hier jedoch Suzanne L. Marchand, German Orientalism in the Age of Empire. Religion, Race, and Scholarship (Publications of the German Historical Institute), Cambridge u.a. 2009, S. 300–311, die auf die komplizierten Zusammenhänge verweist. Sie konzentriert sich allerdings hauptsächlich auf die von Deussen verfasste philosophische Fachliteratur und geht kaum auf seinen Reisebericht und seine Autobiographie und die dort transportierten Bilder ein.

seinen Osterferien 1890 hatten er und seine Frau beispielsweise Ägypten und Palästina bereist, wovon seine posthum erschienene Autobiographie Zeugnis ablegt.[20]

Einen Blick von außen auf Deussen erlaubt weiterhin der spätestens seit seinem Auftritt auf dem Weltparlament der Religionen in Chicago 1893 weltbekannte Hindu-Gelehrte Swami Vivekananda (1863–1902). Der Inder besuchte Deussen 1896 in Kiel und hat sich verschiedentlich zu ihm und seinen Positionen geäußert; umgekehrt berichtete auch der Professor von dem Besuch und begleitete Vivekananda weiter nach London. Beide erkannten in ihrem unter anderem von den Veden, einer altindischen heiligen Liedersammlung, beeinflussten Denken große Ähnlichkeiten. Die Veden, deren Entstehungszeitraum heute etwa auf die Mitte des 2. bis in die Mitte des 1. Jahrtausends v. Chr. geschätzt wird, entstammen den Indo-Arya, einer von Norden nach Indien eingewanderten Bevölkerungsgruppe, die Sanskrit sprach und im Unterschied zu der in Südindien vorherrschenden dravidischen der indo-europäischen Sprachfamilie angehörte.[21] Die ursprünglich, zum Beispiel bei Schlegel, noch allein sprachwissenschaftlich bestimmten Kriterien der Unterscheidung wurden im Laufe der Zeit durch rassische Merkmale und Theorien ergänzt oder ersetzt. Bedeutsam war beispielsweise die ideologisch aufgeladene Suche nach der „Urheimat“ der Indo-Arya, die der früheren „Asientheorie“ zufolge in Asien, der späteren „Europatheorie“ nach in Europa verortet wurde.[22] Deshalb spricht zum Beispiel Hermann Kulke bewusst von den Arya, um diese von dem deutschen Mythos der Arier des 19. und 20. Jahrhunderts abzugrenzen.[23] Diesem Mythos gilt es auch bei Deussen nachzuspüren.

---

20 Paul Deussen, Mein Leben, hrsg. von Erika Rosenthal-Deussen, Leipzig 1922.

21 Zum Forschungsstand über die Veden und ihre Urheber siehe Hermann Kulke, Indische Geschichte bis 1750 (Oldenbourg Grundriss der Geschichte Bd. 34), München 2005, S. 10–17, 119–135.

22 Dazu siehe Rolf Peter Sieferle, Rassismus, Rassenhygiene, Menschenzuchtideale, in: Handbuch zur „Völkischen Bewegung“ 1871–1918, hrsg. von Uwe Puschner, Walter Schmitz und Justus H. Ulbricht, München u.a. 1996, S. 436–449, hier S. 440f.

23 Kulke, Indische Geschichte (wie Anm. 21), S. 11. Siehe ferner Josef Wiesehöfer, Zur Geschichte der Begriffe „Arier“ und „arisch“ in der deutschen Sprachwissenschaft und Althistorie des 19. und der ersten Hälfte des 20. Jahrhunderts, in: Achaemenid History V. The Roots of the European Tradition, hrsg. von Heleen Sancisi-Weerdenburg und Jan Willem Drijvers, Leiden 1990, S. 149–165.

Deussen und sein Weg nach Kiel – „längst mehr Indologe als Philosoph"[24]

Deussen kam 1845 als Sohn eines lutherischen Pfarrers im Westerwald zur Welt. Schon seit 1859 war er mit Friedrich Nietzsche befreundet, mit dem er gemeinsam auf das traditionsreiche Internat Schulpforta ging. Nietzsche war es auch, der Deussen während des Studiums Arthur Schopenhauer nahelegte, während umgekehrt Deussen ihn später mit der indischen Philosophie vertrauter machte.[25] Deussen studierte – ganz den Familienerwartungen folgend – zunächst in Bonn evangelische Theologie, entdeckte aber schon dort sein Interesse für das Sanskrit, das er parallel verfolgte. Dabei war er maßgeblich vom indologischen Nachfolger Schlegels in Bonn, dem Norweger Christian Lassen (1800–1876), beeinflusst.[26] Deussens Mitgliedschaft in der Burschenschaft Franconia blieb nur ein kurzes Intermezzo, sahen er und Nietzsche sich doch eher als Kosmopoliten und hatten ohnehin ihre Schwierigkeiten mit „patriotischen Simpeleien" innerhalb der Burschenschaft.[27] Seine Sanskritbegeisterung nahm nach und nach überhand gegenüber seinen theologischen Studien, die er zunehmend als langweilig wahrnahm.[28]

Ähnliches galt für die klassische Philologie. Deussen fehlte in den Lehrveranstaltungen schlicht der „freie Geist des klassischen Altertums"; stattdessen traf er nur auf leblose „Konjekturen und Varianten" und „Büchertitel und Zitate ohne Zahl".[29] Entfremdet fühle er sich von der klassischen Philologie, nicht aber dem klassischen Altertum.[30] Letzteres fand er bei dem Indologen Lassen, dessen einziger Schüler er zeitweise war. Lassen ging es nicht allein um die Sprache, sondern vielmehr um den „Zugang zur indischen Antike vermittels der Texte", um eine indische Altertumskunde „auf philologischer Grundlage".[31] Josef Wiesehöfer folgend, beschäftigte sich Lassen mit der

24 So der enttäuschte Doktorand Lehmann über den desinteressiert wirkenden Deussen. Siehe Wilhelm Lehmann, Gesammelte Werke in acht Bänden, Bd. 8: Autobiographische und vermischte Schriften, Stuttgart 1982, S. 95.

25 Hans Rollmann, Deussen, Nietzsche and Vedanta, in: Journal of the History of Ideas 39 (1978), S. 125–132.

26 Zu Lassen und dem „erste[n] selbständige[n] indologische[n] Lehrstuhl in Deutschland" siehe Sabine Mangold, Eine „weltbürgerliche Wissenschaft". Die deutsche Orientalistik im 19. Jahrhundert (Pallas Athene Bd. 11), Stuttgart 2004, S. 160. Schlegels Aufgabengebiete gingen noch etwas über die reine Indologie hinaus.

27 Deussen, Mein Leben (wie Anm. 20), S. 84 (Zitat), 86.

28 Ebd., S. 86. Siehe auch Feldhoff, Nietzsches Freund (wie Anm. 17), S. 48–51.

29 Deussen, Mein Leben (wie Anm. 20), S. 87.

30 Ebd., S. 87, 102.

31 Sabine Mangold-Will, Gildemeisters Ort in der deutschen Orientalistik, in: „Es war einfach nothwendig, so und nicht anders zu schreiben". Der Orientalist Johann Gustav Gildemeister (1812–1890) und seine Zeit (Bonner Schriften zur

indo-europäischen oder indo-germanischen Sprachenfamilie und schlug vor, diese fortan nur noch nach der Eigenbenennung „arisch" zu nennen.[32] Später ging der Norweger dazu über, den Begriff „indogermanisch" zu verwenden. Lassen trug weiter dazu bei, dass man nun die Wurzel „arya" in ähnlich tönenden Ausdrücken suchte. Außerdem ging schon der Bonner Professor von einem vermeintlich besonders hoch begabten „arischen" oder „indogermanischen" „Urvolk" mit einem besonderen Charakter und besonderen äußerlichen Merkmalen aus. Auf Lassen berief sich später auch der „Erzvater aller Rassenlehren des 19. und 20. Jahrhunderts"[33], Joseph Arthur Comte de Gobineau (1816–1882).[34]

Begleitet wurde Deussens Euphorie für das Sanskrit jedoch von einem schlechten Gewissen, sich einem „Luxusstudium" in einer „brotlose[n] Kunst" hinzugeben.[35] Dementsprechend folgte er auch nicht Nietzsche nach Leipzig, um Philologie zu studieren, sondern ging – weiterhin als Theologe – nach Tübingen: „Sogar das Sanskrit ruhte vollständig"; wenn er auch diese Aussage erst nachträglich getroffen hat, so verweist sie doch insgesamt auf die Wichtigkeit des Sanskrits für ihn. Aufgrund des Deutschen Krieges befand Deussen sich 1866 als Preuße in Württemberg unvermittelt in „Feindesland", was nun sogar bei ihm und seinen preußischen Kommilitonen für patriotische Auswüchse in Form gezielter Provokationen der einheimischen Bevölkerung sorgte. Infolge dieser Entwicklungen kehrte Deussen bald nach Bonn zurück, wo ihn eine Tante überzeugte, von seinem „Schwanken zwischen Theologie und Philologie", in seinem Falle zwischen Hebräisch und Sanskrit, zwischen „Semiten" und „Indogermanen" Abstand zu nehmen und sich für eine Sache zu entscheiden. Auch Nietzsche, der hoffte, Deussen nach Leipzig holen zu können, dürfte hier Einfluss genommen haben.[36] Deussen wählte die Philosophische Fakultät in Bonn – sehr zum Verdruss seiner Eltern – und befasste sich fortan außerdem mit der alten Geschichte.[37]

Universitäts- und Wissenschaftsgeschichte Bd. 6), hrsg. von Michaela Hoffmann-Ruf, Göttingen 2014, S. 161–176, hier S. 169. Der Bonner Gildemeister war ebenfalls ein Lehrer von Deussen, den Letzterer später noch um Rat fragen sollte, als es um seine Hinwendung zur indischen Philosophie ging. Vgl. Deussen, Mein Leben (wie Anm. 20), S. 165.

32 Dazu und zum Folgenden siehe Wiesehöfer, Begriffe (wie Anm. 23), S. 150f.

33 Stefan Breuer, Nationalismus und Faschismus. Frankreich, Italien und Deutschland im Vergleich, Darmstadt 2005, S. 67.

34 Vgl. dazu etwa McGetchin, Indology (wie Anm. 10), S. 164.

35 Dazu und zum Folgenden siehe ausführlich Deussen, Mein Leben (wie Anm. 20), S. 87–92. Dort finden sich auch die Zitate.

36 Vgl. Feldhoff, Nietzsches Freund (wie Anm. 17), S. 60.

37 Deussen, Mein Leben (wie Anm. 20), S. 92.

Schon 1867 wechselte Deussen erneut – dieses Mal nach Berlin. Neben der Philologie und dem Sanskrit widmete er sich ferner der Philosophie, die ihm insbesondere Karl Friedrich Werder (1806–1893) über Kant, Hegel und Schopenhauer nahebrachte.[38] In der Berliner Zeit wurde zudem seine Begeisterung für Platon geweckt, der zu einem Dissertationsthema werden sollte. Da er jedoch in Berlin keinen Doktorvater fand und die Gebühren in Marburg niedriger waren, zog es Deussen eben dorthin, wo er 1869 sein Examen machte. Für große Inspiration sorgte in dieser Zeit die Lektüre von Schopenhauers „Die Welt als Wille und Vorstellung".[39] In Schopenhauers Philosophie und im Neuen Testament erkannte Deussen die Verbindung „zu einem harmonischen Ganzen, welches die strengsten Anforderungen der Wissenschaft mit den ebenso unabweisbaren Bedürfnissen des religiösen Gemütes in voll befriedigender Weise vereinigte."[40] Deussen ging es dabei besonders um die Ergänzung der Empirie und des Materialismus, um eine „idealistische" Dimension, die er im Christentum, bei den alten Indern, aber auch bei Kant zu finden glaubte.[41]

In den folgenden Jahren war Deussen als Hilfslehrer tätig, legte aber auch sein theologisches Examen ab, was ihm den Militärdienst im Deutsch-Französischen Krieg ersparte. Weiterhin arbeitete er in Genf als Erzieher und Hauslehrer, verfolgte aber seine wissenschaftliche Laufbahn weiter, habilitierte sich dort und las als Privatdozent über philosophische Themen. Darüber hinaus führte er Sanskrit in Genf ein, „welches von niemandem vertreten wurde".[42] Spätestens jetzt hatte er den Schritt zu einem Orientalisten vollzogen, der über die reine Philologie hinaus aktiv die Verbindung von Philosophie und Indologie suchte: „Wenn ich nun solche Freude am Sanskrit habe, und doch niemals von der Philosophie lassen kann, warum sollte ich nicht die Hütte meines Lebens da bauen, wo beide Linien sich schneiden."[43] Suzanne Marchand, die Deussen direkt in eine Linie mit den späten deutschen Romantikern stellt, betont in diesem Zusammenhang zu Recht, dass dies eine Innovation an den deutschsprachigen Universitäten darstellte.[44]

Sein Einbinden der altindischen Veden in die europäische Philosophie wurde zu einem politischen Problem, als sich Deussen, inzwischen in Aachen an der Technischen Hochschule, aufgrund seiner von hunderten Zuhörern besuchten philosophischen Vorlesungen zu Schopenhauer, die in Form der

38 Ebd., S. 97. Vgl. ferner Feldhoff, Nietzsches Freund (wie Anm. 17), S. 61f.
39 Deussen, Mein Leben (wie Anm. 20), S. 102f.
40 Ebd., S. 121. Vgl. hierzu Marchand, Orientalism (wie Anm. 19), S. 304.
41 Feldhoff, Nietzsches Freund (wie Anm. 17), S. 90.
42 Deussen, Mein Leben (wie Anm. 20), S. 164.
43 Ebd., S. 165. Vgl. auch Feldhoff, Nietzsches Freund (wie Anm. 17), S. 91.
44 Marchand, Orientalism (wie Anm. 19), S. 304.

„Elemente der Metaphysik“ als Buch erschienen, heftige ultramontane Kritik vonseiten der katholischen Zeitung „Echo der Gegenwart“ zuzog:[45] Deussen sei vom Ministerium geschickt worden, um den Kulturkampf zu führen, und behaupte daher, die Inder hätten alles besser gewusst als Jesus, der doch somit ein Dummkopf sei. Diese Polemik gelangte bis in das preußische Abgeordnetenhaus, schlug medial noch weitere Wellen und erreichte schließlich das zuständige Handelsministerium, das Deussen vorschrieb, fortan nur noch die Philosophie von Platon bis Kant zu lehren, also ohne die indische und die nachkantische Philosophie.[46]

Nach dieser schwierigen Phase verschlug es Deussen als Hauslehrer nach Russland, bevor er sich in Berlin mit „Das System des Vedanta“ in Philosophie habilitierte. Insgesamt hielt Deussen sich nun zehn Jahre in Berlin auf und wurde dort im Jahr 1887 zum Extraordinarius ernannt. Bald schon erhielt er einen Ruf nach Kiel „in die Provinz“, der ihn aufgrund der ausgedrückten Anerkennung zwar freute, den er aber nicht beabsichtigte anzunehmen, denn er wollte sein „geliebtes Berlin“ nicht verlassen.[47] Auch ein verbessertes Gehaltsangebot des preußischen Ministerialdirektors Friedrich Althoff (1839–1908) vermochte ihn nicht umzustimmen. Dies sollte erst dem eigens angereisten Kieler Philosophen Gustav Glogau (1844–1895) gelingen, der in Deussen einen Geistesverwandten im Kampfe gegen einen Zeitgeist von Materialismus und Anti-Metaphysik sah.[48] Nun dachte Deussen plötzlich daran, dass „dort [in Kiel] alle Ablenkungen der Großstadt“ wegfielen, er also mehr Zeit für seine Arbeit hätte.[49] Außerdem glaubte er, an die universitätsinterne Politik denkend, es sei doch „nicht übel, aus der Klasse der Beherrschten in die der

45 Dazu und zum Folgenden siehe Feldhoff, Nietzsches Freund (wie Anm. 17), S. 99–101, 104–106.

46 Siehe diesbezüglich Deussen, Mein Leben (wie Anm. 20), S. 177, 183–186.

47 Dazu und zum Folgenden siehe ebd., S. 262. Über den bei Berufungen manchmal recht eigenmächtig handelnden Wissenschaftspolitiker Althoff und dessen „System“ informiert umfassend der Sammelband Bernhard vom Brocke (Hrsg.), Wissenschaftsgeschichte und Wissenschaftspolitik im Industriezeitalter. Das „System Althoff“ in historischer Perspektive (Geschichte von Bildung und Wissenschaft Bd. 5), Hildesheim 1991.

48 Feldhoff, Nietzsches Freund (wie Anm. 17), S. 144, 168. Deussen oblag es später, die Gedenkansprache auf den in Griechenland tödlich verunglückten Glogau zu halten. Er hatte zusammen mit Glogau dessen Reise intensiv vorbereitet. Für Glogau sei Griechenland das gewesen, was Indien für Deussen sei, bevor er es besucht habe – „ein Buch ohne Bilder“. Dies habe Glogau vor seiner Abreise noch zu Deussen gesagt. Siehe dazu Paul Deussen, Zur Erinnerung an Gustav Glogau [...]. Gedächtnisrede gehalten an der Christian-Albrechts-Universität am 11. Mai 1895, Kiel u.a. 1895, S. 4.

49 Dazu und zu den folgenden Zitaten siehe Deussen, Mein Leben (wie Anm. 20), S. 266.

Herrschenden überzutreten", also vom außerordentlichen zum ordentlichen Professor zu avancieren. Deussen ging also 1889 an die Förde.[50]

Bevor er jedoch in Kiel richtig ankommen konnte, hatte Deussen noch den Orientalistenkongress in Stockholm und Christiania zu besuchen, wo er eine Reihe bekannter Gesichter begrüßte sowie neue Kontakte knüpfen konnte. Vorteilhaft wirkte sich daneben aus, dass er in Christiania den Hauptvortrag des deutschen Indologen Friedrich Max Müller (1823–1900), der in Oxford lehrte, übernehmen durfte. Auf einen Schlag erhöhte der bis dahin eher noch unbekannte Kieler Professor mit seinem Plenarvortrag, über den er abends zuvor ausführlich mit Müller beratschlagt hatte, die Bekanntheit in Fachkreisen massiv.[51] Sein Vortrag über eine Schöpfungshymne des Rigveda, einer der bedeutendsten Schriften des Hinduismus aus den Veden, wurde von Müller eingeleitet und sorgte – nach Deussen – bei den anwesenden Indologen für weitgehende Begeisterung, während jedoch die deutschen und norwegischen Theologen ihn mit einigem Kopfschütteln bedachten.[52]

Der Grund für die theologische Skepsis lag in der aufgestellten „Behauptung, daß das höchste Wesen über alle Persönlichkeit erhaben sei".[53] Darüber hinaus drückte Deussen wagemutig seine Hoffnung aus, „daß die Zeit kommen werde, wo wir uns alle in dem Bekenntnisse vereinigen würden: Ich glaube an einen lebendigen, nicht aber einen persönlichen Gott!" In diesen Aussagen steckt ein Hauptgedanke seiner Philosophie, der sich in seinem fünfbändigen Hauptwerk „Allgemeine Geschichte der Philosophie mit besonderer Berücksichtigung der Religionen" (1894–1917) widerspiegelt. Es handelte sich hierbei um die erste „westliche" Geschichte der Philosophie, die ernsthaft und ausführlich in zwei Bänden (beziehungsweise in zwei Abteilungen von Band 1) die indische Philosophie zu Worte kommen lässt. Die Integration gelingt ihm, Marchand folgend, indem er Religion gewissermaßen in die säkulare westliche Philosophie zurückbringe: Religion sei bei Deussen Philosophie und umgekehrt sei auch Philosophie stark von Religion geprägt.[54] Er beabsichtigte, der „westasiatisch-europäischen (griechischen, christlichen und neuern) Philosophie" die „ostasiatische d. h., der Hauptsache nach, die indische Philosophie als die einzige wirkliche Parallele zu ihr, welche die

---

50 Ebd., S. 266f.

51 Siehe dazu Marchand, Orientalism (wie Anm. 19), S. 305.

52 Vgl. Feldhoff, Nietzsches Freund (wie Anm. 17), S. 146; Deussen, Mein Leben (wie Anm. 20), S. 271.

53 Dazu und zum Folgenden siehe Deussen, Mein Leben (wie Anm. 20), S. 271; Feldhoff, Nietzsches Freund (wie Anm. 17), S. 146.

54 Vgl. Marchand, Orientalism (wie Anm. 19), S. 305f.

Geschichte der Menschheit aufzuweisen hat, gegenüberzustellen".[55] Als zusätzliche Rechtfertigung seiner möglicherweise als „ungerechte[n] Bevorzugung" angesehenen Vorgehensweise verwies er auf die Größe Indiens im Verhältnis zu Europa sowie darauf, dass „ferner die Inder früher als die Europäer über die Rätsel des Daseins nachzudenken begannen und damit durch die Jahrhunderte hindurch bis zur Gegenwart fortgefahren haben".[56]

Mit der indischen Philosophie meinte er hauptsächlich diejenige des Advaita Vedanta, einer von Shankara entwickelten monistischen Lehre des achten Jahrhunderts. In ihr fand Deussen Anschlusspunkte zu seiner Doktorarbeit über Plato wie auch in Schopenhauers Interpretation der Upanishaden, einem philosophischen Bestandteil der altindischen vedischen Schriften. Schon Schopenhauer hatte sich dabei auf die Lehre des Advaita Vedanta bezogen, wie er auch schon Immanuel Kant und dessen Parallelen zu diesen Philosophien berücksichtigte. Für Deussen war damit die Universalität des Monismus, also der Einheit von Weltseele (Brahman) und individueller Seele oder dem Selbst (Atman), belegt.[57] Der „Grundgedanke" sei überall der gleiche – im Platonismus wie im Kantianismus und auch in den Upanishaden, die Deussen mit dem Neuen Testament verglich – wobei Erstere im Unterschied zu Letzterem nicht Gott und Mensch „als zwei sich ausschließende Wesensheiten" gegenüberstellten.[58] Die Welt ist demnach, nun vor allem Kant folgend, „nur Erscheinung und nicht Ding an sich".[59] Dieser ursprüngliche Idealismus Altindiens sei jedoch nach und nach „stufenweise" degeneriert durch „Pantheismus, Kosmogonismus, Theismus bis zum Atheismus".[60]

Der umtriebige Deussen begab sich auch von Kiel aus häufiger, manchmal zweimal im Jahr, auf Reisen.[61] Er sah Kiel als „fruchtbare, etwas einförmige Ebene" und seine Reisen als „Aufstiege zu Berghöhen mit weiter, erquickender Fernsicht".[62] Und so reifte 1890 der Beschluss, während der Osterferien Palästina über die Türkei, Griechenland und Ägypten zu bereisen, unter anderem um zahlreiche biblische Stätten wie Bethlehem und Jerusalem und ägyptische Sehenswürdigkeiten wie die Pyramiden von Gizeh und den Nil zu besuchen. Diese Tour und mehr noch seine halbjährige Indienreise von 1892/93 bieten

55 Paul Deussen, Allgemeine Geschichte der Philosophie mit besonderer Berücksichtigung der Religionen, Bd. 1, Abt. 1: Allgemeine Einleitung und Philosophie des Veda bis auf die Upanishad's, 2. Aufl., Leipzig 1906, S. VIIIf.

56 Ebd., S. IX.

57 Vgl. Bergunder, Indischer Swami (wie Anm. 18), S. 100f.

58 Feldhoff, Nietzsches Freund (wie Anm. 17), S. 169.

59 Deussen, Allgemeine Geschichte (wie Anm. 55), S. 38f.

60 Ders., Erinnerungen (wie Anm. 14), S. 159.

61 Vgl. zur Reisebegeisterung Deussens Feldhoff, Nietzsches Freund (wie Anm. 17), S. 136.

62 Deussen, Mein Leben (wie Anm. 20), S. 272.

ausreichend Anlass, sich seine Sicht auf die dort lebenden Menschen näher anzuschauen.

Letztere Reise führte ihn und seine Frau mit einem Dampfer über Marseille durch den Suezkanal nach Indien, wo die beiden sich auf eine Rundreise, zumeist per Bahn, begaben: Nahe Bombay ging es zunächst kurz in die Höhlen der Insel Elephanta, in denen die Gottheit Shiva verehrt wird und zu denen Deussen im Unterschied zu früheren europäischen Reisenden kaum etwas zu sagen hatte.[63] Auch die der Himmelsbestattung durch Geier dienenden zoroastrischen „Türme des Schweigens" gehörten in Bombay zum Programm. Der im heutigen indischen Bundesstaat Gujarat gelegene Fürstenstaat Baroda und sein Maharaja wurden ebenso besucht wie Ahmedabad und Jaipur. Hinzu kam rund um Agra selbstverständlich das Taj Mahal wie auch das Mausoleum des Mogulkaisers Akbar in Sikandra. Anschließend führte die Route weiter in den aus Sicht Deussens „als Sitz der ältesten indischen Kultur [gemeint: die vedische]"[64] von vielen Reisenden zu Unrecht vernachlässigten Punjab und dort nach Lahore, bevor es über Peshawar in Richtung des Khyber-Passes und damit an die äußeren Grenzen des britischen Empire ging. Der Goldene Sikh-Tempel in Amritsar durfte danach genauso wenig fehlen wie die Sehenswürdigkeiten Delhis und die aus dem altindischen Epos Mahabharata bekannte, im heutigen Delhi lokalisierte Stadt Indraprastha.[65] Die Krishna gewidmeten Orte Mathura und Vrindravan am heiligen Fluss Yamuna im heutigen Uttar Pradesh waren ebenso Teil der Reise wie Lucknow und Kanpur, die aufgrund des indischen Aufstandes von 1857 Berühmtheit erlangt hatten.[66] Der Rama-Tempel von Ayodhya und die Verbrennungsplätze von Varanasi oder Benares entgingen ebenfalls nicht der Neugierde Deussens – Gleiches gilt für die Sanskrit-Colleges an verschiedenen Orten in Indien. Offenbar bevorzugte Deussen diese Anlaufstellen, um seiner Leidenschaft, dem Sanskrit, zu frönen. Über die nordindische Buddhastadt Bodhgaya zogen die Deussens weiter nach Kalkutta, gingen unter anderem in den botanischen Garten und besuchten den Kalighat-Tempel, wo der Philosoph vom Ziegenopfer kosten durfte. Von dort machte er mit der Schmalspurbahn einen Abstecher in den Himalaya nach Darjeeling. Es folgte der Besuch am Zusammenfluss der heiligen Flüsse

---

63 Vgl. umfassend zur Wahrnehmung von Elephanta in europäischen Reiseberichten der Frühen Neuzeit Martin Brandtner, „Merkwürdig". Carsten Niebuhr begegnet dem indischen Altertum, in: Carsten Niebuhr und seine Zeit (Oriens et occidens Bd. 5), hrsg. von Josef Wiesehöfer und Stephan Conermann, Stuttgart 2002, S. 203–267.

64 Deussen, Erinnerungen (wie Anm. 14), S. 82.

65 Zu den archäologischen Befunden siehe exemplarisch Kulke, Indische Geschichte (wie Anm. 21), S. 15f.

66 Vgl. zum Folgenden ausführlich Deussen, Erinnerungen (wie Anm. 14), S. 82ff.

Yamuna und Ganges. Über Ujjain ging es zurück nach Bombay und von dort nach Madras unter anderem in das britische Fort St. George, wo Deussen sich Bücher und Handschriften anschaute. Nach einigen Zwischenstopps in südindischen Städten wie Tanjore und Madurai reiste er schließlich nach Ceylon, wo er zu dem dortigen deutschen Konsul, seinem Jugendfreund Philipp Freudenberg, fuhr und sich insbesondere mit der Pflanzenwelt und dem Buddhismus beschäftigte.

Indem Deussen selbst nach Indien reiste, unterschied er sich von vielen seiner Kollegen, die im Laufe ihres Lebens nicht ein einziges Mal nach Indien gekommen waren, obwohl gerade zu Deussens Zeit einige andere Indologen wie etwa Richard Garbe (1857–1927) oder sein zeitweiliger Kieler Sanskrit-Kollege, Buddhismusforscher und Konkurrent Hermann Oldenberg (1854–1920), sicherlich begünstigt durch die aufgekommene Dampfschifffahrt, sich ebenfalls auf den Weg gemacht hatten.[67] Für wie wichtig Deussen selbst eine solche Reise hielt, belegt das folgende, von den deutschen Romantikern geprägte Zitat aus seinem Indienreisebericht:

> „O wie belebt sich, in einer solchen Umgebung, das Studium des Sanskrit! Welch konkrete Gestalt nehmen hier, wo das alles noch so lebendig ist, der Rigveda und die Upanishad's, die indischen Dramen und Romane an! Ich hoffe, dass die Zeit kommen wird, wo jeder deutsche Sanskritgelehrte es möglich machen kann, wenigstens einmal in seinem Leben Indien zu besuchen."[68]

Deussen und die „Semiten" – „Fanatismus, Neigung zu Gewalttätigkeiten und Habgier"

Demgemäß bereitete er sich – ganz Wissenschaftler – gewissenhaft auf die Reisen vor. So begann er 1890 „mit allem Eifer Arabisch zu lernen", indem er einerseits zu Hause Texte der „arabischen Bibel" gelesen und andererseits das „Vulgärarabisch" auf zahlreichen Spaziergängen in Kiel geübt habe.[69] Des Weiteren war er – wie ein gewöhnlicher Tourist – mit einigen Reiseführern aus den Häusern Baedeker und Meyer ausgestattet, die ihm dann allerdings beim türkischen Zoll große Probleme bereiteten. Aufgrund der enthaltenen Pläne und Karten waren sie nämlich überaus verdächtig für den Zollbeamten. Erst dessen Vorgesetzter, „der genug von der außertürkischen Welt kannte", beurteilte die Bücher als „gänzlich unverdächtig" und für die „Heiligkeit des Islam [als] ungefährlich." Hier deutet sich bereits ein

67 Siehe dazu McGetchin, Indology (wie Anm. 10), S. 145. Zu Oldenberg siehe exemplarisch Feldhoff, Nietzsches Freund (wie Anm. 17), S. 169f., 195.

68 Deussen, Erinnerungen (wie Anm. 14), S. 34.

69 Dazu und zum Folgenden siehe Ders., Mein Leben (wie Anm. 20), S. 274f. Dort finden sich auch die Zitate.

Stereotyp über den fanatischen, unterentwickelten, unwissenden und etwas rückständigen Muslim beziehungsweise häufig synonym den Türken oder Osmanen an, der zwischen Religion und Politik nicht zu trennen wisse und so ganz im Gegensatz zum vermeintlich durch und durch aufgeklärten Europäer stand.[70] Zum Ausdruck kam zudem, dass Deussen sich ganz in romantischer deutscher Tradition als Philhellene sah, wie er 1912 auf dem Orientalistenkongress in Athen gegenüber dem griechischen König bekannte.[71] Damit war er fast zwangsläufig auch Gegner der Osmanen, hatten die deutschen Philhellenen doch stets Partei für den griechischen Befreiungskampf gegen die Osmanen ergriffen, weil sie in Griechenland eine Wurzel abendländischer Kultur wahrnahmen.[72]

Bettler, Betrüger und Aussätzige blieben Deussen in bleibender Erinnerung, so etwa in Jerusalem – „eine der schmutzigsten und widerwärtigsten Städte, die ich kenne“.[73] Diese Personengruppen standen bei ihm für den „semitischen“ Orient schlechthin.[74] Es ging jedoch nicht allein um wirklich verarmte Schichten, denn nach einem Bad im Jordan habe ihm etwa ein „gut gekleideter“ Araber beim Ankleiden zugesehen, „um zu sehen, wie ein Europäer angezogen ist“.[75] Als sie ihr Gespräch beendet hatten, war Deussen jedoch „nicht wenig erstaunt“, dass der Araber, der „offenbar den besseren Ständen angehörte, zum Schluß um ein Backschisch bat dafür, daß er zugesehen hatte, wie ich mich ankleidete.“ Zwar zeigte Deussen sich einigermaßen überrascht, doch eine solche Szene passte durchaus in das Schema, in das er die Muslime (und zum Teil die Juden) einordnete, denn sobald es um sie ging, können solcherlei Vorkommnisse in dessen Reisebericht geradezu als Leitmotive betrachtet werden.[76]

Nahe Bethlehem verfiel er 1890 in weitere Verallgemeinerungen anlässlich einer sich außer Betrieb befindlichen Wasserleitung: „[A]lles unter den Händen der Türken verkommt“, folgerte er. Und weiter: „Wenn bei uns jeder gern

---

70 Vgl. zu solcherlei seit der Aufklärung verbreiteten Stereotypen bereits Felix Konrad, Von der „Türkengefahr“ zu Exotismus und Orientalismus: Der Islam als Antithese Europas (1453–1914)?, in: Europäische Geschichte Online (EGO), hrsg. vom Institut für Europäische Geschichte (IEG), Mainz 2010–12–03. URL: http://www.ieg-ego.eu/konradf-2010-de (zuletzt abgerufen am 15.11.2016).

71 Feldhoff, Nietzsches Freund (wie Anm. 17), S. 211.

72 Siehe Andrea Polaschegg, Der andere Orientalismus. Regeln deutsch-morgenländischer Imagination im 19. Jahrhundert (Quellen und Forschungen zur Literatur- und Kulturgeschichte Bd. 269), Berlin 2005, S. 232–275.

73 Deussen, Mein Leben (wie Anm. 20), S. 284.

74 Vgl. ebd., S. 275.

75 Dazu und zum Folgenden siehe ebd., S. 289.

76 Vgl. beispielsweise zur Rückreise, die über Aden verlief, Ders., Erinnerungen (wie Anm. 14), S. 234.

für die Regierung arbeitet, weil er auf pünktliche Bezahlung rechnen darf, so vermeidet in Palästina jeder eine Arbeit für die türkische Regierung zu übernehmen, weil er sehr häufig um sein Geld bitten muß, ohne es zu erhalten."[77] Gedanken an orientalistische Stereotype wie die orientalische Despotie, an durch den Islam zu Korruption und Ausbeutung neigende Regierungen liegen hier nahe, ohne dass Deussen hier jedoch explizit einen direkten Bezug zum Islam herstellt.[78]

Solches geschieht erst in seinem Indienreisebericht, der zugleich rassistische Töne aufweist. Denn dort heißt es, die „semitischen" Muslime seien grundsätzlich deutlich anders als die „indogermanischen" Hindus und trotz vieler Ähnlichkeiten auch anders als die ebenfalls „semitischen" Juden. Bei den Muslimen stellte Deussen in der Tradition deutscher „Türken"-Bilder „Fanatismus, Neigung zu Gewalttätigkeiten und Habgier", ein „rohes und ungestümes Wesen", aber auch eine „starke Sinnlichkeit dieser Rasse" fest.[79] Dass solcherlei Zuschreibungen rassistisch geprägt waren, belegt noch deutlicher Deussens Vergleich der Muslime mit den Juden:

> „[T]rotz ihrer Habgier haben [die Muslime] doch keinen eigentlichen Erwerbstrieb und unterscheiden sich dadurch von ihren Rassebrüdern, den Juden. Der Jude ist auch gewinnsüchtig, aber er ist dabei mässig und sparsam und bringt es daher nicht selten zu einem Wohlstande, der für die christlichen Mitbürger etwas Beängstigendes hat. Der Mohammedaner hingegen, wie man mir in Indien oft versicherte, rafft nur zusammen, um das Errungene alsbald wieder zu vergeuden. Daher er selten zu grösserem Wohlstande und einer entsprechenden einflussreicheren Stellunge in der Gesellschaft gelangt."[80]

Insgesamt ging es Deussen in der Tat um eine Gegenüberstellung von „Semiten" und „Indogermanen" als Völker oder Rassen und nicht allein als Sprachfamilien, wie andere Abschnitte aus dem Reisebericht zeigen, etwa wenn es sich um die Parsis und die Sikhs dreht. Während Deussen bezüglich der Sikhs in Amritsar lediglich kurz sagt, es handele sich bei ihrer Religion um eine Mischung aus muslimischen und hinduistischen Elementen und sie hätten die starke Tendenz zum Fanatismus, er sie also durch diese Zuschreibung implizit mit den Muslimen vergleicht, ohne aber ihre Religion näher zu untersuchen,

77 Ders., Mein Leben (wie Anm. 20), S. 286.

78 Vgl. diesbezüglich etwa Konrad, „Türkengefahr" (wie Anm. 70); sowie zur Ausbeutung der ägyptischen Bauern ferner Deussen, Mein Leben (wie Anm. 20), S. 277.

79 Dazu und zum Folgenden siehe Deussen, Erinnerungen (wie Anm. 14), S. 83f. Dort finden sich auch die Zitate.

80 Ebd., S. 83.

wird er bei den Parsis ausführlicher.[81] Die Parsis seien Nachkommen der alten Perser. Die Sprache der Perser beweise wiederum, dass sie „ursprünglich unzweifelhaft Indogermanen" gewesen seien.[82] Nun entsteht bei Deussen aber eine Irritation, die so gar nicht zu den eher statischen Rassentheorien seiner Zeit passen möchte, denn es sei „sehr befremdlich, dass die Parsi's in Bombay vielfach einen ausgeprägt semitischen Typus tragen und nicht nur in Gesicht und Körperbildung, sondern auch in Wesen und Manieren stark an unsere Juden erinnern." Ersteres deutet eine Tendenz Deussens zu der sich im 19. Jahrhundert verbreitenden Kraniometrie, also der vergleichenden Vermessung von Schädeln und Gesichtern, an.[83] Letzteres bezieht er auf bestimmte, bei ihm als jüdisch interpretierte Eigenschaften, nämlich „Betriebsamkeit und Freude am Erwerb, dieselbe liebenswürdige Zugänglichkeit und mitunter lästige Aufdringlichkeit".[84] Die Erklärung hierfür ist nach Deussen eine historische, denn nach der Eroberung Babyloniens und Assyriens durch die Perser hätten diese sich mit der einheimischen „semitischen" Bevölkerung vermischt. Und die „zähe Lebenskraft der semitischen Rasse" hätte sich „bis zu den heutigen Parsi's herab behauptet". Wie die Juden seien die Parsis jedoch auch „fortschrittlich gesinnt und zu Reformen geneigt". Solches mache er an der Errichtung von Schulen für Mädchen, Gymnastikunterricht und der Abschaffung der Kinderheirat fest. Ein Fortschritt scheint für Deussen bei Muslimen schlicht nicht vorgesehen zu sein.

Für ihn sind die Muslime in Indien lediglich Eroberer gewesen, die die vorherige Hindu-Kultur zerstört hätten, so auf der Insel Elephanta, wo Deussen sich überrascht zeigte, dass überhaupt noch Reste von Tempeln übrig geblieben seien.[85] Am heiligen Fluss Yamuna erscheinen ihm große Rigveda-Erinnerungen „durch die nachfolgende mohammedanische Epoche [...] übertüncht".[86] Ähnliches gelte für Delhi, wo „die Moscheen, Paläste und Grabmäler der mohammedanischen Periode eine ältere und für uns

81 Vgl. ebd., S. 100. Möglicherweise greift er hier auch auf das britische Konzept der „martial races" zurück, demnach zum Beispiel die Sikhs aus „rassischen" und/oder kulturellen Gründen besonders für die Kriegführung geeignet seien. Vgl. dazu Heather Streets, Martial Races. The Military, Race and Masculinity in British Imperial Culture 1857–1914 (Studies in imperialism), Manchester u.a. 2004, S. 1f.

82 Dazu und zum Folgenden siehe Deussen, Erinnerungen (wie Anm. 14), S. 37.

83 Vgl. diesbezüglich Sieferle, Rassismus (wie Anm. 22), S. 439f.

84 Dazu und zum Folgenden siehe Deussen, Erinnerungen (wie Anm. 14), S. 38.

85 Ebd., S. 34. Diese Meinung Deussens entspricht einem britisch-kolonialen Islambild, das nicht differenzierte und nur bestimmte Quellen berücksichtigte, um die Hindus von Überlegenheit und Vorteilhaftigkeit britischer Kolonialherrschaft zu überzeugen. Vgl. diesbezüglich Romila Thapar, Somanatha. The Many Voices of a History, New Delhi u.a. 2004, S. 207.

86 Deussen, Erinnerungen (wie Anm. 14), S. 75.

interessantere Vergangenheit“ zudeckten.[87] Es finden sich noch weitere Beispiele. Als fähig zu eigenen kulturellen Leistungen nahm er die Muslime offenbar ebenfalls nicht wahr. Folgerichtig waren für ihn der Kölner Dom und andere europäische Gebäude ästhetischer als etwa das Taj Mahal: „Namentlich kann sich die mohammedanische Kuppel weder in der Form noch in der Art ihrer Aufsetzung mit der romanischen messen.“[88] Immer wieder verwendete er – dabei noch immer ganz Philhellene – Vergleiche zu den Überresten der klassischen europäischen Antike. In ihrem Fall war es jedoch das Christentum des Mittelalters, das die ihn viel mehr interessierenden alten Bauwerke überdeckt hatte.[89]

Ähnliche Probleme wie die Parsis bereiteten Deussen die im Laufe der Jahrhunderte zum Islam konvertierten Hindus. Wie ließen sie sich in seine Kategorien einsortieren? Für den Kieler Philosophen scheint dies eine noch ungeklärte Frage gewesen zu sein, denn

> „es wäre für die Beurteilung des Einflusses, welchen die Religion auf den Menschen ausübt, von grossem Interesse, festzustellen, inwieweit sich die islamisierten Hindus den Hinducharakter oder den Charakter der Mohammedaner im allgemeinen zeigen, welcher ein sehr verschiedener ist.“[90]

Diese Aussage deutet darauf hin, dass Deussen keinem rein biologischen „Blut- und Boden-Rassismus“ anhing. Eine Rasse war in seinem Sinne langfristig auch durch äußere kulturelle Einflüsse, wie einem Religionswechsel, veränderbar und nicht allein durch genetische Vererbung, wie es eine durch und durch biologische Theorie postulieren würde. So verwies er darauf, dass die Religion „ja nicht nur dem Individuum, sondern auf dem Wege der Vererbung ganzen Geschlechtern ihren Stempel aufdrückt.“[91] Wie gezeigt, zielte er aber bezüglich der Parsis auf körperliche Merkmale ab, an anderen Stellen seines Reiseberichtes sinniert er von „Blut“[92] und „Mischung“.[93] Und da er die Bevölkerung am Himalaya, zum Beispiel in Sikkim und Bhutan, der „mongolische[n] Rasse“[94] und dem „mongolischen Typus“ zurechnet, womit „gelbe Hautfarbe, breite Gesichter, platte Nasen und hervorstehende Backenknochen“ gemeint

87 Ebd., S. 103.
88 Ebd., S. 76. Vgl. darüber hinaus Feldhoff, Nietzsches Freund (wie Anm. 17), S. 157.
89 Vgl. beispielhaft Deussen, Erinnerungen (wie Anm. 14), S. 75, 103.
90 Ebd., S. 83.
91 Ebd., S. 155.
92 Ebd., S. 168.
93 Ebd., S. 47.
94 Ebd., S. 168.

sind,[95] scheint Deussen neben der Verwendung kraniometrischer Theorien auch biologischen Rassismus einfließen zu lassen.

Heiner Feldhoff weist darauf hin, dass der Philosoph die Begriffe „arisch" oder „Arier" nur vorsichtig verwendet habe.[96] In der Tat gebraucht Deussen die Begriffe nur selten und zieht ihnen meistens „indogermanisch" vor. Ähnliches hat Josef Wiesehöfer für viele zeitgenössische Philologen und Althistoriker festgestellt – so für Max Müller, der den rein sprachlichen Charakter der Einordnung in „semitisch" und „arisch" (synonym zu indogermanisch) betonte und die rassische Anwendung der Begriffe als unwissenschaftlich verwarf.[97] Zu ergänzen ist allerdings, dass Müller zwischenzeitlich seine Einstellung geändert hatte, die in den 1850er Jahren noch als rassistisch bezeichnet werden kann. Erst in den 1880ern distanzierte er sich stark von dieser Position.[98] Wiesehöfer betont allerdings in diesem Zusammenhang, ein solcher Befund bedeute nicht, dass nicht auch bei diesen Forschern kulturanthropologische Klassifizierungen mit biologischen, ethnischen und sprachlichen Eigenschaften und Merkmalen vollzogen worden wären, um das naturalisierte „Wesen" und den „Charakter" eines Volkes zu bestimmen.[99] Indem Deussen sich allerdings zuweilen ausdrücklich auf mentale und körperliche „Rassenmerkmale" bezieht, sich gegen „Vermischungen des Blutes" ausspricht, von vermeintlichen Degenerationen ausgeht und eine rassische Ungleichheit annimmt, geht er doch deutlich darüber hinaus in das Rassistisch-Völkische, ohne dabei aber nationalistische Anwandlungen zu zeigen.

Deussen schien einer Mischform eines religiösen mit einem rassisch bestimmten Antisemitismus anzuhängen.[100] So bemerkte er während seiner Palästinareise zu Saloniki, das angeblich zu zwei Drittel von Juden bewohnt sei: „Übrigens machen die Verhältnisse in Saloniki den Juden alle Ehre. Man wird nicht wie sonst im Orient angebettelt, die Kinder sind anständig gekleidet und gehen [...] in die Schule."[101] Ganz im Unterschied zu den durchweg mit negativen Eigenschaften und Merkmalen belegten Muslimen schreibt Deussen den Juden zuweilen positive Eigenschaften zu, wenngleich er trotzdem seinen geschilderten negativen Stereotypen verhaftet bleibt. Zudem war Deussens Frau Marie jüdischer Herkunft. Heiner Feldhoff vermutet, dass Deussen dies

---

95 Ebd., S. 164.

96 Feldhoff, Nietzsches Freund (wie Anm. 17), S. 237.

97 Siehe dazu ausführlich Wiesehöfer, Begriffe (wie Anm. 23), S. 152.

98 McGetchin, Indology (wie Anm. 10), S. 165f.

99 Wiesehöfer, Begriffe (wie Anm. 23), S. 157.

100 Siehe dazu Annkathrin Dahm, Der Topos der Juden. Studien zur Geschichte des Antisemitismus im deutschsprachigen Musikschrifttum (Jüdische Religion, Geschichte und Kultur Bd. 7), Göttingen 2007, S. 22–24.

101 Deussen, Mein Leben (wie Anm. 20), S. 275.

nie öffentlich machen wollte, da er sie habe schützen wollen, zumal sie sich selbst nicht als Jüdin definierte, und nicht zuletzt auch, weil er angesichts eines weit verbreiteten Antisemitismus im Kaiserreich seine eigene Karriere nicht nachteilig beeinflussen wollte.[102] Es ist heute schwer zu entscheiden, ob er deshalb anti-jüdische Bemerkungen in seinen Indienreisebericht einstreute oder ob er dieser Sichtweise wirklich aus tiefer Überzeugung anhing. Für Suzanne Marchand schwamm er eher mit dem zeitgenössischen Strom.[103]

Was sich jedenfalls posthum noch zeigen sollte, war der Umstand, dass ihm seine Ehe mit Marie und seine herzliche Freundschaft zur jüdischen Kunstförderin Henriette Hertz (1846–1913), seiner „Diotima"[104], von einer völkisch-national orientierten Gruppe innerhalb der von Deussen im Jahr 1911 gegründeten Schopenhauer-Gesellschaft angekreidet und er als geistig „verjudet", als „Judenfreund und ein Versippter" bezeichnet wurde.[105] Umgekehrt hatte Deussen sich nicht gegen die Vereinnahmung durch den rassistischen und antisemitischen Populär- oder Pseudowissenschaftler und Schwiegersohn Richard Wagners, Houston Stewart Chamberlain (1855–1927), gewehrt. Im Gegenteil: Er sandte ihm, vielleicht geschmeichelt von dessen Lobpreisungen und auf eine weitere Popularisierung hoffend, immer wieder seine neuesten Bücher zu.[106]

Überdies motivierte Deussen ihn, doch seinen (also Chamberlains) in Wien auf der Jahreshauptversammlung der Philosophischen Gesellschaft gehaltenen Vortrag „Über indisches Denken" zu veröffentlichen.[107] Besagte Rede wiederum beruhte etwa zur Hälfte, wie Chamberlain schätzte, auf zwei Aufsätzen, die

102 Vgl. Feldhoff, Nietzsches Freund (wie Anm. 17), S. 134.

103 Siehe dazu Marchand, Orientalism (wie Anm. 19), S. 295.

104 Zu Henriette Herz siehe Julia Laura Rischbieter, Henriette Hertz. Mäzenin und Gründerin der Bibliotheca Hertziana in Rom (Pallas Athene Bd. 14), Stuttgart 2004, S. 85. Für Deussen war sie gewissermaßen seine Muse so wie einst Diotima von Mantinea für Sokrates. Siehe Feldhoff, Nietzsches Freund (wie Anm. 17), S. 189–192.

105 Diesbezüglich siehe Andreas Hansert, Schopenhauer im 20. Jahrhundert. Geschichte der Schopenhauer-Gesellschaft, Wien u.a. 2010, S. 55, 57 (Zitate). Ferner siehe Feldhoff, Nietzsches Freund (wie Anm. 17), S. 237.

106 Feldhoff, Nietzsches Freund (wie Anm. 17), S. 204. Zu Chamberlains Ideologie und zur Einarbeitung Deussens siehe Anja Lobenstein-Reichmann, Houston Stewart Chamberlain. Zur textlichen Konstruktion einer Weltanschauung. Eine sprach-, diskurs- und ideologiegeschichtliche Analyse (Studia linguistica Germanica Bd. 95), Berlin u.a. 2008, S. 432. Siehe auch Wiesehöfer, Begriffe (wie Anm. 23), S. 156f.

107 Brief Chamberlains an Deussen vom 16.3.1898, in: Houston Stewart Chamberlain, Briefe 1882–1924 und Briefwechsel mit Kaiser Wilhelm II., Bd. 1, München 1928, S. 61–63. Siehe ebd., S. 85f., auch den Brief an den Indologen Leopold von Schroeder vom 10.2.1900. Darin erwähnt Chamberlain, er sei „von keinem

er in den aus dem Kreis um Richard Wagner stammenden „Bayreuther Blättern“ über Deussen publiziert hatte. Deshalb und weil er sich aufgrund seiner mangelnden indologischen und philologischen Ausbildung bei Deussen rückversichern wollte, hatte er dem Kieler Ordinarius zuvor um dessen Einschätzung gebeten.[108] Andernorts schrieb Chamberlain, er habe darin versucht, die „Grundprinzipien des indischen Denkens möglichst plastisch und anschaulich, ohne jeden gelehrten Ballast“ darzustellen – nur die „kleinen antisemitischen Bosheiten“, wie er stark verniedlichend anmerkte, habe er aus dem Vortrag gestrichen, denn: „Eines schickt sich nicht für alle.“[109] Chamberlains radikale Geisteshaltung dürfte Deussen dennoch bekannt gewesen sein. Da zwischenzeitlich ein interessierter Münchner Verleger wieder abgesprungen war, bat Chamberlain Deussen, ihn doch zu unterstützen bei dem Versuch, seinen Vortrag in der „Münchner Allgemeinen Zeitung“ zu veröffentlichen.[110] Der Vortrag wurde tatsächlich in der Beilage der Zeitung gedruckt, wobei unklar bleibt, ob dies Deussens Verdienst war. Anja Lobenstein-Reichmann weist darauf hin, dass Chamberlain sich gerne mit ausgewiesenen Wissenschaftlern schmückte, um sich in seinen Publikationen den Anschein eigener Fachkompetenz zu verschaffen. Als Grundlage für seine populären Theorien, die den alten Orient sehr stark einbezogen, berief er sich auf Kant und Schopenhauer, hinzu kamen dann Persönlichkeiten wie eben Deussen, aber auch Charles Darwin, der Historiker Heinrich von Treitschke und Chamberlains Freund, der Indologe Leopold von Schroeder.[111]

In seiner, auch von Chamberlain verwendeten Philosophiegeschichte meinte Deussen – wie Suzanne Marchand nachgewiesen hat – den Grund für die Entwicklung der hochstehenden altindischen Philosophie gerade in einer kulturellen Abgeschlossenheit Indiens erkennen zu können.[112] Dies sei im „semitischen“ Westasien, wo das Christentum entstanden sei, nicht gegeben gewesen. Die Römer und Griechen wiederum hätten ihr Heidentum als unzureichend wahrgenommen und nach einem Ausweg gesucht, den sie jedoch nicht im indischen Osten ihrer Vorfahren, sondern im „semitischen“ Osten gefunden hätten. Aus dieser „unnatürlichen“ Mischung sei das Mittelalter

geringeren als Deussen dazu ermutigt“ worden, „ein Buch über altindisches Denken zu schreiben!“.

108 Brief Chamberlains an Deussen vom 11.11.1897, in: Ebd., S. 54f.

109 Brief Chamberlains an Brockhaus vom 27.10.1897, in: Ebd., S. 51.

110 Brief Chamberlains an Deussen vom 16.3.1898, in: Ebd., S. 62–63.

111 Lobenstein-Reichmann, Konstruktion (wie Anm. 106), S. 432; Marchand, Orientalism (wie Anm. 19), S. 311.

112 Dazu und zum Folgenden siehe Marchand, Orientalism (wie Anm. 19), S. 306f. Allerdings verwendet Marchand den Begriff „indoarisch“, während Deussen stattdessen von „indogermanisch“ spricht. Vgl. Deussen, Allgemeine Geschichte (wie Anm. 55), S. 9–11.

entstanden und daraus wiederum eine Art von „indogermanischem Freiheitskampf". Unter anderem hierdurch erklären sich auch die häufigen Vergleiche altindischer Stätten, die von den Muslimen überbaut worden seien, mit den Stätten des klassischen Altertums in Europa, die im Mittelalter durch christliche Gebäude ersetzt worden seien – einmal mehr eine Gegenüberstellung von „Indogermanen" und „Semiten". Zugleich argumentierte Deussen mit vermeintlichen „indogermanischen" Einflüssen des alten Iran, namentlich durch Zarathustra, auf das Judentum und das Neue Testament. Auf diese Weise versuchte er offenkundig „semitische" Aspekte europäischer Philosophie zurückzudrängen.

Ähnliches findet sich neben allerlei Bildern zum barbarischen Orient und anderen Stereotypen in einem Brief an Nietzsche aus dem Jahre 1866: Der philosophisch-rationale Indogermane steht in Deussens Sicht dem intuitiv handelnden, „feurige[n], phantasiereiche[n] Semite[n] (und Orientale[n])" gegenüber, der „alles [das heißt auch alle Philosophie] in die diesem Erkennen entsprechende Form" der Religion gieße.[113] Umgekehrt nähme die Religion beim „Indogermanen" mit zunehmender Vernunft ab. Deshalb dürfe auch die „semitische Philosophie" nur mit einer Berücksichtigung rechnen, wenn sie „im Stande ist, ihr vieldeutig schillerndes Gewand abzustreifen und nackend die Blicke des Denkers zu ertragen." Passend zu dieser Denkfigur Deussens beschwerte sich der jüdische Philosoph und Philologe Heymann Steinthal 1894 in einem Brief bei Gustav Glogau über Teile einer Rezension, die Deussen über Steinthals Werk „Bibel und Religionsphilosophie" geschrieben hatte. Deussen habe daraus eine „Racen-Frage" gemacht.[114] „Was mich aber verdrießt", so Steinthal weiter, „ist das *wohlwollend gemeinte* ‚maßvolle und mit Milde geübte Einschränken des semitischen Elementes usw.'" Hieraus ergab sich für ihn die durchaus berechtigte Frage: „Darf ich denn nun Professor an der Universität sein?"

113 Diesbezüglich und zum Folgenden siehe den Brief Deussens an Nietzsche vom August 1866, in: Giorgio Colli/Mazzino Montinari (Hrsg.), Nietzsches Briefwechsel. Kritische Gesamtausgabe, Abt. 1, Bd. 3: Briefe an Friedrich Nietzsche vom Oktober 1864 bis März 1869, Berlin u.a. 1975, S. 123–129, hier S. 125.

114 Dazu und zu den folgenden Zitaten siehe den Brief Steinthals an Glogau vom 5.5.1894, in: Ingrid Belke (Hrsg.), Moritz Lazarus und Heymann Steinthal. Die Begründung der Völkerpsychologie in ihren Briefen, Bd. 2,1, Tübingen 1983, S. 353 (Hervorhebung im Original).

Hindus in Indien und Vivekananda in Kiel – „das eigenartige Treiben des fremden Volkes“[115]

Wie schon bei seiner Palästinareise legte Deussen auch bei seiner Indienreise großen Wert darauf, die jeweiligen Sprachen sprechen zu können. So sei beispielsweise Sanskrit in seinen Worten „als Umgangssprache“ besser in der Lage als jedes Empfehlungsschreiben, von denen Deussen auch zahlreiche – vor allem für die Engländer – dabei hatte, den Reisenden „in die sonst dem Europäer so verschlossenen höheren Kreise der Eingeborenen einzuführen“.[116] Fast schon von Verachtung geprägt, sprach er später von einem österreichischen Prinzen, der in Darjeeling in einem Hotel abzusteigen beabsichtigte. Der Prinz war Gerüchten nach weder des Sanskrits noch des Hindostani und nicht einmal des Englischen mächtig. Deussen dazu abschätzig: „Und das reist nach Indien!“[117] Mit großem Eifer versuchte er, während der Reise so oft Sanskrit zu sprechen wie nur irgend möglich. Er engagierte gar indische Gelehrte nur für diesen einen Zweck. Von Bedeutung waren ferner das Englische und Hindustani, um mit den Gebildeten sowie dem einfacheren Volk zu kommunizieren. Von den dravidischen Sprachen in Südindien war bei ihm in diesem Zusammenhang indes nicht die Rede.

Kenntnisse der Veden und des Vedanta betrachtete Deussen ebenfalls als nützlich, um „die Scheidewand zu beseitigen, welche sonst den Europäer von den Indern trennt.“[118] Im Laufe der Reise nutzte er zudem so manche List, um Kontakte zu knüpfen. So hatte er etwa die Erfahrung gemacht, dass er häufiger gefragt wurde, welcher Kaste er denn angehöre. Darauf habe er zunächst stets geantwortet, er als Europäer sei ein Shudra, also der untersten Gesellschaftsschicht vor den Unberührbaren zugehörig. Da er aber bemerkt habe, dass die Antwort das jeweilige Gegenüber stark irritierte, sei er dazu übergegangen, zu sagen, er sei in einem früheren Leben ein Brahmane gewesen, habe sich aber eine große Sünde zu Schulden kommen lassen, sodass er als Shudra wiedergeboren worden sei. Er hoffe nun, durch seine Indienreise zu den heiligen Stätten und seine Forschungen im nächsten Leben erneut ein Brahmane zu werden. Zumeist sorgte diese Antwort für eine gewisse gesprächsauflockernde Belustigung bei den Indern; im Falle einer überaus kritischen Heiligen aber habe sein Scherz dazu beigetragen, sich überhaupt mit ihr unterhalten zu können.[119] Sie hatte zurückgefragt, woher er denn

115 Deussen, Erinnerungen (wie Anm. 14), S. 35.
116 Ebd., S. 2.
117 Ebd., S. 165.
118 Ebd., S. 4. Zum Sanskrit vgl. auch Feldhoff, Nietzsches Freund (wie Anm. 17), S. 154f.
119 Deussen, Erinnerungen (wie Anm. 14), S. 74.

wisse, dass er ein Brahmane gewesen sei. Daraufhin habe er geantwortet, seine heutige Faszination für die alten Schriften und das Sanskrit sei der entscheidende Hinweis. Damit hatte er sie überzeugt.[120]

Wenngleich die Hindus insgesamt bei Deussen fast durchweg besser wegkommen als die Muslime, so weist er auch Ersteren bestimmte Eigenschaften zu: Er beschreibt sie etwa als sanft, feinfühlig, aber auch unterwürfig gegenüber fremden Beherrschern, denn die „Inder waren von jeher zu hochsinnig und geistig veranlagt, um nicht von der brutalen Superiorität der Wollenden über die Erkennenden unter die Füsse getreten zu werden".[121] Nach diesem fast schon klassischen Narrativ waren sie immer beherrscht, zunächst von den „Brahmanen und Königen des eigenen Stammes, dann von den Griechen Alexanders, von den Baktrern, den Skythen, den Arabern, den Mongolen und zuletzt von den Europäern."[122] Wegen der Kinderheirat in Kombination mit fehlendem Fleisch in der Nahrung seien sie zudem „zwar nicht weniger intelligent, aber doch im Körperlichen wie im Geistigen so viel weniger leistungsfähig"[123] als die Europäer, sie seien „naive Naturkinder"[124], wenngleich ihnen „edle[s] philosophische[s] Streben"[125] innewohne. Gerade aus den zuletzt genannten Aspekten heraus entsteht der Eindruck eines klassisch romantischen deutschen Indienbildes. Dies zeigt sich an so mancher Stelle, an der Landschaften oder bestimmte Gebäude beschrieben werden, etwa wenn Deussen den Palast des Fürsten von Baroda als ein „in ein orientalisches Märchen hineingezaubert[es] Zauberschloss" bezeichnet.[126] Aus all den zuvor genannten Aussagen, zu denen man noch verschiedene Anmerkungen zum aus Sicht Deussens vorherrschenden Aberglauben in Indien zählen kann, spricht aber auch eine Überlegenheitshaltung, die er trotz allem ebenso vorhandenen Respekt, der ihn deutlich von anderen Indienreisenden seiner Zeit unterschied, nicht verhehlen kann.[127] All das, was nicht in sein System passt,

120 Ebd., S. 176–178. Vgl. zudem Feldhoff, Nietzsches Freund (wie Anm. 17), S. 160.
121 Deussen, Erinnerungen (wie Anm. 14), S. 69, 155.
122 Ebd., S. 169f.
123 Ebd., S. 73.
124 Ebd., S. 130, 189.
125 Ebd., S. 141.
126 Ebd., S. 48.
127 Vgl. in Kontrast dazu den Bericht des Tübinger Indologen Garbe: Richard Garbe, Indische Reiseskizzen, Berlin 1889. Speziell zu Richard Garbe siehe Kaushik Bagchi, An Orientalist in the Orient. Richard Garbe's Indian Journey 1885–1886, in: Journey of World History 14 (2003), S. 281–325. Zu dem „Gegensatze" zwischen Deussen und Garbe siehe Deussen, Mein Leben (wie Anm. 20), S. 300, der darüber eher belustigt wirkt.

wird ignoriert oder als naiv, kindlich, als Degenerierung ursprünglicher Reinheit, deren Entartung oder aber als abergläubisch abgetan.[128]

Immer wieder betont der Kieler Ordinarius mit europäischer Überlegenheit, dass die indischen Gelehrten der „Berichtigung durch die europäische Wissenschaft" bedürften.[129] Er erweckt fast immer den Eindruck, er wisse mehr über Indien als die Inder selbst. Schon einleitend heißt es beispielsweise in seinen Reiseerinnerungen, die Inder hätten ihn, den „Fremden", „mit Verwunderung" angeschaut, als jemanden, der „besser in ihren heiligen Schriften zu Hause war, als sie selbst wohl sein mochten, und mit Entzücken lauschten sie der Darlegung, wie Europa in der Kantischen Philosophie eine dem Vedânta auf das engste verwandte Lehre und den diesem selbst fehlenden wissenschaftlichen Unterbau besitzt."[130] In Ayodhya wiederum wollte man Deussen nicht in den Rama-Tempel lassen. Er sprach in Sanskrit mit den Aufsehern, erzählte, er habe doch das Ramayana, ein altindisches Epos, studiert und sei somit doch „gewiss würdiger als viele andere [...], dem Helden Rama meine Verehrung zu zollen".[131] Da man ihm trotzdem keinen Einlass gewährte, wurde er „heftig, liess noch eine kleine Strafpredigt vom Stapel und wandte [...] den ungastlichen Pforten den Rücken". Einerseits handelt es sich also oftmals um den Monolog eines europäischen Gelehrten, andererseits betont Deussen zugleich die Überlegenheit der Einheimischen im Beherrschen des Sanskrit, das aufgrund des frühen Lernbeginns aus seiner Sicht kein Europäer werde je erreichen können.[132]

Im Unterschied zu vielen Reisenden seiner Zeit sprach er mit den Einheimischen und nicht allein über oder für sie, wenn auch nicht immer in Form eines wirklichen Dialoges.[133] Kaushik Bagchi verweist zudem auf die orientalistische Sicht des Orients als Wiege der Zivilisation, aus der der Westen erwachsen sei, während der Orient in seiner Kindheitsphase steckengeblieben sei. Von einer europäisch-kolonialen Warte aus betrachtet, müssten die Inder

---

128 Vgl. hierzu auch Bagchi, Orientalism (wie Anm. 18), S. 305. Siehe ferner Andreas Nehring, Orientalismus und Mission. Die Repräsentation der tamilischen Gesellschaft und Religion durch Leipziger Missionare 1840–1940 (Studien zur außereuropäischen Christentumsgeschichte Bd. 7), Wiesbaden 2003, S. 45.

129 Deussen, Erinnerungen (wie Anm. 14), S. 139. Siehe auch Bagchi, Orientalism (wie Anm. 18), S. 306f.

130 Deussen, Erinnerungen (wie Anm. 14), S. 4.

131 Dazu und zum Folgenden siehe ebd., S. 129. Siehe auch Feldhoff, Nietzsches Freund (wie Anm. 17), S. 159.

132 Deussen, Erinnerungen (wie Anm. 14), S. 139.

133 Vgl. Marchand, Orientalism (wie Anm. 19), S. 310.

manchmal wie Kinder behandelt und belehrt werden – eine Sicht, die sich bei Deussen wiederfindet.[134]

Des Weiteren besuchte und beschrieb der Philosoph Südindien und die dortige Bevölkerung. Hier argumentiert er insgesamt überwiegend sprachlich, bezieht aber auch „Farbe“ und „Typus“ ein:

> „Wie das Klima, so war auch die Bevölkerung nach Farbe, Typus und Sprache sehr von der nördlichen und nordwestlichen Indiens verschieden. Dort waren die Sprache und mithin wohl auch die Bevölkerung arischen Ursprungs; hier im Südosten und Süden Indiens werden Sprachen gesprochen, welche mit dem Sanskrit gar keine Verwandtschaft haben.“[135]

Dies ist die einzige Stelle seines Berichtes, an der er den Begriff „arisch“, noch dazu mit einem einschränkenden „wohl“, verwendet.[136] Zusammengenommen mit seiner Philosophiegeschichte zeigt sich, dass er die „Asientheorie“, also die Annahme, die Indo-Arya stammten aus Zentralasien und seien nach Indien eingewandert, für wahrscheinlicher hielt als die „Europatheorie“. Eine Bezeichnung der südindischen „dunkelfarbige[n] Bevölkerung“, etwa als „dravidisch“ oder „tamilisch“ entlang der längst bekannten Sprachfamilie, unterlässt Deussen hingegen vollständig.[137] Anders als beispielsweise bei seinem Kollegen Oldenberg findet keine direkte rassische Gegenüberstellung von den eingewanderten „weißen Ariern“ und den vermeintlichen Ureinwohnern, den „schwarzen Draviden“, statt.[138] Solches geschieht allenfalls angedeutet, wenn die Hautfarbe der Letzteren genannt wird. In diesem Abschnitt, in dem Deussen die Sprachen Indiens und deren geographische Verteilung erläutert, sind es jedoch wieder die Muslime, die beispielsweise das Hindi in Urdu „verunstaltet“ hätten.[139] Religiöse Betrachtungen zur tamilischen Bevölkerung unterbleiben ebenfalls weitgehend. Deussen weist lediglich bezüglich einiger Besuche in Tempeln darauf hin, dass der „Brahmanismus“ in den Süden „importiert“ worden sei und „hier seinen Göttern, gleichsam zum Schutze im fremden Lande, riesige Tempel erbaut [wurden], welche ganze Stadtviertel

134 Bagchi, Orientalism (wie Anm. 18), S. 309. Vgl. exemplarisch Deussen, Erinnerungen (wie Anm. 14), S. 71.

135 Deussen, Erinnerungen (wie Anm. 14), S. 214.

136 Ders., Allgemeine Geschichte (wie Anm. 55), S. 9f.

137 Ders., Erinnerungen (wie Anm. 14), S. 215.

138 Vgl. McGetchin, Indology (wie Anm. 10), S. 165. Zeitgenössische Beispiele finden sich auch anderswo. Siehe dazu exemplarisch Michael Bergunder/Rahul Peter Das (Hrsg.), „Arier“ und „Draviden“. Konstruktionen der Vergangenheit als Grundlage für Selbst- und Fremdwahrnehmungen Südasiens (Neue Hallesche Berichte: Quellen und Studien zur Geschichte und Gegenwart Südindiens Bd. 2), Halle 2002.

139 Deussen, Erinnerungen (wie Anm. 14), S. 214.

einnehmen und wohlverwahrten Festungen gleichen."[140] Abgesehen von weiteren architektonischen Betrachtungen bleibt dies die einzige Nennung südindischer Religiosität. Er lag hier im Trend der indologischen Zunft insgesamt, die bestimmte in Südindien vorherrschende hinduistische Denkrichtungen und tamilische Schriften schlicht zugunsten der Sanskrit-Forschung ignorierte.[141]

Verschiedentlich kam Deussen in Kontakt zu den indischen religiösen und nationalen Reformbewegungen der Zeit, nämlich Arya Samaj, Dharma Samaj und Brahmo Samaj, die er interessiert als „reliöse[r] Verein[e]" beschreibt, deren „Bestreben" es sei, „der entarteten und in äusserlichem Ceremoniell erstarrten Volksreligion gegenüber zu älteren und würdigeren Anschauungen zurückzukehren."[142] Dies alles war ja durchaus in seinem Sinne. Die besten Aussichten auf Erfolg hatte seiner Einschätzung nach der wahrscheinlich auch inhaltlich von ihm bevorzugte Arya Samaj, der eine „massvolle" Mittelposition zwischen den beiden anderen Bewegungen einnahm und so seiner eigenen Position am nächsten kam: „Er hält einerseits alles Ausländische von sich fern, verwirft aber andererseits auch den Dienst der Götterbilder und ist bestrebt, von ihnen zurück zur Religion des Veda zu gelangen."[143] Im nordindischen Mathura kam es gar zu einer Konkurrenz zwischen Arya Samaj und Dharma Samaj um einen Vortrag von Deussen. Er entschied sich letztlich für den Arya Samaj, enthielt sich jedoch einer Wertung, und begründete seine Entscheidung schlicht damit, der Arya Samaj habe zuerst angefragt.[144]

Größere inhaltliche Probleme hatte der Kieler Philosoph mit einer weiteren einflussreichen Reformbewegung – der 1875 gegründeten Theosophischen Gesellschaft um die Deutsch-Russin Helena Blavatsky und den Amerikaner Henry Steel Olcott.[145] Teilweise bestanden hier Übereinstimmungen zu Deussens Positionen, so in den Versuchen, das Wissen des alten Indiens gegen den aktuellen Materialismus wiederzuerwecken, und in der Idee einer universalen Verbindung der Menschen über einen gemeinsamen Kern der Religionen und Philosophien. Seine Abneigung beruhte jedoch auf den vorherrschenden okkultistischen, spekulativen und esoterischen Bestandteilen,

140 Ebd., S. 219.

141 Vgl. Michael Bergunder, Saiva Siddhanta as a universal religion. J. M. Nallasvami Pillai (1864–1920) and Hinduism in colonial South India, in: Ritual, Caste, and Religion in Colonial South India (Neue Hallesche Berichte: Quellen und Studien zur Geschichte und Gegenwart Südindiens Bd. 9), hrsg. von dems., Heiko Frese und Ulrike Schröder, Halle 2010, S. 30–89, hier S. 62; Nehring, Orientalismus (wie Anm. 128), S. 256.

142 Deussen, Erinnerungen (wie Anm. 14), S. 86. Zum Brahmo Samaj siehe ebd., S. 154f.

143 Ebd., S. 87.

144 Ebd., S. 114f. Vgl. dazu auch Feldhoff, Nietzsches Freund (wie Anm. 17), S. 158.

145 Siehe diesbezüglich Lütt, Indien (wie Anm. 13), S. 48f.

die „dem Schwindel, dem Betrug und allen Arten von Täuschung Tür und Tor" öffneten, wie Deussen einem jungen Parsi während der Bahnfahrt von Bombay nach Madras erläuterte.[146] Das „edle philosophische Streben" der Inder werde durch die „wüsten Phantasien der Madame Blavatski [...] in falsche Bahnen gelenkt", bemerkte Devasena betrübt, nachdem er in Benares in der Bibliothek eines reichen Inders theosophische Bücher entdeckt hatte. Zufällig kam es dann sogar noch zu einer „kurzen, reservierten, doch nicht unfreundlichen Berührung" mit Olcott am Bahnhof von Benares.[147]

Es war schließlich ein anderer bedeutender indischer Reformer, der Deussen in Kiel besuchen sollte: Am 9. September 1896 reiste Vivekananda, der eigentlich Narendranath Datta hieß, an die Förde. Er gilt als Begründer der „Ramakrishna-Mission", benannt nach einem Heiligen, dessen Schüler er war, bevor er als Bettelmönch Indien durchwanderte. Auf dem Weltparlament der Religionen in Chicago hatte er knapp drei Jahre vor seinem Besuch in Norddeutschland mit seiner Rede über den milden, toleranten Hinduismus als Weltreligion und dessen erwünschte universale Verbreitung, um dem aus seiner Sicht inzwischen weitgehend materialistischen Westen eine Spiritualität beiseite zu stellen, die Zuhörer beeindruckt und war für weitere Vorträge nach London eingeladen worden.[148] Von dort war er zwecks Erholung in die Schweiz aufgebrochen. Deussen wiederum hatte ihn nun schriftlich nach Kiel eingeladen, wo der Inder sich drei Tage lang mit Abstechern nach Hamburg und Bremen aufhielt, um dann gemeinsam mit Deussen – mit dem er sich zur Freude des Professors wann immer möglich auf Sanskrit unterhielt – weiter über Amsterdam nach England zu reisen, wo man unter anderem mit Max Müller zusammentraf.[149]

---

146 Deussen, Erinnerungen (wie Anm. 14), S. 209.

147 Ebd., S. 141f.

148 Zum Wirken Vivekanandas allgemein und in Bezug auf den Nationalismus siehe Shamita Basu, Religious Revivalism as Nationalist Discourse. Swami Vivekananda and New Hinduism in Nineteenth-Century Bengal, Neu Delhi 2002; zum Weltparlament und Vivekananda siehe indes Dorothea Lüddeckens, Das Weltparlament der Religionen von 1893. Strukturen interreligiöser Begegnung im 19. Jahrhundert (Religionsgeschichtliche Versuche und Vorarbeiten Bd. 48), Berlin 2002, S. 21f., 55–62, 235–237; Rajagopal Chattopadhyaya, Swami Vivekananda in the West, Kalkutta u.a. 1994; Dermot Killingray, Vivekananda's Western Message from the East, in: Swami Vivekananda and the Modernization of Hinduism (SOAS studies on South Asia), hrsg. von William Radice, Neu Delhi u.a. 1998, S. 138–158; Bergunder, Indischer Swami (wie Anm. 18), S. 99f., 103.

149 Siehe dazu ausführlich Feldhoff, Nietzsches Freund (wie Anm. 17), S. 170f.; Romain Rolland, Das Leben des Vivekananda. Der Götter-Mensch Ramakrishna und das universale Evangelium des Vivekananda. Eine Untersuchung über Mystik und Tat des lebendigen Indien, Erlenbach-Zürich 1930, S. 78f.; Deussen, Mein Leben (wie Anm. 20), S. 305f.

In Amsterdam musste Devasena mit dem „braunen Bruder", wie er Vivekananda nannte, ein Zimmer teilen – nicht ohne Bedenken von Seiten des Kieler Philosophen, denn von seiner Indienreise seien ihm „die Lebensgewohnheiten der Inder noch wohlbekannt."[150] Er sah sich bestätigt, entzündete Vivekananda doch direkt vor dem Schlafengehen noch eine Pfeife, woraufhin Deussen ihn belehrte, wie schädlich es doch sei, in einem raucherfüllten Zimmer zu schlafen. Der Professor wunderte sich zudem über den ausgeprägten Appetit und die Genussfreude des Inders, der seine Mahlzeiten freilich nicht zu bezahlen hatte. So will Deussen zu ihm gesagt haben: „Sie sind mir ja ein schöner Heiliger [...]. Sie essen gut, trinken gut, rauchen den ganzen Tag und lassen sich nichts abgehen."[151] Vivekanandas knappe Antwort lautete: „Ich halte mein Gelübde", was bei ihm den Verzicht auf „Liebe und Gold" bedeutete. Ironisch schrieb der eigentlich ebenfalls dem Genuss nicht gerade abgeneigte Deussen, dass er Vivekananda den Verzicht auf Gold durchaus abnehme, schließlich wurde ja alles für ihn bezahlt.[152] Was die Liebe anging, äußerte er jedoch leise Zweifel und bescheinigte dem Heiligen nicht ohne Humor ein etwas „beunruhigendes Interesse" an den bei einem Spaziergang an ihnen „vorüberschwebenden und uns freundlich zulächelnden Sylphen".[153] Die Schilderung Deussens passt zu seiner Philosophie, der jedwede Form von Heiligenverehrung komplett abgehen musste, weil sie ja den Gedanken an einen persönlichen oder vielleicht besser personifizierten Gott nicht teilen konnte und wollte.[154]

Schon vor ihrer persönlichen Begegnung dürfte Vivekananda in Indien von Deussen gehört haben, wurde dessen Indienreise doch gleichsam mit einem Vortrag vor der Asiatic Society von Bombay am 25. Februar 1893 abgeschlossen. Das Redemanuskript ließ Deussen öffentlichkeitswirksam nicht nur als Broschüre drucken, die er an die Zuhörer verteilte und an indische Freunde verschickte, sondern es fand auch Eingang in die englisch- und regionalsprachige Presse Indiens.[155] Möglicherweise waren Deussens Werke zu diesem Zeitpunkt schon in Indien bekannt. Möglich ist aber auch, dass der Inder seine Lehre, die Deussens trotz einiger Unterschiede sehr ähnlich ist,[156] unabhängig von der Philosophie des Kielers entwickelt hatte und in ihm nun

150 Deussen, Mein Leben (wie Anm. 20), S. 306.
151 Dazu und zum folgenden Zitat siehe ebd.
152 Feldhoff, Nietzsches Freund (wie Anm. 17), S. 170.
153 Deussen, Mein Leben (wie Anm. 20), S. 306.
154 Feldhoff, Nietzsches Freund (wie Anm. 17), S. 173f.
155 Deussen, Erinnerungen (wie Anm. 14), S. 203f. Die vollständige Rede selbst findet sich im Anhang seines Reiseberichtes auf den Seiten 239–251. Vgl. außerdem Bergunder, Indischer Swami (wie Anm. 18), S. 102.
156 Übereinstimmung herrschte zwischen beiden hinsichtlich des Monismus. Unterschiede bestanden aber in dessen Vollendung, die Deussen bei Kant und Schopenhauer

lediglich eine euphorisch aufgenommene Bestätigung fand.[157] Die Frage, wer wen stärker beeinflusst hat, scheint noch nicht entschieden. Anzunehmen sind mit Michael Bergunder durchaus wechselseitige, miteinander verflochtene Einflüsse, während die ältere Forschung sich noch vornehmlich auf die Einflüsse des „Lehrers" Deussen gewissermaßen auf den „Schüler" Vivekananda konzentriert hat.[158]

Wie dem nun letztlich auch sei, Vivekananda berichtete in einigen Briefen jedenfalls deutlich euphorischer über Deussen als dieser über ihn und seinen Kiel-Aufenthalt und zeigt sich vollauf beeindruckt von dem Philosophen, mit dem er den ganzen Tag eine Stadtbesichtigung gemacht und über die Vedanta diskutiert habe: So heißt es bezüglich Deussens kompromisslosen philosophischen Eifer in Sachen des Advaita Vedanta und über seine Sanskritkenntnisse, er sei „a warring Advaitist", „the greatest living German philosopher" und „the only Sanskrit scholar in the West who can talk in it".[159] Während Ersteres wohl stimmte, man sich über Zweiteres sicher streiten könnte, ist Letzteres schlicht falsch, sprach doch zumindest auch Max Müller Sanskrit, wenngleich Deussen ihm gerne sein fehlerhaftes Sanskrit vorhielt.[160] In einem Artikel für das monatlich erscheinende indische Magazin „Brahmavadin" übertrug Vivekananda die von Devasena abgeleiteten Werte und den Lebensweg Deussens gar auf ganz Deutschland und stellte sie als vorbildlich für Indien dar: „It is this kind of desire for knowledge which has made Germany what she is now – one of the foremost, among the nations of the world."[161] Der Inder habe nun schon einige westliche Sanskrit-Professoren getroffen, aber Deussen und Müller seien die „truest friends of India and Indian thought."[162]

sah, während Vivekananda den Advaita Vedanta dafür vorsah. Vgl. dazu vor allem Bergunder, Indischer Swami (wie Anm. 18), S. 103.

157 So zuletzt Thomas J. Green, Religion for a Secular Age. Max Müller, Swami Vivekananda and Vedānta, New York u.a. 2016, S. 131.

158 Bergunder, Indischer Swami (wie Anm. 18), S. 105f. Zur älteren Forschungsrichtung um Paul Hacker siehe die Sammlung seiner Aufsätze in Wilhelm Halbfass (Hrsg.), Philology and Confrontation. Paul Hacker on Traditional and Modern Vedanta, New York 1995, S. 294–298.

159 Brief Vivekanandas an Sturdy vom 10.9.1896, in: The Complete Works of Swami Vivekananda, Mayavati Memorial Edition, Vol. III, 5th Edition, Kalkutta 1971, S. 388; Brief Vivekanandas an Hale vom 17.9.1896, in: Ebd., S. 391f.

160 Siehe dazu auch Feldhoff, Nietzsches Freund (wie Anm. 17), S. 174f.

161 On Dr. Paul Deussen, in: The Complete Works of Swami Vivekananda, Mayavati Memorial Edition, Vol. IV, 10th Edition, Kalkutta 1972, S. 272–277, hier S. 274.

162 Ebd.

Eine „Jahrmarktsbude“ oder die vergebliche Suche nach Buddhisten

Gerne hätte Deussen in Indien auch Buddhisten getroffen, doch er suchte weitgehend ohne Erfolg. In Bodhgaya, „ein kleines Landstädtchen“ im heutigen Bundesstaat Bihar, besuchte er mit einer „elende[n] Kutsche“ den bedeutenden Mahabodhitempel, an dessen Stelle Siddharta Gautama seine Erleuchtung erhalten haben soll. Zwar atme dort alles „große Erinnerungen“, „nur dass in Buddha-Gayâ so wenig wie im ganzen übrigen Indien auch nur ein einziger Buddhist aufzutreiben war, mit dem wir unsere Empfindungen hätten teilen können.“[163] Stattdessen fand man in Darjeeling einen weiteren Buddha-Tempel, der Deussen an eine „Jahrmarktsbude“ mit „allerlei Teufelsfratzen“ erinnerte und nichts enthielt, „was die Seele hätte erheben können.“[164] Zwar huldige dort alles dem Buddhismus, erklärte der enttäuschte Philosoph, doch handele es sich nur um eine degenerierte Form der „ursprüngliche[n] reine[n] ethische[n] Lehre“, einem „Wuste abergläubischer und phantastischer Vorstellungen“.

Besonders angetan – in einem negativen Sinne – hatten es dem Kieler die buddhistischen Gebetsmühlen, die ihm in einem „Curiosity Shop“, geführt von einem Deutschen, begegneten und in ihm Erinnerungen an den Katholizismus hervorriefen. Der Buddhismus sei nach Deussen auf diese Weise ein „Vergrösserungsspiegel der Fehler des Katholizismus“, denn auch die Katholiken würden bei ihren Prozessionen, einer Gebetsmühle gleich, immer und immer wieder ihre Gebete wiederholen.[165] Bei diesen Anmerkungen mag es sich um die persönliche Fortführung der religiösen Konflikte des Kulturkampfes, der Deussen ja in Aachen so zu schaffen gemacht hatte, gehandelt haben, oder aber es war schlicht der protestantische Theologe, der aus ihm sprach. Hinsichtlich des Buddhismus war es jedoch einmal mehr der idealistische Philosoph und Metaphysiker, der sich grundsätzlich an den materialistischen Entwicklungen seiner Zeit störte und diese als Degeneration des Ursprungs wertete. So auch auf Ceylon, als ihn in Kandy ein Mönch um Geld bat, nachdem er sich im Tempel unaufgefordert als Führer für Deussen betätigt hatte. Auf dessen Nachfrage hin, ob er als Buddhist denn überhaupt Geld annehmen dürfe, antwortete der Mönch, das Geld sei nicht für ihn, sondern für Bücher gedacht.[166] Insgesamt führten Deussen diese Erlebnisse zu dem Fazit, er halte zwar die Natur auf Ceylon für schöner als in Indien, interessanter sei jedoch die indische Bevölkerung gegenüber der ceylonesischen, die aufgrund des

163 Deussen, Erinnerungen (wie Anm. 14), S. 148.
164 Dazu und zu den folgenden Zitaten siehe ebd., S. 166.
165 Ebd., S. 168.
166 Ebd., S. 225.

Buddhismus sehr tolerant, aber gleichgültig sei. Davon konnte ihn auch ein Treffen mit dem buddhistischen Oberhaupt Wariyapola Sri Sumangala nicht abbringen, dem schlicht die indische Begeisterung gefehlt habe.[167]

Briten und Europäer – „Raubvögel, die sich auf ihre Beute stürzen“

Gerade aufgrund seiner rassistischen Anwandlungen ist anzunehmen, dass Deussen den Briten gegenüber positiv eingestellt war. Immerhin hatte er zum Beispiel im Jahr 1908 auf dem Orientalistenkongress in Kopenhagen unter anderem vor dem dänischen König verlauten lassen, wie sehr er sich freue, einen weiteren Band aus seiner Philosophiegeschichte „nunmehr vollständig in einem germanischen, stammverwandten Lande überreichen zu können.“[168] Doch besaß er gegenüber den Briten eine weitgehend negative Einstellung, die insbesondere mit deren Kolonialherrschaft über Indien zusammenhing. Es ging jedoch nicht allein um Indien. Schon in Ägypten beklagte er die Ausbeutung der dortigen Bauern, zunächst durch die Türken und genauso durch die Briten.[169] Hier stellte Deussen die Engländer auf eine Stufe mit den bei ihm so schlecht wegkommenden Muslimen. In Heliopolis wiederum verwehrte man ihm den Zutritt auf seinem Esel zu einem Grundstück mit dem Baum, unter dem sich Maria mit Jesus ausgeruht haben soll. Deussen empörte sich, als er sah, dass ein „Fant“, ein Modenarr, wie er abfällig schrieb, auf einem Pferd herausgeritten kam. Auf seine Nachfrage hin sagte man ihm schlicht, es habe sich um einen Engländer gehandelt.[170]

Fast schon angewidert von seinen englischen Mitpassagieren zeigte sich Deussen auf einer Dampferfahrt nach Indien. Er sprach von ihrem „lärmenden Treiben“, ihren „geräuschvolle[n] Spiele[n]“, dem „Zechen und Tanzen“, ihrer „Trivialität“ und nannte sie „Raubvögel, die sich auf ihre Beute stürzen“.[171] Ihr Benehmen führte er auf „Tropenkoller“ zurück, der sich unter anderem aus dem „verhältnismäßig hohen Gehalte“ der Kaufleute und angehenden Beamten in Indien ergab. Solcherlei Bemerkungen rufen unweigerlich die englischen Nabob-Diskurse des 18. Jahrhunderts wieder in das Gedächtnis, die sich moralisch-kritisch mit dem an die indisch-islamischen

167 Ebd., S. 228f.
168 Ders., Mein Leben (wie Anm. 20), S. 337.
169 Ebd., S. 277.
170 Ebd., S. 278.
171 Diesbezüglich und zu den folgenden Zitaten siehe Ders., Erinnerungen (wie Anm. 14), S. 14f.

Regionalverwalter der Moguln erinnernden dekadent-korrupten Lebensstil der englischen Indienheimkehrer beschäftigten.[172]

Die martialische Raubvogel-Metapher verweist auf Deussens grundsätzliche Kritik am britischen Imperialismus und dessen Bemühen, per „Aderlass" „Kostbarkeiten" für das eigene Vergnügen, aber auch für Pensionen und für immense Verwaltungskosten von Indien nach England zu schaffen, kurzum, das Land zu plündern.[173] All dies erinnerte ihn – einmal mehr antike Vergleiche bemühend – an die Schilderungen Ciceros über die Ausbeutung Siziliens durch Verres. Ein Inder hätte gar zu Deussen gesagt, die Zustände seien unter den Engländern schlimmer, als es unter den Muslimen je der Fall gewesen sei, denn bei Letzteren sei das Geld ja im Land geblieben.[174] Die Engländer hätten in Deussens Sicht die Dreistigkeit gehabt, einen Berg Mount Everest zu nennen, obwohl der ihnen gar nicht gehöre.[175] Deussen meinte förmlich den Schmerz der „geistigen und zartfühlenden Inder" über die kalte Fremdherrschaft der Engländer zu spüren.[176] Eine Sicht, die einerseits übereinstimmte mit seinem von der Romantik geprägten Indienbild, andererseits mit seiner philosophischen Kritik am zunehmenden Materialismus und mangelnder Metaphysik in der westlichen Gesellschaft und am mangelnden Wissen über und Respekt vor (alt)indischen Traditionen.[177] Insbesondere störte Deussen das ständige Schimpfen der Engländer auf die Inder, die sich beispielsweise in Kalkutta in Diskussionen entlud, ob ein englischer Sportclub die Herausforderung eines einheimischen Clubs annehmen müsse. Zwei Meinungen stünden sich hier gegenüber: Die „Eingeborenen ständen zu tief unter dem Engländer" oder „jede Herausforderung" müsse angenommen werden, „selbst die der Eingeborenen".[178] In Kanpur besuchte Devasena die Denkmäler zum indischen Aufstand von 1857 und kritisierte die Benennung durch die Engländer als „mutiny". In diesem Zusammenhang verwies er auf die Rolle des Zufalls und die Erfolgsabhängigkeit menschlicher Wertschätzung: Nur da die Aufständischen unterlegen gewesen seien, würden sie jetzt Meuterer genannt und verunglimpft; hätten sie gewonnen, würden sie hingegen verehrt.[179] Dies entspricht seinem einleitend geäußerten geradezu programmatischen Grundsatz, nach dem er es „nicht gewohnt" sei, „vor dem

172 Vgl. dazu exemplarisch Tillman W. Nechtman, Nabobs. Empire and Identity in Eighteenth-Century Britain, Cambridge u.a. 2010; Mann, Karriere (wie Anm. 9).

173 Dazu und zum Folgenden siehe Deussen, Erinnerungen (wie Anm. 14), S. 52, 229. Vgl. ferner Myers, Travelers (wie Anm. 18), S. 92.

174 Deussen, Erinnerungen (wie Anm. 14), S. 229.

175 Ebd., S. 168.

176 Ebd., S. 145, 169.

177 Vgl. dazu auch Myers, Travelers (wie Anm. 18), S. 94.

178 Deussen, Erinnerungen (wie Anm. 14), S. 153.

179 Ebd., S. 121.

goldenen Kalbe des Erfolges zu knien und eine Sache darum für schlecht zu halten, weil sie die unterliegende ist."[180] Dahinter steckte ein Vorwurf an so manchen Indienreisenden oder diejenigen, die nie in Indien gewesen waren und das Land und seine Bewohner lediglich „durch die Augen und Interessen der Engländer" sähen.

Als „grausam" bezeichnete Deussen das Vorgehen der Engländer, die höhere Beamtenschaft nur für diejenigen Inder zu öffnen, die ihre Examen in England gemacht hätten. Er notierte einige Fälle von Indern, denen diese Option verschlossen blieb, da eine Reise über das Meer aus religiösen Gründen den Verlust ihrer Kastenzugehörigkeit zur Folge gehabt hätte. Dennoch riet Deussen dazu und empfahl weiterhin, dies später einfach nicht zu erwähnen und sich freizukaufen.[181] Auch der Rassismus Deussens spielte bei seinen Einschätzungen eine Rolle, etwa wenn er sich über die von „Halfcastes" durchgeführten Fahrkartenkontrollen ärgerte. Das Auftreten dieser „Mischlinge" sei „nicht gerade geeignet, eine allmähliche Mischung englischen und indischen Blutes als wünschenswert erscheinen zu lassen."[182] In dieser Aussage zeigen sich Einflüsse der Degenerationsdiskurse Gobineaus – vielleicht gar in Verbindung mit einem zumindest angedeuteten Sozialdarwinismus. Entschieden lehnte Deussen zudem die christliche Mission ab und äußerte vehemente Kritik an den bewussten Falschmeldungen der Missionare über die Inder und die Aufblähung von spektakulären Ausnahmefällen zu Verallgemeinerungen.[183] Damit lag er beispielsweise auf einer Linie mit dem Arya Samaj, dessen Begründer Swami Dayananda Saraswati (1824–1883) sogar das eigentlich Kastenzwecken dienende Shuddhi-Ritual zu einem Rekonversionswerkzeug ummodelte, um zum Christentum konvertierte Hindus, aber auch Muslime und Sikhs zum Hinduismus „zurückzuholen" und diesen gegenüber den anderen Religionen nicht zuletzt numerisch zu stärken.[184]

In der Bahn von Bombay nach Baroda versuchte Deussen einem mitreisenden Engländer zu erklären, dass die ihn verabschiedenden Inder seine Freunde seien. Darauf habe jener lakonisch erwidert: „Wohl möglich; wir aber haben sie zu regieren, und das ist etwas ganz anderes".[185] Damit hatte er einen wichtigen Punkt angesprochen. Da die Deutschen im Unterschied zu den Briten kein systematisches politisch-koloniales Interesse an Indien mehr

180 Dazu und zu den folgenden Zitaten siehe ebd., S. 1.
181 Ebd., S. 60, 145.
182 Ebd., S. 47.
183 Vgl. exemplarisch ebd., S. 64, 172, 174, 233.
184 Siehe dazu auch Christophe Jaffrelot, Introduction. The Invention of an Ethnic Nationalism, in: Hindu Nationalism. A Reader, hrsg. von dems., Princeton u.a. 2007, S. 1–19, hier S. 9f.
185 Deussen, Erinnerungen (wie Anm. 14), S. 43.

haben konnten, jedoch nach wie vor eine Verwandtschaft zu den „Indoariern" oder „Indogermanen" wahrnahmen, geht unter anderem Sheldon Pollock von der These aus, dass sich ihre Arbeit zu Indien eher nach innen richtete, auf die eigene deutsche nationale Identität, die über einen Gegensatz von „Semiten" und „Indoariern" konstruiert werden konnte.[186] Dies war freilich eine andere Sicht als die von vielen Engländern vertretene, die sich als „Kolonialherren" von den „Kolonisierten" abzugrenzen versuchten.[187]

Dennoch lässt sich solches nicht in jedem Falle belegen und ist in gewisser Weise zu teleologisch und linear hinsichtlich eines „deutschen Sonderweges" hin zum Nationalsozialismus gedacht, stand doch etwa der Indologe und Indienreisende Richard Garbe, obwohl Deutscher, der englisch-kolonialen Perspektive wieder sehr nahe.[188] Einige Deutsche, wie Max Müller, arbeiteten zudem für die Engländer; viele andere deutsche Indologen hatten viel Zeit zum Studium der indischen Quellen in England und Frankreich verbracht. Gerade die frühe Indologie war stark abhängig von der Zulieferung altindischer Dokumente durch die Kolonialmächte. Und auch Deussen war sich trotz seiner scharfen Kritik am britischen Imperialismus in Madras nicht zu schade, die von den Engländern gesammelten Handschriften in Fort St. George einzusehen. Ferner unterschied so mancher Indologe, wie auch Deussen, durchaus innerhalb des Subkontinents und bezeichnete beispielsweise die Bengalen als die Franzosen Indiens und verglich somit nicht allein Deutschland mit Indien, was zumindest indologischen Versuchen nationaler Essentialisierung entgegenstand.[189] Und Deussen war kein Nationalist, was sich ja bereits in seiner Studienzeit gezeigt hat. Noch während des Ersten Weltkrieges setzte er sich mehrfach und energisch für den Erhalt der internationalen Wissenschaftszusammenarbeit, für die Philosophie als Friedensstifterin und für ein Ende des Krieges ein.[190]

---

186 Siehe diesbezüglich Sheldon Pollock, Ex Oriente Nox. Indologie im nationalsozialistischen Staat, in: Jenseits des Eurozentrismus. Postkoloniale Perspektiven in den Geschichts- und Kulturwissenschaften, hrsg. von Sebastian Conrad und Shalini Randeria, Frankfurt am Main u.a. 2002, S. 335–371.

187 Siehe hierzu vor allem Sieferle, Rassismus (wie Anm. 22), S. 437f.

188 Bagchi, Orientalist (wie Anm. 127), S. 281–325. Siehe weiterführend Pascale Rabault, From Language to Man? German Indology and Ethnology in the Epistemological Battlefield of the Nineteenth Century, in: Sanskrit and „Orientalism". Indology and Comparative Linguistics in Germany 1750–1958, hrsg. von Douglas T. McGetchin, Peter K. J. Park und Damodar SarDesai, Neu Delhi 2004, S. 337–361.

189 Siehe diesbezüglich Hartmut Scharfe, Comments on Chapters Six to Eight, in: Sanskrit and „Orientalism". Indology and Comparative Linguistics in Germany 1750–1958, hrsg. von Douglas T. McGetchin, Peter K. J. Park und Damodar SarDesai, Neu Delhi 2004, S. 231–237.

190 Feldhoff, Nietzsches Freund (wie Anm. 17), S. 221f., 225f., 228f.

Das Einzige, was Deussen in seinem Reisebericht ausdrücklich von seiner England-Schelte ausnahm und bewundernd erwähnte, war die britische Verwaltung, die sich beispielsweise im Eisenbahnnetz bemerkbar mache und in der Sicherheit, die die Briten dem Reisenden böten, wie er am Khyber Pass, dem Endpunkt britischer Herrschaft, bemerkte.[191] Ohne sie würde sich die Anarchie der Stammesgebiete breitmachen. Über die „Indian Gazetteer", eine statistische Sammlung der Engländer über Indien, in die er in Madras Einsicht nehmen konnte, schrieb er: „Auch hier wie in so vielem, kann die englische Verwaltung allen anderen als Muster dienen."[192]

Eine Schlussbetrachtung

Warum nun fühlte der Hindu-Nationalist Golwalkar sich bemüßigt, Deussen in seine schmale Liste bedeutender Menschen aus dem „Westen" aufzunehmen? In diesem Zusammenhang ist es zunächst interessant, sich die Gesellschaft Deussens in der Auflistung anzuschauen: Neben Deussen werden weiterhin Max Müller und der Vivekananda-Biograph Romain Rolland angeführt – allesamt beeinflusst durch die Vedanta-Philosophie und Vivekananda, der überdies bei dem Hindu-Nationalisten auf der Seite der bedeutenden Hindus auftaucht. Golwalkar war Mitglied in Vivekanandas Ramakrishna-Orden und dürfte dessen Deussen und Müller lobpreisende Schriften rezipiert haben. Überdies bezog sich nicht nur dieser Hindu-Nationalist auf Deussen, um eine vermeintliche moralische Überlegenheit des Hinduismus und der Indo-Arya über den „Westen" hervorzuheben.[193] Des Weiteren sind einige von Deussens Schriften – unter anderem der Indienreisebericht – zeitnah in das Englische übersetzt und in Indien veröffentlicht worden.[194] Insofern könnte Golwalkar direkten Zugriff darauf, wie auch auf die von Deussen verteilte und nachträglich mehrfach noch publizierte Bombay-Rede, gehabt haben.

Deussens Orientbild kann nicht im Singular beschrieben werden. Es besteht aus vielen Bildern, die sich überlagern, manchmal widersprüchlich und oft ambivalent sind. Besonders anschaulich wird solches in Deussens Antisemitismus. Inhaltlich dürften Golwalkar und andere Nationalisten sich selektiv von verschiedenen Aspekten angesprochen gefühlt haben: Die immer wieder von Deussen geäußerte Freundschaft zu Indien und den Indern

191 Deussen, Erinnerungen (wie Anm. 14), S. 43, 90.

192 Ebd., S. 217. Vgl. zudem Myers, Travelers (wie Anm. 18), S. 86.

193 Siehe dazu Delfs, Hindu-Nationalismus (wie Anm. 1), S. 94.

194 Nur exemplarisch seien hier genannt: Paul Deussen, The philosophy of the Upanishads. Authorized English translation by A.S. Geden, Edinburgh 1908; Ders., The Elements of Metaphysics being a guide for lectures and private use, London 1894; Ders., Outline of the Vedanta system of philosophy according to Shankara, Cambridge 1906; Ders., My Indian Reminiscences, Madras 1912.

seiner Gegenwart wird sicherlich dazu gehört haben. Geradezu auf der Hand liegen die Parallelen bei der Verehrung des „glorreichen“ alten Indiens im „Goldenen Zeitalter“ der Veden mitsamt deren Philosophie, das nun in Hinduismus wie Buddhismus degeneriert sei und das es neu zu erschaffen gelte, beim durch und durch negativen Islambild, in der weitgehend negativen Einstellung gegenüber der britischen Herrschaft in Indien und gegenüber der von beiden massiv abgelehnten christlichen Mission. Diese Ideen finden sich bereits in den frühen Nationalbewegungen Indiens. In Deussens neoromantischem wie auch Golwalkars nationalistischem Geschichtsbild sind es die „wenig wehrhaften“, aber „philosophisch hochstehenden“ Hindus, die immer wieder erobert wurden, wobei insbesondere die Briten und vielmehr noch die Muslime als besonders grausam und zerstörerisch dargestellt werden.[195] Obgleich beide den „Materialismus“ des „Westens“ ablehnten, glaubten sie dennoch, dass die Hindus von der „westlichen“ Wissenschaft lernen müssten. Hierbei dachte der dem Nationalismus eher abgeneigte Deussen jedoch vor allem an die Indologie, seine Philosophie und manchmal auch die Naturwissenschaften, während es bei Golwalkar und seinen hindu-nationalistischen Zeitgenossen die Politik- und Militärwissenschaften waren, die man gewissermaßen sozialtechnisch auf Indien anwenden zu müssen meinte, um das vermeintlich schwache und friedliche „Hindutum“ insbesondere gegen die „starken“ und „aggressiven“ Muslime zu stärken.[196]

Weiterhin kam Golwalkar in diesem Zusammenhang die rassische Gegenüberstellung von „Semiten“ und „Indogermanen“ entgegen. Weniger ging es ihm dabei um die Juden als vielmehr um die „semitischen“ Muslime sowie die Christen, die es von der Hindu-Nation auszugrenzen galt.[197] Indem er sich allerdings 1939 das als rassisch verwandt wahrgenommene nationalsozialistische Deutschland zum Vorbild nahm, ergibt sich ein gravierender Unterschied zu Deussens Form von Rassismus. Freilich konnte Golwalkar die meisten NS-Rassentheorien und deren biologistische Vorläufer nicht rezipieren, denn die einflussreicheren Strömungen, die beispielsweise bei Adolf Hitler oder Alfred Rosenberg zum Ausdruck kamen, betrachteten die Inder selbst als „minderwertige Rasse“ und sahen den Ursprung ihrer „blauäugig-blonden“ Arier im

195 Diesbezüglich siehe Delfs, Hindu-Nationalismus (wie Anm. 1), S. 95f.

196 Siehe dazu Christophe Jaffrelot, The Idea of the Hindu Race in the Writings of Hindu Nationalist Ideologues in the 1920s and 1930s. A Concept between two Cultures, in: The Concept of Race in South Asia, hrsg. von Peter Robb, New Delhi u.a. 1995, S. 327–354, hier S. 337–340, 347f.

197 Delfs, Hindu-Nationalismus (wie Anm. 1), S. 132–135.

nordischen Raum und nicht in Indien.[198] Zuweilen griff Rosenberg allerdings auch auf Deussen zurück. Zudem wäre es unter Anwendung biologistischer Lehren schwerer geworden, Bevölkerungsteile wie die Sikhs, zum Islam konvertierte Hindus oder die Tamilen in eine rassisch definierte Hindu-Nation einzusortieren.[199] Angesprochen fühlte Golwalkar sich demgegenüber von der „Asientheorie“, also der asiatischen Herkunft der Indo-Arya, der wiederum Devasena und Max Müller nahestanden. Der Hindu-Nationalist behauptete jedoch, dass die Indo-Arya nicht aus Zentralasien eingewandert seien, sondern aus Indien selbst stammten.[200] Hier wie auch in den meisten anderen Fällen trieb er Deussens Thesen noch auf die Spitze und wich manchmal deutlich von ihnen ab.

198 Das Zitat ist Alfred Rosenberg, Der Mythus des 20. Jahrhunderts, 59.-60. Aufl., München 1935, S. 27, entnommen.

199 Delfs, Hindu-Nationalismus (wie Anm. 1), S. 71f., 76f., 106f.

200 Vgl. dazu Jaffrelot, Hindu Race (wie Anm. 196), S. 341; Delfs, Hindu-Nationalismus (wie Anm. 1), S. 108.

Ulf Morgenstern

„Vielleicht sogar eventuell Karthum und später Sinai." Zwei Orientreisen Carl Heinrich Beckers in den Jahren 1900–1902

Der Reisende und sein Reisekontext

Der im Folgenden zu behandelnde Reisende, Sohn einer deutsch-holländischen Familie von Kolonialkaufleuten, Bankiers und Kaffee-Spekulanten, der in der Sicherheit gediegenen, großbürgerlichen Reichtums aufwuchs und einem „Neigungsstudium" nachgehen konnte, war kein Dilettant, der ein Unternehmererbe der Gründerzeit mit halbwissenschaftlichem Dekors zu vergolden suchte. Carl Heinrich Becker (1876–1933) steht vielmehr für die Gruppe von außerordentlich Begabten, deren familiärer Hintergrund es erlaubte, geistigen Begabungen nachgehen zu können, ohne Einkommensnotwendigkeiten berücksichtigen zu müssen. Max Webers berühmtes Diktum, wonach die akademische Karriere „einfach Hazard sei"[1], trifft auf Becker nicht nur im-, sondern auch explizit zu, da der berühmte Soziologe noch 1917 seinen einstigen Heidelberger Fakultätskollegen Becker als Prototypen jenes von Idealismus getriebenen und von intrinsischen Erfolgen getragenen universitären Nachwuchses in Erinnerung gehabt haben mochte, dem es zwischen 1902 und 1908 vergönnt war, die „verschärfte Risikopassage"[2] verdienstloser Privatdozentenjahre ex propriis zu überdauern. Im Vorfeld dieser akademischen Gesellenzeit am Neckar unternahm der 24-jährige Orientalist eine ausgedehnte Reise an den Nil, in deren Folge er vom „klassischen", sprachhistorisch arbeitenden

1 Amerikanische und deutsche Universitätskarrieren vergleichend, führte Max Weber in der Verschriftlichung seines am 7. November 1917 vor dem Freistudentischen Bund in München gehaltenen Vortrags über „Wissenschaft als Beruf" aus: „Ob es einem solchem Privatdozenten, vollends einem Assistenten, jemals gelingt, in die Stelle eines vollen Ordinarius und gar eines Institutsvorstandes einzurücken, ist eine Angelegenheit, die einfach Hazard ist." Max Weber, Wissenschaft als Beruf, in: Ders., Wissenschaft als Beruf 1917/1919. Politik als Beruf 1919 (Studienausgabe der Max-Weber-Gesamtausgabe, Abt. 1: Schriften und Reden Bd. 17), hrsg. von Wolfgang J. Mommsen und Wolfgang Schluchter, Tübingen 1994, S. 1–23, hier S. 3.

2 Sylvia Paletschek, Verschärfte Risikopassage. Ein historischer Blick auf Nutzen und Nachteil der deutschen Privatdozentur, in: Forschung und Lehre 11 (2004), S. 598–600.

Orientalisten zu einem Islamwissenschaftler neuen Typs reifte, der sein Fach zeitgeschichtlich und kulturwissenschaftlich öffnete. Becker war modern und seine Modernität beruhte auf der Kenntnis seines arabistischen Gegenstands aus eigener Anschauung.[3]

Doch diese Fähigkeit zur Differenzierung fiel in die – von heute aus gesehen – für ihr vorher ungekannt hohes Maß an eurozentristischer Indifferenz schlecht beleumundete Phase des Hochimperialismus.[4] Anders gewendet: Becker reiste nicht im luftleeren Raum. Seine Orientreisen im kolonialen Zeitalter sowie seine spätere wissenschaftliche Laufbahn als Professor für Geschichte und Kultur des Vorderen Orients am Hamburger Kolonialinstitut, aus dem nach dem Ersten Weltkrieg die Universität Hamburg hervorgegangen ist, machen auch den im Persönlichen vornehm-zurückhaltenden Upper-Class-Gelehrten zu einem jener in landläufigen Klischees stets als forsch und verwegen imaginierten „Expeditions- und Forschungsreisenden".[5] Und zwar mit allen zeitgenössischen Eigenschaften und den sich für uns heute daraus ergebenden Ambivalenzen, denn über ein postkolonial-reflektiertes, „neutrales" Interesse an der Welt und ihren Bewohnern verfügte im Age of Empire nicht einmal der gemeinhin als Muster an Philanthropie geltende Albert Schweitzer.[6] Das seit Edward Saids bald selbst zum Dogma gewordene Buch über den Orientalismus als Konstruktionsmodus des Westens so selbstverständlich mitzudenkende „Othering" und das nicht zuletzt daraus resultierende Wissen um die Unmöglichkeit der unvoreingenommenen „teilnehmenden Beobachtung" war den Zeitgenossen um 1900 noch fremd.[7] Auch und erst recht einem späteren Linksliberalen wie Becker, dem die rassisch-biologistische Kategorisierung der Menschheit, wie sie in der Zwischenkriegszeit mit verheerenden Folgen

3 Alexander Haridi, Das Paradigma der „islamischen Zivilisation" – oder die Begründung der deutschen Islamwissenschaft durch Carl Heinrich Becker (1876–1933). Eine wissenschaftsgeschichtliche Untersuchung (Mitteilungen zur Sozial- und Kulturgeschichte der islamischen Welt Bd. 19), Würzburg 2005.

4 Wolfgang Reinhard, Die Unterwerfung der Welt. Globalgeschichte der europäischen Expansion 1415–2015 (Historische Bibliothek der Gerda Henkel Stiftung), München 2016.

5 Siehe dazu Robert Stafford, Scientific Exploration and Empire, in: The Oxford History of the British Empire, Bd. 3: The Nineteenth Century, hrsg. von Andrew Porter, Oxford 1999, S. 294–319. Zum Kolonialinstitut vgl. Jens Ruppenthal, Kolonialismus als „Wissenschaft und Technik". Das Hamburgische Kolonialinstitut 1908 bis 1919 (Historische Mitteilungen, Beihefte Bd. 66), Stuttgart 2007, S. 143, 235f.

6 Nils Ole Oermann, Albert Schweitzer 1875–1965. Eine Biographie, München 2009.

7 Daniel M. Varisco, Reading Orientalism. Said and the Unsaid (Publications on the Near East), Seattle 2007.

populär wurde, abging, der aber selbst tief aus den kolonialen Realitäten des 19. Jahrhunderts kam, die er in seiner im niederländischen Kolonialhandel exponierten Familie in Amsterdam und Frankfurt am Main quasi mit der Muttermilch aufgesogen hatte.[8]

1876 in Amsterdam geboren, war für ihn das Deutsche Kaiserreich die natürliche nationale Heimstatt, wenn er auch durch seine Eltern und Verwandten gewissermaßen in internationalen Beziehungen aufwuchs. Der sprachgewandte Carl Heinrich war der Reiselustigste aus seiner Familie, auch wenn Geschwister und Cousins ebenfalls von den Segnungen des zwischen 1850 und 1880 in den Niederlanden durch Carl Becker und dessen Schwiegervater Conrad Heinrich Schöffer als *merchant bankers* und Kaffeespekulanten in Resten auch die Inflation des Jahres 1923 überstehenden Vermögens Gebrauch machten.

Schon vor dem Studium der orientalischen Sprachen bereiste er auf eigene Faust Südfrankreich, die Schweiz und Italien: Und als erste Recherchen für seine arabistische Doktorarbeit es notwendig machten, brach er, ohne zu zögern, nach Paris, London und Rom auf. Artig bedankte er sich bei seinen Eltern für die finanzielle Unterstützung dieser standesgemäß unternommenen Fahrten, sah aber die seiner wissenschaftlichen Karriere dienlichen Unternehmungen durchaus als Notwendigkeit an – und die kosteten eben. Mit der Routine eines weltläufigen Grandseigneurs bereiste der gerade 24-Jährige mit einem Bündel Empfehlungen in der Tasche die europäischen Hauptstädte und bald auch den Vorderen Orient.[9]

---

8 Zum Weltbild Beckers siehe Ronald Lambrecht, Carl Heinrich Becker als Kultuspolitiker in der Weimarer Republik, in: Kaufleute, Kosmopoliten, Kunstmäzene. Die Gelnhäuser Großbürgerfamilien Becker und Schöffer, hrsg. von Kristina Michaelis und Ulf Morgenstern, Hamburg 2013, S. 82–85; und ausführlicher Béatrice Bonniot, Homme de culture et républicain de raison. Carl Heinrich Becker, serviteur de l'Etatsous la République de Weimar (1918–1933) (Schriften zur politischen Kultur der Weimarer Republik Bd. 15), Frankfurt am Main 2012. Zum kolonialen Einfluss Beckers siehe hingegen Ulf Morgenstern, Der Weltbürger: Carl Heinrich Becker (1876–1933), in: Kaufleute, Kosmopoliten, Kunstmäzene. Die Gelnhäuser Großbürgerfamilien Becker und Schöffer, hrsg. von Kristina Michaelis und Ulf Morgenstern, Hamburg 2013, S. 62–81.

9 Die Beispiele in den Briefwechseln der Beckers sind Legion. Ein ausführliches Tableau von Empfehlungsschreiben und diversen Kontakten gab etwa Carl Heinrich Beckers akademischer Lehrer Carl Bezold (1859–1922) seinem Adlatus mit auf den Weg, als dieser im August 1897 zu einem längeren Aufenthalt in England aufbrach. Vgl. Brief Bezolds an Becker vom 27.8.1897, in: Geheimes Staatsarchiv Preußischer Kulturbesitz (GStA PK), HA VI., Nachlass C.H. Becker, Nr. 6431, in dem es heißt: „Ein Boarding House weiß ich leider nicht, da unseres heruntergekommen ist; vielleicht kann Ihnen der liebenswürdige Luzae, den ich herzlich zu grüßen bitte, etwas sagen. Und nun reisen Sie glücklich! Meine Frau erwidert

In der Fachgeschichte ist Carl Heinrich Becker als der Begründer der Islamwissenschaft bekannt, jener kulturwissenschaftlichen Erweiterung der orientalischen Philologie von einer rein sprachgeschichtlich-historisch arbeitenden Wissenschaft hin zu einer Lebenswelten und Literatur des jeweils gegenwärtigen Islams breit rezipierenden Disziplin.[10] Die geistigen Grundlagen dieses Paradigmenwechsel wurden bei ihm während einer außergewöhnlichen Expedition nach Ägypten und in den Sudan gelegt.

Vorbereitungen und erste Stationen der Reise

Frisch promoviert und auf der Suche nach einem Habilitationsthema, begab sich Carl Heinrich Becker im Jahr 1900 auf einen längeren Studienaufenthalt in der Bibliothek des Escorials nahe Madrid. Diese Station war eigentlich der Grund seiner Reise gewesen, bald aber wurde sie zu einer ersten Etappe einer viel umfassenderen Orienterkundung. Seiner Mutter musste er zuvor eingehend die Notwendigkeit verschiedenster Anschaffungen auseinandersetzen, deren offenbar vollständiger Gewährung die Nachwelt eine Vielzahl von Fotografien verdankt:

> „Herzlichen Dank für die überraschende Geldsendung. [...] Ob ich mit diesen Geldmitteln alle Vorbereitungen werde zahlen können, scheint mir zweifelhaft. Ich habe beschlossen mich jedenfalls hier zu equipieren d.h. Hemden (fertige), Koffer, Teleobjektiv usw. hier zu kaufen. Einen guten Feldstecher möchte ich mir wohl auch kaufen, doch kostet er ca. 150 Mark, wozu ich mich noch nicht recht entschließen kann. Meine ganze Ausrüstung mit Kleidern wird dann wohl ca. 1000 Mark kosten, alles in allem. [...] Leider muß ich Dich nun doch noch mal belästigen; da es besser jetzt ist, das Teleobjektiv hier anzubringen, wo ich es mir noch gleich erklären lassen kann, muß ich Dich bitten meinen Apparat herzuschicken. [...] Ich bitte ihn (d.h. den Lederkoffer) etwas auszustopfen u[nd] dann in Holzwolle oder dergl. in eine Kiste zu packen."[11]

Ihre Empfehlungen herzlich. Lassen Sie bald einmal hören, wie Sie drüben eingewöhnen."

10 Vgl. Hellmut Ritter, C.H. Becker als Orientalist, in: Der Islam 24 (1937), S. 175–185; Josef van Ess, From Wellhausen to Becker. The Emergence of „Kulturgeschichte", in: Islamic Studies. A Tradition and its Problems (Giorgio Levi della Vida biennial Conference Bd. 7), hrsg. von Malcolm H. Kerr, Malibu 1980, S. 27–51; Marc Batunsky, Carl Heinrich Becker: From Old to Modern Islamology, in: International Journal of Middle East Studies 13 (1981), S. 287–310; Peter Heine, C. Snouck Hurgronje versus C.H. Becker. Ein Beitrag zur Geschichte der angewandten Orientalistik, in: Die Welt des Islam 23/24 (1984), S. 378–387; Cornelia Essner/Gerd Winkelhane, Carl Heinrich Becker (1876–1933) – Orientalist und Kulturpolitiker, in: Die Welt des Islam 28 (1988), S. 154–177.

11 GStA PK, HA VI., Nachlass C.H. Becker, Nr. 8604, Brief Beckers an seine Mutter vom 6.7.1900.

Nachdem diese und andere Vorbereitungen und Equipierungen erledigt waren, trat Becker Ende August des Jahres 1900 seine Reise an und besuchte zunächst in Paris die Weltausstellung, um von dort nach Fonda de Miranda zu fahren, wo er Quartier für seine Studien im nahen Escorial nahm. Neben der im Ergebnis enttäuschenden Beschäftigung mit den mittelalterlichen arabischen Manuskripten erkundete Becker die Umgebung und fotografierte auf Schritt und Tritt. Ein ethnographischer Blick ist diesen ersten spanischen Aufnahmen nicht abzusprechen, auch wenn hier wie bei weiteren Streifzügen durch Andalusien kaum spontane „Schnappschüsse“, sondern vielmehr gestellte Szenerien entstanden.[12]

Den aus Deutschland gewohnten gesellschaftlichen Umgang pflegte Becker bei regelmäßigen Besuchen in der Deutschen Botschaft in Madrid. Bei einer dieser wiederholten Abendgesellschaften lernte er Otto von Bülow kennen, der als deutscher „Juge aux tribunaux mixte“ bei der ägyptischen Schuldenkommission auf dem Weg an den Nil war. Zur Botschaftsgesellschaft in Madrid gehörte auch der Sohn des bekannten Staatswissenschaftlers Robert von Mohl, Ottmar von Mohl (1846–1922), mit dem der junge Becker Whisky trank und ein Wiedersehen in Kairo avisierte.[13] Bevor es so weit war, musste Becker seine Abreise aus Spanien organisieren:

12 Becker besuchte Granada, Sevilla, Ronda und Toledo, von wo er am 23. September 1900 schrieb: „Nach einigen Besorgungen begab ich mich dann mit dem Cook'schen Vertreter nach dem Bahnhof, mein Gepäck zu zählen und umzuexpedieren. Ich hatte für die Fracht 95 Pesetas zu bezahlen; ob da der Zoll schon dabei, konnte ich aus der Quittung nicht ersehen. Es ging bei der Güterexpedition recht lebhaft zu, es kam sogar zu einer Schlägerei, die Polizei schritt ein. [...] Aber jeder Chose hat ein Ende, selbst eine Gepäckexpedition in Spanien – allerdings nach beiläufig 2 Stunden und dabei mußten wir noch durch Trinkgelder allerlei Hintertreppen gehen. Ohne Cook wäre ich absolut hülflos gewesen.“ Privatnachlass Becker (Berlin), Tagebuchbriefe Bd. 1, Brief Beckers an seine Mutter vom 23.9.1900.

13 Ottmar von Mohl war ein deutscher Diplomat, der nach Stationen in den USA, Russland und Japan 1897 als deutscher Delegierter zur Ägyptischen Staatsschuldenkommission nach Kairo kam (bis 1914). Gemeinsam mit seiner Frau Wanda, geb. von der Groeben, führte Mohl ein den politischen und kulturellen Kreisen der Kolonialmächte offenes Haus. Vgl. Ottmar von Mohl, Lebenserinnerungen: 50 Jahre Reichsdienst, 2 Bde., Leipzig 1920/1922 (der zweite Band behandelt die ägyptischen Jahre). Zu Mohls Tätigkeit siehe die etwas in die Jahre gekommene Studie Hans Reder, Das deutsche Konsularwesen in Ägypten, Diss. phil., Würzburg 1931; sowie die viel jüngere, in ihrer Titel-Semantik aber schon als ebenfalls überholte, gleichwohl lesenswerte Studie Abdel Fattah Haikal, Die Rolle des kaiserlichen Deutschlands bei der finanziellen Versklavung Ägyptens vom Ende des 19. bis zu Beginn des 20. Jahrhunderts, in: Wissenschaftliche Zeitschrift der

„Was diese Photographien angeht, so sende ich die Platten mit einigen anderen Sachen durch Cook als double petite vitesse an Dich. Die Kiste bitte nach Ankunft (etwa 25. November) sofort auszupacken und die als solche bezeichneten Kästen uneröffnet an Halm[14] zu schicken, den ich genau instruiere. Bitte ihm auch Anzahlung von 50 Mark zu leisten, da ihm das glaub' ich sehr angenehm ist und er sehr viel Auslagen für mich hat. […] In Madrid werde ich Donnerstag 2000 Francs erheben für die ganze Reise bis Kairo, doch hoffe ich noch übrig zu behalten."[15]

Dass diese Fotografien gemeinsam mit Aufnahmen von weiteren Stationen der Reise in Ägypten und dem Sudan bisher nicht beachtet wurden, ist der Tatsache geschuldet, dass die Gelatine-Trockenplatten in Beckers Abwesenheit nicht entwickelt worden waren und später mit einem Konvolut weiterer Negative in einem versteckten Winkel der elterlichen Villa in Vergessenheit gerieten. Der Autor hat sie im Jahr 2012 bei einer „Entdeckungsreise" in die deutsche Provinz auf dem Dachboden des Gesindehauses des längst verkauften Anwesens „gefunden".[16] An dem unvermuteten Quellenort hatte sich ein phantastischer Bestand von Bilddokumenten erhalten, der eine wissenschaftliche Reise im kolonialen Zeitalter sichtbar macht.

Beckers Reisefotografien und -skizzen erhellen die Briefe; die Briefe machen die Fotografien und Skizzen interpretierbar. Erst in ihrer Zusammenschau entstehen Zusammenhänge, die in ihrer ursprünglichen Form nur ihr Dokumentator oder besser „Produzent" Becker kannte. Dabei sind die Genregrenzen der Bildproduktion fließend, denn auch die Briefe sind oft nichts als Bündelungen sprachlicher Bilder, d.h. Perzeptionen des Gesehenen, die der Reisende – vorgeblich objektiv – in Schriftform weitergibt. Diese semantische Dichte der Schilderungen setzte – nach ersten Einübungen auf den spanischen Erkundungen – noch vor der Überfahrt nach Ägypten als Tagesausflug von Gibraltar nach Tanger ein, wo Becker das begann, was er unter anthropologischer Feldarbeit verstand.[17] Am 14. November 1900 schrieb er darüber seiner Mutter:

Karl-Marx-Universität Leipzig. Gesellschaftswissenschaftliche Reihe 38 (1989) H. 6, S. 634–639.

14 Der lokale Fotograf in Beckers Heimatort Gelnhausen.

15 Privatnachlass Becker (Berlin), Tagebuchbriefe Bd. 1, Brief Beckers an seine Mutter vom 19.10.1900.

16 Neben den orientalischen Aufnahmen der Jahre 1900 und 1901 fanden sich dort Hunderte Glasnegative, Diapositive und Kodak-Filmnegative mit Aufnahmen aus Beckers Heimat- und Reiseleben bis in die Mitte der 1920er Jahre. Ein Teil von ihnen illustriert den Katalog: Kristina Michaelis/Ulf Morgenstern (Hrsg.), Kaufleute, Kosmopoliten, Kunstmäzene: Die Gelnhäuser Großbürgerfamilien Becker und Schöffer, Hamburg 2013.

17 Vgl. zu den Mechanismen und Eigenlogiken dieser westlichen Schreibpraxis Mary Louise Pratt, Imperial Eyes. Travel Writing and Transculturation, 2. Aufl., London 2008.

„Heute früh bestieg ich ein Maultier und ritt mit meinem Führer die Umgegend ab. Interessant war besonders der Besuch eines Hüttendorfes der einen vielfach gewundenen Strick um den Kopf tragenden Riffpiraten.[18] Das sogenannte Riff liegt südlich von Ceuta. Hier herrscht jetzt viel Unsicherheit. Ein Teil der Leute hat sich jetzt in Tanger angesiedelt; sie laufen halb nackt und gehören der niedersten Volksstufe an; auch tragen sie kurzen Zopf wie die spanischen Stierfechter.“[19]

Zurück in Gibraltar traf er das Ehepaar Bülow wieder; gemeinsam gingen sie an Bord des britischen Dampfers „Columbia“, der sie nach Süditalien brachte. An Bord der „Washington“ setzte die Reisegesellschaft danach am 28. November 1900 via Sizilien nach Alexandria über und Becker machte erstmals Bekanntschaft mit den Winden des Mittelmeers:

„Der Sturm gegen Abend wurde so heftig, daß wir uns unmittelbar nach dem Diner um 5 [Uhr] legen mußten. Meine Stiefel, Bücher, Handtaschen und dergleichen führten einen vergnüglichen Ballettanz auf, während draußen zerbrochene Gläser und Teller klirrten. Man hatte thörichterweise meine Fensterluke nicht ganz verschlossen; da wurde ich plötzlich von einer tüchtigen Welle gründlich heimgesucht – gut, daß nur ein Spalt der sehr hoch gelegenen Luke offen war. [...] Ich las fast die ganze Nacht, jeden Moment in Angst vom Sofa zu fliegen – und das Experiment gelang; ich hatte nicht eine einzige Eruption – d.h. bis jetzt -, wenn ich mich auch nicht grade zum Tanzen aufgelegt fühlte. Am nächsten Morgen (30.ten) war ich als einziger Passagier an Deck, aß auch 2 Eier und genoß die ganz grandios wilde See. Dann las und schlief ich die ganze Nacht, diesmal wesentlich gemütlicher im Bett.“[20]

Die Mischung aus jenem dem gehobenen Bürgertum nicht selten immanenten Snobismus[21], aus First-Class-Travelling-Eindrücken an den Rändern der

18 Piraten aus der Region südlich von Ceuta bis weiter östlich ins marokkanisch-algerische Grenzgebiet waren seit dem 18. Jahrhundert als „Riffpiraten“ bei Mittelmeerfahrern gefürchtet. Sie wurden u.a. von der Royal Navy bekämpft und waren ein in den europäischen Abenteuerliteraturen geläufiger, orientalisierender Topos. Vgl. Otto Artbauer, Die Rifpiraten und ihre Heimat. Erste Kunde aus einer verschlossenen Welt, Stuttgart 1911; Julia Angster, Erdbeeren und Piraten. Die Royal Navy und die Ordnung der Welt, 2. Aufl., Göttingen 2012, S. 277.

19 Privatnachlass Becker (Berlin), Reisetagebuch Bd. 2, Brief Beckers an seine Mutter vom 14.11.1900.

20 Ebd., Brief Beckers an seine Mutter vom 28.11.1900.

21 Vgl. für das Beispiel Italien Joseph Imorde, Zur Konstitution kultureller Überlegenheit. Das negative Italienurteil deutscher Reisender im 19. Jahrhundert, in: Dreckige Laken. Die Kehrseite der „Grand Tour“, hrsg. von dems. und Erik Wegerhoff, Berlin 2012, S. 152–161.

europäischen Zivilisation[22], aus wissenschaftlich ambitionierten Schilderungen der bereisten Realitäten und aus einer Lust an einem die Grenzen westlicher Sicherheit streifenden Eskapismus[23] ist charakteristisch für Beckers schriftliche und fotografische Reisehinterlassenschaften.[24] Einen Eindruck vom gehobenen Leben des Forschungsreisenden und seinem eindrücklichen Stil vermitteln vor allem die Briefe an seine Mutter, die die Berichte und Reisetagebücher des Sohnes in einem engeren Familienkreis weiterleitete und anschließend für ihn sammelte. Aus dem ersten „afrikanischen", auf den 5. Dezember 1900 datierenden Brief sei etwas länger zitiert.

> „Wie ein Sturm sind diese 3 ersten Tage über mich dahin gebraust, und ich bin glücklich, diesen Brief bereits im eigen Heim gemütlich fern vom Hotellärm schreiben zu können. Ich kenne bereits alle Menschen von Bedeutung, bin überall reizend aufgenommen und freue mich, mit nächstem Montag geregelte Arbeit zu beginnen. Doch ich will der Reihe nach erzählen. [...] Das Wetter war herrlich und der Anblick, den Alexandria vom Meere gewährt, ist großartig. Da man in der Nähe des arabischen Quartiers vor Anker geht, taucht man gleich zu Beginn ins orientalische Leben – o wie anders wie unendlich viel reicher als in Tanger!
>
> Eigentlich wollte ich einen Tag in Alexandria bleiben, aber es war so nett mit Bülows zusammen anzukommen, daß ich es für diesmal aufgab und nur eine kurze Fahrt durch die Stadt machte. Von 4–7 [Uhr] führte uns dann der recht tüchtige Expresszug durch das Delta nach Kairo: flache holländische Wasserlandschaft; nur fallen einige Palmenhaine und Fellachendörfer aus dem Bilde.[25] Hier waren Mohls, Professor Moritz und – Dr. Sobernheim zum Empfang an der Bahn. Letzterer war von mir erst für später hier erwartet; so war ich natürlich riesig erfreut, zumal er mir mit einem fertigen Programm, betreffend Wohnung, Stunden entgegenkam.[26] Wir stiegen in dem ganz großartigen Shepheard's Hotel ab; so

---

22 Vgl. aus der verstreuten, sozial-, kultur- und wissenschaftsgeschichtlichen Literatur pars pro toto Isabel Grimm-Stadelmann/Alfred Grimm (Hrsg.), Eine Zitherpartie auf dem Nil: Die Orientreise von Herzog Maximilian in Bayern und seine Orientalische Sammlung, München 2009; Thomas Grosser, Reisen und soziale Eliten. Kavalierstour – Patrizierreise – bürgerliche Bildungsreise, in: Neue Impulse der Reiseforschung (Aufklärung und Europa: Beiträge zum 18. Jahrhundert), hrsg. von Michael Maurer, Berlin 1999, S. 135–176.

23 Grundlegend dazu noch immer Johannes Fabian, Im Tropenfieber. Wissenschaft und Wahn in der Erforschung Zentralafrikas, München 2001.

24 Arnd Bauerkämper/Hans Erich Bödeker/Bernhard Struck, Einleitung. Reisen als kulturelle Praxis, in: Die Welt erfahren. Reisen als kulturelle Begegnung von 1780 bis heute, hrsg. von dens., Frankfurt am Main u.a. 2004, S. 9–32.

25 Reminiszenz an die durch fünf Jahrzehnte in den Niederlanden geprägten Landschaftsanschauungen seiner Mutter.

26 Moritz Sobernheim (1872–1933), mit Becker durch gemeinsame Konferenzbesuche bekannt, war ein jüdischer Bankierssohn aus Berlin, der nach seiner Promotion als orientalistischer Privatgelehrter lebte. Anders als der Protestant Becker hatte

etwas Schlemmerhaftes habe ich überhaupt noch nicht gesehen: mindestens 20 riesige Gesellschaftssäle; dabei zahlt ich nur ohne Wein ca. 14 Mark täglich.[27]

Gleich den nächsten Morgen ließ ich mir von Sobernheim die in Frage kommenden Wohnungen vorführen und wählten wir die durch Billigkeit und Annehmlichkeit alle übertreffende, in der ich dies schreibe. Unten ist ein feines Restaurant-Bar The S. James, glücklicherweise mit Kellnerbedienung, im ersten Stock sind auch noch Restaurationszimmer – hier werden wir unsere Mahlzeiten einnehmen – und im zweiten haben wir drei große helle Zimmer, die ganze Front mit großem Balkon und Blick auf eine der vornehmen Straßen; alle Zimmer nach Süden gehend. Der Salon ist natürlich einfach, aber wir haben jeder einen riesigen Ideal-Arbeitstisch, 2 Sofas, Sessel usw. Die Schlafzimmer sind mit einem sonst nur in England zu findenden Comfort ausgestattet; Bedienung ein Araber, d.h. nur für unsren Stock. Für Wohnung und pension (ohne Wein) zahlen wir die Person 230 Mark, für hiesige Verhältnisse unerhört wenig; monatlich natürl[ich]. – Ich suche einstweilen immer noch den Haken. Hoffentlich kommt keiner nach. – Leitung des Hauses ist englisch. [...] Den ersten Tag war ich gleich bei Bülows zum Thee gewesen und luden sie mich gestern gleich zu einer Partie im Vollmond nach den Pyramiden; denn es ist hier usus, daß man dieselben zuerst im Mondschein sieht. Außer Bülows und mir waren noch Herr und Frau von Mohl mit 2 Töchtern und Professor Moritz von der Partie. Die Stimmung ist unvergleichlich und dieser Mondscheineindruck vielleicht einer der gewaltigsten, den man überhaupt haben kann. Die Pyramiden erwartet man vielleicht etwas höher, aber der Sphinx – in unbestimmten Umrissen, von unfaßbarer Erhabenheit und Größe, im Hintergrund die mächtigen Pyramiden, wie Silber blinkend das weite unermeßliche Sandmeer der Wüste – kein Laut, kein Ton; zuweilen der knirschende Schritt eines späten Wanderers auf langschattigem Kamel – tritt man unvorbereitet auf dies gewaltige Schauspiel von der Sphinx – so fühlt man sich bis ins Innerste erschüttert, aufgeregt und doch so ernst: man steht vor einer Offenbarung des Göttlichen.[28]

---

er zwar auch die Möglichkeit der Habilitation, ein Ruf auf einen Lehrstuhl war für ihn wie für seine Glaubensgenossen jedoch höchst unwahrscheinlich. Mehrfach war er Mitglied preußischer und französischer Ausgrabungskampagnen in Ägypten; später wirkte er als Zionist und leitete in der Weimarer Republik als Diplomat das Referat für jüdische Angelegenheiten im Auswärtigen Amt. Vgl. den Nachruf Beckers auf Sobernheim, der ihm „als älterer Kollege in Ägypten die Wege geebnet“ hatte: GStA PK, HA VI., Nachlass C.H. Becker, Nr. 8129.

27 Nicht unbedingt ein Ausweis von Abenteuerlust: Das nach einem Feuer im Jahr 1891 wieder aufgebaute „Shepheard Hotel“ galt als das beste Hotel in Ägypten, vgl. Albert Mühl/Jürgen Klein, Reisen in Luxuszügen. Die Internationale Schlafwagen-Gesellschaft, Freiburg im Breisgau 2006, S. 296.

28 Ganz ähnliche Eindrücke einer Modesicht auf die ägyptischen Monumente sind dokumentiert bei Monika von Wilmowsky, Palmen, Pyramiden und Pylone. Photographien einer Ägyptenreise 1900 (Cultural and interdisciplinary studies in art Bd. 5), Stuttgart 2009. Zur Genese von Bildern und Bilderwartungshaltungen

Nach dem Genuß des Großartigen trat das Gemütliche in seine Rechte und zwischen den Pyramiden im Wüstensand nur vom Mondlicht beleuchtet wurde ein köstliches Picknick eingenommen. Nach der Rückkehr wurde noch bei Mohls Thee getrunken.[29]

Gestern – d.h. dies schreibe ich am 6.ten, da ich gestern Abend gestört wurde – früh zogen wir dann um und packten fast den ganzen Tag. Kurz nach unserem Einzug kam schon ein Brief von Frau von Mohl: Dinereinladung für Samstag. Um 1 [Uhr] kam dann Geheimrat von Mohl selbst, um mir Gegenbesuch zu machen und war sehr entzückt von der Wohnung. Er nahm mich dann gleich in den Club mit, führte mich ein und stellte mich dem deutschen Consul vor. Mit ihm, dem spanischen Consul, dem deutschen Gesandten und Sobernheim wurde dann gleich im Club gefrühstückt. – Nachdem besuchte mich Herr von Bülow und lud mich für heute zu Tisch ein. Abends hatten Sobernheim und ich Herrn Professor Strzygowski zu Gast, ein charmanter österreichischer Gelehrter von Ruf.[30] Du siehst, wie reizend alle Menschen hier zu mir sind und wie gut ich es habe. [...] Allen treue Grüße Carl."

im Rahmen der seit Napoleons kurzzeitiger Eroberung in Europa wachsenden „Ägyptomanie" des 19. Jahrhunderts vgl. auch Bodo von Dewitz, An den süßen Ufern Asiens. Ägypten – Palästina – Osmanisches Reich. Reiseziele des 19. Jahrhunderts in frühen Fotografien. Ausstellungskatalog, Köln 1988; Birgit Filzmaier, „... und bald werde ich nicht mehr wissen, wo meine Träume noch eine Zuflucht finden..." Wilhelm Hammerschmidt und die Reisephotographie in Ägypten, in: Alles Wahrheit! Alles Lüge! Photographie und Wirklichkeit im 19. Jahrhundert. Die Sammlung Robert Lebeck, hrsg. von Bodo von Dewitz und Roland Scotti, Amsterdam u.a. 1996, S. 257–280.

29 Zur kultur- und geistesgeschichtlichen Kontextualisierung dieser eher profanen Reiseprosa vgl. den viel weiter ausholenden Aufsatz von Alexander Honold, Import – Export. Das antike Ägypten, die ästhetische Moderne und der europäische Kolonialismus, in: Ost-westliche Kulturtransfers: Orient – Amerika (Postkoloniale Studien in der Germanistik Bd. 1), hrsg. von dems., Bielefeld 2011, S. 75–96; oder den Bogen noch weiter spannend Suzanne Marchand, The end of Egytomania. German scholarship and the banalization of Egypt 1830–1914, in: Ägyptomanie. Europäische Ägyptenimagination von der Antike bis heute (Schriften des Kunsthistorischen Museums Bd. 3), hrsg. von Wilfried Seipel, Wien u.a. 2000, S. 125–133.

30 Josef Strzygowski (1862–1941) war ein österreichischer Kunsthistoriker, der wie Becker ein großbürgerliches Vermögen als Grundlage einer Wissenschaftskarriere nutzen konnte und sich im Zusammenhang mit syrischen und armenischen Altertümern einen Namen machte. Siehe dazu Gabriele Mietke, Josef Strzygowski und die Berliner Museen. Anlässlich der Ausstellung „Josef Strzygowski und die Berliner Museen" im Bode-Museum, Staatliche Museen zu Berlin, Wiesbaden 2012.

Kairo, Karthum, Konstantinopel: Eine Orientreise am Beginn des 20. Jahrhunderts

Zahlreiche ähnlich ausführliche Briefe sind überliefert und fast immer lassen sich durch die akribische Lektüre die unbeschrifteten Negative den besuchten Orten zuordnen. Im Ganzen war Becker fast ein Jahr unterwegs, bevor er im Sommer 1901 für einen Zwischenstopp zu Hause eintraf. Seine abenteuerlichen Stationen erinnern in ihren Beschreibungen und noch mehr in den Bildern an die Exotik der phantasiereichen Landschaftsbeschreibungen Karl Mays. Allerdings versteckte sich Becker vor der europäischen Zivilisation nicht auf telepathische Art von Radebeul bei Dresden aus in der Abgeschiedenheit Kurdistans, sondern er war auch im englisch-französischen Einflussgebiet Ägyptens stets Teil der westlichen Kommunikations- und auch Kultursphäre. Briefe und Pakete erreichten ihn regelmäßig und als Angehöriger der europäischen Oberschicht musste er auch seine wesentlichen Gewohnheiten kaum einschränken. Wie selbstverständlich schrieb ihm etwa sein akademischer Lehrer aus Heidelberg, der Semitist Carl Bezold, mit dem er laufend in Kontakt war: „Nächsten Samstag wollen wir beide von hier direct (via Marseille) nach Tunis, dort ca. 10 Tage bleiben (kommen Sie doch ein bißchen rüber!!) und dann Sicilien kennen lernen; dann via Neapel, Rom, Lugano zurück.“[31]

Becker reiste jedoch nicht nach Tunis, sondern nahm täglich Sprachunterricht in Kairo, studierte die Handschriftenschätze der Khedivenbibliothek und fuhr – Wissenschaft und Freizeitvergnügen gingen Hand in Hand – zu Jagdreisen an den oberen Lauf des Nils.[32] Auch darüber berichtete er seiner Mutter in robusten Bildern:

> „Baron Busche hat auf einem höchst gemütlichen Diner in seinem Hause von seinen Jagdausflügen erzählt; da gab ein Wort das andere und der gemeinsame Ausflug war verabredet […].[33] Man wendet sich an einen Beduinen, der hat wieder seine Helfer und was man schießt, gehört einem. Dieser Zustand ist noch sehr ursprünglich und wird wenig ausgenützt. – Hyänen, Füchse, Wölfe und ähnliches schießt man abends am Wüstenrand. Wir beabsichtigten eine Wasserjagd und fuhren deshalb früh Morgens mit der Bahn ins Delta, nicht ganz halbwegs Ismailya, nach Inscha, von wo wir etwa eine halbe Stunde Esel zu reiten hatten,

31 GStA PK, HA VI., Nachlass C.H. Becker, Nr. 6431, Brief Bezolds an Becker vom 3.3.1901.

32 Vgl. dazu Hans Edler von Planitz, Kriegs- und Jagderinnerungen aus jungen und älteren Tagen, Leipzig 1910.

33 Hilmar Freiherr von dem Bussche-Haddenhausen (1867–1939), deutscher Generalkonsul in Kairo 1899–1902.

bis wir an den Rand der Wüste kamen. [...] Dies war der Schauplatz unsrer Heldenthaten."[34]

In Kairo lebte der ehrgeizige Gelehrte größtenteils diszipliniert, zumindest wenn man das seiner Mutter geschilderte tägliche Curriculum wörtlich nimmt:

„Früh bis zum Lunch Arbeit zu Hause oder auf der Bibliothek, wissenschaftl[icher] Stadtbummel, Photographieren, nach dem Lunch täglich 2 arab[ische] Privatstunden, ab 5 [Uhr] (offizielle Besuchszeit) Theebesuche, oder Spazierfahrt oder Bummel. Um 8 Uhr Diner. Die Arbeit wird sehr mannigfaltig und interessant sein, die Privatstunden folgendermaßen: Täglich eine Stunde Schwatzen (auch spazierengehender Weise) bei Kahil, danach gemeinsam mit Sobernheim abwechselnd 1 Stunde Zeitung/Briefe oder arab[ische] Tradition. Du siehst zu Langeweile werde ich keine Zeit haben."[35]

Tatsächlich gehörte Becker nach seiner Rückkehr nach Deutschland zu den wenigen Orientalisten, die das Arabische der Gegenwart sprachen, wenn auch vielleicht nur leidlich. Seine Streifzüge durch Kairo dokumentierte er penibel und auch die Briefe und Reisetagebücher für die Mutter sind oft so ausführlich und detailliert, dass unschwer zu erkennen ist, wie sich hier ein angehender Privatdozent den Vorlesungs- und Forschungsstoff sicherte. Die Fotografien der Stadt sind außerdem so vielfältig, dass die spätere Verwendung für Vorträge und Vorlesungen von Anfang an klar gewesen sein dürfte.[36] Becker wusste freilich nicht, dass ein Teil seiner Aufnahmen in einen 113-jährigen Dornröschenschlaf fallen würden. Auf den Bildern finden sich nicht nur Baudenkmäler, sondern zudem Menschen, die – wie zuvor in Spanien – gespannt in die Linse des Deutschen schauen. Der ethnologische Wert dieser Aufnahmen ist das eine; sie besitzen darüber hinaus aber auch eine kulturgeschichtliche Aussagekraft. Denn: Carl Heinrich Becker war eben noch nicht immer der linksliberale Vernunftbürger gewesen.

Seine Briefe aus den Jahren bis zum Ersten Weltkrieg zeigen ihn als zeittypischen Monarchisten, als deutschen Patrioten mit der verbreiteten Tendenz zum Nationalismus und als standesbewussten Großbürger in einer Klassengesellschaft, der fast nie mit dem Hauspersonal zufrieden war. Auf Reisen waren ihm trotz der sich durch nahezu alle Aufzeichnungen ziehenden, intensiv spürbaren Gruppenidentität der europäischen Imperialmächte die Franzosen welsche

---

34 Privatnachlass Becker (Berlin), Reisetagebuch Bd. 2, Brief Beckers an seine Mutter vom 23.12.1900. Im gleichen Brief teilte Becker seiner Mutter auch lapidar mit: „Ich habe jetzt auch begonnen, regelmäßig Tennis zu spielen [...]."

35 Ebd., Brief Beckers an seine Mutter vom 9.12.1900.

36 Vgl. etwa Carl Heinrich Becker, Beiträge zur Geschichte Ägyptens unter dem Islam, 2 Bde., Straßburg 1902/03; bzw. die zahlreichen weiteren Beispiele in den Bibliographien der beiden Bände. Siehe ferner Ders., Islamstudien. Vom Werden und Wesen der islamischen Welt, 2 Bde., Leipzig 1924/32.

Weichlinge, die Spanier rückständig, die Italiener unzuverlässig. Trotzdem waren die Kairener Abendeinladungen ganz selbstverständlich internationale Begegnungsräume; auch für Becker galt voll umfänglich die eher lakonisch vorgetragene Feststellung Florian Wagners: „For nineteenth-century Europeans, their continent was not a homogenous spatial entity, but a competitive community“, für die jedoch galt, „nationalism and transnational co-operation did not necessarily enter into conflict.“[37]

In deutlicher Abstufung zu diesen westlichen Binnendifferenzierungen erschienen Becker die Muslime Ägyptens ungeachtet seiner wissenschaftlichen Sympathie als ein völlig fremdes Volk, das er als weißer Europäer durch die Augen der Besucher der Völkerschauen und Kolonialausstellungen in den Messehallen und Tierparks der westlichen Großstädte sah.[38] Die Exotik des Fremden traf zwar bei ihm auf einen deutlich höheren Abstraktionsgrad als beim Durchschnittsdeutschen – in Amsterdam aufgewachsen, waren für den Vielgereisten dunklere Hautfarben in allen Schattierungen nichts Neues. Aber Ägypter in ihren nordafrikanischen Lebenszusammenhängen, Kopten, Fellachen, Schwarze und Berber in ihren von den Franzosen und Briten kolonisierten Heimatregionen waren auch für Becker die Rousseauschen „edlen Wilde[n]“[39], die in scheinbar noch wenig veränderten archaischen Zuständen lebten und die es in urbanen Zusammenhängen en passant zu beobachten galt, bevor man wieder in klimatisierten Grandhotels Teeeinladungen annahm und

---

37 Vgl. zu der in den nationalgeschichtlich geprägten Historiographien bis in die jüngste Vergangenheit großzügig unterschätzten gemeinsamen Identität europäischer Kolonialisten Florian Wagner, Private Colonialism and International Co-operation in Europe 1870–1914, in: Imperial Co-operation and Transfer 1870–1930. Empires and encounters, hrsg. von Volker Barth und Roland Cvetkovski, London u.a. 2015, S. 79–103 (Zitate: S. 81).

38 Vgl. pars pro toto für die in den letzten Jahren zunehmende Beschäftigung mit kolonial-rassistischen Rezeptionsprozessen und Stereotypisierungen Alexander Honold, Ausstellung des Fremden. Menschen- und Völkerschau um 1900. Zwischen Anpassung und Verfremdung. Der Exot und sein Publikum, in: Das Kaiserreich transnational. Deutschland in der Welt 1871–1914, hrsg. von Sebastian Conrad und Jürgen Osterhammel, Göttingen 2004, S. 170–190; Heiko Möhle/Susanne Heyn/Susann Lewerenz, Zwischen Völkerschau und Kolonialinstitut. AfrikanerInnen im kolonialen Hamburg, Hamburg 2006; sowie David M. Ciarlo, Rasse konsumieren. Von der exotischen zur kolonialen Imagination in der Bildreklame des Wilhelminischen Kaiserreiches, in: Phantasiereiche. Zur Kulturgeschichte des deutschen Kolonialismus, hrsg. von Birthe Kundrus, Frankfurt am Main u.a. 2003, S. 135–179.

39 Viktoria Schmidt-Linsenhoff/Karl Hölz/Herbert Uerlings (Hrsg.), Weiße Blicke. Geschlechtermythen des Kolonialismus, Marburg 2004; Joachim Zeller, Weisse Blicke – Schwarze Körper. Afrikaner im Spiegel westlicher Alltagskultur, Erfurt 2010.

auf Expresspost aus Gelnhausen wartete. Auch ein polyglotter späterer Linksliberaler war hier ein Kind seiner Zeit.[40] So notierte Becker im Zusammenhang mit seinem ersten Besuch in Luxor im Februar 1901 lakonisch:

> „Unterwegs wurde ein dummes Fellachen Weib umgeritten, die Augen und Ohren mit ihrem Tuche wie mit Scheuklappen versehen und mitten in der Straße natürlich immerfort überrannt worden. Wir wichen ihr aus, doch dann rannte sie doch in meinen Esel hinein, flog dann gegen den von Dr. Schmid und schließlich zu Boden, natürl[ich] unbeschädigt. Mit dem modernen Verkehr ist die Haremstracht unvereinbar."[41]

Selten spickte Becker seine Aufzeichnungen mit so explizierten Verbalinjurien – aber auch die wenigen Beispiele illustrieren seine zeittypische Überzeugung von der kulturellen Überlegenheit Europas. Diese hielt ihn aber nicht davon ab, neben den klassischen Reisezielen Ägyptens, die seit dem 18. Jahrhundert auf den Reiseplänen der Europäer standen, in weniger bekannte Bereiche aufzubrechen. Vom nubischen Abu Simbel wollte Becker seit intensiven Gesprächen in informierten Kairener Salons auch in den Sudan reisen, um dort die sagenumwobenen Pyramiden Oberägyptens in Augenschein zu nehmen. Von Abu Simbel aus, so argumentierte er gegenüber seiner die Reisekasse bestimmenden Mutter, seien es ja bis nach Karthum und Omdurman nur noch reichlich 700 Kilometer in südlicher Richtung. Zwar waren „Afrika-Forscher" schon seit der Mitte des 19. Jahrhunderts auf Kamelrücken durch Somali-Land und den Südsudan geritten.[42] Dass der junge Mann aber seinen Forscherdrang auch auf den oberen Nilverlauf und bis in den Sudan hinein ausdehnte, war in den Jahren um 1900 außergewöhnlich, schließlich hatte dort von 1881 bis 1899 ein rigoroser islamischer Gottesstaat bestanden, den eine ägyptisch-britische Invasionsarmee blutig beendet hatte.[43] Nur ein Jahr später schulterte der angehende

---

40 Zu dem in der Forschung nicht unbekannten Zusammenhang von Liberalismus und Imperialismus siehe in pointierter Verdichtung Matthew P. Fitzpatrick, Liberal imperialism in Germany. Expansionism and nationalism 1848–1884 (Monographs in German history Bd. 23), New York u.a. 2008.

41 Privatnachlass Becker (Berlin), Reisetagebuch Bd. 2, Brief Beckers an seine Mutter vom 19.2.1901.

42 Einer der bekanntesten „Afrikareisenden" war Georg Schweinfurth, der zwischen 1863 und 1873 ausgedehnte Expeditionen zwischen Libyen, dem Sudan und dem Kongo unternahm. Zu früheren Afrikareisenden siehe die nahezu enzyklopädische Studie von Anke Fischer-Kattner, Spuren der Begegnung. Europäische Reiseberichte über Afrika 1760–1860 (Schriftenreihe der Historischen Kommission bei der Bayerischen Akademie der Wissenschaften Bd. 91), Göttingen 2015; sowie Cornelia Essner, Deutsche Afrikareisende im neunzehnten Jahrhundert. Zur Sozialgeschichte des Reisens (Beiträge zur Kolonial- und Überseegeschichte Bd. 32), Stuttgart 1985.

43 Wilfried Westphal, Sturm über dem Nil. Der Mahdi-Aufstand. Aus den Anfängen des islamischen Fundamentalismus, Sigmaringen 1998.

Orientalist Becker seine Kamera und fotografierte in Karthum die Reste des durch den wenig zimperlichen englischen General Horatio Herbert Kitchener, der als messianischer Anführer eines betont antikolonialen Aufstands Reisen von Nichtmuslimen unmöglich gemacht hatte, zerstörten Grabs des Mahdi.

Auf dem Weg nach Süden konnten die gehobenen Gewohnheiten noch bis Assuan und Luxor gewahrt werden, wo klimatisierte Hotels das als zivilisatorischen Standard Empfundene bis an die Grenze des Hinterlands verlängerten. Auf dem Briefpapier des Savoy-Hotels von Assuan produzierte Becker Ego-Dokumente, über deren unbeabsichtigte Klischeehaftigkeit man im Bewusstsein des unterschwelligen Orient-Okzident-Otherings fast schmunzeln könnte:

> „Im Hotel kam ich gut unter – first class kostet 80 P[iaster] = 15 Mark, doch erhalte ich, wie auch in Luxor 20% Ermäßigung, immerhin ganz angenehm. In der Stadt traf ich mich dann mit einigen Bekannten vom Schiff und lernte zwei charmante junge Deutsche meines Alters kennen. Wir [...] besuchten [...] das Bisárínlager; dies ist ein eigenartiger Stamm, nicht semitisch, von entzückendem Körperbau, schwarz, mit Kraushaar, das sie in langen Strähnen mit Butter gefüllt tragen oder malerisch aufbauschen. Sie sprechen eine eigene Sprache, haben aber noch gar nichts vom Negertypus. Ich weiß nicht recht, wohin ich sie thun soll."[44]

Abb. 8: Ein Bischarin-Lager nahe Assuan.

44 Privatnachlass Becker (Berlin), Reisetagebuch Bd. 2, Brief Beckers an seine Mutter vom 23.2.1901.

Becker wusste nicht, dass die Bischarin von der ägyptischen Verwaltung zwischen 1870 und 1875 vor den Toren Assuans angesiedelt worden waren. Durch Zufall waren sie dadurch zu den ersten Beja sprechenden Nomaden geworden, denen europäische Reisende auf ihrem Weg nach Süden in Richtung Abu Simbel begegneten. Westliche Augen und Kameras bekamen damit quasi durch staatliche Lenkung einen ersten Blick auf die andere Seite der *frontier* und es sollte noch ein halbes Jahrhunderts dauern, bis die ägyptische Regierung in den 1950er Jahren ein Zutrittsverbot für Ausländer aussprach, da sich die Bischarin wie Tiere im Zoo beobachtet und hochgradig belästigt vorkamen.

Unberührt von solchen Befindlichkeiten ging für Becker auf dem Wasserweg die Reise weiter über Abu Simbel nach Wadi Halfa und von dort auf Schienen nach Karthum. Ergriffen vom genius loci und der zeitlichen Nähe zur Niederschlagung des letzten mahdistischen Widerstands am 22. November 1899 schrieb Becker Anfang März 1901 an seine Mutter: „Erst so kurz liegen jene unruhigen Zeiten hinter uns; wer hätte nicht eins der Bücher von Neufeld, Ilatin, Oberwalder[45], usw. gelesen mit der wohl unübertriebenen Beschreibung der Schrecken und der Unkultur – heute fährt man im Luxuszug durch diese Gegenden – das ist englische Kulturmission.“[46]

---

45 Karl Neufeld, In Ketten des Kalifen. Zwölf Jahre Gefangenschaft in Omdurman, Berlin 1899. Josef Oberwalder war ein österreichischer Geistlicher, der ebenfalls in Gefangenschaft des Mahdi geraten war.

46 Privatnachlass Becker (Berlin), Reisetagebuch Bd. 2, Brief Beckers an seine Mutter vom 6.3.1901. Die Bewunderung des englischen Kolonialreiches war in Deutschland weitverbreitet, wobei wenige Deutsche – anders als der junge Carl Heinrich Becker – Großbritannien und dessen Kolonien aus persönlicher Anschauung kannten. Vgl. Hans Fenske, Ungeduldige Zuschauer. Die Deutschen und die europäische Expansion 1815–1880, in: Imperialistische Kontinuität und nationale Ungeduld im 19. Jahrhundert, hrsg. von Wolfgang Reinhard, Frankfurt am Main 1991, S. 87–123.

Abb. 9: Britisches Herrschaftssymbol in Omdurman.

Becker blieb einige Tage in Karthum und dem nahen Omdurman, wo die Engländer das Grab des 1885 verstorbenen Mahdi zerstört hatten. Ausgiebig fotografierte er hier wie bei allen Reiseabschnitten. Seine Fotos und Briefe spiegeln in auffälliger Weise zwei Eindrücke wider – die Begeisterung für das imperiale Sendungsbewusstsein Großbritanniens einerseits und die kulturelle Vielfalt der von London aus Beherrschten andererseits. Seiner Feder entflossen bewundernde Passagen über „die Kolonisationsthätigkeit im Sudan, die übrigens – ein Beispiel für Deutschland – rein militärisch ist, wirkt imponierend: landwirtschaftl(iche) und kommerzielle Hebung des Landes durch militärische Organe!“[47] Und nur wenige Abschnitte später lobte er mit ähnlich naiver Hingabe die – heute würde man in seinem Sinne das Unwort „authentisch“ verwenden – Urtümlichkeit der afrikanischen Gesellschaftsordnungen am oberen Nil. Auf auffällige Weise theoretisch unterkomplex suchte und fand Becker hier die zuvor imaginierten, aber zum fixen Stereotyp geronnenen Orient-Bilder:

> „Der unendliche Reiz Omdurmans, das was es überhaupt besuchenswert macht, ist nun nicht das bisher Geschilderte, auch nicht der undefinierbare Lockklang erst kurz vergangener historischer Bedeutung, nein er liegt vor allem in der

47 Privatnachlass Becker (Berlin), Reisetagebuch Bd. 2, Brief Beckers an seine Mutter vom 6.3.1901.

jetzigen Bevölkerung; das ist mal echt, wie fällt da das europäische Kairo ab! Alles trägt noch den Turban, weiß wie fast alle Kleidungsstücke; der rote Fez aus Kairo wird nur von Offizieren und Beamten getragen. Schon dadurch ist das Straßenbild ein ganz anderes. Und nun dieses Wirrwarr von Rassen. Alle Völker, die der Mahdia zum Opfer fielen, wurden größtenteils in Omdurman angesiedelt und wie viele fühlen sich jetzt heimisch dort. Da sind alle Hautfarben vertreten, vom weißen Griechen und gelben Syrer durch den angebräunten Egypter und rotbraunen Berberiner zum schwarzbraunen und tief-schwarzen Negertypus. Alle leben hier in natürlicher Weise und treiben ihr heimatliches Geschäft. Dabei ist die Stadt stark bevölkert, auf den engen Bazaren wogt es sich drängend und stoßend umher; Männer und Frauen tragen die Brust meist frei, erstere meist weiß oder bunt, letztere gedecktere Farben tragend, und irgendeine Sache, sei es ein Bündel oder malerischer Thonkrug elegant auf dem Kopf haltend – ein glänzendes orientalisches Bild. Europäer sieht man wenig, nur die halborientalischen Griechen sind häufig vertreten; sie sind kommerziell die eigentlichen Kulturbahnbrecher und haben erstaunliches geleistet; sie haben mit dem wenigen Blut von den alten Hellenen jedenfalls deren Handels- und Colonisationstalent ererbt."[48]

Abb. 10: Das zerstörte Grab des Mahdi in Omdurman.

48 Ebd.

Nach seiner Rückkehr aus dem Sudan hielt sich Becker vier Wochen in Kairo auf, dann zogen ihn die koptischen Klöster am Roten Meer an und wieder fotografierte er auf Schritt und Tritt. Hier wie bei der im Anschluss im Frühjahr 1901 unternommenen archäologischen Studienreise durch Griechenland und dem Besuch Konstantinopels (wo er einen weiteren Besuch in den Moscheebibliotheken im Winter 1901/02 vorbereitete) mischen sich eigene Fotografien mit gekauften Bildern.[49] Wieder selbst aufgenommen waren im Anschluss jene privaten Aufnahmen, die er im September 1901 in Gelnhausen aufnahm, wo er sein für den Herbst anberaumtes Habilitationsverfahren vorbereitete. Gewissermaßen aus erster Hand und doch eigentümlich in vorgefertigten Orientbildern gefangen, hielt er November 1901 in Heidelberg seinen Probevortrag über das Thema „Mahdi im Islam“.

Vorher konnte er seine Fähigkeiten als Fotograf bei der Hochzeit seiner Schwester Frida unter Beweis stellen.[50] Neben dem von ihm aufgenommenen Hochzeitsbild faszinieren jedoch ganz andere Aufnahmen: Sein Schwager Ernst von Blumenstein war etwa zeitgleich wie Becker nach Europa heimgekehrt. Er kam aus China zurück, wo er als Offizier an der sogenannten Niederschlagung des Boxeraufstands teilgenommen hatte.[51] Blumenstein bewies imperialistisches Stilgefühl und brachte für sich und seine Familie chinesische Kleider mit, die bei den Feierlichkeiten ein Eyecatcher ganz eigener Art waren

49 Zu professionellen Bild-Agenten im touristisch bereisten Mittelmeerraum und den angrenzenden Provinzen des Osmanischen Reiches existiert eine erfreulicherweise immer breitere Literatur. Siehe etwa Alfried Wieczorek/Claudia Sui (Hrsg.), Zu den Ufern des Nil. Historische Fotografien des 19. Jahrhunderts aus der Sammlung des Forum Internationale Photographie der Reiss-Engelhorn-Museen Mannheim (Publikationen der Reiss-Engelhorn-Museen Bd. 15), Heidelberg 2005; Hildegard Frübis, Bilder der Sphinx. Die fotografische Eroberung des Orients zwischen Archäologie und Kunst, in: Auf der Suche nach dem Orient. Paul Klee – Teppich der Erinnerung, hrsg. vom Zentrum Paul Klee, Bern 2009, S. 106–129; Nimet Şeker, Die Fotografie im Osmanischen Reich (Arbeitsmaterialien zum Orient Bd. 21), Würzburg 2009; Wulf Köpcke/Anke Blanck (Hrsg.), Mit Kamel und Kamera. Historische Orient-Fotografie 1864–1970 (Mitteilungen aus dem Museum für Völkerkunde Hamburg Bd. 38), Hamburg 2007; Bernd Stiegler/Felix Thürlemann (Hrsg.), Orientbilder. Fotografien 1850–1910, Frankfurt am Main 2015; sowie Felix Thürlemann, Das Haremsfenster. Zur fotografischen Eroberung Ägyptens im 19. Jahrhundert, Paderborn 2016.

50 Vgl. etliche Abbildungen in Michaelis/Morgenstern, Kaufleute (wie Anm. 16).

51 Mechthild Leutner/Klaus Mühlhahn (Hrsg.), Kolonialkrieg in China. Die Niederschlagung der Boxerbewegung 1900–1901 (Schlaglichter der Kolonialgeschichte Bd. 6), Berlin 2007; Eckard Michels, Das „Ostasiatische Expeditionskorps“ des Deutschen Reiches in China 1900/01, in: Imperialkriege von 1500 bis heute. Strukturen, Akteure, Lernprozesse, hrsg. von Tanja Bührer, Christian Stachelbeck und Dierk Walter, Paderborn u.a. 2011, S. 401–418.

– spielerisch-inszenatorisches „Othering“ gewissermaßen, voyeuristisch festgehalten durch Beckers Kamera.

Becker verbrachte den Winter 1901/02 erneut mit sprachlichen und historischen Studien in Kairo (Dezember bis Ende Februar) und unternahm von dort auf Kamel-, Pferde- und Eselsrücken eine Landreise über Jerusalem nach Damaskus und von dort zum zweiten Mal nach Konstantinopel. Auch bei dieser Reise schrieb und fotografierte er intensiv. Die ersten nun zunehmend von Ironie durchzogenen Briefe erhielt seine Mutter aus Beirut, wo der Dampfer einige Tage vor der libanesischen Küste in Quarantäne liegen musste. Becker nutzte die Zeit unter anderem dazu, um aus einer Reisegruppe einen etwa gleichaltrigen jungen Mann für seine Landreisepläne abzuwerben. Mit jenem Werner Siemens (1880–1915), einem Neffen des berühmten Industriellen, war Becker in den nächsten Wochen unterwegs:[52] Sie wohnten in Hotels, Polizeistationen und in Zelten, besuchten die heiligen Stätten Jerusalems, erlebten Stürme und Regengüsse in der Wüste oder lasen sich bei unfreiwilligen Ruhetagen „Baedecker und Bibel“[53] vor. Dem von positivistischem Sammeleifer gepackten Nachwuchsgelehrten Becker gelang es in Damaskus, an der Omayadenmoschee „eine kleine Marmorplatte mit mamelukischer Inkrustation zu kaufen, deren Lücke ich nachher in der Moschee selbst sah.“[54]

Wenn einer eine (Orient-)Reise tut: Prägungen und beruflicher Profit

Am 3. Mai 1902 war Carl Heinrich Becker wieder in Heidelberg und hielt seine öffentliche Probevorlesung als Privatdozent über das Thema „Die Frau im Islam“, woraufhin ihm die Venia Legendi für Semitische Philologie erteilt wurde.[55] Anders als zwei Jahre zuvor hatte Becker nun keine vagen, sondern scheinbar handfeste, auf Anschauung beruhende Vorstellungen vom Orient, auf denen sein vielfach gerühmtes, auf die Integration zeitgenössischer Kultur

52 Spartanisch waren die Unternehmungen jedoch nur im großbürgerlichen Maßstab: Auf beiden Orientreisen hatte Becker Bedienstete. Diese helfenden Hände wurden jeweils vor Ort angeworben und bei Expeditionen in die Wüste oder bei Schiffspassagen mit seinen Reisebegleitern geteilt. Der Rückgriff auf lokales Personal war essentiell, denn allein hätte Becker nicht einmal seine Kleiderkoffer tragen können, geschweige die Fotoausrüstung mit den hunderten Glasplatten auf Vorrat oder die zahlreichen Bücher und Manuskripte.

53 Privatnachlass Becker (Berlin), Reisetagebuch Bd. 3, Brief Beckers an seine Mutter vom 15.3.1902.

54 Ebd., Brief Beckers an seine Mutter vom 23.3.1902.

55 GStA PK, VI. HA, Nachlass C.H. Becker, Nr. 6511, Vortrag „Die Frau im Islam“ aus dem Jahr 1902, Manuskript „Cairo 1902“. Vgl. Becker, Islamstudien (wie Anm. 36), wo sich Hinweise auf Vorträge und Erstdrucke finden lassen.

und Religion beruhendes Wissenschaftsgebäude einer über philologische Fragestellungen hinausgehenden Islamwissenschaft gründete. Seit 1908 konnte er diese Fähigkeiten als Professor am Hamburger Kolonialinstitut in den Dienst von Wissenschaft und Kolonialpolitik stellen. Dass Becker 1916 in die Politik wechselte, um 1930 schließlich doch noch einmal zur Wissenschaft zurückzukehren, steht auf einem anderen Blatt.[56]

Auf eine wiederum großbürgerlich unternommene Weltreise in den Jahren 1931/32 hätten noch weitere Orienterkundungen folgen sollen. So zumindest machen es die Reisebriefe Beckers aus Indien, Persien und dem Irak glauben, die er in der Zwischenkriegszeit als Mittfünfziger in dem Bewusstsein einer wenn noch nicht in einem allgemeinen Raunen als „schleichend“ bezeichneten, aber doch für Eingeweihte unterschwellig spürbaren Dekolonisierungsbewegung mit ganz unterschiedlichen Stoßrichtungen in Asien und Afrika schrieb.[57] Sie sind um ein Vielfaches reflektierter als die Zeugnisse seiner ersten Orienterkundungen an der Schwelle zum 20. Jahrhundert, der Zeit des (auch wissenschaftlichen) Hochimperialismus. Ausgearbeitete Reisepläne hätten den als Honorarprofessor an der Berliner Universität Lehrenden und auch wieder in die Forschung zurückkehrenden Islamwissenschaftler erneut nach Ägypten und Persien geführt, vielleicht auch, wie schon 30 Jahre und ein halbes Wissenschaftlerleben zuvor intendiert, auf den Sinai.[58] Doch dazu kam es nicht, da Becker im Februar 1933 überraschend an einer Lungenentzündung starb. Und zwar nicht, wie es einem *travelling scholar* wie ihm zugekommen wäre, im Biwak unter der Wüstensonne oder zumindest in einem Hotel in Nahost unter englischer Führung, sondern zu Hause im großbürgerlichen Berlin-Steglitz im eigenen Bett.

---

56 Seinen Bonner Lehrstuhl hatte der Türkeiexperte im dritten Kriegsjahr mit einem Posten in der Berliner Kultusbürokratie und einer losen Anbindung als Honorarprofessor an der dortigen Universität getauscht. Vgl. GStA PK, VI. HA, Nachlass C.H. Becker, Nr. 8584, Ernennungsurkunde zum ordentlichen Honorarprofessor vom 23.11.1916. De facto arbeitete er jedoch als Experte für osmanische Fragen für das Auswärtige Amt. Was den Ordinarius auf das unsichere Feld der beamteten Politik geführt hatte, ist eine Teilfrage des weiter angelegten Forschungsvorhabens des Verfassers über Beckers „koloniale Reisen“.

57 Ediert von Susanne Kuss, Carl Heinrich Becker in China. Reisebriefe des ehemaligen preußischen Kultusministers 1931/32, Münster 2004. Die Reise dauerte von September 1931 bis Anfang März 1932. Der Anlass war die Übernahme des Vorsitzes einer internationalen Erziehungskommission des Völkerbundes, die sich dem chinesischen Bildungswesen annehmen sollte. Nachdem die bezahlte Anreise über England, Kanada, die USA und Japan nach China geführt hatte, schlug Becker den Rückweg auf eigene Kosten über das niederländische Indonesien, Indien, Persien, den Irak, Syrien und Palästina ein.

58 Universitätsbibliothek Heidelberg, Nachlass C. Bezold, Heid. Hs. 1051,1, Brief Beckers an Bezold vom 22.12.1900.

Ulrich Müller

1828 | 1990 – Vier Kieler Archäologen entdecken die Welt

Archäologinnen und Archäologen entdecken die Welt, und ihre Entdeckungen helfen, die Welt zu verstehen.[1] Ihre prähistorische Deutungshoheit nominiert sie bisweilen auch zu Weltenerklärern: „Die Suche nach den Wurzeln [...] des Menschen [...] fasziniert generell.“[2] So sensationell und oftmals medial inszeniert diese Entdeckungen daherkommen, so sind sie an Personen geknüpft, die Teil ihrer Gesellschaft sind, in ihr sozialisiert wurden und diese mitgestaltet haben.[3] Um die Entdeckungen der Archäologen zu verstehen, ist also auch ein Blick auf ihre Biografien angebracht, und so sollen im Folgenden vier Persönlichkeiten der ur- und frühgeschichtlichen Archäologie in Schleswig-Holstein vorgestellt werden, die an der Christian-Albrechts-Universität zu Kiel (CAU) gearbeitet haben beziehungsweise mit ihr verbunden waren.[4] Diese vier haben ihre archäologische Welt auf sehr unterschiedliche Art und Weise entdeckt:

- Johanna Mestorf (1828–1909), die erste Direktorin des Museums für vaterländische Alterthümer und Honorarprofessorin an der CAU.[5]

---

1 Im Folgenden wird aus redaktionellen Gründen die männliche Form gewählt. Gemeint sind – soweit nicht explizit genannt – Archäologinnen und Archäologen.

2 Hans-Joachim Gehrke/Miriam Sénécheau, Einleitung, in: Geschichte, Archäologie, Öffentlichkeit. Für einen neuen Dialog zwischen Wissenschaft und Medien. Standpunkte aus Forschung und Praxis (Historische Lebenswelten in populären Wissenskulturen Bd. 4), hrsg. von dens., Bielefeld 2010, S. 9–29, hier S. 9.

3 Vgl. die sehr unterschiedlichen Beiträge in Reinhard Lullies/Wolfgang Schiering (Hrsg.), Archäologenbildnisse. Porträts und Kurzbiographien von Klassischen Archäologen deutscher Sprache, Mainz 1988; William L. Rathje/Michael Shanks/Christopher Witmore (Hrsg.), Archaeology in the Making. Conversations through a Discipline, Oxford 2013.

4 Ulrich Müller, Die „Kieler Schule“ – Archäologie zwischen 1927 und 1945, in: Das Altertum 55 (2010), S. 105–112; Johannes Müller, Von Johanna Mestorf zur Akademie. Die Rolle von Gesellschaft, Archäologie und Landschaft an der CAU, in: Christian-Albrechts-Universität zu Kiel. 350 Jahre Wirken in Stadt, Land und Welt, hrsg. von Oliver Auge, Kiel u.a. 2015, S. 748–774.

5 Dagmar Unverhau, Ein anderes Frauenleben. Johanna Mestorf (1828–1909) und „ihr“ Museum vaterländischer Altertümer bei der Universität Kiel, 2 Bde. (Schriften des Archäologischen Landesmuseums Bd. 13), Kiel u.a. 2016; Anna Kieburg, Johanna Mestorf (1828–1909). „Zierde“ der norddeutschen Altertumswissenschaft, in: Ausgräberinnen, Forscherinnen, Pionierinnen. Ausgewählte Porträts früher Archäologinnen im Kontext ihrer Zeit (Frauen, Forschung, Archäologie Bd. 10),

- Gustav Schwantes (1881–1960), der erste Ordinarius für ur- und frühgeschichtliche Archäologie an der CAU.[6]
- Alfred Rust (1900–1983), der Entdecker des Fundplatzes Stellmoor und Wegbereiter einer Altsteinzeitforschung in Schleswig-Holstein sowie Honorarprofessor an der CAU.[7]
- Herbert Jankuhn (1905–1990), der Ausgräber Haithabus, führendes Mitglied des „SS-Ahnenerbes" und außerplanmäßiger Professor an der CAU.[8]

Die vier Archäologen sind Vertreter dreier Generationen. Johanna Mestorf war Teil einer Gesellschaft, die durch die Revolution von 1848, die Industrialisierung und die Vormacht Preußens, aber auch den Norddeutschen Bund und den Deutsch-Dänischen Krieg und schließlich das Kaiserreich Bismarcks geprägt war. Schwantes wiederum wurde in diese Zeit hineingeboren. Mit seinem Wirken in der Weimarer Republik und dann im beginnenden Nationalsozialismus bildet er zugleich die Brücke zu Rust und Jankuhn. Mit den nahezu altersgleichen Rust und Jankuhn wird gleichsam ein drittes Kapitel deutscher Geschichte aufgeschlagen. Beide sind nicht nur durch das Ende des Kaiserreiches, den Ersten Weltkrieg und die Weimarer Republik geprägt, sondern gestalteten ihre persönlichen wie beruflichen Lebenswege im Nationalsozialismus sowie den Nachkriegszeiten zwischen Adenauer Ära und Wirtschaftswunder über den Kalten Krieg und die sozialen Unruhen bis hin zur (bundes-)deutschen Gesellschaft der 1980er Jahre.

---

hrsg. von Jana Esther Fries und Doris Gutsmiedl-Schümann, Münster u.a. 2013, S. 95–100; Julia Katharina Koch/Eva-Maria Mertens (Hrsg.), Eine Dame zwischen 500 Herren. Johanna Mestorf, Werk und Wirkung (Frauen, Forschung, Archäologie Bd. 4), Münster 2002.

6 Sonja Schäfer, Der Prähistoriker Gustav Schwantes (1881–1960). Leben und Werk im Kontext zeitgeschichtlichen und fachlichen Wandels (Universitätsforschungen zur prähistorischen Archäologie Bd. 263), Bonn 2015.

7 Ulf Ickerodt, Ein notwendiger Kommentar zu Gernot Tromnaus Würdigung von Alfred Friedrich Wilhelm Rust (1900–1983), in: Archäologische Informationen 39 (2016), S. 1–12; Gernot Tromnau, „Eine notwendige Stellungnahme". Der mutige Aufsatz des Ahrensburger Archäologen Alfred Rust aus dem Jahr 1942, in: Jahrbuch für den Kreis Stormarn 33 (2015), S. 48–53.

8 Aus der Vielzahl an Studien seien hier nur genannt: Dirk Mahsarski, Herbert Jankuhn (1905–1990). Ein deutscher Prähistoriker zwischen nationalsozialistischer Ideologie und wissenschaftlicher Objektivität (Internationale Archäologie Bd. 114), Rahden 2011; Heiko Steuer, Herbert Jankuhn. SS-Karriere und Ur- und Frühgeschichte, in: Nationalsozialismus in den Kulturwissenschaften, Bd. 1: Fächer – Milieus – Karrieren (Veröffentlichungen des Max-Planck-Instituts für Geschichte Bd. 200), hrsg. von Hartmut Lehmann und Otto Gerhard Oexle, Göttingen 2004, S. 447–529.

Johanna Mestorf (1828–1909)

Angesichts der jüngst erschienenen, mehr als 800-seitigen Biografie und Edition ihrer Tagebücher durch Dagmar Unverhau erscheint es ein riskantes Unterfangen, das Wirken des „Fräuleins“ und ihren Einfluss auf die Entwicklung der prähistorischen Archäologie in Deutschland zu skizzieren. Zwei miteinander verwobene Aspekte sollen im Mittelpunkt stehen: Einerseits Johanna Mestorf als Frau in einer durch Männer dominierten Gesellschaft beziehungsweise Wissenschaftslandschaft, andererseits Johanna Mestorf als Wegbereiterin einer fortschrittlichen Archäologie, die gezielt die Impulse aus Skandinavien aufgriff und vermittelte.

Johanna Mestorf, 1828 in Bramstedt geboren und 1909 in Kiel verstorben, zog 1849 als „Erzieherin“ nach Schweden, lebte ab 1859 in Hamburg und nahm dort 1867 eine Stelle als Sekretärin für ausländische Korrespondenz an. Es gelang ihr neben ihrer Berufstätigkeit, sich autodidaktisch umfangreiche archäologische Kenntnisse anzueignen. Nach Jahren freier Mitarbeit wurde sie 1873 zunächst Kustodin und 1891 dann Direktorin am Kieler Museum vaterländischer Alterthümer. Im Alter von 71 Jahren wurde ihr 1899 der Titel einer Honorarprofessorin an der Universität Kiel verliehen. Darüber hinaus war sie Ehrendoktorin und Mitglied zahlreicher nationaler wie internationaler Gesellschaften.[9]

Der Weg von Mestorf in die ur- und frühgeschichtliche Archäologie ist auch durch die nachhaltige Förderung seitens Christian Petersen (1802–1872) geebnet worden. Er war als Alt-Philologe und Vorsitzender der Sammlung Hamburgischer Altertümer an der Prähistorie interessiert und förderte Mestorf in vielerlei Hinsicht.[10]

Ab 1863 übersetzte Johanna Mestorf wichtige Werke der skandinavischen Archäologie ins Deutsche.[11] Rückblickend schreibt Johanna Mestorf im Jahr 1897: „Ich habe bis jetzt alle Bücher, die ich übersetzt habe, gewissermaßen selbst mitgeschrieben, indem ich selbst so tief in dem Stoff steckte, dass sich

---

9 Eva-Maria Mertens, Johanna Mestorf – Lebensdaten, in: Eine Dame zwischen 500 Herren. Johanna Mestorf, Werk und Wirkung (Frauen, Forschung, Archäologie Bd. 4), hrsg. von Julia Katharina Koch und Eva-Maria Mertens, Münster 2002, S. 31–35. Zur Einschätzung der Zeit in Schweden und ihrer Tätigkeit als „Erzieherin“ siehe Unverhau, Frauenleben, Bd. 1 (wie Anm. 5), S. 80–92; Dies., Frauenleben, Bd. 2 (wie Anm. 5), S. 734f.

10 Dies., Frauenleben, Bd. 1 (wie Anm. 5), S. 103–107, 174–185.

11 Zu den Werken Mestorfs siehe Dies., Frauenleben, Bd. 2 (wie Anm. 5), Tafel 22–25 (Schriftenverzeichnis). Ihre erste „archäologische“ Übersetzung schloss Mestorf im Jahr 1865 ab: Svens Nilsson, Die Ureinwohner des skandinavischen Nordens, Bd. 1: Das Bronzealter, Hamburg 1865. Vgl. dazu Unverhau, Frauenleben, Bd. 1 (wie Anm. 5), S. 118–142.

selbst ein gut Theil geistige Arbeit hineinlegte."[12] Was waren dies für Werke, die sie in ihrer knappen Freizeit übersetzte und warum tat sie dies? Die prähistorische Archäologie steckte in der zweiten Hälfte des 19. Jahrhunderts noch in den Anfängen. Ausgehend von den fürstlichen Sammlungen der Renaissance und des Barock und einem zunehmenden Interesse des Bürgertums an seiner Vergangenheit emanzipierte sich zunehmend eine Wissenschaft, die über die schriftlichen Quellen und die klassische Archäologie hinausreichte. Die „Vorgeschichte" entwickelte neue Zeit- und Epochenvorstellungen und schickte sich allgemein an, das Bild der älteren Vergangenheit bis hin zur Herkunft des Menschen neu zu schreiben. Die uns heute geläufige Vorstellung einer Abfolge von Stein-, Bronze- und Eisenzeit war im 18. und frühen 19. Jahrhundert vielfach unklar. Darwin und seine Entstehung der Arten wirkten nachhaltig auf das Fach, denn sein evolutionistisches Paradigma öffnete den Raum, um Artefakte zu ordnen und in Beziehung zu setzen und bedingte weitere „Entdeckungen" wie die Stratigrafie.[13] Viele Forscher aus ganz Europa beteiligten sich an den Diskussionen, doch hatten in diesem Konzert die skandinavischen Archäologen eine wichtige Stellung inne. Hierzu gehörten Größen wie der Däne und zweite Direktor des Dänischen Nationalmuseums Jens Jacob Asmussen Worsaae (1821–1885). Er grub stratigrafisch, also nach Schichten, aus und übertrug Sichtweisen aus der Geologie auf kulturelle Phänomene. Christian Jürgensen Thomsen (1788–1865) entwickelte ab den 1830er Jahren das Konzept einer zeitlichen Abfolge von Stein-, Bronze- und Eisenzeitlichen Kulturen – das sogenannte Dreiperiodensystem.[14]

Ein Meilenstein in dieser dynamischen Zeit war der vierte Internationale Kongress für prähistorische Anthropologie und Archäologie.[15] Er fand vom 27. August bis zum 5. September 1869 in Kopenhagen statt. Die Themen und Diskussionen waren grundsätzlich, ging es doch vielfach um nichts Geringeres als um die zeitliche Gliederung der Prähistorie. Vertreten waren die bekannten Gelehrten Worsaae und Thomsen sowie von deutscher Seite die führenden Prähistoriker Rudolf Virchow und Christian Friedrich Lisch. Der Kongress wird insbesondere den deutschen Teilnehmern die Augen geöffnet haben, denn in Bezug auf museale Konzepte, aber auch theoretische Grundlagen und Methoden waren die skandinavischen Kollegen zu diesem Zeitpunkt

12 Unverhau, Frauenleben, Bd. 1 (wie Anm. 5), S. 98.

13 Paul Bahn (Hrsg.), The History of Archaeology. An Introduction, London u.a. 2014.

14 Svend Hansen, Von den Anfängen der prähistorischen Archäologie. Christian Jürgensen Thomsen und das Dreiperiodensystem, in: Prähistorische Zeitschrift 76 (2001), S. 10–23.

15 Unverhau, Frauenleben, Bd. 1 (wie Anm. 5), S. 187–206.

weltweit führend. Mit von der Partie war auch Johanna Mestorf, unter den 340 Teilnehmern tatsächlich die einzige Frau.

Man kann sich also vorstellen, was es für die knapp 40-Jährige bedeutete, als sie ihren ersten internationalen wissenschaftlichen Kongress in der dänischen Hauptstadt besuchte. Ihre Teilnahme ging im Übrigen von Jens Jacob Asmussen Worsaae aus, der bereits seit längerem in Kontakt zu Mestorf stand und die alleinstehende Dame einlud. Dies war insofern bemerkenswert, da seit der Niederlage im sogenannten „zweiten Schleswigschen Krieg" eine eher nationalistische Stimmung vorherrschte, in der archäologische Aktivitäten zu einem Kulturkampf mit der Feder instrumentalisiert wurden.[16] Die Teilnahme 1869 war demnach ein Türöffner, und Johanna Mestorf besuchte in den folgenden Jahren zwei weitere wichtige Kongresse in Bologna und in Brüssel.[17] Es ist faszinierend, zu erfahren, wie mühselig bereits die Vorbereitungen waren, die im Schatten des Deutsch-Französischen Krieges stattfanden, aber auch vor dem Hintergrund einer Gesellschaft, für die starke Frauen eine Bedrohung darstellten.

Ein Pfund, mit dem Mestorf wuchern konnte, waren ihre Übersetzungen. „Sollte es den dänischen Alterthumsforschern bei Gelegenheit wünschenswert erscheinen, irgendein Expose rasch in den archäologischen Kreisen bekannt zu machen, so würde es mir stets Ehre und Freude gereichen, als Dolmetscherin zu dienen", schrieb sie kurz nach dem Krongress an Worsaae. Ihr Angebot erscheint eher tiefgestapelt, denn über die „bloße" Übersetzungstätigkeit hinaus übertrug sie die Bücher und Aufsätze ins Deutsche, so dass sie „selbst ein gut Theil geistige Arbeit hineinlegte."[18]

In den folgenden Jahren entwickelte Johanna Mestorf enge fachliche wie persönliche Kontakte zu zwei weiteren führenden Archäologen in Skandinavien: Hans Hildebrandt (1842–1913) und Oskar Montelius (1843–1921). Beide verkörperten für sie das Erstrebenswerte in der prähistorischen Archäologie und ihren neuen Methoden. Oskar Montelius gilt als derjenige, der durch die sogenannte „typologische Methode" – im Kern einen auf darwinistischen Prinzipien beruhenden Merkmalsvergleich – Aussagen zur relativen zeitlichen Abfolge von Gegenständen ermöglichte.[19] Damit wurde es möglich,

16 Vgl. auch Jelena Steigerwald, Denkmalschutz im Grenzgebiet. Eine Analyse der Wissensproduktion und der Praktiken des Denkmalschutzes in der deutsch-dänischen Grenzregion im 19. Jahrhundert (Kieler Werkstücke, Reihe A: Beiträge zur schleswig-holsteinischen und skandinavischen Geschichte Bd. 40), Frankfurt am Main 2015.

17 Unverhau, Frauenleben, Bd. 1 (wie Anm. 5), S. 209–270.

18 Ebd., S. 345.

19 Siehe auch Paul Åström (Hrsg.), Oscar Montelius 150 years. Proceedings of a colloquium, held in the Royal Academy of Letters, History and Antiquities

archäologische Objekte nicht nur zu systematisieren, sondern Stufen und Epochen wie die Bronzezeit zu definieren. Hans Hildebrand war Reichsantiquar in Schweden und Mitglied der Schwedischen Akademie. Er gilt als einer der Väter der schwedischen Denkmalpflege und verfasste grundlegende Studien über die Vorzeit. Sein „Svenska folket under hedna tiden" übertrug Mestorf 1873 ins Deutsche. Weiterhin ist Sophus Müller (1846–1934) zu nennen, der grundlegende Arbeiten zur prähistorischen Archäologie in Skandinavien veröffentlichte und ab 1895 leitender Direktor des Dänischen Nationalmuseums in Kopenhagen war. Auch viele seiner Werke wurden von Mestorf ins Deutsche übersetzt und übertragen. Im Jahr 1868 schreibt Mestorf in einem Brief an Nilsson:

> „Mitternacht ist längst vorüber, und um 9 Uhr morgens soll ich schon wieder an meinem Tische sitzen. Von 9 Uhr bis 4 Uhr arbeite ich für meinen Principal oder lithographischen Verleger, von 4–12 an dem Steinalter. Die Meinigen sind mir gram – allein soll das Buch noch dieses Jahr versandt werden, so muß ich mit Ernst daran."[20]

Mestorf war nicht nur als Archäologin und Übersetzerin tätig, sondern es gelang ihr, ein Museum zu etablieren, das sich ausschließlich der Archäologie widmete.[21] Das Museum vaterländischer Alterthümer in der Kieler Kattenstraße war ein rein prähistorisches Museum und eines der wenigen selbständigen dieser Zeit. Der Weg dorthin war steinig und kompliziert, ging es doch auch um politische, um kulturelle, um deutsche und dänische und nicht zuletzt persönliche Befindlichkeiten. Ihre Vorstellungen einer Museologie orientierten sich an den federführenden Präsentationen der Sammlungen in Kopenhagen und Stockholm. Hier erhielt sie die Inspirationen, nach denen sie ihr späteres Museum gestaltete und für die Zukunft fit machte. Aber erst im Jahr 1891, im Alter von 63 Jahren, wurde sie zur Direktorin ernannt. Vorausgegangen waren zeit- und nervenraubende Auseinandersetzungen vor allem mit Heinrich Handelmann. Auch die weiteren Entwicklungen waren durch mannigfaltige

---

(Kungliga Vitterhets Historie och Antikvitets Akademien, Konferenser Bd. 32), Stockholm 1995.

20 Brief Johanna Mestorfs an Sven Nilsson vom 27.2.1868, zitiert nach: Dagmar Unverhau, Johanna Mestorf – Lebensabschnitte statt einer Biographie. Frühe Jahre und der Weg nach Kiel als Kustodin am Museum vaterländischer Alterthümer, in: Eine Dame zwischen 500 Herren. Johanna Mestorf, Werk und Wirkung (Frauen, Forschung, Archäologie Bd. 4), hrsg. von Julia Katharina Koch und Eva-Maria Mertens, Münster 2002, S. 103–145, hier S. 128.

21 Zu der sehr komplexen Entstehungsgeschichte des Museums sowie zu den politischen und persönlichen Auseinandersetzungen siehe ausführlich Unverhau, Frauenleben, Bd. 1 (wie Anm. 5), S. 273–389; Dies., Frauenleben, Bd. 2 (wie Anm. 5), S. 391–611.

Konflikte geprägt, doch gelang es Mestorf, nicht nur ihre personalpolitischen Vorstellungen durchzusetzen, sondern darüber hinaus die Wikingersiedlung Haithabu als wichtiges Forschungsobjekt zu etablieren – lange vor der Vereinnahmung durch Jankuhn und das „SS-Ahnenerbe".

Auch wenn Johanna Mestorf keine ausgedehnten Reisen in den vorderen Orient unternahm, so entdeckte sie eine neue weibliche Lebensalternative außerhalb der Ehe.[22] Über die Gründe dieser Entscheidung schweigen die Tagebücher von Mestorf, doch weist Unverhau präzise nach, dass sie diese Entscheidung schon früh getroffen hat.[23] Im Vergleich steht sie für die große und wachsende Zahl an Frauen, die seit der Mitte des 19. Jahrhunderts dieses Modell bewusst lebten oder leben mussten. Trotzdem charakterisiert Unverhau die Archäologin nicht als eine Frauenrechtlerin oder als aktiven Teil einer Frauenbewegung, wie dies gelegentlich der Fall ist.[24] Gleichwohl Mestorf unter anderem über ihre schwedische Freundin Rosalie Olivecrona mit den Ideen der Frauenbewegung in Berührung kam, so schrieb sie 1885, dass „ihre Zeit und Mittel es nicht erlaubten, solchen Vereinen beizutreten".[25] Wenn Mestorf sich nicht in der Frauenbewegung engagierte, so bedeutet dies nicht, dass sie die Ungleichheit nicht wahrnahm, erlebte und anprangerte. So schrieb sie im Jahr 1891 beispielsweise an Oskar Montelius: „Männer arbeiten nicht für das, was Frauen genügen muss."[26] Als Kustodin verdiente sie 1.923 Mark (M) und stand damit im deutlichen Gegensatz zu ihrem Chef Handelmann, der rund 5.200 M erhielt; auch als Direktorin wurden ihr lediglich 3.000 M ausgezahlt. Spätestens mit ihrer Ernennung zur Direktorin wurde Mestorf allerdings in der Frauenbewegung deutlich wahrgenommen:

> „Jetzt aber erst geht ihr Name durch alle Zeitungen [...]. Johanna Mestorf ist wohl die erste Frau, der ein solches Amt zu teil wird. Es ist gewiß ermutigend für strebsame Frauen, solchen Thatsachen zu begegnen, die besser als alle Theorien beweisen, daß die Welt des Geistes den Thüchtigen nicht verschlossen ist – trotz aller Vorurteile."[27]

Es ist daher Dagmar Unverhau zu folgen, wenn sie zu der Einschätzung gelangt, dass Johanna Mestorf eine dreifache Existenz lebte. Sie musste in der damaligen Gesellschaft „ihren Mann stehen", sie war zugleich Hausvorstand

22 Ulrike Stamm, Der Orient der Frauen. Reiseberichte deutschsprachiger Autorinnen im frühen 19. Jahrhundert (Literatur – Kultur – Geschlecht: Studien zur Literatur- und Kulturgeschichte Bd. 57), Köln u.a. 2010.

23 Vgl. dazu Unverhau, Frauenleben, Bd. 2 (wie Anm. 5), S. 733ff.

24 Zusammenfassend zu den verschiedenen Standpunkten siehe ebd., S. 755–769.

25 Ebd., S. 751.

26 Ebd., S. 746.

27 Zeitschrift des Allgemeinen Deutschen Frauenvereins „Neue Bahnen" 26 (1891) H. 19.

und wirkte als gesellschaftliche Repräsentantin.[28] Diese Rollen gingen ineinander über und bedingten sich gegenseitig mit ihren sehr unterschiedlichen Handlungsspielräumen in einer männerdominierten und latent emanzipationsfeindlichen Welt. Ob „in der Lautlosigkeit [...] höchstwahrscheinlich der Schlüssel zu ihrem Erfolg in einer Männerwelt" lag, wie ihre Biografin mutmaßt, wird man somit ferner vor dem Hintergrund vergleichbarer Biografien von „erfolgreichen" Frauen im ausgehenden 19. Jahrhundert diskutieren müssen.[29] Richtig ist, dass „ihre Leistungen [...] als Einzelleistung einer Persönlichkeit" wahrgenommen wurden, die dadurch „erträglich für eine Umwelt gestaltet [waren], die sich vor dem Aufbruch der Frauen fürchtete."[30] Johanna Mestorf hat zahlreiche Grenzüberschreitungen vorgenommen und in ihrer Art gegen geltende Konventionen verstoßen. Die Welt des späten 19. Jahrhunderts hat sie gewissermaßen als alleinstehende Frau auf eine facettenreiche Art und Weise entdeckt. In wissenschaftlicher Perspektive hat sie die Prähistorie und Denkmalpflege für sich entdeckt und diese Entdeckungen auch in ihrer wissenschaftlichen Arbeit weitergegeben. In ihrer Rolle und Position als Frau ist sie immer wieder mit sich selbst und den Frauenbildern ihrer Gesellschaft konfrontiert worden.

Gustav Schwantes (1881–1960)

Martin Heinrich Gustav Schwantes entdeckte die Welt mit der Mittagsblume vom heimischen Schreibtisch und dem heimischen Pflanzkasten in Hamburg und Kiel aus. Der 1881 in Bleckede geborene Schwantes war ein Kind des Kaiserreiches und steht zugleich für viele archäologische Biografien während der Professionalisierungsphase des Faches.[31] Ausgebildet als Volksschullehrer, übernahm er zunächst die Leitung der vorgeschichtlichen Abteilung am Museum Lüneburg, um dann ab 1919 Leiter der vorgeschichtlichen Sammlung des Museums für Völkerkunde in Hamburg zu werden. Dieses Amt hatte er bis zu seiner Übersiedlung nach Kiel inne, wo er ab 1928 zunächst als Privatdozent, dann ab 1931 als außerordentlicher Professor und von 1937 bis zu seiner Emeritierung im Jahr 1946 als Ordinarius für Vor- und Frühgeschichte lehrte. Er verstarb 1960 in Hamburg.

---

28 Unverhau, Frauenleben, Bd. 2 (wie Anm. 5), S. 792ff.
29 Ebd., S. 811.
30 Ebd.
31 Zum Folgenden siehe Schäfer, Der Prähistoriker (wie Anm. 6), S. 78–82; Martin Göllnitz, Ein nationaler Erinnerungsort? Zur Entstehung des Wikinger Museums Haithabu im Wandel der Geschichtspolitik, in: Historische Museen und Gedenkstätten in Norddeutschland, hrsg. von Karl Heinrich Pohl, Husum 2016, S. 69–94, hier S. 72, 78.

Der Prähistoriker pflegte zeit seines Lebens ein Hobby, das unter anderen Umständen sein zweites wissenschaftliches Standbein hätte werden können. Er war in Pflanzen, genauer gesagt in Sukkulenten verliebt. 1927 benannte der Botaniker Kurt Dinter sogar die *Schwantesia pillansii*, eine Pflanzengattung aus der Familie der Mittagsblumengewächse (Aizoaceae), zu Ehren von Schwantes.[32] Das Verbreitungsgebiet erstreckt sich vom äußersten Süden Namibias bis in den Norden der südafrikanischen Provinz Nordkap. Eine Sukkulente, die den Namen eines Prähistorikers trägt – ungewöhnlich allemal. Wie konnte es dazu kommen?

Schwantes beschritt bereits im elterlichen Kleingarten zu seiner Zeit als Volksschullehrer erste botanische Wege. Im Jahr 1914 wurde er folgerichtig Mitglied der Deutschen Kakteen-Gesellschaft (DKG) und veröffentlichte regelmäßig fachwissenschaftliche Beiträge.[33] Und schon seit den 1910er Jahren befasste er sich intensiv mit der Aufzucht der Mittagsblume – durchaus eine Herausforderung aufgrund des nasskalten norddeutschen Nieselwetters. Von 1919 bis 1923 studierte er dann neben den Fächern Völkerkunde und Geologie auch das Gebiet der Botanik in Hamburg. Ähnlich Karl May reiste der Kieler Professor aber nie in die Regionen, deren Pflanzenwelt ihn so faszinierte. Gleichwohl gelang es ihm, ein weitreichendes Netzwerk zu Sukkulentenforschern zu spannen. Zu diesen gehörten nicht nur führende Botaniker wie der Engländer Edward Brown, sondern auch der Hamburger Arzt Julius Derenberg und dessen Ehefrau Marie Louise.[34]

Samen, auch der späteren *Schwantesia pillansii*, bezog Schwantes aus dem Schutzgebiet Deutsch-Südwestafrika. Es war der aus Dresden stammende Regierungsbotaniker der deutschen Kolonie, Moritz Kurt Dinter, der auf ausgedehnten Reisen zuweilen Exemplare der Mittagsblume sammelte.[35] Diese Funde überließ er zusammen mit detaillierten Reiseberichten seinem Bekannten. Nach dem Ersten Weltkrieg baute Schwantes seine Kontakte weiter aus, sodass er sich bald auf ein breites Netzwerk von Pflanzenliebhabern im Südwesten Afrikas stützen konnte, die wiederum enge Kontakte mit Botanikern an den Universitäten in Kirstenbosch und Stellenbosch unterhielten.

32 Siehe dazu die URL: https://de.wikipedia.org/wiki/Schwantesia (zuletzt abgerufen am 17.8.2016).

33 Vgl. das Schriftenverzeichnis mit 97 Einträgen bei Schäfer, Der Prähistoriker (wie Anm. 6), S. 253–256.

34 Diesbezüglich siehe René Runte, Walter Julius Derenberg. Leben und Werk (Frankfurter wirtschaftsrechtliche Studien Bd. 60), Frankfurt am Main 2004.

35 Siehe diesbezüglich die URL: http://www.namibiana.de/namibia-information/who-is-who/autoren/infos-zur-person/kurt-dinter.html (zuletzt abgerufen am 28.7.2016). Dort finden sich zahlreiche Hinweise zur Person Kurt Dinters sowie zu dessen Forschungen und Publikationen.

Mit dem plötzlichen Tode von Julius Derenberg im Jahr 1928 einerseits, aber auch dem Umzug nach Kiel und den damit verbundenen neuen Aufgaben andererseits, kam die Sukkulentenforschung des Prähistorikers nahezu zum Erliegen. Derenberg vermachte jedoch seine Sammlung dem künftigen Ordinarius, der diese dem Botanischen Garten in Kiel als Leihgabe zur Verfügung stellte. Dort war man unter der Leitung des Garteninspektors zunächst nicht von der Fülle der für fachfremde Betrachter wenig unterschiedlichen Pflanzen begeistert, denn eine ausgewogene Sammlungspolitik sollte bekanntlich breit angelegt sein.

Nach der Emeritierung und sicherlich auch vor dem Hintergrund einer als unpolitisch verstandenen archäologischen Forschung in der unmittelbaren Nachkriegszeit widmete sich Schwantes wiederum verstärkt den Sukkulenten. Es entwickelte sich eine enge Freundschaft zu Hermann Johannes Heinrich Jacobsen (1898–1978), der in Kiel als Assistent und ab 1929 als Garteninspektor des Alten Botanischen Gartens tätig war. Jacobsen betreute in diesem Zusammenhang den Nachlass von Derenberg beziehungsweise die Sammlung von Schwantes. Beide bemühten sich nicht nur um den Erhalt der Sammlung, sondern versuchten zudem, die Kontakte nach Südwestafrika wiederzubeleben und auszubauen. Schwantes selbst gewährte seinen Mittagsblumen Asyl im eigenen Garten und gelangte dadurch in Konflikt mit der Stadt Kiel. In den späten 1940er Jahren sollten die eigenen Gärten zuvörderst dem Gemüseanbau dienen und nicht für derart ausgefallene Hobbys genutzt werden.

Wie auch in der ur- und frühgeschichtlichen Archäologie offenbarte sich Schwantes im Bereich der Botanik als erfolgreicher Netzwerker. Er und weitere Kollegen an der CAU – insbesondere Jacobsen – organisierten 1948 eine Tagung, die überregionale Resonanz erfuhr und an der sämtliche Leiter deutscher Botanischer Gärten teilnahmen. Zu diesem Anlass referierte Schwantes auch über die „Wunder der Wüste“ und unternahm den Versuch, die DKG wiederzubeleben. Zugleich schlug er in der Sukkulentenforschung Wege ein, die er schon in der archäologischen Wissenschaft erfolgreich beschritten hatte. Als ehemaliger Lehrer wusste er um die Notwendigkeit populärer Vermittlung. Dies gelang ihm nicht nur in der ur- und frühgeschichtlichen Archäologie, wo er gerade in den außerwissenschaftlichen Kreisen das Fach und aktuelle Forschungen gekonnt darstellte.

Bereits seit den 1920er Jahren erarbeitete er Monografien zu seinen Pflanzen.[36] Und 1954 publizierte er schließlich die populär-wissenschaftlichen Werke „The Cultivation of the Mesembryanthemaceae“ sowie „Flowering Stones and Mid-Day Flowers“. Aus heutiger Sicht und mit Blick auf die Vermittlungsstrategien in der anglophonen Wissenschaftswelt mag dieser

36 Schäfer, Der Prähistoriker (wie Anm. 6), S. 146.

Sachverhalt kaum erstaunen.[37] Mitte der 1950er Jahre war es aber durchaus ungewöhnlich. Der Grund für diesen Schritt war, dass kein deutscher Verlag einerseits die populär-wissenschaftlichen Ansätze drucken, andererseits dieses ausgesprochene Spezialthema umsetzen wollte.[38]

Soweit Sukkulenten und Bronzedolche auf den ersten Blick auseinanderliegen, so stellen sie doch zwei Seiten der Weltsicht des Kieler Prähistorikers dar. „Die Typologie ist die Entdeckung der Tatsache, dass das Werkschaffen des menschlichen Geistes denselben Gesetzen gehorcht wie das übrige organische Geschehen“, wie Schwantes in einem 1952 publizierten Beitrag für die Zeitschrift Offa hervorhob.[39] Typologie – das ist für die Archäologie das Ordnen von Objekten nach äußerlichen Merkmalen wie Form, Größe oder Material. Schwantes' Perspektive war stets eine chronologisch-typologische und damit auch eine Suche nach der Ordnung der Dinge. Diese verfolgte er archäologisch mit Konzepten der Formenkontinuität. Dies findet sich in anderer Form in seiner Sukkulentenforschung wieder. So verglich er die umgebungsabhängige Anpassung der Pflanze, die Form und Farbe wechseln kann, mit der Ausbreitung archäologischer Kulturen. Seiner Ansicht nach war das „Streben der Pflanze, der Dürre ihres Lebensraum entgegenzuwirken“, ausschlaggebend dafür. Das Konzept des Psychismus, die Vorstellung einer allumfassenden und in der Natur verankerten Zielstrebigkeit, hat darüber hinaus Eingang in seine archäologischen Arbeiten gefunden. Schwantes sah also die Archäologie zugleich aus der Perspektive der Mittagsblume. Natur und Kultur gingen beim ihm somit eine Symbiose ein. So wie er die Ökotope seiner Mittagsblume nie mit eigenen Augen gesehen hat, so hat er auch die Vergangenheit nie bereisen können. Doch durch die Pflanzen entdeckte er die vergangenen Kulturen – und die Kulturen der Vergangenheit halfen ihm, die Pflanzenwelt zu verstehen.

Alfred Rust (1900–1983)

> „Als ich aber vor sechs Jahren bei Prof. Schwantes am ersten Semester einer urgeschichtlichen Vorlesungsreihe teilnahm, wurde ich von diesem Zweige der Wissenschaft so gepackt, dass meine Mutter bald keine Kleiderschränke mehr benutzen konnte. Ich packte die Fächer bis obenhin mit Steinwerkzeugen voll [...].“[40]

37 Gustav Schwantes, The Cultivation of the Mesembryanthemaceae, London 1954; Ders., Flowering Stones and Mid-Day Flowers. A Book for Plant and Nature Lovers on the Mesembryanthemaceae, London 1957.

38 Schäfer, Der Prähistoriker (wie Anm. 6), S. 146.

39 Zum Folgenden siehe Gustav Schwantes, Vom Wesen der Typologie, in: Offa 10 (1952), S. 1–9, hier S. 9.

40 Alfred Rust, Jallah Jallah. Auf Urmenschensuche mit Fahrrad, Zelt und Kochtopf, Wiesbaden 1952, S. 10.

Alfred Rust liefert in seinem 1952 veröffentlichten Reisebuch „Jallah, Jallah" eine geradezu klassische Begründung für den Weg in die Archäologie. Doch wer war Alfred Rust, der seine feste Stellung als Elektromeister kündigte und im Zuge der Weltwirtschaftskrise ohne Geld in die Fremde aufbrach? Mit dem Namen und dem Wirken Rusts sind viele Narrative und Kontroversen verbunden. Sie betreffen vor allem seine Stellung während des NS-Regimes und seine weitere Karriere in der Nachkriegszeit.[41]

Alfred Rust wurde im Jahr 1900 in Hamburg geboren und absolvierte zwischen 1915 und 1919 eine Lehre als Elektrotechniker. Als Angehöriger der Kriegsjugendgeneration wurde er zum Ende des Ersten Weltkrieges noch 1918 eingezogen und meldete sich freiwillig an die Westfront. 1927 machte er die Meisterprüfung und war anschließend bis 1930 technischer Leiter einer Hamburger Elektrotechnikfirma. Zwischen 1923 und 1928 besuchte er außerdem Vorlesungen zur Vorgeschichte bei Gustav Schwantes an der Volkshochschule Hamburg. Der Durchbruch als Prähistoriker gelang Rust dann 1931/33 mit der „Entdeckung" des Fundplatzes von Stellmoor bei Hamburg-Meiendorf. An einer Reihe von spätglazialen Seen hatten hier am Ende der letzten Eiszeit Rentierjäger ihre Sommerlager aufgeschlagen. Mit dieser Entdeckung gelang es Rust gleichsam, die Alt- und Mittelsteinzeit nach Norddeutschland zu holen. Wissenschaftlich gehörte nicht zuletzt Gustav Schwantes zu seinen Förderern. Der Kieler Professor erkannte die Wichtigkeit des Fundplatzes und verfügte zudem über die wissenschaftlichen Netzwerke, um den jungen Prähistoriker zu unterstützen und in die *scientific community* einzuführen. 1940 erhielt Rust die Ehrendoktorwürde und habilitierte sich 1942 an der CAU. Die wissenschaftlichen Leistungen Rusts, aber auch sein bewusstes Engagement im Nationalsozialismus sowie seine Verschleierungstaktik im Zuge der Entnazifizierung waren und sind Gegenstand zahlreicher Diskussionen. Mit Ulf Ickerodt können wir davon ausgehen, dass Rusts Karriere entscheidend durch den NS-Staat gefördert wurde und er diese Förderungen gezielt zu nutzen wusste.[42]

Kommen wir aber zu seiner Fahrradtour zurück. Das Jahr 1930 war nicht nur das Jahr nach dem New Yorker Börsenkrach, der die Weltwirtschaftskrise einleitete. Es war auch das Jahr einer entscheidenden persönlichen Wende im Leben Rusts, denn in diesem Sommer gab er seine Stelle als technischer Leiter auf, um sich ausschließlich der Vorgeschichte widmen zu können. In den folgenden acht Monaten unternimmt er zusammen mit seinem Freund Kuno Schladetzki eine mehr oder minder abenteuerliche Fahrradtour, die sie von Hamburg über Österreich, die Balkanländer sowie die Türkei nach

41 Zuletzt mit weiteren Hinweisen und Literatur Ickerodt, Ein notwendiger Kommentar (wie Anm. 7); sowie Tromnau, Der mutige Aufsatz (wie Anm. 7).

42 Ickerodt, Ein notwendiger Kommentar (wie Anm. 7), S. 9f.

Kleinasien und Ägypten führte. Der Rückweg erstreckte sich über Griechenland, Italien und Frankreich.

Auch wenn die beiden keineswegs in unbekanntes Terrain aufbrachen und – im Vergleich zu Westafrika, Zentralasien oder dem Amazonasgebiet – die besuchten Länder nicht übermäßig gefährlich waren, so bildete die Fahrt doch etwas Besonderes. Rust, obwohl kein Anhänger der Wandervogelbewegung, stellte dennoch seine Reise bewusst in diese Linie, indem er sich selbst und seinen Freund als „Wandervogel" bezeichnete. Auch wenn die Tour unzweifelhaft eine wichtige persönliche Erfahrung bildete, so kann sie kaum mit zeitgenössischen Unternehmungen wie der Grönland-Expedition von Alfred Wegener (1930) oder der Alai-Pamir-Expedition (ab 1928) verglichen werden. Interessant ist, dass Rust seine Tour gleichsam an das damals wie heute begehrte „Reise-Stipendium" des Deutschen Archäologischen Institutes anlehnte. Bei diesem handelt es sich um ein seit 1859 jährlich vergebenes Stipendium, welches der Förderung des akademischen Nachwuchses dient. Gewünscht ist dabei ein längerer Aufenthalt im Kulturraum der Klassischen Antike (Mittelmeerraum, Vorderasien), wobei neben dem Besuch archäologischer und historischer Stätten auch ein Einblick in die entsprechenden Länder und ihre Kultur von Bedeutung ist.

Es bleibt nicht einfach, den Reisebericht zu bewerten. Sichtbar wird jedoch eine große Neugier der beiden Reisenden, eine enorme Weltaufgeschlossenheit dem sogenannten Fremden gegenüber und ein respektvoller Umgang mit anderen Menschen. Insofern passt der Bericht nicht so recht zu dem, was zumindest an Aussagen aus der NS-Zeit vorliegt. Es gehört in jedem Falle eine gewisse Naivität dazu, eine solche Reise ohne die damals wie heute übliche Ausrüstung einschließlich entsprechender Impfungen zu machen. Die beiden Entdecker verfügten noch nicht einmal über einen Spirituskocher, tranken dreckiges Wasser und ungereinigtes Gemüse. So verwundert es nicht, dass bei Alfred Rust während seines Aufenthaltes in Syrien schließlich eine Ruhr diagnostiziert wurde, die rund anderthalb Monate unbehandelt geblieben war:

> „Aber gelobt sei Allah für das, was wir jetzt gefunden haben! Vor den Erfolg haben die Götter den Schweiß gesetzt, vor diesem Erfolg aber standen nicht nur Ströme von Schweiß, sondern auch Heeren von Mikroben. Ohne Hilfe der Ruhramöben wäre ich nie nach Jabrud gekommen."[43]

Im Zuge der Erkrankung – so zumindest Rust nachträglich – entdeckte er die Höhlen von Jabrud und damit einen der wichtigen paläolithischen Fundplätze des Vorderen Orients.[44] Seine Entdeckung beschreibt der Prähistoriker später als eine Art mystische „Reise" in die Vergangenheit, denn

---

43 Rust, Jallah Jallah (wie Anm. 40), S. 120f.

44 Ickerodt, Ein notwendiger Kommentar (wie Anm. 7), S. 2.

> „für den Suchenden sind es immer wieder spannende Augenblicke, wenn er sich einem Bezirk nähert, der vermutlich urgeschichtliche Wohnplätze aufweist. Aus weiter Ferne schon prüft der Blick […]. Und es überkommt den Forscher das Gefühl, als sei er selbst ein Mensch der Urzeit, der aus dem Jordantale heraufgekommen, erstmalig dieses Hochland betritt und erwartungsvoll abschätzt, was ihm das klippenreiche Gebiet dort vorn wohl an Wohn-, Wasser- und Jagdmöglichkeiten zu bieten hat.“[45]

Die Höhlen von Jabrud waren Rusts Sprungbrett in die Archäologie, sozusagen der entscheidende Teil des Überganges vom „elektrogeschulten Laienforscher“ zum professionellen Wissenschaftler.[46] Es verwundert daher nicht, dass er bis ins Jahr 1934 in Jabrud ausgrub.[47]

In seinem Buch zeichnet Rust das Bild eines Autodidakten, der ohne Geld in einer Kombination von Forscherdrang und Abenteurergeist die (prähistorische) Welt entdeckt. Allerdings hatte Rust vielfach die notwendigen entsprechenden Begleit- und Empfehlungsschreiben, die ihm und Schladetzki nicht nur beim Grenzübertritt, sondern auch in Bezug auf Museumsbesuche oder Ausgrabungsbesichtigungen wichtige Dienste leisteten. Wenn Rust also ausführt, als elektrogeschultem Laienforscher würden sich ihm, wenn er „solche Kulturvorkommen in Europa ausgraben wollte, unüberwindliche Widerstände entgegenstellen“, wie beispielsweise „Denkmalschutzbestimmungen, Ausgrabungsgesetze, vielleicht zünftige Fachleute“, so kokettiert er insbesondere in der rückblickenden Perspektive mit dem Bild des Selfmademans.[48] Zahlreiche Prähistoriker seiner Generation sind gleichsam als Quereinsteiger zu bezeichnen. Wohlwollend blickten die alten Herren, an erster Stelle Schwantes, auf den mit 30 Jahren auch nicht mehr so jungen archäologischen Novizen. Eine umfassende Förderung, wie sie etwa Herbert Jankuhn, Karl Kersten (1909–1992) oder andere Studenten erfuhren, kam indes noch nicht in Frage. Vielmehr wirkt es so, als musste sich der Quereinsteiger erst beweisen.

In der Tat setzte die umfassende Förderung auch erst ab den 1930er Jahren ein. In der Folgezeit ermöglichte ihm sein Karriereaufstieg eine privilegierte Stellung nebst Sonderstatus auch in Kriegszeiten.[49] Wie Ulf Ickerodt deutlich

---

45 Rust, Jallah Jallah (wie Anm. 40), S. 118.

46 Ebd., S. 123; Ickerodt, Ein notwendiger Kommentar (wie Anm. 7), S. 2.

47 Alfred Rust, Die Höhlenfunde von Jabrud (Syrien) (Offa-Bücher Bd. 8), Neumünster 1950; Frederike Albers, Die Lehrsammlung am Kölner Institut für Ur- und Frühgeschichte, in: Archäologische Universitätsmuseen und -sammlungen im Spannungsfeld von Forschung, Lehre und Öffentlichkeit (Archäologie: Forschung und Wissenschaft Bd. 4; Spectanda Bd. 3), hrsg. von Florian M. Müller, Wien u.a. 2013, S. 369–380, hier S. 373ff.

48 Rust, Jallah Jallah (wie Anm. 40), S. 11.

49 Hierzu Ickerodt, Ein notwendiger Kommentar (wie Anm. 7), S. 10.

herausgestellt hat, entwirft Rust selbst, aber auch die Öffentlichkeit ein Bild, das Christian Hufen allgemein als Kombination aus Ausgräber, Eroberer, Ideologe, Wissenschaftler und Soldat charakterisiert.[50] Der auf dem Fahrrad reisende Orientforscher passt somit nicht nur zum (medialen) Archäologentypus vom Entdecker und Abenteurer, sondern Rust spart in seinem apologetischen Rückblick auch gekonnt seine NS-Vergangenheit aus und transformiert das nachkriegszeitliche Bild des Selfmademan in die archäologische Sphäre.

Herbert Jankuhn (1905–1990)

Der Schutz der Museen „ist notwendig, unmittelbar beim Einmarsch der Truppen und in den ersten Tagen der Besetzung, weil dann Plünderungen durch die Zivilbevölkerung wenigstens teilweise [...] vermieden werden können."[51] Autor dieses Berichtes war Herbert Jankuhn, ein „deutscher Prähistoriker zwischen nationalsozialistischer Ideologie und wissenschaftlicher Objektivität", der sich damit auf die Tätigkeit des nach ihm benannten archäologischen „Sonderkommandos Jankuhn" bezog.[52] Der im Jahr 1905 im ostpreußischen Angerburg geborene Wissenschaftler war während des NS-Regimes führendes Mitglied des „SS-Ahnenerbes" und konnte seine akademische Karriere trotz dessen in der Nachkriegszeit fast nahtlos fortsetzen. Nach dem Zweiten Weltkrieg war er Professor an der Georg-August-Universität Göttingen und Mitherausgeber des Reallexikons der Germanischen Altertumskunde. Der umstrittene Prähistoriker verstarb 1990 in Göttingen.

Über die zahlreichen Akteure und Institutionen der ur- und frühgeschichtlichen Archäologie in der NS-Zeit ist in den letzten Jahren umfangreich publiziert worden.[53] Für die folgenden Überlegungen ist ohnehin das „SS-Ahnenerbe" von größerem Interesse, das 1935 von Heinrich Himmler, Richard Walther Darré und dem niederländischen Privatgelehrten Herman Wirth gegründet wurde.[54] Trotz oder gerade wegen mancher versponnener Ideen ihrer Leiter war das „Ahnenerbe" eine Wissenschaftsorganisation

50 Christian Hufen, Gotenforschung und Denkmalpflege. Herbert Jankuhn und die Kommandounternehmen des „Ahnenerbe" der SS, in: „Betr.: Sicherstellung". NS-Kunstraub in der Sowjetunion, hrsg. von Wolfgang Eichwede und Ulrike Hartung, Bremen 1998, S. 75–96.

51 Mahsarski, Herbert Jankuhn (wie Anm. 8), S. 253.

52 So lautet der Untertitel der Studie von Mahsarski, Herbert Jankuhn (wie Anm. 8).

53 Siehe Focke-Museum (Hrsg.), Graben für Germanien. Archäologie unterm Hakenkreuz, Stuttgart 2013.

54 Uta Halle/Dirk Mahsarski, Forschungsstrukturen, in: Graben für Germanien. Archäologie unterm Hakenkreuz, hrsg. vom Focke-Museum, Stuttgart 2013, S. 57–64; Malte Gasche, Der „Germanische Wissenschaftseinsatz" des „Ahnenerbes" der SS 1942–1945. Zwischen Vollendung der „völkischen Gemeinschaft"

par excellence. Im Vordergrund standen archäologische, anthropologische und historische Forschungen und Expeditionen. Angesichts des Fokus auf germanische Geschichte und Vorgeschichte waren Konflikte mit anderen nationalsozialistischen „Forschungseinrichtungen" abzusehen. An erster Stelle ist dabei das Amt Rosenberg zu nennen, dessen Leiter Alfred Rosenberg ebenfalls die archäologische Forschung für sich beanspruchte.[55] Vereinfacht ausgedrückt war gerade Kiel für den archäologischen Zweig des „Ahnenerbes" von großer Bedeutung.[56] Hinzu kommt, dass sich die CAU als Grenzlanduniversität insbesondere unter ihrem Rektor Paul Ritterbusch dezidiert auf das NS-Regime ausrichtete.[57] Neben Jankuhn, der mit seinem rasanten Aufstieg im „Ahnenerbe" und innerhalb des Fachbereiches der Archäologie während des NS-Regimes gleichermaßen eine herausragende wie auch strukturell mit anderen Karrieren vergleichbare Entwicklung zeigt, sind weitere Akteure der „Kieler Schule der Archäologie" zu nennen. Von Bedeutung sind hier vor allem Peter Paulsen (1902–1985) und Karl Kersten, die ebenfalls im Rahmen von sogenannten „Sonderkommandos" tätig waren. So beschlagnahmte das „Sonderkommando Paulsen" bei seinem Einsatz in Polen 1939 verstärkt prähistorische, volkskundliche und naturwissenschaftliche Sammlungen sowie zahlreiche Fachbibliotheken in Krakau, Sandomir, Warschau und Lublin.[58] Bei seiner ersten Reise im Oktober 1939 überführte Paulsen auch den Veit-Stoß-Altar aus Krakau nach Berlin.[59] Karl Kersten war nicht

und dem Streben nach „Erlösung" (Studien zur Archäologie Europas Bd. 20), Bonn 2014.

55 Reinhard Bollmus, Das „Amt Rosenberg", das „Ahnenerbe" und die Prähistoriker. Bemerkungen eines Historikers, in: Prähistorie und Nationalsozialismus. Die mittel- und osteuropäische Ur- und Frühgeschichtsforschung in den Jahren 1933–1945 (Studien zur Wissenschafts- und Universitätsgeschichte Bd. 2), hrsg. von Achim Leube, Heidelberg 2002, S. 21–48.

56 Müller, Die „Kieler Schule" (wie Anm. 4); Mahsarski, Herbert Jankuhn (wie Anm. 8).

57 Christoph Cornelißen/Carsten Mish (Hrsg.), Wissenschaft an der Grenze. Die Universität Kiel im Nationalsozialismus (Mitteilungen der Gesellschaft für Kieler Stadtgeschichte Bd. 86), Essen 2009; Martin Göllnitz, Forscher, Hochschullehrer, Wissenschaftsorganisatoren: Kieler Professoren zwischen Kaiserreich und Nachkriegszeit, in: Christian-Albrechts-Universität zu Kiel. 350 Jahre Wirken in Stadt, Land und Welt, hrsg. von Oliver Auge, Kiel u.a. 2015, S. 498–527, insb. S. 511ff.

58 Vgl. Jörn Jacobs, Peter Paulsen. Ein Wanderer zwischen den Welten, in: Prähistorie und Nationalsozialismus. Die mittel- und osteuropäische Ur- und Frühgeschichtsforschung in den Jahren 1933–1945 (Studien zur Wissenschafts- und Universitätsgeschichte Bd. 2), hrsg. von Achim Leube, Heidelberg 2002, S. 451–459.

59 Siehe dazu Andrzej Mężyński, Kommando Paulsen. Organisierter Kunstraub in Polen 1942–45, Köln 2000.

nur zusammen mit Jankuhn auf der Krim und in der Ukraine tätig, sondern wirkte vor allem in Skandinavien.[60]

Die Einsätze und Aktionen von Jankuhn betreffen neben Westeuropa vor allem Südrussland und die Ukraine.[61] Unmittelbar vor dem deutschen Überfall auf Polen schlug Jankuhn die Bildung eines Sonderkommandos vor, das in direkter Zusammenarbeit mit dem Sicherheitsdienst und der Sicherheitspolizei vor Ort die Bestände archäologischer Museen beschlagnahmen sollte. Mit Blick auf die Aktivitäten in Osteuropa, vor dem Hintergrund der sich zuspitzenden Auseinandersetzungen zwischen dem Amt Rosenberg (Einsatzstab Reichsleiter Rosenberg) und dem Ahnenerbe, ist es verständlich, dass Jankuhn für die „Kulturgutsicherung" auf die Loyalität der Waffen-SS und kooperierender Organisationen angewiesen und sein Kommando unmittelbar der I. SS-Division „Wiking" unter der Leitung von Franz Steiner unterstellt war.

Wichtig für Jankuhn waren vor allem gotische Fundstücke, sollten diese doch die Existenz eines gotischen Großreiches auf der Krim und im Kaukasusvorland belegen. Anfang 1942 gehörte Jankuhn einem Vorauskommando in Kiew an, wo unter anderem Funde sichergestellt wurden, aber auch der Straßenbau überwacht werden sollte, war doch hier verstärkt mit reichen gotischen Gräbern zu rechnen. Im April 1942 erfolgte Jankuhns Ernennung zum Sonder- und Fachführer, sodass er fortan „kriegswichtige Forschungen in den Kriegsgebieten" durchführen konnte. Am 1. August 1942 gelangte Jankuhn schließlich an die Front und erlebte im Folgenden den Vorstoß in Richtung Krim. Den Archivalien ist zu entnehmen, dass Jankuhn auch für ideologische Schulungen eingesetzt wurde – vermutlich handelte es sich um Erklärungen zur Geschichte und Archäologie der Krim beziehungsweise Südrusslands. Der von Jankuhn begeistert aufgenommene Vormarsch ist insbesondere anhand seiner Korrespondenz gut nachvollziehbar. Seine Briefe haben mitunter den Charakter von Expeditionsberichten. Dies ist einerseits dem Umstand geschuldet, dass eine Feindberührung in dieser frühen Phase selten erfolgte, andererseits seiner Ausbildung als beobachtender Archäologe. Im Sommer 1942 besuchte Himmler die Krim, wobei sein Interesse vor allem den Aktionen gegen die Partisanen galt. Dass diese sich auch in den antiken Höhlenstädten versteckt hatten, war die Klammer, um zugleich archäologische und bauhistorische Denkmäler insbesondere der Goten zu untersuchen.

---

60 Ulf Ickerodt, Karl Kersten – und die archäologische Landesaufnahme Schleswig-Holsteins, in: Archäologische Nachrichten aus Schleswig-Holstein 20 (2014), S. 12–15.

61 Sylvette Lemagnen, The Bayeux Tapestry under German Occupation: New Light on the Mission led by Herbert Jankuhn during the Second World War, in: The Bayeux Tapestry. Embroidering the Facts of History, hrsg. von Pierre Bouet, Brian Levy und Francois Neveux, Caen 2004, S. 49–64.

Betont wurde dabei, dass nur für die „Geschichte des dt. Volkstums auf der Krim" die historische Anknüpfung an die Goten von größter Bedeutung sei. Bereits 1938 konstruierte Jankuhn das Bild eines geschlossenen Siedlungsraumes germanischer Völker von der Steinzeit und der Bronzezeit bis hin zur Wikingerzeit. Damit lieferte er entscheidende Bausteine zur NS-Ideologie. Wie ur- und frühgeschichtliche Quellen sowie deren Interpretation durch die Prähistoriker zur „Sinnstiftung" herangezogen wurden, zeigt sich nicht zuletzt an einem Aufsatz des Germanisten und Architekten der Ostraumforschung, Joseph Otto Plaßmann.[62]

Auch während der Kampfeinsätze hatte Jankuhn genügend Zeit, die Museen zu besuchen, die stellenweise geplündert waren. So diente der Einsatz in der Stadt Maikop, die aufgrund ihrer Erdölfelder einerseits und der Partisanenaktivitäten andererseits wichtig war, zur Sicherstellung zahlreicher (archäologischer) Materialien, die dann nach Deutschland verbracht wurden. Von besonderer Bedeutung war der sogenannte „Gotenschatz" von Kertsch, der im Dezember 1942 aufgespürt und dann Jankuhn übergeben wurde. Auch im Kaukasusvorland widmete sich Jankuhn zahlreichen Museen. Daneben verschaffte sich Jankuhn einen Überblick über den Bestand von regionalen Denkmälern und beschrieb beispielsweise darüber hinaus die Kurgane, frühgeschichtliche Grabhügel, in einem entwicklungsgeschichtlichen Kontext zu den nordischen Bestattungen der Bronzezeit.[63] In einem abschließenden Bericht über seine Tätigkeit zwischen dem 20. Juli und dem 1. Dezember 1942 skizziert Jankuhn auf 27 Seiten und anhand von 14 Tafeln und Karten die Aufgaben eines „Heeresarchäologen". So führt er aus, dass in „Sammlungen die wissenschaftlich wichtigeren Gegenstände photographisch und katalogmäßig aufzunehmen und sie der deutschen Forschung auf dem Weg über Abbildungen und Beschreibungen zugänglich zu machen" sind.[64] Was hier als Sicherung vor Ort anscheinend unbefangen daherkommt, wird nachfolgend präzisiert. Wenn eine „Unterbringung" nicht möglich sei oder keine „Gewähr für ihre Erhaltung und Schonung" bestehe, so soll die Sammlung „in ihren wichtigeren Teilen verpackt und nach Berlin geschafft werden."[65]

Exemplarisch lässt sich der Einsatz von Archäologen im Krieg anhand von Herbert Jankuhn aufzeigen. Im Zentrum der Einsätze standen drei miteinander verwobene Aspekte. Es ging um den Schutz der als germanisch wahrgenommenen Kulturgüter, die Gewinnung von Kollaborateuren und den Fronteinsatz. Dabei ist festzustellen, dass diese Konzepte erstens bereits mit der Idee für einen „Heeresarchäologen" im Zuge des Westfeldzuges entwickelt

62 Siehe dazu ausführlich Müller, Die „Kieler Schule" (wie Anm. 4).
63 Mahsarski, Herbert Jankuhn (wie Anm. 8), S. 263.
64 Ebd., S. 253.
65 Ebd.

worden waren und zweitens die Beteiligung von Archäologen als Teil der kämpfenden Truppe nicht allein ein deutsches Modell und auf den Zweiten Weltkrieg beschränkt war.[66]

Der Druck auf Kulturgüter ist in Krisen- und Konfliktzeiten immens. Medial sichtbar werden sie meist durch spektakuläre Zerstörungen, doch die Schäden in Museen und privaten Sammlungen oder gar Plätze, die bis dato unbekannt waren, sind oftmals weitaus gravierender. Unmittelbar greifbar sind gezielte Zerstörungen aus politischen, ideologischen, aber auch wirtschaftlichen Gründen im Kriegsgebiet oder in seinem Umfeld. Wenn Kulturgüter für „ihre Erhaltung und Schonung" außerhalb des betroffenen Landes verbracht werden, so ist dies auch mit einer Zerstörung gleichzusetzen, denn sie werden einem Staat oder einer Kultur entzogen. Als sogenannte „Kollateralschäden" sind Zerstörungen zu werten, die beispielsweise durch den Ausbau der Kulturgüter als Flakstellungen, durch die Nutzung als Unterkunft oder durch die archäologischen Beobachtungen, wie etwa im Rahmen des Straßenbaues auf der Krim, entstehen. Eine Zerstörung wird hier bewusst in Kauf genommen. Folgeschäden sind beispielsweise Raubgrabungen. Es wäre aber – und dies zeigt uns der Einsatz von Jankuhn deutlich – zu einfach, den Blick allein auf die Akteure vor Ort zu richten. Es sind vielmehr die Netzwerke, angefangen bei Regierungen über organisierte Kriminalität bis hin zu Einzelpersonen, die am Millionengeschäft „Raubgut" teilhaben und dementsprechend stärker in den Fokus rücken sollten.

Zusammenfassung

Mestorf, Schwantes, Rust und Jankuhn – alle vier stehen für Lebensentwürfe, die in vielen Dingen typisch sind für das ausgehende 19. und das frühe 20. Jahrhundert. Aber lassen sich über die historischen Dimensionen hinaus die Lebens- und Karrierewege verallgemeinern – sind sie gar mit heutigen Laufbahnentwicklungen von Archäologen vergleichbar? Es ist sicherlich auch eine Frage, wie sehr man nach strukturellen Vergleichen sucht. Johanna Mestorfs Weg in die Wissenschaft und Museologie allgemein und die Archäologie im Speziellen ist an die Bedingungen des ausgehenden 19. Jahrhunderts geknüpft.[67] Doch manche ihrer Aussagen – beispielsweise zum Verdienst, den Mehrfachbelastungen im privaten und beruflichen Leben oder

66 Siehe dazu Jack Williams, Archaeological Ethics in Armed Conflicts, Diss. phil., Leicester 2013, S. 23–33.

67 Amanda Adams, Ladies of the Field. Early Women Archaeologists and Their Search for Adventure, Nanoose Bay 2010; Magarita Díaz-Andreu/Marie Louise Stig Sørensen (Hrsg.), Excavating Women: A History of Women in European Archaeology, London u.a. 1998.

den Auseinandersetzungen mit Kollegen – scheinen mit heutigen Lebenswegen von Wissenschaftlerinnen in der Archäologie durchaus vergleichbar.[68] Gustav Schwantes, der in der Botanik ebenso versiert unterwegs war wie in der ur- und frühgeschichtlichen Archäologie, mag uns vor Augen führen, dass das Fach nicht aus sich heraus betrieben werden kann, sondern der Archäologe immer mit bestimmten Vorstellungen arbeitet. Dies mag vergleichsweise banal und selbstverständlich klingen, und gilt auch für die übrigen Archäologen. Doch wird diese Pfadabhängigkeit bei Schwantes besonders deutlich, denn seine Sicht auf die Botanik findet ihre Entsprechung in der Archäologie und vice versa.

Mit Alfred Rusts Selbstzeugnis wird eine archäologische Meistererzählung lebendig, in der ausgehend vom tiefen Wunsch nach Archäologie über die Initiation bis zum Erfolg ein Lebensweg konstruiert wird, in dem Beruf und Berufung miteinander verschmelzen. Es ist das bekannte Narrativ des Archäologen als Berufener, als Entdecker, das auch noch heute in den Medien vermittelt wird und das Archäologen gerne vermitteln.[69] Mit Herbert Jankuhn haben wir einen Bereich betreten, der auch abseits des Nationalsozialismus und insbesondere heute von größter Aktualität ist, wie beispielswiese an den Zerstörungen von Kulturgütern im Zuge des Irakkrieges deutlich wird.[70] Wenn der Archäologe in Krisen- und Kriegsgebieten tätig ist, wird jene Dimension des Faches berührt, die nach einer Ethik, nach einer gesellschaftlichen wie individuellen Verantwortung fragt.[71] Sie

68 Es gibt erstaunlicherweise kaum Studien zu diesem Thema. Vgl. Sarah Hamilton, Under-Representation in Contemporary Archaeology, in: Papers from the Institute of Archaeology 24 (2014), S. 1–9; Andrea Bräuning, Professorinnen in der Vor- und Frühgeschichte. Gender und Archäologie, in: Archäologische Informationen 35 (2012), S. 23–37; Cheryl Claassen (Hrsg.), Women in Archaeology, Philadelphia 1994.

69 Aus der Vielzahl an Publikationen zu diesem Thema seien genannt Joachim Gehrke/Miriam Sénécheau, (Hrsg.), Geschichte, Archäologie, Öffentlichkeit. Für einen neuen Dialog zwischen Wissenschaft und Medien. Standpunkte aus Forschung und Praxis (Historische Lebenswelten in populären Wissenskulturen Bd. 4), Bielefeld 2010; Marco Kircher, Wa(h)re Archäologie. Die Medialisierung archäologischen Wissens im Spannungsfeld von Wissenschaft und Öffentlichkeit (Historische Lebenswelten in populären Wissenskulturen Bd. 7), Bielefeld 2012.

70 Siehe exemplarisch Yannis Hamilakis, The „War on Terror" and the Military-Archaeology Complex: Iraq, Ethics, and Neo-Colonialism, in: Journal of the World Archaeological Congress 5 (2009), S. 39–65.

71 Aus einer Reihe von Veröffentlichungen seien hier genannt: Williams, Archaeological Ethics (wie Anm. 66); Dominic Perring/Sjoerd van der Linde, The Politics and Practice of Archaeology in Conflict, in: Conservation and Management of Archaeological Sites 11 (2009), S. 197–213; Laurie Rush (Hrsg.), Archaeology, Cultural Property, and the Military (The heritage matters series Bd. 3), Woodbridge u.a. 2010; Peter

ist ein Teil des Diskurses über Kulturgüterschutz, der von zahlreichen Disziplinen geführt wird und mit Institutionen wie dem International Council on Monuments and Sites (ICOMOS) und der United Nations Educational, Scientific and Cultural Organization (UNESCO) auch institutionell vertreten wird.[72] In diesem Zusammenhang müssen wir uns fragen, in wessen Auftrag der Archäologe aktiv wird, wenn es um die „Sicherung von Kulturgut" geht, aber die Zerstörung des historischen Erbes besetzter Gebiete gemeint ist. Genauso tiefgreifend – und dies zeigen die historisch-archäologischen Interpretationen von Jankuhn – ist die Auseinandersetzung mit der Neubewertung der Geschichte in Krisen- und Konfliktgebieten.

G. Stone (Hrsg.), Cultural Heritage, Ethics, and the Military (The heritage matters series Bd. 4), Woodbridge 2011.

72 Marie Louise Stig Sørensen/Dacia Viejo-Rose (Hrsg.), War and Cultural Heritage. Biographies of Place, New York 2015.

Knut-Hinrik Kollex

„Das Reizvolle liegt in den Ergebnissen." Karl Gripps fast vergessene Arktis-Expeditionen in den 1920er Jahren

Spricht man von der Geschichte der Arktis-Forschung, so ist man schnell geneigt, an raubeinige Polarhelden zu denken: Mit einem Bein schon im Grab, springen sie dem kalten weißen Tod gerade so noch von der Schippe, oder aber sie sterben heldenmütig auf dem Weg zum großen Entdeckerziel – natürlich nach Überwinden widrigster Strapazen – doch noch den Abenteurertod. Tatsächlich befasst sich die überwiegende Mehrheit wissenschaftlicher und populärer Literatur mit eben diesen arktischen Heroenfiguren. Ein derartiges Beispiel stellt etwa die gescheiterte Franklin-Expedition Mitte des 19. Jahrhunderts dar, die sich der Entdeckung der (damals noch) mythischen Nordwest-Passage annahm. Obgleich man weder diese noch die Expeditionsteilnehmer wiederfand, entstand eine Vielzahl an Publikationen zu der Thematik.[1] Arktis-Reisende jagten also Mythen hinterher oder wurden sogar selbst auf tragische Weise zum Mythos – mitsamt Unsummen privater und öffentlicher Gelder.

Tatsächlich gab es im 19. und 20. Jahrhundert aber eine ganze Reihe weiterer Unternehmungen, denen diese öffentliche Aufmerksamkeit nicht zuteilwurde. Ihnen fehlte der Hauch des Mythischen, sie waren entweder nicht spektakulär genug oder Opfer ihres reibungslosen Verlaufes – sie waren schlicht zu langweilig – ein Problem, das auch heute jeder Forscher kennt, der um eine Forschungsförderung bemüht ist und dessen Interessen gerade nicht

1 Siehe dazu exemplarisch Scott Cookman, Ice blink. The tragic fate of Sir John Franklin's lost polar expedition, New York u.a. 2000; Fergus Fleming, Barrow's Boys. Eine unglaubliche Geschichte von wahrem Heldenmut und bravourösem Scheitern, Hamburg 2002; Derek Notman/Owen Beattie, The palaeoimaging and forensic anthropology of frozen sailors from the Franklin Arctic expedition mass disaster (1845–1848). A detailed presentation of two radiological surveys, in: Human Mummies. A Global Survey of their Status and the Techniques of Conservation (The man in the Ice Bd. 3), hrsg. von Konrad Spindler, Harald Wilfing, Elisabeth Rastbichler-Zissernig, Dieter zur Nedden und Hans Nothdurfter, Wien u.a. 1996, S. 93–106. Die Suche nach der verschollenen Franklin-Expedition hat mittlerweile ebenfalls das Interesse der Forschung gefunden. Vgl. etwa Francis Leopold McClintock, Die Reise der „Fox" im arktischen Eismeer Juni 1857-September 1859. Ein Bericht von der Expedition zur Aufklärung des Schicksals von Sir John Franklin und seiner Gefährten, übers., bearb. und hrsg. von Stefan Christoph Saar und Eckhard Berkenbusch, Wiesbaden u.a. 2010.

en vogue sind. Zu diesen auf ihre Art auch „tragischen“ Arktis-Forschern lässt sich zunächst der deutsche Geologe Karl Gripp zählen, der in den 1920/30er Jahren drei Forschungsreisen in die Arktis unternahm, von denen heute kaum noch jemand etwas weiß. Karl Gripp war schmächtig, unscheinbar und fuhr in die Arktis, um Steine zu sammeln. Kein Mann also, der zum Heldentum taugte. Und dennoch lohnt ein Blick auf seine Forscherkarriere, denn an ihr lässt sich ablesen, vor welche Herausforderungen die vielen ‚normalen‘ Wissenschaftler gestellt waren, die nicht mit dem Erwecken großer Erwartungen öffentliche Begeisterungsstürme entfachen konnten, wie dies anderen gelang. Zur Tragik der Forscherkarriere Gripps gehörte zudem, dass er ausgerechnet mit dem Ausbruch des Ersten Weltkrieges ins rechte Forscheralter kam und hiernach weder viel Geld noch viel Begeisterung für akademische Träumereien vorhanden waren. Das alles aber schreckte Gripp nicht ab: „Das Reizvolle liegt in den Ergebnissen“, konnte er schon bald sagen, als er sein Wissenschaftlerschicksal schließlich selbst in die Hand nahm, um nicht nur die Widrigkeiten deutscher Forschungsförderung, sondern auch jene der deutschen Hochschullandschaft – mit ihrer geringen Aussicht auf einen eigenen Lehrstuhl – zu überwinden. Wodurch deutlich wird, dass sich zwischen Kaiserzeit und Moderne in dieser Frage nur wenig bewegt hat. Denn dies sind Fragen, mit denen sich Wissenschaftler schon aus praktischer Selbsterwägung heraus bis heute beschäftigen müssen.

Was für Gripps wissenschaftliche Karriere ein Handicap war, macht ihn heute besonders interessant, denn als Geologe des 20. Jahrhunderts wirkte, forschte und lehrte er in vier verschiedenen politischen Systemen Deutschlands. Die Beschäftigung mit seiner Biographie verspricht also Erkenntnisse über die turbulentesten Zeiten deutscher Wissenschaftsgeschichte. Es lohnt sich dabei, nicht nur singuläre Forschungsreisen zu betrachten, sondern diese in einen längeren Kontext zu stellen, der sich über sein gesamtes Forscherleben erstreckt.[2] Inspiriert durch das 350-jährige Jubiläum der Christian-Albrechts-Universität zu Kiel (CAU), an der Gripp sowohl studierte als auch Jahre später als Ordinarius lehrte und forschte, wurde eine stärkere Auseinandersetzung

2 Siehe dazu ausführlich Oliver Auge/Martin Göllnitz, Kieler Professoren als Erforscher der Welt und als Forscher in der Welt: Ein Einblick in die Expeditionsgeschichte der Christian-Albrechts-Universität, in: Christian-Albrechts-Universität zu Kiel. 350 Jahre Wirken in Stadt, Land und Welt, hrsg. von Oliver Auge, Kiel u.a. 2015, S. 949–972, insb. S. 949ff.; Martin Göllnitz, Expeditions- und Forschungsreisen als Karrieresprungbrett? Norddeutsche Wissenschaftler als Teilnehmer der Galathea-, Challenger- und Plankton-Expedition, in: Zeitschrift der Gesellschaft für Schleswig-Holsteinische Geschichte 141 (2016), S. 235–265, hier S. 235ff.

mit den Kieler Forschern nicht nur angemahnt, sondern auch umgesetzt.[3] Dieser Beitrag ist ebenfalls in diesem aktuellen Forschungskontext zu sehen.

Ein Anfang – Karl Gripp auf dem Weg zum Wissenschaftler

Geboren wurde Karl Christian Johannes Gripp am 21. April 1891 als Sohn eines Lehrers aus Kellinghusen in Hamburg.[4] Schon sehr früh begeisterte er sich für die Welt der Fossilien und Gesteine, vor allem die seiner Heimat. Bereits als Schüler besuchte er die Vorlesungen Carl Gottsches, seines Zeichens Direktor des Geologischen Staatsinstitutes in Hamburg, und schon bald darauf arbeitete der Nachwuchsgeologe für diesen als Hilfskraft. Gottsche wurde auf diese Weise sein erster wissenschaftlicher Mentor. Nach dem Abitur im Jahr 1910 begann Gripp ein Geologie-Studium in Göttingen. Ein Jahr später ging er ins französische Grenoble, wo er nicht nur die Geologie des Alpenraumes, sondern auch seine spätere Frau, Madelaine Morand, kennenlernte. Sie hatte, wie alle Frauen mit einer besonderen Bedeutung für Gripp, das gewisse Etwas – womit in diesem Fall die Liebe zur Geologie gemeint ist. Als eine der ersten Geologinnen Frankreichs arbeitete sie für das Naturhistorische Museum in Paris.[5]

Gripp selbst kehrte zunächst nach Deutschland zurück, schloss 1913 an der CAU sein Studium ab und beendete im Jahr darauf seine Dissertationsschrift.[6] Die mündliche Prüfung zur Erlangung des Doktorgrades legte er ausgerechnet am 1. August 1914 ab, just zu dem Zeitpunkt, als in Kiel die Mobilmachung für den Ersten Weltkrieg verkündet wurde. Gripp meldete sich umgehend als

3 Oliver Auge/Martin Göllnitz, Die Christian-Albrechts-Universitat und ihre Geschichtsschreibung, in: Christiana Albertina 78 (2014), S. 38–58, hier S. 51f. Vgl. exemplarisch Martin Göllnitz, Forscher, Hochschullehrer, Wissenschaftsorganisatoren. Kieler Professoren zwischen Kaiserreich und Nachkriegszeit, in: Christian-Albrechts-Universität zu Kiel. 350 Jahre Wirken in Stadt, Land und Welt, hrsg. von Oliver Auge, Kiel u.a. 2015, S. 498–527. Siehe auch das „Kieler Gelehrtenverzeichnis“ unter der URL: www.gelehrtenverzeichnis.de (zuletzt abgerufen am 25.9.2016).

4 Zur Biographie Gripps vgl. Wolfgang Prange, Art. „Gripp, Karl Christian Johannes“, in: Biographisches Lexikon für Schleswig-Holstein und Lübeck, Bd. 9, Neumünster 1991, S. 134–137. Siehe jetzt auch Knut-Hinrik Kollex, Karriere und Karriereknick. Der Arktisforscher Karl Gripp (1891–1985) zwischen Weimar, Weltkrieg und Wiederaufbau (im Druck).

5 Landesarchiv Schleswig-Holstein (LASH), Abt. 47, Nr. 6596; Prange, Art. „Gripp, Karl Christian Johannes“ (wie Anm. 4), S. 134.

6 Gedruckt als Karl Gripp, Über den Gipsberg in Segeberg und die in ihm vorhandene Höhle, in: Jahrbuch der Hamburgischen Wissenschaftlichen Anstalten 30 (1912) H. 6, S. 35–51.

Freiwilliger zum Seebataillon: Der körperlich eher schmächtige Brillenträger, zudem mit Plattfüßen gestraft, wurde jedoch als untauglich abgelehnt.[7]

Die Ablehnung wirkte sich jedoch positiv aus, denn kurz darauf erhielt er eine Anstellung am Geologischen Staatsinstitut in Hamburg, das sich mittlerweile unter der Leitung von Professor Georg Gürich befand.[8] Im Frühjahr 1915 wurde er dann aber doch noch zum Kriegsdienst einberufen. Nach einem kurzen Einsatz an der Ostfront diente er bald auf eigenen Wunsch als Wehrgeologe unter Hermann von Bertrab.[9] Dieser hatte sich als Polarforscher an einer Südpolarexpedition Erich von Drygalskis im Jahr 1911 beteiligt.[10] Im Mai 1918 wurde Gripp auf Bitten des Geologischen Staatsinstitutes aus dem Militärdienst entlassen, um an seiner ersten geologischen Expedition in die Berge um Üsküb, dem heutigen Skopje in Mazedonien, teilzunehmen.[11]

Nach dem Krieg blieb Gripp als Kustos am Hamburger Institut und verfasste 1920 seine Habilitationsschrift.[12] Die Venia Legendi, die begehrte Lehrbefugnis, erhielt er noch im selben Jahr und lehrte an der erst 1919 gegründeten Hamburger Universität als Privatdozent Geologie.[13]

Eine Chance für die Wissenschaft – Karl Gripps erste Arktis-Expedition 1925

Gripps Haupttätigkeit stellte das Katalogisieren und Bearbeiten der Sammlungsbestände dar. Diese Tätigkeit sorgte zwar für ein Auskommen, drohte für den ehrgeizigen Geologen jedoch zur akademischen Sackgasse zu werden. In dieser Situation traf es sich günstig, dass ihm der Hamburger Biologe und Bibliothekar Gustav Adolf Meyer im Frühjahr 1925 vorschlug, eine gemeinsame Forschungsreise nach Spitzbergen zu unternehmen.[14] Nach kurzer Überlegung

7 Staatsarchiv Hamburg (StA HH), 361–6, Nr. IV 0323.

8 Ebd.

9 Ebd. Zu Hermann v. Bertrab (1857–1940) siehe Wolfgang Torge, Geschichte der Geodäsie in Deutschland, 2. Aufl., Berlin u.a. 2009, S. 290.

10 Cornelia Lüdecke, Die deutsche Polarforschung seit der Jahrhundertwende und der Einfluss Erich von Drygalskis (Berichte zur Polarforschung Bd. 158), Bremerhaven 1995, S. 158f.

11 StA HH, 361–6, Nr. IV 0323; LASH, Abt. 47, Nr. 6596; Karl Gripp, Die Gebirge um Ueskürb, in: Zeitschrift der Gesellschaft für Erdkunde zu Berlin 8–10 (1921), S. 256–270; Ders., Beiträge zur Geologie von Mazedonien (Abhandlungen aus dem Gebiet der Auslandskunde Bd. 7), Hamburg 1922.

12 Karl Gripp, Steigt das Salz zu Lüneburg, Langenfelde und Segeberg episodisch oder kontinuierlich?, Hamburg 1920.

13 StA HH, 361–6, Nr. IV 2197.

14 StA HH, 221–10, Nr. 146, Bd. 2. Zu Adolf Meyer-Abich (1893–1971) siehe Felix Brahm, Art. „Meyer-Abich, Adolf“, in: Hamburgische Biografie. Personenlexikon, Bd. 3, hrsg. von Franklin Kopitzsch und Dirk Brietzke, Göttingen 2006, S. 254.

willigte Gripp schließlich ein. Auch wenn er Spitzbergen zunächst als nicht sonderlich interessant für sein Fachgebiet, die Flachlandgeologie, betrachtete, erkannte er die Chance, seine Karriere mit einer solchen Unternehmung in Schwung zu bringen.[15]

Obwohl Forschungsvorhaben in Deutschland zu dieser Zeit nur stiefmütterlich finanziert wurden, hatten er und Meyer bis zum Sommer 1925 die nötigen Mittel beisammen.[16] Den ausschlaggebenden Anteil hieran hatte Emmy Mercedes Todtmann, die sich ihnen anschloss. Die Tochter eines wohlhabenden Hamburger Kaufmannes war selbst seit kurzem promovierte Geologin.[17] Gripp war ihr Doktorvater gewesen und nun ihr Kollege am Staatsinstitut. Günstig wirkte sich Todtmanns Zugang zu einflussreichen Kreisen Hamburgs aus, vor allem zum Hochschulsenator Paul de Chapeaurouge, mit dem sie sich duzte.[18] So ist es kaum verwunderlich, warum drei bislang wenig in Erscheinung getretene Wissenschaftler von der Hamburger Hochschulbehörde eine stattliche Summe zur Finanzierung einer mehrwöchigen Expedition in die Arktis erhielten. Daneben stellte ferner die Notgemeinschaft der deutschen Wissenschaft, die Vorgängerorganisation der Deutschen Forschungsgemeinschaft, einen Teil der Finanzierung sicher.[19]

Die Reise begann am 4. Juli 1925, und zwar mit der Fahrt auf einem Kreuzfahrtschiff.[20] Schon längere Zeit war die Inselgruppe das Ziel zahlreicher internationaler Reiseunternehmen.[21] Die Anreise erforderte zu dieser Zeit zudem nur wenige Formalitäten, denn Spitzbergen war bis zum Sommer 1925 noch eine „terra nullius“, also ein Niemandsland, auf das bislang mehrere Staaten lediglich Ansprüche erhoben hatten. Erst am 14. August 1925, während die drei Hamburger Wissenschaftler dort verweilten, wurde der

15 StA HH, 221–10, Nr. 146, Bd. 2. Siehe darüber hinaus Gripps Publikationsverzeichnis in Rolf Köster/Wolfgang Prange, Professor Dr. Karl Gripp, in: Meyniana 37 (1985), S. 1–6.

16 Karl Gripp, Beiträge zur Geologie von Spitzbergen, Hamburg 1927, S. 3.

17 Zur Biographie Emmy Todtmanns (1888–1973) siehe Lilja Schopka-Brasch, Emmy Mercedes Todtmann und ihre Forschungsreisen nach Island, in: Island 21 (2015), S. 24–35.

18 Zu Senator Paul de Chapeaurouge (1876–1952) siehe Helmut Stubbe da Luz, Art. „Chapeaurouge, Paul de“, in: Hamburgische Biografie. Personenlexikon, Bd. 5, hrsg. von Franklin Kopitzsch und Dirk Brietzke, Göttingen 2010, S. 80–82.

19 Gripp, Beiträge zur Geologie (wie Anm. 16), S. 3.

20 Die hier geschilderten Ereignisse der Expedition basieren auf Gripps Reisetagebüchern: Archiv für Geographie des Leibniz-Instituts für Länderkunde Leipzig (AGL), Kasten 831, Spitzbergen I–III Tagebuch Gripp 1925.

21 Für Spitzbergen als Kreuzfahrt-Ziel vgl. Thor Björn Arlov, Svalbards Historie 1596–1996, Oslo 1996, S. 210–217.

Spitzbergen-Archipel mitsamt der Bäreninsel vom norwegischen Königreich in Besitz genommen.[22]

Emmy Todtmann hatte zuvor dafür gesorgt, dass der Transport nach Spitzbergen ohne weitere Kosten mit der „Peer Gynt", einem Schiff der Reederei Viktor Schuppe, durchgeführt werden konnte.[23] Mitgeführt wurde außerdem eine extra angeschaffte Holzjolle, mit der die drei Wissenschaftler die Gewässer ihres Zielgebietes befahren wollten. Hier zeigt sich, dass Emmy Todtmann – neben ihren wertvollen Kontakten – der Expedition weiterhin mit einer erheblichen Portion praktischer Veranlagung diente. Denn ihre beiden männlichen Reisebegleiter waren im Gegensatz zu ihr nicht in der Lage, diese Jolle zu führen. Überhaupt konzentrierten sich deren Expeditionsvorbereitungen auf vorrangig theoretische Belange: Gripp und Meyer führten allerlei Bücher mit arktischen Reisebeschreibungen mit sich, Todtmann hatte die Gewehre im Gepäck. Während die Geologin die Reise bequem mit dem Schiff antrat, mussten Gripp und Meyer zunächst mit der Bahn quer durch Schweden reisen. Für sie war erst in Narvik eine Kabine freigeworden. Gripp ließ – ganz Forscher – die Fahrt durch Schweden dennoch nicht ungenutzt. Im Stockholmer Riksmuseum begutachtete er die dortige Gesteins- und Fossiliensammlung aus Spitzbergen. Begeistert zeigte er sich auf der Weiterreise auch von den geologischen Formationen in Nordschweden. So sehr, dass er in Abisko die Nachricht verpasste, dass die „Peer Gynt" früher abfahren würde. Sein Kollege Meyer machte wenig Anstalten, ihn zu unterrichten, und reiste ohne ihn ab. Neben ersten Rissen in der Reisegemeinschaft zeigte sich nun erstmals Gripps besonderes soziales Talent. Er konnte überaus charmant die jeweils richtigen Leute ansprechen und schnell für sich einnehmen. So überzeugte er nach seiner Ankunft in Tromsö spätabends den französischen Konsul Thiis, für eine Benachrichtigung der „Peer Gynt" sowie für eine Fahrt nach Hammerfest zu sorgen. So holte Gripp sein Schiff schließlich ein und erreichte am 25. Juli 1925 mit seinen Kollegen die kleine Bergbau-Siedlung Barentsburg auf Spitzbergen.

Hier lag eine niederländische Kohlemine, die sich als Ausgangspunkt der Untersuchungen am dortigen Greenbay-Gletscher anbot. Der Förderbetrieb ging bereits zurück, der Export der Kohle lohnte sich finanziell kaum noch. Lediglich die Sowjetunion und Norwegen erforschten aus geostrategischen Gründen weitere Vorkommen und vergrößerten ihre Claims.[24] Das Interesse der drei Deutschen war allerdings nicht auf Kohlevorkommen gerichtet, wie Grubenleiter van Ness erstaunt feststellte. Während Meyer sich vor allem für

---

22 Zur Besitzergreifung siehe Ders., A short history of Svalbard (Polarhåndbok Bd. 4), Oslo 1989, S. 68.

23 Kollex, Karriere und Karriereknick (wie Anm. 4).

24 Arlov, A short history (wie Anm. 22), S. 72.

arktische Weichtiere interessierte, wollten Gripp und Todtmann die Abtaugebiete des örtlichen Greenbay-Gletschers untersuchen und sie mit den Verhältnissen in Norddeutschland während der letzten Eiszeit vergleichen. Vor allem interessierten sie Phänomene der durch den Wechsel von Bodenfrost und Auftauen entstehenden Bodenerosion, etwa das Phänomen des sogenannten „Brodelbodens“ oder das sogenannte „Erdfließen“, das noch Bedeutung für Gripps Karriere haben sollte. Die hierfür mitgeführte, sehr spartanische Ausrüstung verstauten sie in ihrer ebenso spärlich eingerichteten Hütte. Da diese nur Platz für Proviant und einiges Material bot, kampierten die drei Forscher gemeinsam in einem nur zwei Quadratmeter großen Zelt. Der arktische Sommer des Jahres 1925 war besonders milde und frei von Schnee und Eis.[25] Doch die beengten und einfachen Verhältnisse waren schnell zu viel für Adolf Meyer. Nach nicht einmal einer Woche verließ er das Lager, quartierte sich bei dem Barentsburger Arzt Dr. Abs ein und bestieg kurz darauf wieder ein Schiff nach Deutschland. Für Gripp, der für den „weinerlichen Mumke“ ohnehin kein Verständnis aufbringen konnte, war dies eher Erleichterung denn Rückschlag.[26] Dennoch belastete sein Ausscheiden die Expedition. Schon bald zeigte sich, dass das Forschungsprogramm zu großzügig geplant worden war. Die Verhältnisse im Abtaugebiet des Gletschers machten häufig lange Umwege erforderlich. Auch die mitgeführte Elbsegeljolle erwies sich als wenig zweckmäßig, es dauerte schlicht zu lange, ohne Motorboot andere Gletschergebiete aufzusuchen. So wurde im Wesentlichen nur das Gebiet des örtlichen Greenbay-Gletschers untersucht. Die allgemeinen Thesen, die Gripp aufgrund seiner Untersuchungen nach der Rückkehr aufstellte, wurden daher – auch wenn sie sich später weitgehend als zutreffend erwiesen – von fachlicher Seite angegriffen.[27] Der Zerfall der Expeditionsgemeinschaft warf so einen weiteren Schatten auf den mageren Erfolg. Gripps größter Kritiker, der Hamburger Geograph Siegfried Passarge, hielt ihm später vor, die Reise habe „keinen einzig[en] neuen Gedanken gebracht“.[28]

Dennoch markierte Gripps Reise nach Spitzbergen – neben der von Max Grotewahl im selben Jahr – zugleich den Neubeginn der deutschen Arktisforschung.[29] Denn sie war eine der ersten deutschen wissenschaftlichen

---

25 Zum damaligen Klima siehe etwa unter der URL: http://www.mosj.no/no/klima/atmosfare/temperatur-nedbor.html (zuletzt abgerufen am 10.6.2016).

26 Siehe exemplarisch AGL, Kasten 831, Spitzbergen I Tagebuch Gripp 1925, Eintrag vom 26.7.1925.

27 Gripp, Beiträge zur Geologie (wie Anm. 16).

28 StA HH, 361–5 II, Nr. P f 3.

29 Zu Max Grotewahl (1894–1958) siehe Cornelia Lüdecke, Zum 100. Geburtstag von Max Grotewahl (1894–1958). Gründer des Archivs für Polarforschung, in: Polarforschung 65 (1997), S. 93–105.

Unternehmungen in der Arktis seit dem Beginn des Ersten Weltkrieges.[30] Zugleich stellte sie eine gewissermaßen inhaltliche Trendwende dar: Die großen Entdeckungen im arktischen und antarktischen Raum waren bereits gemacht worden, zahllose erfolgreiche und spektakulär gescheiterte Expeditionen hatten sich ins kollektive Bewusstsein eingebrannt. Bekannte Namen wie Roald Amundsen, Robert Falcon Scott, Otto Nordenskjöld oder die Deutschen Carl Koldewey und Erich von Drygalski prägten die Vorstellung vom Kampf des Forschers mit den unnachgiebigen Elementen der polaren Eiswüsten. Forscherdrang und Abenteuerlust waren hier noch gewissermaßen eine Einheit. Ganz anders im Fall Karl Gripp. Ihm ging es nicht um das Abenteuer, sondern um die Klärung spezifischer geologischer Fragen. Nicht die Arktis selbst stand im Fokus des Erkenntnisinteresses, sondern das Verständnis der eigenen, heimischen Gefilde.

Bei allem Stolz über die Erkenntnisse, die Gripp gesammelt hatte: seine Reise war unspektakulär geblieben. Das war ein Problem, sollte seine Reise doch, wie man heute sagen würde, eine Impact-Wirkung in der Öffentlichkeit erzielen, um ihn in seiner Karriere voranzubringen. Als Gripp und Todtmann am 22. August auf der „General San Martin" die Heimreise antraten, sprach Gripp sich gewissermaßen selbst Mut zu. Er notierte:

> „Zu meinen Lieblingsideen gehört die Ansicht, das[s] Abenteuer das Ergebnis von Fehlern sind. Fast Jedermann gibt dem Griechen recht, der da sagte: ‚Gesegnet sei das Land mit einer reizlosen Geschichte.' Und höchstens Zeitungsschreiber widersprechen dem Satze: ‚Gesegnet sei die gleichmäßige Forschungsreise.' Bei richtiger Vorsorge muss alles so eintreffen, wie man berechnet hat. Daher schäme ich mich aller Zwischenfälle [...]. Das Reizvolle liegt in den Ergebnissen."[31]

Der kurze Untersuchungszeitraum hatte allerdings nur wenig neue wissenschaftliche Erkenntnisse zutage fördern können. Die Ergebnisse der Reise veröffentlichten Gripp und Todtmann 1926 in einem kurzen Beitrag für die Mitteilungen der Geographischen Gesellschaft Hamburg.[32] Obgleich sie später umstritten waren, boten sie die Grundlage für weitere Unternehmungen. Auch seine Karriere wurde entgegen seinen Befürchtungen gefördert. Anfang Juli 1926 wurde Gripp als Kustos am Geologischen Staatsinstitut verbeamtet

30 Zur deutschen Arktisforschung in dieser Zeit siehe Dies., Die deutsche Polarforschung (wie Anm. 10).

31 AGL, Kasten 831, Spitzbergen III Tagebuch Gripp 1925. Der Text entstammt ursprünglich dem Reisebericht einer fehlgeschlagenen Arktis-Expedition: Vilhjalmur Stefansson, Das Geheimnis der Eskimos. Vier Jahre im nördlichen Kanada, Leipzig 1925, S. 29. Interessant ist, dass Gripp auf den Satz „Immerhin begegneten uns einige Abenteuer" aus dem Original verzichtete.

32 Gripp, Beiträge zur Geologie (wie Anm. 16).

und Anfang 1927 verlieh ihm die Hamburger Universität den außerordentlichen Professorentitel.[33]

Der wissenschaftliche Anschluss – Karl Gripps zweite Spitzbergen-Expedition 1927

In der Öffentlichkeit war Gripps Reise gut aufgenommen worden. Das lag auch an ihm selbst, denn er verstand es, seine Erlebnisse und Erkenntnisse in Vorträgen ansprechend zu vermarkten, wobei es half, dass er seine Reise mit einer Vielzahl an Photographien dokumentierte und seine Forschungen bildgewaltig ausschmückte.[34]

1927 gelang es Gripp daher erneut, zusammen mit Emmy Todtmann und dem Geographen Herbert Knothe aus Breslau, Mittel für eine Expedition nach Spitzbergen aufzutreiben. Diesmal konnte Gripp sich deutlich besser vorbereiten. Unter der Bezeichnung „Hamburgische Spitzbergenexpedition" sollte zudem im Vorfeld ein breiteres Publikum angesprochen werden. So kam die im Vergleich mit anderen Expeditionen beeindruckende Summe von 20.000 Reichsmark (RM) zusammen.[35] Den Löwenanteil trugen die Hamburger Hochschulbehörde und die Notgemeinschaft der deutschen Wissenschaft. Um in den arktischen Küstengewässern nicht wieder auf die kleine Segeljolle angewiesen zu sein, waren davon 12.000 RM als Charter für ein kleines Motorschiff veranschlagt worden. Für Hilfsarbeiten an Lager und Ausrüstung nahmen die Expeditionsreisenden den Geographie-Studenten Carl Schott mit, der im Übrigen später als Professor für Geographie an der CAU lehrte und forschte. Besonders günstig war dabei, dass dieser die Kosten für seine Expeditionsteilnahme ebenso aus eigenen Mitteln trug wie Emmy Todtmann, die ja schon 1925 für ihre Reisekosten selbst aufgekommen war.

Diese zweite Reise nach Spitzbergen begann Ende Mai 1927.[36] In Tromsö unterzeichnete Gripp unter Mithilfe des französischen Konsuls Thiis und des norwegischen Arktisforschers Helmer Hanssen den Charter-Vertrag für die „Oiland", ein kleines Motorfahrzeug, das schon bei der britischen

33 StA HH, 361–6, Nr. IV 2197.

34 In dem Gutachten zur Verleihung des Professorentitels heißt es: „Als Dozent zeichnet er sich durch einen ruhigen[,] klaren und sicheren Vortrag aus; besonders versteht er es auch, jüngere Schüler für seinen Gegenstand zu gewinnen und zu wissenschaftlichem Eifer anzufeuern." Vgl. ebd.

35 Karl Gripp, Glaciologische und geologische Ergebnisse der Hamburgischen Spitzbergen-Expedition 1927, in: Abhandlungen aus dem Gebiete der Naturwissenschaften 22 (1929) H. 3/4, S. 145–250, hier S. 148.

36 Der hier dargestellte Expeditionsverlauf basiert im Wesentlichen auf den von Karl Gripp geführten Reisetagebüchern: AGL, Kasten 831, Spitzbergen I–III Tagebuch Gripp 1927.

Oxford-Expedition von 1924 zum Einsatz gekommen war.[37] Sie sollte den Forschern jedoch erst in Barentsburg auf Spitzbergen zur Verfügung stehen. Die Überfahrt war diesmal nicht so einfach wie 1925. Mittlerweile hatte Norwegen sein Regime über die Insel gefestigt und so fand sich zunächst kein Schiff, das die vier Deutschen übersetzen konnte oder wollte. Erst als Gripp den norwegischen Polarforscher Adolf Hoel, den er 1925 kennengelernt hatte, um Mithilfe bat, konnten sie auf einem Kohlefrachter die letzte Etappe der Anreise beginnen.

Adolf Hoel spielte eine wesentliche Rolle in der Arktispolitik des norwegischen Königreiches.[38] Seinem Betreiben war es maßgeblich zu verdanken, dass Norwegen die Souveränität über den Spitzbergen-Archipel erlangte. Er hatte als Geologe seine wissenschaftliche Arbeit ganz in den Dienst der Gewinnung von „livsrom" – also Lebensraum – für sein Heimatland gestellt.[39] Das bedeutete vor allem, die wirtschaftliche Nutzbarkeit Spitzbergens in Gutachten zum Kohleabbau sicherzustellen. Die Arbeiten Gripps an den Gletscherzungen entsprachen jedoch vielmehr seinen persönlichen wissenschaftlichen Neigungen. Dies erklärt, warum er dem deutschen Professor und seinen Kollegen so bereitwillig Unterstützung zusagte. So konnten diese nach einiger Verzögerung am 6. Juni 1927 Barentsburg erreichen. Die Landung schilderte Gripp später in einem kurzen Expeditionsbericht, in dem er etwas dramatisierend auf das Packeis einging, wohl um herrschende Vorstellungen von der Arktis zu befriedigen.[40] Tatsächlich war in den 1920er Jahren eine deutliche Klimaerwärmung eingetreten, sodass im arktischen Sommer des Jahres 1927 kaum Packeis vorhanden war, auch wenn das Wetter sich etwas rauer zeigte als 1925.[41]

Demgegenüber hatte sich die wirtschaftliche Lage in Barentsburg verschlechtert. Die Mine war von der Betreibergesellschaft NESPICO (Nederlandsche Spitsbergen Compagnie) stillgelegt worden. Vor Ort lebte nur noch

---

37 Gripp, Glaciologische und geologische Ergebnisse (wie Anm. 35), S. 148. Zur Oxford-Expedition vgl. George Binney, With Seaplane and sledge in the Arctic. Leader Oxford University Arctic expedition, London 1925.

38 Zur Rolle Adolf Hoels in der Arktisforschung siehe Einar-Arne Drivenes, The Conquerors, in: Into the Ice. The history of Norway and the Polar Regions, hrsg. von dems. und Harald Dag Jølle, Oslo 2006, S. 281–315; Ian Gjertz, Art. „Hoel, Adolf", in: Encyclopedia of the Arctic, Bd. 2: G-N, hrsg. von Mark Nuttall, New York 2005, S. 868–870.

39 Zur Rolle Adolf Hoels als NS-Kollaborateur siehe Einar-Arne Drivenes, Adolf Hoel. Polar ideologue an imperialist of the Polar Sea, in: Acta Borealia 11/12 (1994/95), S. 63–72.

40 Gripp, Glaciologische und geologische Ergebnisse (wie Anm. 35).

41 Zum Klima Spitzbergens zu dieser Zeit siehe die URL: http://www.mosj.no/no/klima/atmosfare/temperatur-nedbor.html (zuletzt abgerufen am 10.6.2016).

der ehemalige Leiter Sjef van Dongen, der später als „Niederländischer Polarheld“ bei der Rettung der Luftschiff-Expedition Umberto Nobiles in die Geschichte einging, mit einigen Helfern.[42] Dazu gehörten der aus Lübeck stammende Minenaufseher Paul Kief mit seiner Familie sowie der ebenfalls deutsche Arzt Dr. Abs, den Gripp von seiner ersten Reise kannte und der sich die Zeit mit eigenen Forschungsarbeiten totschlug.[43] Alle waren von der Expedition begeistert, brachte sie doch Abwechslung in den tristen Alltag.

Diesmal hatte Gripp das deutlich ambitioniertere Programm schon im Vorfeld gründlich erarbeitet. Insgesamt wurden 21 Gletscher im gesamten Bereich des westlichen Spitzbergens innerhalb weniger Wochen untersucht. Was Gripps erster Expedition fehlte, nämlich das quantitative Element seiner Untersuchungen, versuchte er auf diese Weise wettzumachen. Dafür war die Zeit allerdings wieder knapp bemessen. Die Fahrten der „Oiland“ durch Fjorde und Buchten glichen häufig einer Tour de force. Geologen und Geographen arbeiteten zwar häufig getrennt, dennoch verlief die gemeinsame Expedition deutlich harmonischer und kollegialer als die vorangegangene. Vor allem der junge, übermütige Carl Schott begeisterte die Teilnehmer etwa mit halsbrecherischen Schlittenhunderennen. Auf unvorhergesehene Abenteuer musste Gripp ansonsten erneut verzichten; sein Forscherdrang stand im Vordergrund. Als Gefahr für die Expedition erwies sich lediglich die Finanzlage. Trotz der vergleichsweise guten Ausstattung wurden die Mittel zum Ende hin knapp. Gripp ließ in Barentsburg seinen Charme spielen, um die ein oder andere Gefälligkeit für seine Expedition herauszuholen. Die Frau des Arztes Abs sorgte dafür, dass ihm ihr Mann ein Motorboot zur Verfügung stellte und Frau Kief schenkte ihm gar eins, das er umgehend zu Geld machte, um frischen Proviant für seine Gruppe besorgen zu können. Zusätzlich verpflegte sich die Gruppe ganz handfest mittels der Jagd: Eine Rotte Eisbären, die sich auf ihr Schiff verirrt hatte, wurde kurzerhand erlegt und verspeist.

Am 27. August trat die Expeditionstruppe auf der „Oiland“ die Heimreise an. Erst jetzt erlebten die vier Deutschen ihr erstes Abenteuer, als das Schiff während eines Sturmes leck schlug und im Nordpolarmeer zu sinken drohte. Der Katastrophe knapp entronnen zu sein, ließ bei dem sonst etwas distanziert wirkenden Gripp gegenüber seinen Mitstreitern, vor allem Emmy Todtmann, einige Hemmungen fallen. In seinem Tagebuch ist von „Schnapstrinken aus Maggi-Deckeln, Duzereien“ und freundschaftlichen „Beisskämpfen“ zu lesen;

42 Zu Sjef van Dongen (1906–1973) siehe Adwin de Kluyver, Terug uit de Witte Hel. Hoe poolreiziger Sjef van Dongen een nationale heldwerd, Amsterdam 2015.

43 Otto Abs, Untersuchungen über die Ernährung der Bewohner von Barentsburg, Svalbard (Skrifter om Svalbard og Ishavet Bd. 25), Oslo 1929.

sogar zu einem Kuss mit Emmy Todtmann ließ Gripp sich hinreißen – es blieb aber wohl ein singuläres Ereignis.[44] Die Freude kam nicht von ungefähr.

Trotz physischen und finanziellen Beinahe-Kollapses waren die Ergebnisse der Reise mehr als ansehnlich. Neben einer umfangreichen Sammlung an Gesteinsproben und Fossilien brachte Gripp eine Menge neuer Erkenntnisse über die Entstehung von Gletschermoränen im Flachland zurück. Er veröffentlichte sie 1929 in einem großformatigen, über 130 Seiten starken Werk, das nicht nur in Deutschland, sondern auch international hohe Anerkennung fand.[45] Gripp galt nun nicht mehr nur als Kustos eines weniger bedeutsamen geologischen Instituts, sondern hatte sich einen internationalen Ruf als Geologe und Arktisforscher erworben.

Der wissenschaftliche Abschluss – Karl Gripps Grönland-Expedition 1930

Direkt im Anschluss an einen Vortrag, zu dem Gripp im Frühjahr 1930 nach Kopenhagen eingeladen worden war, bot ihm die Dänische Geologische Forschungsanstalt an, ihm eine weitere Reise nach Südwestgrönland zu finanzieren.[46] Ein wesentlicher Aspekt sollte es sein, den jungen dänischen Geologen Sigurd Hansen mit Gripps Erkenntnissen über Moränenbildung vertraut zu machen.[47] Zu Beginn der 1930er Jahre waren Forschungsbemühungen fast ausschließlich auf Ostgrönland gerichtet. Das lag an der territorialen Konkurrenzsituation zwischen Dänemark und Norwegen, da die norwegische Krone auf Betreiben des umtriebigen Adolf Hoel Ansprüche stellte.[48] Ziel war es, ein unter dänischer Verwaltung stehendes Gebiet im Osten Grönlands zu annektieren. Mit der Bezeichnung „Erik Raudes Land“ versuchten die Norweger, ihren Anspruch durch Bezugnahme auf den norwegischen Wikinger und Besiedler Grönlands, Erik den Roten, zu legitimieren. Dies sollte durch eigene Forschungsreisen und später durch eine konspirative Flaggenhissung untermauert werden.[49] Zwar wies Dänemark alle Ansprüche zurück, doch ist seit Mitte der 1920er Jahre eine deutlich verstärkte Forschungstätigkeit Dänemarks in diesem Gebiet augenscheinlich.

---

44 AGL, Kasten 831, Spitzbergen III Tagebuch Gripp 1927.

45 Gripp, Glaciologische und geologische Ergebnisse (wie Anm. 35).

46 StA HH, 361–6, Nr. IV 2197; Rask-Ørsted Fondet (Hrsg.), Beretning for 1929–30, Kopenhagen 1931.

47 Vgl. Kollex, Karriere und Karriereknick (wie Anm. 4).

48 Drivenes, The Conquerors (wie Anm. 38), S. 299f.; Siri Slettvåg, Norwegian Economic Activity in East Greenland 1900–1960, in: Aspects of arctic and sub-arctic history. Proceedings of the International Congress on the History of the Arctic and Sub-Arctic Region, hrsg. von Ingi Sigurðsson, Reykjavík 2000, S. 80–88.

49 Drivenes, The Conquerors (wie Anm. 38), S. 299f.

Gripps Expedition mit Sigurd Hansen in den hierdurch nicht betroffenen Südwesten Grönlands nahm so gewissermaßen eine Stellung als Lückenbüßer ein. Sie wurde dennoch als bedeutsam erachtet, denn Grönland sah sich mitsamt seinen Bewohnern gewaltigen Umbrüchen gegenüber. Gripps Reise in das Gebiet um die Verwaltungshauptstadt Godthaab (heute Nuuk) wurde mit fast vier Monaten Aufenthalt die längste der drei Expeditionen.[50]

Gemeinsam mit Hansen unternahm er umfangreiche Untersuchungen an den Gletscherausläufern in der Nähe kleinerer Siedlungen und alter Wikingerruinen. Wie schon auf Spitzbergen wagte sich Gripp aber auch auf Grönland nicht allzu weit in die Gebiete des Inlandeises vor – ganz im Gegensatz zu seinem Forscherkollegen Alfred Wegener, der im selben Jahr auf Grönland tätig war und beim Versuch einer Durchquerung des Inlandeises ums Leben kam.[51] Gripps Forschungen konzentrierten sich in erster Linie auf die küstennahen Regionen. Erneut stellte die Reise keine Abenteuer-Expedition dar, für die ihm ohnehin die Ausrüstung fehlte. Seine Reise hatte einen ganz anderen Fokus, denn Grönlands Bevölkerung hatte sich innerhalb weniger Jahrzehnte verdreifacht. Durch einen Klimawandel, das heißt eine anhaltende Erwärmung, waren den Grönländern herkömmliche Nahrungsquellen, insbesondere die Robbenjagd, abhandengekommen.[52] Die dänische Regierung war daher bestrebt, neue Erwerbszweige zu etablieren. Dazu gehörten verstärkt der Dorschfang und die Schafzucht.[53] Gripp und Hansen sollten vermutlich die für eine Schafzucht günstigsten Bodenverhältnisse ausloten. Für Gripp war zudem interessant, dass die Abschmelzgebiete der Gletscher, mehr noch als auf Spitzbergen, Verhältnisse boten, wie sie etwa denen der schleswig-holsteinischen Westküste während der letzten Eiszeit ähnelten.

Zwar forschte er zunächst mit viel Elan und nahm eine große Menge an Ergebnissen auf, doch mit der Zeit begann ihn die Arbeit zu langweilen. Das lag daran, dass er kaum zu neuen Erkenntnissen kam, sondern zumeist Erwartetes vorfand. So konnte er seine Hypothesen zwar verfestigen, begann aber, alsbald nach neuen Interessensgebieten zu suchen. Neben der Archäologie, die hier im Umfeld der alten Wikingersiedlungen vor allem unter Poul

---

50 Die hier dargestellten Ereignisse der Reise basieren auf Gripps Reisetagebüchern: AGL, Kasten 831, Grönland I–III Tagebuch Gripp 1930.

51 Zu Alfred Wegeners (1880–1930) letzter Expedition siehe Christoph von Fircks, Gnadenlose Arktis. Alfred Wegener und die Erforschung Grönlands, Schwerin 2012.

52 Hierzu Axel Kjær Sørensen, Denmark-Greenland in the twentieth Century (Meddelelser om Grønland Bd. 34), Kopenhagen 2006, S. 35–41.

53 Vgl. Ingvi Þorsteinsson, The Environmental Effects of Farming in South Greenland in the Middle Ages and the Twentieth Century, in: Aspects of arctic and sub-arctic history. Proceedings of the International Congress on the History of the Arctic and Sub-Arctic Region, hrsg. von Ingi Sigurðsson, Reykjavík 2000, S. 258–263.

Nörlund betrieben wurde, widmete er sich zugleich volkskundlichen Fragen im Hinblick auf die Lebensweise der Grönländer. Ihr Spagat zwischen einheimischer Tradition und europäischer Moderne faszinierten ihn. Er ging mit Grönländern auf Rentierjagd, befuhr mit ihnen im Häuteboot die Fjorde oder lauschte (als Atheist) beeindruckt den christlichen Choralgesängen der jungen Grönländerinnen.

Als Karl Gripp Anfang Oktober 1930 die Heimreise antrat, hatte er nicht nur seinen wissenschaftlichen Horizont erweitert, sondern auch sein wissenschaftliches Tagebuch mit umfangreichen Ergebnissen gefüllt. Wenn das Reizvolle also für Gripp in den Ergebnissen lag, dann hätte nun der ultimative Karrieresprung folgen müssen. In der deutschen Wissenschaftslandschaft bedeutete und bedeutet dies den Sprung auf den eigenen Lehrstuhl. Erfolg wurde und wird in der nationalen Wissenschaftsgemeinde vermehrt in Form von Veröffentlichungen gemessen. Und obwohl sich in Gripps Tagebuch bereits eine ausgearbeitete Gliederung für eine größere Arbeit über die Geologie Grönlands findet, veröffentlichte er nie ein umfassendes Werk hierüber. Erst 1975, also 45 Jahre nach seiner Expedition, brachte Karl Gripp eine knappe Zusammenfassung seiner Ergebnisse heraus.[54]

Der wissenschaftliche Ausschluss – Karl Gripp zwischen Niedertracht und Nazis

Gripps Reisen in die Arktis mögen vielleicht von Abenteuerlust geprägt gewesen sein; sie sind jedoch weitgehend ohne Abenteuer geblieben. Erst nach seiner Rückkehr im Herbst 1930 begann seine eigentliche gefahrvolle Odyssee. Gripp hätte nun den Höhepunkt seiner Karriere erklimmen können. Vom Provinzgeologen war er mittlerweile zu einem international gefragten Arktisforscher und zu einem der führenden Geologen Deutschlands aufgestiegen. Auch die Kieler Universität war daran interessiert, den Hamburger Geologen durch einen Ruf an sich zu binden; immerhin war er der einzige Geologe im Deutschen Reich, der die regionale Geologie Schleswig-Holsteins aus einem globalen Forschungskontext heraus zu erklären vermochte.[55]

Doch kaum in Hamburg angekommen, empfing ihn ein Brief Siegfried Passarges, Inhaber des dortigen Lehrstuhls für Geographie, den dieser unter anderem auch an die Hamburger Hochschulbehörde geschickt hatte.[56] Auf

54 Karl Gripp, Eisrandstudien. Ausgehend von Sermeq, SW-Grönland (Meddelelser om Grønland Bd. 195), Kopenhagen 1975.

55 Vgl. Kollex, Karriere und Karriereknick (wie Anm. 4).

56 Zum Geographen Siegfried Passarge (1866–1958) siehe Viola Imhof, Art. „Passarge, Siegfried“, in: Neue Deutsche Biographie 20 (2001), S. 88–89; Holger Fischer/Gerhard Sandner, Die Geschichte des Geographischen Seminars der Hamburger

mehreren Seiten voller Schmähungen bezeichnete er Gripp als mittelmäßigen Wissenschaftler und bezichtigte ihn, mehr als ein halbes Jahrzehnt zuvor Passarges Ideen zum „Erdfließen“ plagiiert zu haben.[57] Er sprach Gripp die wissenschaftliche Integrität ab und forderte ihn auf, seine Tätigkeit an der Hamburger Universität zu beenden.

Der Hintergrund – das leuchtet bei derart weit zurückliegenden Gegebenheiten ein – war ein völlig anderer. Im Frühjahr 1930 hatte Gripp im Rahmen der anstehenden Nachfolge des Leiters des Geologischen Staatsinstitutes ein Gutachten über geeignete Kandidaten verfasst. Gripp aber hätte sich am liebsten selbst auf diesem Posten gesehen. So verwundert es nicht, dass kaum ein Kandidat besonders gut weg kam.[58] Ganz besonders hart ging er mit Johannes Weigelt aus Halle ins Gericht. Der war indes ein besonders enger Freund Passarges und Gripp hatte mit seinem Gutachten dessen Pläne durchkreuzt. Siegfried Passarge galt als besonders streitbarer Geist. Seine Unnachgiebigkeit, sein aufbrausendes Temperament, vor allem seine unerträgliche Hetze gegen Juden im Lehrkörper und unter den Studierenden der Hamburger Universität waren berüchtigt und schon zuvor Anlass einiger Gerichtsprozesse gewesen.[59] Dennoch gelang es im vergleichsweise liberalen Hamburg nicht, ihm Einhalt zu gebieten. Auch Gripp scheute keineswegs einen wissenschaftlichen Disput und schonte sein Gegenüber nur selten.

Mit einem Gegner vom Kaliber Passarges hatte er jedoch bislang noch nicht zu tun gehabt und er überschätzte seinen Stellenwert erheblich. Passarge war Ordinarius, Gripp nur Titularprofessor. Zudem war der Geograph in Hamburg deutlich besser vernetzt. Er nutzte jede Möglichkeit, um Gripp in der wissenschaftlichen Gemeinde unmöglich zu machen und dessen Abberufung

Universität im „Dritten Reich“, in: Hochschulalltag im „Dritten Reich“. Die Hamburger Universität 1933–1945, Teil 3: Mathematisch-Naturwissenschaftliche Fakultät, Medizinische Fakultät. Ausblick, Anhang (Hamburger Beiträge zur Wissenschaftsgeschichte Bd. 3), hrsg. von Eckert Krause, Ludwig Huber und Holger Fischer, Berlin u.a. 1991, S. 1197–1222.

57 StA HH, 361-5 II, Nr. P f 3.

58 Ebd.; Jürgen Ehlers, Das Geologische Institut der Hamburger Universität in den dreißiger Jahren, in: Hochschulalltag im „Dritten Reich“. Die Hamburger Universität 1933–1945, Teil 3: Mathematisch-Naturwissenschaftliche Fakultät, Medizinische Fakultät. Ausblick, Anhang (Hamburger Beiträge zur Wissenschaftsgeschichte Bd. 3), hrsg. von Eckert Krause, Ludwig Huber und Holger Fischer, Berlin u.a. 1991, S. 1223–1244, hier S. 1229.

59 Fischer/Sandner, Die Geschichte (wie Anm. 56), S. 1202. Vgl. ferner Siegfried Passarge, Das Geographische Seminar des Kolonial-Instituts und der Hansischen Universität 1908–1935. Erinnerungen und Erfahrungen, in: Mitteilungen der Geographischen Gesellschaft Hamburg 96 (1939), S. 1–104, hier S. 95f.

zu erreichen.[60] Schließlich strengte Gripp einen Prozess gegen Passarge an, den er in zwei Instanzen für sich entscheiden konnte. Ein abschließendes Urteil erging allerdings erst 1933.[61]

In der Zwischenzeit aber war Passarge nicht untätig geblieben und hatte die gesamte Fakultät, den Lehrkörper und die Studierenden in den Streit hineingezogen. Auch die politischen Verhältnisse hatten sich geändert. Passarge, ein eifriger Unterstützer des Nationalsozialismus, konnte erreichen, dass die Mathematisch-Naturwissenschaftliche Fakultät ein Disziplinarverfahren gegen Gripp anstrengte.[62] Das Gutachten über Gripps wissenschaftliche Leistungen, das von dem Mineralogen Professor Hermann Rose, einem besonders engen Freund Passarges, erstellt wurde, listete auf über 400 Seiten (üblich waren in einem solchen Fall 10–15 Seiten) tatsächliche oder vermeintliche Fehler Gripps in früheren Arbeiten auf.

Zudem hatte das Geologische Staatsinstitut mit dem NSDAP-Mitglied Roland Brinkmann seit 1933 einen neuen Direktor. Als der Hamburger Senat Anfang 1934 beschloss, dass das Geologische Staatsinstitut eine Kustoden-Stelle einzusparen habe, ließ er Karl Gripp in den Ruhestand versetzen.[63] Die Grundlage dafür bot der Paragraph 6 des „Gesetzes zur Wiederherstellung des Berufsbeamtentums". Dieses Gesetz hatten die Nationalsozialisten ins Leben gerufen, um politisch missliebige Beamte grundlos entlassen zu können. Der Hamburger Universitätsrektor ließ hiervon regen Gebrauch machen.[64] Der Paragraph 6 regelte zwar die Möglichkeit einer Versetzung in den Ruhestand vor allem aus Spargründen (die Stelle musste aufgelöst werden), aber Gripp wurde hier nicht nur Opfer des Sparzwanges. Denn Brinkmann wählte den erst 42-jährigen Gripp statt des deutlich älteren Kustos Wysogorski, weil er so die Unruhe, die dessen Streit mit Passarge in sein Institut brachte, endlich beenden konnte. Außerdem bot die Entlassung Gripps die Möglichkeit, das Institut nach seinen Vorstellungen umzubauen.[65] Gripps Karriere als international anerkannter Geologe stand damit vor dem Aus. Kein Mitarbeiter des Institutes, kein Angehöriger der Universität hatte sich während des gesamten

---

60 Vgl. Kollex, Karriere und Karriereknick (wie Anm. 4).

61 StA HH, 361–5 II, Nr. P f 3.

62 Vgl. Fischer/Sandner, Die Geschichte (wie Anm. 56); Passarge, Geographische Seminar (wie Anm. 59), S. 95f.

63 StA HH, 361–6, Nr. I 01901. Siehe darüber hinaus Kollex, Karriere und Karriereknick (wie Anm. 4).

64 Siehe dazu Barbara Vogel, Anpassung und Widerstand. Das Verhältnis Hamburger Hochschullehrer zum Staat 1919–1945, in: Hochschulalltag im „Dritten Reich". Die Hamburger Universität 1933–1945, Teil 1: Einleitung. Allgemeine Aspekte (Hamburger Beiträge zur Wissenschaftsgeschichte Bd. 3), hrsg. von Eckert Krause, Ludwig Huber und Holger Fischer, Berlin u.a. 1991, S. 3–83.

65 Kollex, Karriere und Karriereknick (wie Anm. 4).

Verfahrens öffentlich für Gripp eingesetzt.[66] Auch wenn er nicht, wie später angenommen, aus politischen Gründen entlassen wurde, war sein Fall doch exemplarisch für die vielen anderen, die in Hamburg von den Nationalsozialisten aus den Ämtern gedrängt wurden, während ihre Kollegen hierzu schwiegen.[67]

Lediglich der Kieler Prähistoriker und außerordentliche Professor Gustav Schwantes setzte sich für Karl Gripp ein. Im Herbst 1934 forderte er in einem unmissverständlichen Schreiben an den Hamburger Hochschulsenator, Wilhelm v. Allwörden, Aufklärung und drohte, diesen „Skandal“ öffentlich zu machen.[68] Gripp stand mit einer einflussreichen Gruppe Kieler Frühhistoriker um Schwantes, Herbert Jankuhn und Alfred Rust in Kontakt, weil er nach seiner Rückkehr aus Grönland vermehrt als geologischer Gutachter bei archäologischen Grabungen, etwa der des Rentierjägerlagers in Meiendorf, tätig gewesen war.[69] Der Einspruch Gustav Schwantes' verhalf Gripp immerhin zu einem Aufschub der endgültigen Entscheidung; trotzdem musste er mit erheblich verringerten Bezügen zurechtkommen. Viel schwerer wog für den ehrgeizigen Gripp aber, dass ihm nun eine weitere wissenschaftliche Karriere versperrt blieb.

Eine zweischneidige Gelegenheit – Karl Gripp als Kieler Forscher

Karl Gripp griff nun nach jedem Strohhalm, der ihm Aussicht auf Besserung seiner Lage verhieß. Das erklärt, warum er als vermeintliches NS-Opfer bereits im Sommer 1936 gemeinsam mit dem schleswig-holsteinischen Oberpräsidenten und NS-Gauleiter Hinrich Lohse in der Neuland-Halle im damaligen Adolf-Hitler-Koog saß.[70] Hier wurde der Grundstein für Gripps geologische Beratungstätigkeit im Auftrag der Westküstenforschungsstelle gelegt.[71] Deren Aufgabe war es, den sogenannten „Lohse-Plan“ wissenschaftlich zu

66 Ehlers, Das Geologische Institut (wie Anm. 58), S. 1231.

67 Vogel, Anpassung und Widerstand (wie Anm. 64), S. 46.

68 StA HH, 361-6, Nr. I 01901.

69 Vgl. Ehlers, Das Geologische Institut (wie Anm. 58), S. 1233. Siehe auch Alfred Rust, Das altsteinzeitliche Rentierjägerlager Meiendorf, Neumünster 1937. Zu Gustav Schwantes, Herbert Jankuhn und Alfred Rust siehe den Beitrag von Ulrich Müller in diesem Band.

70 Zu Hinrich Lohse siehe exemplarisch Uwe Danker, Die drei Leben des Hinrich Lohse, in: Demokratische Geschichte 11 (1998), S. 105–114.

71 LASH, Abt. 301, Nr. 7111, Programm der Tagung des Westküstenausschusses vom 16.-17.10.1936: Neben „Küstenschutz“ und „Landgewinnung“ stand auch die „Erweiterung der Lebensgrundlage des deutschen Volkes“ auf der Tagesordnung. Siehe dazu Kollex, Karriere und Karriereknick (wie Anm. 4).

begleiten.[72] Ziel war die Gewinnung von Lebensraum durch massive Landgewinnungsmaßnahmen an der schleswig-holsteinischen Westküste. Gripp hatte sich beim Leiter der Forschungsstelle, Regierungsrat Lorenzen, selbst für eine Beratungstätigkeit ins Spiel gebracht. Der nahm den Geologen mit Kusshand. Gerade seine in der Arktis gewonnenen Erkenntnisse wurden als entscheidend für das Verständnis der geologischen Verhältnisse hierzulande angesehen. Zudem war Gripp ein überaus günstiger Mitarbeiter. Durch die Entlassung in Hamburg hatte er kaum Alternativen. Eine Berufung nach Kiel, die im Jahr 1936 ins Auge gefasst worden war, hatte man dort aufgrund der unklaren Umstände seiner Entlassung zunächst auf Eis gelegt. Für gerade 250 RM im Monat arbeitete Gripp für die Westküstenforschung, nahm Aufgaben im Rahmen der Erweiterung des Nord-Ostsee-Kanals wahr und wurde für die „Provinzialstelle für Vor- und Frühgeschichtliche Landesaufnahme und Bodendenkmalpflege“ unter Herbert Jankuhn beziehungsweise Gustav Schwantes in Kiel tätig. Aus den entsprechenden Akten lässt sich ersehen, dass Gripp weit mehr als ein bloßer Berater war.[73] Er übernahm umfangreiche Aufgaben, wie ein 2,3 Millionen RM schweres Projekt zur geologischen Kartierung des Westküstengebietes. Zudem versah er Leitungsfunktionen und setzte, auch gegen Widerstände, eigene Personalvorstellungen durch.[74] Weil er sich aber nicht offen zur nationalsozialistischen Idee bekannte, blieb er dem Parteiapparat suspekt. Anträge, zu Forschungskongressen ins Ausland zu fahren, wurden vom Hamburger NS-Dozentenbund – der noch formal für Gripp zuständig war – zumeist erfolgreich abgewehrt.[75]

Gripps Ziel blieb die Berufung an eine Universität. Das wusste man natürlich im schleswig-holsteinischen Oberpräsidium. Lohse selbst hatte ihm eine Berufung an die CAU immer wieder in Aussicht gestellt. Dort zeigte sich die Hochschulleitung von dieser Aussicht begeistert.[76] Doch die nebulösen Umstände seiner Entlassung verhinderten ein ums andere Mal einen Wechsel aus Hamburg, wo Gripp formal noch immer Privatdozent war. Hier war es trotz aller Bemühungen nicht gelungen, Gripp endgültig loszuwerden. Sein Fall wurde für alle Beteiligten immer mehr zur Peinlichkeit. Seinen Ruf hatte man trotz des Gutachtens nicht zerstören können; die Anschuldigungen im Disziplinarverfahren blieben vage und konnten nicht untermauert werden.

---

72 LASH, Abt. 301, Nr. 7111, Programm der Tagung des Westküstenausschusses vom 16.-17.10.1936. Zum „Lohse-Plan“ vgl. Uwe Danker/Astrid Schwabe, Schleswig-Holstein und der Nationalsozialismus (zeit + geschichte Bd. 5), Neumünster 2005, S. 94.

73 Kollex, Karriere und Karriereknick (wie Anm. 4).

74 Ebd.

75 StA HH, 361–6, Nr. IV 0323.

76 Kollex, Karriere und Karriereknick (wie Anm. 4).

Das ganze Verfahren gegen ihn drohte zur öffentlichen Farce zu werden. Eine endgültige Entscheidung wurde verschleppt.[77] Seit 1934 war zudem das Reichserziehungsministerium für die universitären Belange zuständig, womit die Hamburger in dieser Frage nicht mehr allein verfügungsberechtigt waren. Besonders unangenehm waren in diesem Zusammenhang Anfragen aus dem Ausland nach Vorträgen Gripps, beispielsweise aus den Niederlanden 1937, oder sogar noch 1939 zur Teilnahme Gripps an einem Geologenkongress in London.[78] Für eine endgültige Trennung reichten die Gründe nicht; gegen eine Wiedereinstellung aber sperrten sich die beteiligten Hamburger Professoren. Daher wurden die zögerlichen Anfragen aus Kiel dankbar aufgenommen.[79] Hatte die Mathematisch-Naturwissenschaftliche Fakultät in Hamburg noch während des Streits mit Passarge ein Gutachten erstellen lassen, das Professor Gripp ein vernichtendes Urteil über seine wissenschaftlichen Qualitäten bescheinigte, so ließ man nun eines verfassen, das ihn in höchsten Tönen lobte.[80] Lediglich der Dozentenbund sperrte sich noch; gänzlich verhindern konnte man die Berufung Gripps nach Kiel allerdings nicht mehr. Das lag ferner am Engagement der Gruppe um Gustav Schwantes, allen voran Herbert Jankuhn, der mittlerweile als SS-Sturmbannführer zu den einflussreicheren Kräften innerhalb der SS-Forschungsgemeinschaft „Deutsches Ahnenerbe“ gehörte.[81] Letztlich gelang es der CAU durch die Intervention hoher SS-Funktionäre, ihren Wunschkandidaten Gripp im November 1940 zum außerplanmäßigen Professor für Geologie und Paläontologie zu ernennen.[82]

Das Extraordinariat stellte allerdings nur ein Etappenziel dar; als endgültiges Ziel visierte der Geologe das ordentliche (persönliche) Ordinariat an. Jetzt stand ihm nur noch der Dozent Kurt Fiege im Weg, der sich ebenfalls um die Nachfolge des Kieler Ordinarius Karl Beurlen beworben hatte. Obwohl das Reichserziehungsministerium Gripp als den bedeutenderen Wissenschaftler anerkannte, konnte man ihn nicht gegenüber dem Parteimitglied Fiege, der zudem im Kriegseinsatz verwundet worden war, bevorzugen.[83] Erst mit dem persönlichen Einsatz des NS-Gauleiters Hinrich Lohse bei seinem „lieben

77 Ebd.

78 StA HH, 361–6, Nr. IV 0323.

79 Vgl. Kollex, Karriere und Karriereknick (wie Anm. 4).

80 StA HH, 361–6, Nr. IV 0323; LASH, Abt. 47, Nr. 6596.

81 Zum Engagement dieser Gruppe für Gripp siehe Kollex, Karriere und Karriereknick (wie Anm. 4). Zur Rolle der Kieler Frühgeschichte und der Forschungsgemeinschaft „Deutsches Ahnenerbe“ vgl. exemplarisch die Studie von Henning Haßmann/Detlef Jantzen, „Die deutsche Vorgeschichte – eine nationale Wissenschaft.“ Das Kieler Museum für vorgeschichtliche Altertümer im Dritten Reich, in: Offa 51 (1994), S. 9–24.

82 LASH, Abt. 47, Nr. 6596.

83 Bundesarchiv Berlin (BArchB), R 4901/1872.

Freund“, dem Reichserziehungsminister Bernhard Rust, gelang eine Vereinbarung, nach der Gripp ein Ordinariat in Kiel erhalten sollte, sobald man Fiege mit einem Posten an der Universität in Straßburg versorgt hatte.[84] Dazu kam es kriegsbedingt jedoch nicht mehr.

Auch während seiner Tätigkeit an der CAU stand Gripp weiterhin dem Oberpräsidium und der Westküstenforschung zur Verfügung. Als Fiege, der mittlerweile Leiter des Geologischen Institutes an der Förde geworden war, erneut zum Kriegsdienst eingezogen wurde, übernahm Gripp von ihm die kommissarische Leitung. Durch den Mineralogen Johannes Leonhardt kam er mit einem Forschungsauftrag für das Kieler Rüstungsunternehmen Electroacustic GmbH (ELAC) in Berührung.[85] Zum Ende des Zweiten Weltkrieges hin wurde Gripp dann sogar für kurze Zeit als Geologe zur Marine eingezogen, gelangte anschließend für kurze Zeit in die obligatorische Kriegsgefangenschaft und konnte diese aber aufgrund seines internationalen wissenschaftlichen Renommees bald wieder verlassen.[86] Schon nach zwei Wochen führte Gripp seine geologischen Kartierungsarbeiten fort, diesmal im Auftrag der britischen Militärregierung. Er erhielt eine eigene Dienststelle, die er im weitgehend intakten Rüstungsbetrieb ELAC einrichtete.[87] Jetzt erwies sich seine Entlassung in Hamburg als Glücksfall, denn Gripp galt damit für die Briten als unbelastet und als vertrauensvoller Gesprächspartner. Wohl auch deshalb gelang es ihm, der Militärregierung die Überlassung der ELAC-Gebäude in Universitätseigentum schmackhaft zu machen.[88] Die wahre Natur der Hamburger Angelegenheit verschleierte Gripp geschickt. Das zeigt eine Anfrage der Militärregierung an die Universität Hamburg, ob man den aus „rassischen und politischen Gründen“ entlassenen Professor Gripp wieder aufnehmen wolle.[89]

So konnte er als Mittler zwischen britischer Besatzungsmacht und Kieler Universität fungieren, die dringend nach neuen Räumlichkeiten für die Wiederaufnahme des Lehr- und Forschungsbetriebes suchte. Statt den ELAC-Komplex, wie zunächst geplant, zu sprengen, übergaben die Briten diesen im Herbst 1945 der Hochschulleitung, sodass schon am 27. November der

84 Vgl. Kollex, Karriere und Karriereknick (wie Anm. 4).
85 Ebd.
86 LASH, Abt. 47, Nr. 6596; Karl Gripp, Geologie und Paläontologie, in: Geschichte der Christian-Albrechts-Universität Kiel 1665–1965, Bd. 6: Geschichte der Mathematik, der Naturwissenschaften und der Landwirtschaftswissenschaften, hrsg. von Karl Jordan, Neumünster 1968, S. 187–200, hier S. 193, 196.
87 Kurt Jürgensen, Die Wiedereröffnung der Christian-Albrechts-Universität zu Kiel am 27. November 1945 in der Electroacustic, in: Christiana Albertina 33 (1991), S. 545–567, hier S. 550.
88 Kollex, Karriere und Karriereknick (wie Anm. 4).
89 StA HH, 361-6, Nr. IV 0323.

Lehr- und Forschungsbetrieb wieder aufgenommen werden konnte.[90] Noch am 1. Dezember 1945 wurde Karl Gripp endlich mit einem Ordinariat in Kiel „belohnt“.[91]

In die Arktis reiste Gripp nicht wieder, für weitere Reisen oder auch nur Tagungsbesuche fehlte der Universität zunächst schlicht das Geld. So konzentrierte Gripp sich verstärkt auf die Landesgeologie. Im Jahr 1964 gab er, nun bereits als Emeritus, sein Monumentalwerk „Erdgeschichte von Schleswig-Holstein“ heraus, in das viele Erkenntnisse seiner Reisen in die Arktis eingeflossen sind und das bis heute als ein Standardwerk zur Geologie des nördlichsten Bundeslandes gilt.[92] Karl Gripp blieb bis zu seinem Tod im Jahr 1985 als Wissenschaftler tätig und publizierte noch zahlreiche Werke, wie etwa das über seine Reise nach Grönland im Jahr 1975.[93] Bis heute finden sich immer wieder geologische oder frühgeschichtliche Arbeiten, die sich in Teilen oder zur Gänze auf Karl Gripp und seine Reisen in die Arktis berufen.[94] Abgesehen davon ist der Arktis-Forscher Karl Gripp heute aber weitgehend in Vergessenheit geraten.

Ein Forscher und eine schwierige Frage

Karl Gripp, ein Ausnahmeforscher – Karl Gripp, ein „Geologie-Papst“, wie man es im Nachgang der Kieler Ringvorlesung „Mit Abenteuerlust und Forscherdrang“ im Sommersemester 2016 von früheren akademischen Schülern vernehmen konnte. Der Weg dahin aber war für den Geologen im wahrsten Sinne steinig gewesen.

Die Geschichte Karl Gripps beleuchtet eine Wissenschaft der „zweiten Reihe“, jenseits von Amundsen, Scott oder Wegener. Ihm stand kein großer Name, kein spektakuläres Vorhaben und auch kein finanzkräftiger persönlicher Förderer zur Seite, er musste selbst für die nötigen Ressourcen sorgen, die ihm seine eigenen Forschungsvorhaben ermöglichten. Seine Reisen nach Spitzbergen sowie nach Grönland zeigen die Schwierigkeiten auf, Wissenschaft jenseits größerer

---

90 Christoph Cornelißen, Zur Wiedereröffnung der Christian-Albrechts-Universität 1945, in: Wissenschaft im Aufbruch. Beiträge zur Wiederbegründung der Kieler Universität nach 1945 (Mitteilungen der Gesellschaft für Kieler Stadtgeschichte Bd. 88), hrsg. von dems., Essen 2014, S. 12–31, hier S. 19.

91 LASH, Abt. 811, Nr. 12107.

92 Karl Gripp, Erdgeschichte von Schleswig-Holstein, Neumünster 1964.

93 Gripp, Eisrandstudien (wie Anm. 54).

94 Siehe exemplarisch Jaap J. M. van der Meer, Spitsbergen Push Moraines (Developements in Quarternary Science Bd. 4), Amsterdam u.a. 2004; Clemens Pasda, Karibujäger in Grönland. Die Ergebnisse der archäologischen Untersuchungen von 2005–2009 im hinteren Nuuk-Fjord (Internationale Archäologie Bd. 116), Rahden 2011.

öffentlicher Interessen zu betreiben. Gripp musste stets kreative Wege finden, um sich und seine Forschungen voranzubringen, selbst am Ende der Welt.

Als Karl Gripp im Jahr 1925 notierte, das „Reizvolle liegt in den Ergebnissen", meinte er damit die wissenschaftlichen Ergebnisse, denen der Vorzug vor einer abenteuerlichen Reisebeschreibung zu geben sei. Es war eine Rechtfertigung vor sich selbst in einer sich gewandelten Wissenschaftswelt, in der Forscherdrang und nicht Abenteuerlust den erhofften universitären Karriereaufstieg erst ermöglichte. „Das Reizvolle liegt in den Ergebnissen" hätte Karl Gripp aber auch nach 1945 sagen können, wäre er zu diesem Zeitpunkt mit seiner bereitwilligen Tätigkeit für den NSDAP-Gauleiter Hinrich Lohse und dessen Lebensraumplanungen in Schleswig-Holstein konfrontiert worden. Für seine akademische Laufbahn nahm er dies in Kauf. Und auch auf die Unterstützung der SS-Forschungsgemeinschaft „Deutsches Ahnenerbe" verzichtete er keineswegs – offenkundig obsiegte hier der persönliche Vorteil über etwaige politische Vorbehalte. Abschließend stellt sich die Frage, ob die wissenschaftlichen Ergebnisse Karl Gripps, insbesondere in Bezug auf die Landesgeologie Schleswig-Holsteins sowie seine früheren Bemühungen und Erkenntnisse aus den drei Reisen in die Arktis, reizvoll genug sein können, um seine augenscheinliche nationalsozialistische Belastung in den Hintergrund treten zu lassen. Eine wissenschaftliche Arbeit wie die hier vorliegende kann aber eine solche normative Frage nur stellen, nicht beantworten.

Silke Göttsch-Elten

Katesa Schlosser – Völkerkunde als Wissenschaft vom Fremden

2003 veröffentlichte Katesa Schlosser (1920–2010) einen Fotoband, dem sie den Titel „Traumziel Samoa" gab.[1] Der Reiz des Buches liegt in der doppelten fotografischen Perspektive, die es einnimmt. Denn Katesa Schlosser hat ihre eigenen Fotografien von 1978 mit denen konfrontiert, die ihr Vater Fritz Schlosser auf einer Reise nach Samoa 1912, also acht Jahre vor ihrer Geburt, aufgenommen hatte. Das Buch ist allerdings mehr als nur eine Hommage an ihren Vater. Es ist zugleich programmatisch für die Forschungsperspektiven der Katesa Schlosser, der es in ihren Arbeiten stärker darum ging, außereuropäische Lebenswelten zu dokumentieren, als zu analysieren. Die Fotografie erschien ihr dafür besonders gut geeignet zu sein und so durchzieht die Fotografie sowohl als Dokumentationstechnik als auch als Instrument wissenschaftlicher Arbeit ihr beachtliches Lebenswerk.[2]

Zweifellos haben die völkerkundlichen Interessen ihres Vaters und seine Unterstützung wesentlich dazu beigetragen, dass Katesa Schlosser als eine der ersten Frauen ein Studium der Völkerkunde absolvierte, in diesem Fach promoviert wurde und sich als Voraussetzung für die Professur für Völkerkunde an der Universität Kiel habilitierte. Das war ein langer Weg, der zumal für eine Frau in jener Zeit nicht selbstverständlich war. Nicht nur die akademische Karriere an sich ist bemerkenswert, auch das Fach – die Völkerkunde – war stärker noch als andere geisteswissenschaftliche Disziplinen männlich dominiert, sodass es schon einer großen Faszination bedurfte, um sich als Frau der Ethnologie als Forschungsfeld zu verschreiben. Katesa Schlosser hat aus ihrer Leidenschaft, die mehr ist als ein bloßes Forschungsinteresse, für außereuropäische Kulturen und insbesondere Samoa nie einen Hehl gemacht.

Im Vorwort des Samoa-Buches heißt es: „‚Die kleine Samoa-Insel Manono ist für mich der lieblichste Ort auf der weiten Welt' antworte ich – sehnsuchtsvoll – auf alle Fragen, wo es auf meinen Reisen am schönsten war. Ja, als ich

1 Katesa Schlosser, Traumziel Samoa (Arbeiten aus dem Museum für Völkerkunde der Universität Kiel Bd. 14), Kiel 2003.

2 Sowohl in der Völker- wie auch in der Volkskunde gehörte die Fotografie zu den seit dem 19. Jahrhundert genutzten Medien der Dokumentation. Zur Ambivalenz fotografischer Bilder des Fremden siehe Falk Blask/Jane Redlin (Hrsg.), Lichtbild – Vorbild – Abbild. Zur Praxis volks- und völkerkundlicher Fotografie (Berliner Blätter. Ethnographische und ethnologische Beiträge Bd. 38), Münster 2005.

es 1978 kennenlernte, war Manono eine vom Tourismus so gut wie nicht berührte Südseeidylle."[3]

Dieses sehr emotionale und geradezu schwärmerische Bekenntnis einer Wissenschaftlerin, das eher an die Sehnsüchte europäischer Touristen erinnert, die dem spätestens seit James Cook etablierten Südseeklischee erlegen sind, als an wissenschaftlich reflektierte Beobachtungen einer akademisch ausgebildeten Völkerkundlerin, mag auf den ersten Blick verwundern. Aber die Reise nach Samoa war für Katesa Schlosser mehr als nur eine ethnografische Feldforschung, die sie fotografisch dokumentiert hat. Hier ist sie sozusagen ihrer eigenen Biografie begegnet, jedenfalls hat sie selbst sehr stark dieses Gefühl gehabt, was die Emotionalität ihrer Äußerungen verständlicher macht. Sie schreibt dazu:

> „Damals [also 1978, Anm. d. Verf.] hatte ich mir endlich den Wunsch erfüllen können, nach Samoa zu fliegen, womit ich von Geburt an in gewisser Weise verbunden bin. Eine zwölffüßige Kawaschüssel[4] war mein Taufbecken gewesen; über ihr hatte mir 1920 der Pastor in Meißen den samoanischen Namen Katesa gegeben – leicht widerstrebend trotz eingeholter Erlaubnis meiner fröhlichen rheinischen Mutter (der auch dieses Buch gewidmet ist). Die Kawaschüssel stammt aus Apia, wo mein Vater sie 1912 von einem Häuptling erwarb, der ihn mehrfach mit Kawa bewirtet hatte. Aufgewachsen war ich umgeben von samoanischen Souvenirs meines Vaters. Tapadecken schmückten die Wände des Herrenzimmers. Unter der Decke zog sich ein Fries entlang, der in Silhouetten die Berge Samoas zeigte mit samoanischen Häusern, Kokospalmen, Banyanbäumen und auf Pfählen gestapelten Kokosnüssen. Die Inseln Manono und Apolima, über der Tür, waren mir von klein an vertraut."[5]

Solche oder ähnliche Initiationsgeschichten gehören bei vielen Wissenschaftlern und Wissenschaftlerinnen zum Erzählrepertoire, wenn es darum geht, Außenstehenden zu erklären, warum gerade diese und keine andere Wissenschaft zum Schicksal wurde. Die Erzählungen ihres Vaters, wie er, der kein Völkerkundler war, 1912 Samoa erlebte, und die Erinnerungsstücke dieser Reise in der elterlichen Wohnung haben sie bereits in ihrer Kindheit stark geprägt und in der Wahl des Studienfaches beeinflusst. Wohl auch deshalb hat sie so ausführlich über seine Fahrt, die er in einem Tagebuch festgehalten hatte, berichtet.

Schon als Jugendlicher soll Fritz Schlosser den Wunsch gehabt haben, Samoa, „die Perle der Südsee", zu besuchen.[6] Das war sicher einmal der in

3 Schlosser, Traumziel Samoa (wie Anm. 1), S. IX.

4 Kawa wird auch Rauschpfeffer genannt und ist dem schwarzen Pfeffer verwandt. Daraus wird ein berauschendes Getränk hergestellt, das rituell verwendet traditionell ausschließlich Männern vorbehalten ist.

5 Schlosser, Traumziel Samoa (wie Anm. 1), S. IX.

6 Tagebucheintrag Fritz Schlossers, zitiert nach: ebd.

jener Zeit stark ausgeprägten Faszination für ferne Länder geschuldet – die tatsächlichen Reisemöglichkeiten waren ja sehr viel begrenzter, als das heute der Fall ist, und natürlich der großen Bedeutung, die koloniale Besitzungen damals für die Identität des jungen deutschen Nationalstaates hatten. 1879 hatte Deutschland einen Hafen in Apia auf der Insel Upolu erhalten, die von 1900 bis 1914 deutsche Kolonie war. Das erklärt das große Interesse Fritz Schlossers an genau diesem Teil Samoas, sodass er zwischen 1900 und 1909 die in Apia auf Deutsch erscheinende Samoanische Zeitung abonnierte.

Fritz Schlosser wurde 1891 als Sohn eines Fabrikanten in Meißen geboren. Er stammte also aus dem Besitzbürgertum, das in jener Zeit ausgesprochen interessiert an den politischen und gesellschaftlichen Entwicklungen in der Welt war. Aber erst sein Beruf ermöglichte es ihm, nach Samoa zu reisen. Sein Vater schickte ihn in die USA, weil er dort eine Außenstelle der väterlichen Fabrik in Los Angeles aufbauen sollte. Auf der Rückreise 1912 konnte er seinen lang gehegten Traum, einen Besuch Samoas, verwirklichen. Diese Fahrt führte über die samoanische Insel Pagopago, und Fritz Schlosser erlebte dort den begeisterten Empfang, den er auch fotografisch festhielt. Dann ging die Fahrt mit einem kleineren Schiff weiter nach Apia, und dort unternahm er in Begleitung eines Samoaners als Führer eine fünftägige Wanderung um den Westteil der Insel Upolu, die er mit der Kamera dokumentierte. Die entstandenen Diapositive, die Katesa Schlosser in ihrem Buch neben dem Tagebuch verwendete, nutzte ihr Vater später für Vorträge in Meißen und zeigte sie auch noch in den 1960er Jahren bei Vorträgen in Kiel.

Fritz Schlossers Interessen waren für die Zeit des beginnenden 20. Jahrhunderts nicht untypisch. Reisen in außereuropäische Länder, deren Kulturen als von der westlichen Zivilisation noch weitgehend unberührt gesehen wurden, waren in Bildungskreisen ausgesprochen modern. Die Völkerkunde als akademische Disziplin etablierte sich erst langsam mit Beginn des 20. Jahrhunderts an den Universitäten und noch bis in die 1920er und 1930er Jahre hinein waren es vor allem Reisende, Kaufleute und Missionare, also interessierte und bildungsbürgerlich geprägte Laien, keine akademisch ausgebildeten Völkerkundler, die sich solche Reisen auch gar nicht leisten konnten, die das ethnografische Material (Fotografien, Filme, Objekte) von ihren Studienreisen mitbrachten und den völkerkundlichen Museen und Lehrstühlen an den Universitäten zur Verfügung stellten. Auch in Schleswig-Holstein gab es in jener Zeit einen berühmten ethnografischen Reisenden, nämlich Victor von Plessen auf Gut Wahlstorf.[7] Die Disziplin Völkerkunde in Deutschland entstand somit in der ersten Hälfte des 20. Jahrhunderts in einer Gemengelage von bildungsbürgerlichen Laien und akademisch ausgebildeten Wissenschaftlern an Universitäten und Museen, deren

7 Diesbezüglich siehe Volker Gottowik (Hrsg.), Die Ethnographen des letzten Paradieses. Victor von Plessen und Walter Spies in Indonesien, Bielefeld 2010.

Möglichkeiten, Feldforschung zu betreiben, allerdings ungleich verteilt waren, sodass das von interessierten Laien mitgebrachte Quellenmaterial für eine akademische Völkerkunde lange Zeit große Bedeutung behielt.[8] Katesa Schlossers Rückgriff auf die Reisematerialien ihres Vaters war also gar nicht so untypisch für ethnografisches Arbeiten in jener Zeit.

Sie besuchte Samoa 1978 für gut einen Monat und dokumentierte ihre Eindrücke fotografisch. Aber auf die Idee, die eigenen Fotografien denen ihres Vaters gegenüberzustellen und als Buch zu veröffentlichen, kam sie erst 2001, als eine Reisende ihr gegenüber äußerte: „Auf Manono gibt es keine traditionellen Samoa-Häuser mehr!“[9] Das veranlasste Schlosser, Abzüge ihrer Fotografien anfertigen zu lassen, um wenigstens mit ihren Bildern das nun historische Manono für die Nachwelt zu überliefern. Als sie sich Luftaufnahmen von 2002 anschaute, musste sie feststellen, dass die Flutwellen der Zyklone tatsächlich Anfang der 1990er Jahre die traditionelle Bebauung weitgehend vernichtet hatten und der Wiederaufbau von modernen Bauten geprägt war.

Entstanden ist eine eindrucksvolle Fotodokumentation, die die Veränderungen, die sich in den 60 Jahren auf Samoa vollzogen haben, anschaulich machen. Allerdings, und das ist ein Kennzeichen aller ihrer späten Arbeiten, belässt sie es bei der fotografischen Dokumentation. Für sie war der Fotoapparat das wesentliche Feldforschungsinstrument, das ihre Eindrücke und Beobachtungen scheinbar authentisch festhielt. Die quellenkritische Distanz zum Medium Fotografie, die die Ethnologie seit den 1970er Jahren diskutiert, hat sie sicher nicht geteilt. Ihr ging es weniger um Analyse oder Interpretation, sondern vielmehr darum, Lebenswelten festzuhalten, von denen sie überzeugt war, dass sie sich veränderten; Untergangsszenarien allerdings, wie viele Ethnologen sie beschworen haben, sind in ihren Büchern nicht zu finden.[10]

Das Samoa-Buch ist eine Reminiszenz an ihren Vater, dessen Tagebuchaufzeichnungen sie weitgehend und dessen Fotografien sie in einer Auswahl abdruckt. Von ihr selbst gibt es allerdings nur eine knappe Einleitung; sie belässt es bei ihren Fotografien, die sie denen ihres Vaters gegenüberstellt. Seit den 1970er Jahren nutzte Katesa Schlosser das Format Fotoband dazu, ihre eigenen Forschungsergebnisse zu publizieren. Was beim Betrachten ihrer Fotografien auffällt, ist der stark von Empathie geprägte Bezug zu ihrem Forschungsfeld und den dort lebenden Menschen. Sie scheint sich mit ihren Fotografien dezidiert als

---

8 Vgl. dazu auch Karl-Heinz Kohl, Ethnologie – die Wissenschaft vom kulturell Fremden. Eine Einführung, 2., erw. Aufl., München 2000; Hans Fischer, Randfiguren der Ethnologie. Gelehrte und Amateure, Schwindler und Phantasten (Kulturanalysen Bd. 5), Berlin 2003.

9 Schlosser, Traumziel Samoa (wie Anm. 1), S. X.

10 Zu den Untergangsszenarien siehe den Klassiker Claude Lévi-Strauss, Traurige Tropen, Frankfurt am Main 1978.

Dokumentatorin und nicht als Interpretatorin außereuropäischer Lebenswelten verstanden zu haben – ein Aspekt, der in der Ethnologie als der Wissenschaft vom Fremden besondere Aufmerksamkeit verdient.

Katesa Schlosser – biografische Annäherung

Katesa Schlosser gehört sicher nicht zu den ganz großen Namen in der Völkerkunde, der Ethnologie. In den Fachgeschichten wird sie, wenn überhaupt, eher am Rande behandelt. Erst die Arbeit der Ethnologin Bettina Beer, die sich in einem umfangreichen Forschungsprojekt mit den Biografien deutschsprachiger Ethnologinnen beschäftigt hat, widmet Katesa Schlosser einen eigenen Artikel.[11] Beer hat am 11. März 2001 ein ausführliches Interview mit ihr geführt, in dem diese ihren biografischen Werdegang und von ihren Erfahrungen in der Völkerkunde erzählt, sodass wir damit über eine autorisierte Fassung ihrer Lebensgeschichte verfügen. Und die ist interessant genug, weil sie immerhin fast ein Jahrhundert umfasst und ihre wissenschaftliche Laufbahn in eine Zeit fällt, in der es weder selbstverständlich war, dass Frauen studierten, promoviert wurden und sich habilitierten, noch, dass sie als Völkerkundlerinnen durch die Welt reisten. Denn einmal abgesehen davon, dass Frauen solche Reisen kaum zugetraut wurden, waren Projektgelder, um Forschungsaufenthalte in anderen Erdteilen zu finanzieren, damals zumindest für Mitglieder einer deutschen Universität sehr viel weniger selbstverständlich, als das heute der Fall ist. Ethnologie/Völkerkunde war in Deutschland bis zum Zweiten Weltkrieg weitgehend eine Schreibtischwissenschaft.

Katesa Schlosser wurde am 8. Oktober 1920 in Dresden als Tochter von Fritz Schlosser, einem Fabrikanten für Keramikfliesen in Meißen, geboren. Ihr Vater war, wie viele Angehörige des Bürgertums jener Zeit, stark wissenschaftlich interessiert. Er war ein Schulfreund von Martin Heydrich, dem Direktor des Museums für Völkerkunde in Dresden. Die beiden Männer verband über die Jugendfreundschaft hinaus die Begeisterung für das Reisen und das Interesse an fremden, exotischen Kulturen.

Und es war ihr Vater, so erinnerte sich Katesa Schlosser, der ihr empfahl, Völkerkunde zu studieren, weil sie dann viel reisen und etwas von der Welt sehen könne. Vielleicht projizierte er damit den eigenen Berufstraum auf die Tochter. Katesa Schlosser jedenfalls folgte seinem Rat und begann 1940 in der Zeit des Zweiten Weltkrieges ihr Studium an der Technischen Hochschule in Dresden. Sie besuchte neben Seminaren in der Völkerkunde auch Lehrveranstaltungen in Architektur, wo sie Zeichnen lernte und vor allem ihre lebenslange Begeisterung für die Fotografie entwickelte. Für ein Semester ging sie

11 Bettina Beer, Frauen in der deutschsprachigen Ethnologie. Ein Handbuch, Köln u.a. 2007, S. 184–191. Die Darstellung der Biografie folgt den Aussagen des Interviews.

nach Wien zu dem damals sehr anerkannten Afrikanisten Hermann Baumann und setzte danach ihr Studium in Jena fort. Dort hatte Bernhard Struck sowohl den Lehrstuhl für Physische Anthropologie, die nach der biologischen Entwicklung des Menschen fragt, als auch den für Völkerkunde inne – eine Verbindung, die damals nicht so selten war und die in der Zeit des Nationalsozialismus zur Legitimierung der Rassenideologie funktionalisiert wurde. Ihre Dissertation, eine Untersuchung über „Propheten in Afrika", beendete sie 1945, kurz bevor die Russen in Meißen einmarschierten. 1949 wurde die Arbeit publiziert, was in dieser schwierigen Zeit nicht selbstverständlich war. Für ihre Dissertation musste sie sich ausschließlich auf in Bibliotheken verfügbare Literatur stützen. Reisen und Feldforschung waren während des Zweiten Weltkrieges natürlich undenkbar. Und in ihrem Vorwort schreibt sie:

> „Soweit die einzelnen prophetischen Gestalten noch nicht abschließend bearbeitet waren, habe ich mich bemüht, den ganzen vorliegenden Stoff zusammenzutragen [...]. Daß trotzdem meine Quellen große Lücken aufweisen, hat in der kriegsbedingten Erschwerung, teilweise Unmöglichkeit der Beschaffung ausländischer Literatur seine Ursache."[12]

Sowohl Abenteuerlust wie Forscherdrang waren bei der jungen Katesa Schlosser vorhanden, aber deren Verwirklichung war erst einige Jahre später möglich. Dabei war Feldforschung seit Bronislaw Malinowski das Ideal ethnologischer Forschung schlechthin.[13] Edward Evans-Pritchard, einer der großen englischen Ethnologen, schrieb deshalb despektierlich über die Schreibtischethnologen, ihre Forschungen gingen von der Überlegung aus: „Was wäre, wenn ich ein Pferd wäre" – sie sei also ohne empirische Basis und damit spekulativ.

Die Promotion war kurz nach dem Zweiten Weltkrieg kein Garant für eine berufliche Anstellung, und wie wir aus vielen Biografien von deutschen Nachkriegswissenschaftlerinnen und -wissenschaftlern wissen, blieb das bis weit in die 1960er Jahre ein großes Problem. Schlosser hatte in Dresden anlässlich eines Vortrages den damaligen Direktor des Hamburger Museums für Völkerkunde, Franz Termer, kennen gelernt und so machte sie sich auf den Weg nach Hamburg, um ihn wegen ihrer beruflichen Zukunft um Rat zu fragen. Termer empfahl ihr, sich an seinen Kollegen, den Zoologen Wolf Herre, Direktor des Zoologischen Museums in Kiel, zu wenden. Denn Termer wusste, dass Herre auf der Suche nach einem Völkerkundler war, der die seit dem Krieg magazinierten Sammlungen des Völkerkundlichen Museums bearbeiten und ein Ausstellungskonzept umsetzen sollte. Aufgrund der Kriegszerstörungen waren die völkerkundlichen

12 Katesa Schlosser, Propheten in Afrika (Kulturgeschichtliche Forschungen Bd. 3), Braunschweig 1949, S. 5.

13 Hans Peter Hahn, Ethnologie. Eine Einführung, Berlin 2013.

Sammlungen zunächst nur provisorisch im Zoologischen Museum untergebracht und sollten der Öffentlichkeit wieder zugänglich gemacht werden.

Herre stellte Katesa Schlosser tatsächlich ein, und sie begann 1947 als wissenschaftliche Hilfskraft. Noch im selben Jahr gelang es ihr mit der tatkräftigen Unterstützung ihres Vaters, das Völkerkundemuseum wieder zu eröffnen. Ihre Eltern, durch die Kriegsfolgen mittellos geworden, waren mit ihr nach Kiel gezogen, und Katesa Schlosser musste auch sie von ihrem schmalen Gehalt unterhalten. 1950 wurde sie zur Assistentin ernannt, was nicht nur ein besseres Gehalt, sondern endlich auch eine berufliche Perspektive bedeutete. In der ersten Zeit war an Forschungsreisen in außereuropäische Länder aber gar nicht zu denken; Fördergelder oder Stipendien gab es nicht, und in ihrer ungesicherten Position verfügte sie sowieso über keine finanziellen Mittel. Schon Reisen ins europäische Ausland, um Museumsbestände anzuschauen, waren damals nur begrenzt realisierbar. So schreibt sie im März 1951 an eine Kollegin am Frankfurter Frobenius-Institut, dass sie mit einer Münchener Studentengruppe nach Paris und an die Loire fahren wolle und sie fragt:

> „Was sieht man sich als Ethnologe da am gescheitesten an? [...] Interessieren tun mich besonders afrikanische und andere Plastiken. Können Sie mir evtl. eine Empfehlung an einen Museumsethnologen geben?“[14]

Die Antwort erfolgte umgehend mit dem Ratschlag, das Musée de l'Homme, bis heute eines der weltweit bedeutendsten Völkerkundemuseen, zu besuchen. Ihre Frankfurter Kollegin schrieb:

> „Sie werden wahrscheinlich genauso erschlagen sein wie ich, wenn Sie die wunderbaren Sachen und Säle gesehen haben. [...] Ich würde Ihnen aber raten, sich in Paris auch noch andere Sachen anzusehen. Plastiken finden Sie natürlich en masse im Louvre. Aber es sind wahnsinnig viele, daß man nur einen kleinen Teil in sich aufnehmen kann...“[15]

Anrührend, weil er so viel über die Mentalität der Nachkriegszeit aussagt, ist ein privater Hinweis der Frankfurter Kollegin in diesem Brief, der deutlich macht, wie groß das Bedürfnis nach Normalität war:

> „Im Übrigen werden Sie genau so wenig Zeit für Sammlungen in Paris finden wie ich, weil es so viel anderes anzusehen gibt, dass man zu ernsthaften Dingen gar nicht kommt. Sehen Sie sich die Rue de Rivoli und Rue Saint Honoré mit den Schaufenstern an, von denen sie nicht mehr wegwollen.“[16]

---

14 Archiv des Frobenius-Instituts, Postkarte Katesa Schlossers an Dr. Hilde Klein vom 4.3.1951. Ich danke Herrn Prof. Dr. Karl-Heinz Kohl, Institut für Ethnologie der Universität Frankfurt am Main, für die freundliche Überlassung der Korrespondenz von Katesa Schlosser mit Mitarbeiter_innen des Frobenius-Instituts.

15 Ebd., Brief von Dr. Hildegard Klein an Katesa Schlosser vom 9.3.1951.

16 Ebd.

Es sollte noch zwei Jahre dauern, bis Katesa Schlosser ein Stipendium erhielt, mit dem sie ihre erste Feldforschung in Afrika durchführen konnte. Sie las im September 1952 in der Universität einen Aushang des Deutschen Akademischen Austauschdienstes, auf den sie sich meldete. Sie schreibt an ihre Kollegin nach Frankfurt:

> „Dann mußte ich selbst Gutachten einholen und nach Bonn schicken. Das war im September. Dann hörte ich nichts außer im Dezember ne Anfrage wegen meiner arischen Großmutter bzw. ob ich rein europäischer Abkunft sei. Dann wieder Schweigen. Schließlich hat man in Pretoria aus 10 hingeschickten Bewerbungen die eines Tierarztes aus Gießen und meine herausgefischt. Das Stipendium gilt f. 9 Monate und beträgt 250 L.[17] Das soll sehr wenig sein für den dortigen Lebensstandard. Wo und wann ich es ausgezahlt bekomme, kann mir in Europa kein Mensch sagen. Die Sache wird ziemlich spannend."[18]

Darüber hinaus gelang es ihr, Gelder von der Deutschen Forschungsgemeinschaft einzuwerben. Nun konnte sie ihre erste Feldforschung südlich von Johannesburg in Angriff nehmen. Dafür hatte sie sich die christliche Universität in Potchefstroom ausgesucht, weil dort Friedrich Rudolf Lehmann aus Leipzig eine Professur für Völkerkunde innehatte.

Neun Monate verbrachte sie in Südafrika und in dieser Zeit hat sie dort „ihren Stamm" oder besser gesagt ihre Region gefunden.[19] In ihren Forschungen konzentrierte sie sich auf Eingeborenenkirchen in Süd- und Südwestafrika und aus dem erhobenen empirischen Material entstand nach ihrer Rückkehr nach Kiel ihre Habilitationsschrift, die sie 1956 erfolgreich bei der Philosophischen Fakultät einreichte und 1958 veröffentlichte. Schon ein Vergleich der Buchcover verdeutlicht die Differenz zur Dissertation. Das Titelblatt der aus der Literatur gearbeiteten Dissertation zeigt eine expressionistische Grafik, während auf dem der Habilitationsschrift eine Fotografie als Ausweis der geleisteten Feldforschung und damit von Authentizität zu sehen ist.

1962 wurde sie zunächst zur außerplanmäßigen und 1970 zur ordentlichen Professorin ernannt. Gleichzeitig war sie Direktorin des Völkerkundlichen Museums. Nach ihrer Pensionierung 1986 wurde sie auf dieser Stelle um weitere fünf Jahre verlängert; einen Nachfolger beziehungsweise eine Nachfolgerin gab es nicht, denn ihre Professur wurde in den Pool für die neugegründete Technische Fakultät eingebracht. Auch über ihre Pensionierung hinaus bis kurz vor ihrem Tod im Jahr 2010 blieb sie dem Museum erhalten und war nun ehrenamtlich als Direktorin tätig.

---

17 Das waren damals 250 Südafrikanische Pfund.

18 Archiv des Frobenius-Instituts, Postkarte von Katesa Schlosser an Dr. Hilde Klein vom 14.2.1953.

19 So eine klassische Formulierung der Ethnologie.

Frauen in der Völkerkunde

Im Gegensatz zu Schlossers Zeiten sind es heute überwiegend Frauen, die als akademisch ausgebildete Ethnologinnen an Universitäten und Museen tätig sind. Allerdings stieg bereits im Laufe der ersten Hälfte des 20. Jahrhunderts der Frauenanteil an und seit Beginn des 20. Jahrhunderts war es nicht mehr so ungewöhnlich, dass Frauen auf Forschungsreisen gingen und dazu gehört dann regelmäßig der Hinweis, dass sie nun ihren englischen und amerikanischen Kolleginnen nicht mehr nachstünden. Damit waren vor allem die Kultur- und Sozialanthropologinnen Margaret Mead und Ruth Benedict gemeint, die schon in den 1920er Jahren Forschungsreisen nach Samoa unternahmen.

Ähnlich wie Katesa Schlosser stammten die Völkerkundlerinnen im deutschsprachigen Raum ganz überwiegend aus dem besitzenden Bildungsbürgertum. Viele ihrer Kolleginnen waren mit Völkerkundlern verheiratet, anders als Katesa Schlosser, die nie heiratete und alle ihre Forschungsreisen allein unternahm. Sie war 1956 erst die dritte Frau, die sich im Fach Völkerkunde in Deutschland habilitierte. Viele Männer sahen die Habilitation von Frauen eher skeptisch, auch der Förderer von Katesa Schlosser, der Hamburger Museumsdirektor Termer – der im Übrigen als ausgesprochener Unterstützer von Frauen gilt – riet einer Kollegin von ihr zu einer Museumsstelle, weil er der Meinung war, „für eine Dame sei das mit der Habilitation nichts."[20]

Als sie 1953 mit ihren Feldforschungen begann, waren wissenschaftliche Materialerhebungen vor Ort keine Seltenheit mehr und es fand in der Völkerkunde seit Bronislaw Malinowski eine breite und sehr intensive Methodendiskussion statt. Allerdings galten Feldforschungen, also längere Aufenthalte in anderen Kontinenten, lange Zeit als viel zu gefährlich für Frauen. Noch in den 1950er Jahren machte die Deutsche Forschungsgemeinschaft einer Völkerkundlerin zur Auflage, dass sie einen männlichen Begleiter mit ins Feld nehmen müsse. Immerhin konnte diese durchsetzen, dass sie den männlichen Kollegen selbst aussuchen durfte.[21]

Katesa Schlosser reiste allein. Auch diese Tatsache macht ihre Erfahrungen in der Feldforschung in Südafrika aus heutiger Sicht interessant. Methodische Seminare zur Feldforschung, die heute zwingender Bestandteil jedes ethnologischen Studiums sind, oder gar einschlägige Literatur zu diesem Thema gab es zu Katesa Schlossers Zeiten noch nicht. Deshalb ist es nicht verwunderlich, dass in ihren Arbeiten jegliche expliziten Überlegungen zur Empirie und zur Datenerhebung fehlen. Es war ein *Learning by Doing*.

20 Interview mit Katesa Schlosser, zitiert nach: Beer, Frauen (wie Anm. 11), S. 269.
21 Ebd.

Feldforschungen in Afrika

Katesa Schlosser war 33 Jahre alt, als sie 1953 auf einem holländischen Auswandererschiff von Hamburg nach Kapstadt einen Platz in einer Vierbettkabine buchte. Bei ihrer Einreise musste sie nachweisen, dass sie über genügend Geld verfügte, um die Rückreise zu finanzieren. An Bord des Schiffes lernte sie eine Diplompsychologin kennen, die auswandern wollte, und trampte mit ihr von Kapstadt über Port Elizabeth und East London nach Fort Hare.

Mit ihrem Forschungsthema zu Eingeborenenkirchen in Südafrika schloss sie an ihre Dissertation über die Propheten an und selbst gemessen an heutigen Fragestellungen besitzt das Thema durchaus Relevanz. Unter Eingeborenenkirchen werden jene Kirchen beziehungsweise Sekten zusammengefasst, die die Angehörigen der indigenen Bevölkerung von den evangelischen Missionskirchen abspalteten und in denen christliche Lehre mit traditioneller Religion synkretistisch verbunden wurde. Was Schlosser daran interessierte, waren weniger die religiösen Inhalte als vielmehr die Beweggründe, die zur Abspaltung führten. Der Reiz lag für sie in der Möglichkeit, „von Eingeborenen begründete Sozialkörper in statu nascendi zu beobachten", weil solche Prozesse in der Regel nicht zu fassen sind, sondern der Forscher bereits etablierte Gesellschaften vorfindet, für deren Entstehungszeit allerdings keine schriftlichen Quellen vorliegen, sodass sie nicht zu rekonstruieren sind.[22] Dass durch die evangelische Mission und die Kolonialherrschaft bereits intensive Begegnungen mit der europäischen Kultur stattgefunden hatten, sah sie als Glücksfall an, weil so auch Fragen nach den Auswirkungen von „Kulturkontakt", wie sie es selbst nennt, gestellt werden können. In ihrem organisatorischen Aufbau orientierten sich viele dieser Sektenkirchen an der jeweiligen Mutterkirche, zogen ihre Attraktion allerdings aus einer starken anti-europäischen Haltung.

Es sollen nur ein paar Punkte skizziert werden, an denen die Vorgehensweise Schlossers deutlich wird, denn mit ihrem Ansatz bewegte sie sich damals durchaus auf der Höhe der Zeit. Das Interesse der deutschen Völkerkunde hatte sich nach dem Zweiten Weltkrieg von einer bloßen Betrachtung der materiellen Kultur hin zu einer stärkeren Fokussierung auf den Menschen als Träger seiner Kultur verschoben. Spätestens seit Edward Evans-Pritchards Arbeiten aus den 1930er Jahren war das lange vorherrschende Interesse an einzelnen Kulturelementen wie Religion, Stamm, Sprache und damit die ältere Kulturkreislehre, wie die von Leo Frobenius, zugunsten einer Analyse sozialen Zusammenlebens überwunden. Hiervon zumindest scheint auch Katesa Schlossers Ansatz inspiriert zu sein. Ob und wieweit sie die amerikanische

---

22 Katesa Schlosser, Eingeborenenkirchen in Süd- und Südwestafrika. Ihre Geschichte und Sozialstruktur. Ergebnisse einer völkerkundlichen Studienreise 1953 (Arbeiten aus dem Museum für Völkerkunde der Universität Kiel Bd. 2), Kiel 1958, S. 1.

Kultur beziehungsweise englische Sozialanthropologe rezipiert hatte, lässt sich nicht eindeutig beantworten; sie selbst geht darauf nicht ein. Aber sie war, das zeigen wiederum ihre Briefe sowie ihre Anträge auf erhöhte finanzielle Zuschüsse an die Universität, sehr an internationaler Fachliteratur interessiert.[23]

Ihre Kontakte verdankte sie der Vermittlung des Anthropologen Otto Raum, Professor am South African Native College in Fort Hare.[24] Außerdem nahm sie ein weißer zionistischer Missionar auf, der ihr als Gateopener in die Gemeinde der Zionisten diente.[25] Der Fokus ihrer Forschung ist ungewöhnlich, weil sie nicht die Gemeinde als soziale Gruppen in den Blick nimmt, sondern anhand von sechs Biografien deren geistliche Führer vorstellt. Neben gedruckten Quellen verweist sie auf „private Quellen", worunter sie auch ihre Feldforschungen versteht; dazu gehören Gespräche, Besuche von Gottesdiensten, Briefe usw. – alles ist genau verzeichnet und mit Datum versehen. Die von ihr entworfenen Porträts, in denen sie weder Romantisierungen noch Verteufelungen erliegt, beeindrucken durch ihre Prägnanz, denn sie ist ernsthaft darum bemüht, die Persönlichkeit ihrer Gewährspersonen zu erfassen. Dass sie sich dabei heute inakzeptabler anthropologischer Begriffe wie Rasse, Mischling, Bastard bedient und teilweise auch Stereotype reproduziert, ist der Zeit und dem damaligen Sprachgebrauch geschuldet und ganz sicher keiner tatsächlich rassistischen Gesinnung, wie man sie heute unterstellen würde:

> „Nicholas Bhengu ist Zulu. […] Er ist der Sohn eines eingeborenen Geistlichen. […] Bhengus Hautfarbe ist ein mittleres Braun, das unter Zulu recht hell wirkt. Auch unter den durchschnittlich großen Zulu fällt Bhengu durch seine Größe (mindestens 1,80 m) auf. Bhengu ist schlank und hat ein langes schmales Gesicht mit prononcierten Jochbögen. Seine Nase ist nicht hamitoid, wie oft bei dem schlanken Teil der Zulu, sondern flach und breit.... Bhengu hält viel auf sein Äußeres. Er kleidet sich mit gediegener Eleganz – er ist bei weitem der best gekleidete Mann seiner Gemeinden – und ist stets von einwandfreier Sauberkeit. Letzteres ist durchaus erwähnenswert, da dies nicht für alle ‚educated natives' gilt. […] Sein

23 So beantragte sie beispielsweise am 6. Dezember 1956 700 DM für die Anschaffung von Fachliteratur, darunter u.a. Franz Boas (Hrsg.), Economic Anthropology, Boston 1938; Melville Jean Herskovits, General Anthropology. A study in comparative economics, 2. Aufl., New York 1952. Siehe dazu den Antrag Schlossers im Landesarchiv Schleswig-Holstein, Abt. 47, Nr. 3563.

24 Otto Raum (1903–2002) wurde als Sohn eines Missionars in Ostafrika geboren und arbeitete zunächst als Lehrer und Seminarleiter. Nach der Promotion in England wirkte er als Professor. Zur Biographie Raums vgl. ausführlich die URL: http://www.lmw-mission.de/de/missionar-313.html (zuletzt abgerufen am 6.9.2016).

25 Die zionistische Kirche in Südafrika (Zion Christian Church) ist bis heute die mitgliederstärkste Kirche des Staates. Sie vertritt eine synkretistische Religion, in der sich sowohl Teile der christlichen Lehre wiederfanden wie auch traditionelle Glaubensvorstellungen über Krankheitsheilung und rituelle Reinigung.

Englisch ist einwandfrei, auch seine Allgemeinbildung weit überdurchschnittlich, seine Intelligenz hervorragend. [...] Europäern gegenüber ist er sehr höflich [...].

Ob Bhengu zu Ekstase befähigt ist, möchte ich nach meinen freilich nur subjektiven Eindrücken bezweifeln. Zudem verneinte Bhengu mir gegenüber – nachdem er sich versichert hatte, dass ich lutherischer Konfession sei – irgendwelche ekstatischen Erlebnisse [...]. Er leugnete ausdrücklich Träume und Visionen, ja jeden direkten Auftrag Gottes. In seinem Schriftchen ‚Revival Fire' und in seinen Predigten dagegen beruft er sich sowohl auf einen direkten göttlichen Auftrag als auch auf Visionen. Die Frage dürfte kaum lösbar sein: Wem hat er Konzessionen gemacht, der lutherischen Europäerin oder den Eingeborenen, deren Hang zu übernatürlichen Dingen er nur zu gut kennt?"[26]

Abb. 11: Porträt von Nicholas B. H. Bhengu aus dem Jahr 1953.

26 Schlosser, Eingeborenenkirchen (wie Anm. 22), S. 14–16.

Die eindrücklichen Porträts erhalten ihre Qualität auch daraus, dass Schlosser immer wieder reflektiert, wie sich ihre Gewährspersonen sozusagen zwischen den Kulturen positionieren. Das wird auch an der Präsentation einer weiteren interessanten Persönlichkeit deutlich. Markus Witbooi gehörte ursprünglich der Rheinischen Missionsgesellschaft in Südwestafrika an, bevor er sich der African Methodist Episcopal Church (A.M.E.C.) anschloss und dort zum Pastor ernannt wurde. Er sprach einwandfrei deutsch und wie Schlosser festhält: „Er verfolgt interessiert die Zeitungen und brachte von sich aus z. B. die Sprache auf den erstaunlich schnellen Wiederaufbau in Deutschland."[27] Allerdings musste auch Katesa Schlosser vorstellen, dass ihre Gewährspersonen bereits sehr genau ihren Status als Objekt ethnografischer Forschung zu reflektieren verstanden. Denn Witbooi, der die Interessen der Ethnologin zu antizipieren wusste, war darum bemüht, ihr Einblick in jene Kultur zu geben, die er selbst als die indigene überliefert haben wollte, was Katesa Schlosser allerdings durchschaute:

> „Für seine ungewöhnlich rasche Auffassungsgabe, verbunden mit erstaunlicher Eigeninitiative, mag sprechen, daß er auf meine absichtlich ohne Erläuterung vorgebrachte Erklärung, ich sei ‚Völkerkundlerin und an einem Museum beschäftigt' folgendermaßen reagierte: Er führte mich zu einem runden Pontok, dessen Zweiggeflecht bis zur halben Höhe mit der üblichen Mischung aus Lehm, Kuhmist und Wasser verstrichen war, durch dessen Oberteil aber die Sonne ungehindert ins Innere schien. Davor erklärte er wörtlich: ‚Es wird Sie interessieren, daß die Frauen bei Regenwetter diesen Pontok mit Binsenmatten zudecken.' Dabei gab er seiner Frau und seiner Tochter den Auftrag, die bis zu 3 m langen Matten zu holen und mir das Decken des Pontoks vorzuführen. ‚Die Binsen stammen aus dem großen Fischfluß. Zunächst regnet es zwar noch durch. Aber dann quellen die Binsen auf, und die Matten werden regendicht.'"[28]

Dieser Dialog zwischen Forscherin und Beforschtem könnte aus einem älteren Lehrbuch der Feldforschung stammen. Die Gewährspersonen wissen schon vorab, was den Forscher interessiert oder vielleicht auch interessieren sollte, und bestimmen so, wie ihre Kultur in der ethnologischen Forschung dargestellt wird. Sie sichern sich damit den Status eines Experten; dem Ethnologen bleibt die Rolle des Dokumentars. Witbooi besaß bereits sehr genaue Vorstellungen von dem, was wir heute kulturelles Erbe nennen, das er der Völkerkundlerin von seiner Frau und seinen Kindern vorführen ließ. Witbooi selbst verstand sich dabei als Übersetzer zwischen den Kulturen, nicht als Beforschter.

27 Ebd., S. 84.
28 Ebd.

Der damals dort tätige Missionar der Rheinischen Mission, Mayer, erklärte Schlosser später, dass die Herstellung dieser Binsenmatten bereits völlig aufgegeben worden wäre, aber als sich die Gläubigen von der Rheinischen Mission lösten und ihre eigene Kirche begründeten, da seien diese alte Techniken bewusst aufgegriffen worden „mit dem Ziel, altes eigenes Kulturgut wiederaufleben zu lassen."[29] *Going native*, so nennt man solche Praktiken, mit denen über das Wiederaufnehmen traditioneller Kultur – wie hier die Handwerkstechniken – Identität gestiftet werden soll. Der Rückgriff auf indigene Kultur war also ein bewusst eingesetztes Instrument des Identitätsmanagements. Und damit nicht genug: Witbooi nutzte jede Gelegenheit, um Schlosser die Lebendigkeit der traditionellen afrikanischen Kultur vor Augen zu führen, um sich so gegenüber der europäischen Kultur zu behaupten. So ließ er beispielsweise vorführen, wie Kleinkinder in weich gegerbten Ziegenhäuten auf dem Rücken getragen werden, und war um Authentizität bemüht, ohne dass er dabei Theatereffekte scheute:

> „Als ich [i.e. Katesa Schlosser, Anm. d. Verf.] bei einem späteren Besuch bat, die Haut erwerben zu können, antwortete er wörtlich: ‚Ich werde dafür Sorge tragen, daß Sie in den Besitz des Felles kommen werden.' – Weiter ließ er mir zeigen, wie die Jungen im Veld eine Ziege schlachten. Da ich erklärt hatte, ich hätte in einer Kamera Farbfilme, ließ er dazu einen Blechteller, der innen einen breiten roten Rand hatte, derart von den das Schlachten imitierenden Jungen halten, dass das Rot auf dem Emailleteller auf dem Film Blut vortäuschen sollte. [...] Zum Schluß der ‚völkerkundlichen Vorführungen' ließ er ein großes gespanntes Fell hochhalten und erklärte: ‚Das müssen Sie auch photographieren. So etwas legt man neben die Betten'. Tatsache ist indessen, daß die Mehrzahl der Hottentotten solche Felle nicht neben die Betten legt, sondern darauf schläft."[30]

29 Ebd.
30 Ebd., S. 84f.

Abb. 12: Völkerkundliche Demonstration Markus Witboois: „Meine Frau zeigt Ihnen hier, wie bei den Nama Kinder in weich gegerbten Ziegenhäuten getragen werden."

Auch ein Einheimischer kann eben nicht alles wissen! Dass traditionelle Techniken, Rituale usw. aufgegriffen und neu belebt werden, wenn es darum geht, Identität herzustellen und abzusichern, das ist eine auch in Europa gebräuchliche Strategie. Vor allem im 19. Jahrhundert wurden Elemente traditioneller Volkskultur (beispielsweise Trachten, Bräuche, Hausformen) funktionalisiert, um nationale, regionale beziehungsweise ethnische Identitätspolitik damit zu unterfüttern. Allerdings lieferte der Missionar Mayer noch eine weitere Erklärung, die auf die Kolonialgeschichte hinweist. Einige der Witboois seien während der deutschen Kolonialzeit in Deutschland auf einer Kolonialschau, einer Völkerschau, wie sie auch Hagenbeck veranstaltete, als Darsteller gewesen. Mayer mutmaßte, dass sie nach ihrer Rückkehr wohl erzählt hätten, wofür sich die Deutschen besonders interessiert hätten. Das, so seine Schlussfolgerung, sei den Witboois wohl im Gedächtnis geblieben. Leider geht Schlosser der interessanten Frage, ob die Erfahrungen der Vorfahren auf den Völkerschauen Teil des Familiengedächtnisses geworden waren, nicht weiter nach. Insgesamt bietet die Arbeit über die Kirchen der Eingeborenen in Südafrika nicht nur faszinierende Porträts religiöser Führer, sondern durch die vorgenommenen Kontextualisierungen auch erhellende Einblicke in eine Gesellschaft im Wandel, die sie mit vielen Fotografien visualisiert.

Es ist sicher nicht die analytische Prägnanz, die bis heute den Reiz des Buches ausmacht, sondern es sind die präzisen und fern jeglicher Scheuklappen gemachten vielschichtigen Beobachtungen, die am Schluss des Buches noch einmal gebündelt werden. Dabei geht Schlosser auf die Apartheitsbewegung ein, aber auch auf die Distinktionsbemühungen zwischen gebildeten und nicht gebildeten Eingeborenen, die sie als ähnlich krass beschreibt wie die Rassenpolitik der Weißen gegenüber den Farbigen. Es muss für sie 1953, nur wenige Jahre nach dem Ende des Zweiten Weltkrieges, ein überwältigendes Erlebnis gewesen sein, zum ersten Mal Afrika zu besuchen und dort vor Ort forschen zu können. In ihrer Dissertation waren es ja nur Reisen im Kopf gewesen, aber nun eröffnete sich ihr eine faszinierende Welt, die sie auch später nicht mehr loslassen sollte. Auch wenn ihre späteren Publikationen nicht mehr explizit einer Forschungsfrage folgten, sondern stärker auf Dokumentation setzten. Diese Reise war der Auftakt zu ihren vielen Feldforschungen, die sie immer wieder nach Afrika, aber auch auf den Spuren ihres Vaters nach Samoa oder nach Papua-Neuguinea führten. 1959 sollte Katesa Schlosser dank eines Reisestipendiums der Deutschen Forschungsgemeinschaft die Möglichkeit erhalten, erneut nach Südafrika zu reisen; dort traf sie den Mann, dem sie einen Großteil ihres wissenschaftlichen Lebens widmete.

Laduma Madela: Der Mann, der Katesa Schlosser verhext hat

Diese ironische und mit einem Augenzwinkern gemachte Beschreibung ihres Verhältnisses zu ihrem zentralen Gewährsmann in Südafrika hat Katesa Schlosser selbst vorgenommen. Wenn man bedenkt, mit welcher Energie sie sich der Dokumentation und Überlieferung des Wissens dieser Persönlichkeit angenommen hat, dann möchte man dieser Einschätzung glauben. Madela wurde für sie zur Lebensaufgabe und mit ihm beschäftigen sich die meisten ihrer Publikationen seit den 1960er Jahren. Deshalb kommt man an diesem ohne Frage faszinierenden Blitzzauberer nicht vorbei, wenn man der Persönlichkeit Katesa Schlossers und ihrer Art, Völkerkunde zu betreiben, gerecht werden will.

Als sie 1959 erneut nach Südafrika reisen konnte, war ihr der Kontakt mit Otto Raum von großem Nutzen. Er hatte sie schon bei ihrer ersten Reise unterstützt und war im Winter 1958/59 in Kiel, um in der Bibliothek des Instituts für Weltwirtschaft zu arbeiten. Bereits während ihres Afrikaaufenthaltes im Jahr 1953 war Schlosser die Idee gekommen, dass es lohnend sein könnte, sich mit Bantukünstlern zu beschäftigen. Raum gab ihr den Hinweis auf den Zulu-Blitzzauberer und Schmied Laduma Madela, denn er habe eine seiner Hütten im Inneren mit Szenen aus dem Leben der Zulu ausgemalt. Schlosser besuchte Madela zuerst im Juni/Juli 1959, noch bevor sie der Einladung Raums nach Fort Hare folgte. Dort sollte sie Vincent Zanoxolo Gitywa, den Kurator des Ethnologischen Museums, kennenlernen, der selbst einer Xhosa-Häuptlingsfamilie entstammte. Aufgewachsen mit den Stammestraditionen der Xhosa, blieb er diesen ein Leben lang stark verbunden. Gitywa wurde für Schlossers weitere Arbeiten unendlich wichtig. Er kam 1965/66 auf Einladung des Deutschen Akademischen Austauschdienstes nach Kiel und übersetzte alle bis dahin existierenden und an der Christian-Albrechts-Universität verwahrten Manuskripte von Laduma Madela aus dem Zulu ins Englische.[31] Katesa Schlosser würdigt ihn und seine Leistungen mit den Worten: „Mit dieser bewundernswerten Arbeitsleistung schuf er die Voraussetzung für umfangreiche Museumspublikationen über das Zulugenie Laduma Madela."[32]

Der Blitzzauberer Laduma Madela wurde 1908 geboren und entstammt „Zaubersippen", wie Schlosser sagt.[33] Er war ein bemerkenswerter Mann, weil er sich der Bedeutung seines Wissens als Träger seiner Stammeskultur sehr bewusst war. Als er 1957 Otto Raum kennenlernte, erkannte er die Möglichkeit, dass sein Wunsch, das Wissen seiner Vorfahren für die Nachwelt zu überliefern, nun realisiert werden könnte.[34] Auf Raums Anregung hin, begann Madela, der Autodidakt war und nie eine Schule besucht hatte, sein Wissen zu verschriftlichen, und es entstand eine schier unglaubliche Fülle an Texten und Zeichnungen, die sehr unterschiedliche Bereiche traditioneller Zulu-Kultur thematisierten: Zauberei, Mythologie, Tier- und Wetterbeobachtung, Musikinstrumente, Sprichwörter, Traumdeutungen, Alltagsleben, Märchen usw. Bis 1959 füllte der Blitzzauberer über 50 Schreibblöcke mit seinem Wissen.

Im gleichen Jahr verweilte Schlosser zudem während ihres Feldaufenthaltes in Südafrika, nach eigenen Worten wochenlang als Gast in Madelas Kral. Sie wohnte in dieser Zeit in der schwedischen Missionsstation Ceza, machte

31 Beer, Frauen (wie Anm. 11), S. 189.

32 Katesa Schlosser, Zauberei im Zululand. Manuskripte des Blitz-Zauberers Laduma Madela (Arbeiten aus dem Museum für Völkerkunde der Universität Kiel Bd. 4), Kiel 1972, S. 3.

33 Vgl. zum Folgenden ebd.

34 Beer, Frauen (wie Anm. 11), S. 189.

also nicht die klassische Art der Feldforschung, die den Rund-um-die-Uhr-Aufenthalt vor Ort erfordert, sondern zog sich immer wieder aus dem Feld zurück. Madela vertraute die meisten seiner Manuskripte Raum an, einzelne davon erhielt auch Schlosser, die sie mit nach Kiel nahm. Raum überließ mit Zustimmung Madelas Schlosser ferner die bei ihm befindlichen Manuskripte, und so wurde Kiel der Ort, an dem das immense Wissen dieser Persönlichkeit nicht nur übersetzt, sondern auch kommentiert und ediert wurde. In mehreren Büchern hat Schlosser dieses Material zugänglich gemacht und zugleich mit ihren einführenden Texten sowie Fotografien ein einfühlsames und detailreiches Porträt dieses außergewöhnlichen Mannes gezeichnet.[35]

Ganz ähnlich wie in ihrer Habilitationsschrift ging Schlosser auch hier von einem biografischen Ansatz aus, der sich sehr eng an die Präsentation des Materials anlehnte. Ihr ging es darum, das Wissen Madelas über die Zulus und deren Kultur der Nachwelt zugänglich zu machen; eine ethnologische Analyse des reichhaltigen Quellenmaterials und dessen Kontextualisierung durch eine intensive Feldforschung war nicht ihre Absicht. Ihre Arbeit ist von großem Respekt und beeindruckender Empathie geprägt; sie sah sich als Übersetzerin einer Kultur, die sie in ihrer Eigenart respektierte und die sie in ihrem Reichtum durch ihre Publikationen auch einem europäischen Lesepublikum vermitteln wollte. Die Rolle der analysierenden und auswertenden Ethnologin war damit nicht vereinbar.

Schlosser knüpfte in ihrer Zeit in Südafrika viele Kontakte nicht nur zur indigenen Bevölkerung, sondern auch zu Professoren und Wissenschaftlern an Universitäten und Museen. Mit Raum, aber auch mit anderen Professoren, unternahm sie 1959 Exkursionen über Land, die sie selbst Ausflüge nannte und tagebuchartig festhielt. Die Fotografien, auf denen der Volkswagen von Raum immer wieder abgebildet ist, erinnern eher an Urlaubsfotos denn an ethnologische Fotodokumentation. Weit entfernt von heutigen methodologischen Überlegungen dazu, wie die Kamera das Feld verfälscht, wie also das Fotografieren Einfluss nimmt auf die Repräsentation einer Kultur und damit auf Forschungsergebnisse, erzählt Schlosser beispielsweise über ihre Begegnung mit dem Wahrsager Njajula, über den sie 2009 ein eigenes Buch veröffentlichte.[36] Als sie mit Raum auf einer der vielen Exkursionen an seinem Hof ankommt, verlangte jener Brandy von ihnen für die Erlaubnis, an seinen

35 Vgl. dazu exemplarisch Katesa Schlosser, Madelas Tierleben. Tiere in Zauberei und Alltag bei Zulu und Tonga. Zeichnungen des Blitzzauberers Laduma Madela (Arbeiten aus dem Museum für Völkerkunde der Universität Kiel Bd. 24), 2., erw. Aufl., Kiel 2009.

36 Dies., Der Wahrsager Njajula. Historische Farbphotographien von den Xhosa in Südafrika 1959 (Arbeiten aus dem Museum für Völkerkunde der Universität Kiel Bd. 23), Kiel 2009.

Séancen teilzunehmen zu dürfen. Zu Zeiten der Apartheitsgesetzgebung war es allerdings streng verboten, der indigenen Bevölkerung Alkohol zugänglich zu machen, worauf Raum sofort hinwies. Njajula stellte sich unwissend, denn schließlich bringe ihm auch der weiße Magistrat höchstpersönlich Brandy, wenn er seine Hilfe in Anspruch nehme. Schließlich einigten sie sich auf eine Geldzahlung. Für das Wahrsagen gab es bereits feste Sätze in Bargeld.

Aber Schlosser ging es wesentlich um das Fotografieren, und nachdem sie ihn und seine Frau vor der Hütte fotografiert hatte, begannen die Vorbereitungen für das Wahrsagen. Raum und Schlosser durften sich auf eine an der Hüttenwand stehende Bank setzen, während ihre Begleiter und ein Gehilfe Njajulas gemeinsam mit den um Rat suchenden Afrikanern mit dem Fußboden der Hütte vorliebnehmen mussten. Die Zeremonie, in der es um angeblich gestohlenes Geld ging, begann. Der Wahrsager äußerte Vermutungen, was die Betroffenen durch Klatschen und entsprechende Kommentare begleiteten. Und Schlosser fotografierte, ohne ihre Rolle im Feld, den Einfluss, den ihre Aktivitäten hatten, zu reflektieren; im Gegenteil, sie vertraute der Professionalität des Wahrsagers: „Dieses Spiel dauerte lange, wie lange weiß ich nicht, weil ich pausenlos mit Blitzlicht fotografierte. Das Blitzen störte niemanden, und selbst Gitywa meinte hinterher, er sei völlig im Banne des Wahrsagers gewesen."[37]

Die Fotografien halten den Ablauf der Zeremonie fest, ohne die Gegenwart der weißen Wissenschaftler zu leugnen. Allerdings hat Schlosser diese Tatsache nie methodologisch reflektiert, obwohl in der akademischen Ethnologie schon damals die Störungen des Feldes durch die Anwesenheit der Forscher und deren Aktivitäten (Fotografieren, Beobachten) kritisch hinterfragt wurden. Man kann Schlossers Vorgehen sowohl als methodologisch naiv aber auch als eine Feldforschung auf Augenhöhe, die keine Hierarchie zwischen Forscher und Beforschten aufmacht und die Erhebungssituation selbst transparent macht, diskutieren. Sie selbst hat sich zu solchen Fragen nie geäußert, aber ihre Publikationen und der daraus ersichtliche Respekt gegenüber ihren Interviewpartnern lassen vermuten, dass es ihr gerade um diese Augenhöhe ging. Schlosser jedenfalls hat im Verlauf ihrer vielen Feldforschungen ihren ganz eigenen Stil gefunden, der sich allerdings mehr und mehr von den Standards der akademischen Ethnologie entfernte.

Katesa Schlosser und die Ethnologie

In der offiziellen Fachgeschichte der Ethnologie spielt Katesa Schlosser kaum eine Rolle. Einschlägige Publikationen führen ihren Namen nicht auf. Dabei war sie zu Beginn ihrer akademischen Laufbahn im Fach sehr präsent. Sie

37 Ebd., Tafel 52.

reiste auf Kongresse und beteiligte sich mit Vorträgen und Publikationen an den damals aktuellen Debatten. 1969 kam es zum Bruch. Enttäuscht über die auf einer Tagung des Fachverbandes eskalierenden Diskussionen in Bezug auf den hegemonialen Habitus der Ethnologie/Völkerkunde, die aus eurozentristischer, von kolonialistischem Selbstverständnis beeinflusster Perspektive ihre Forschungen betreibe und ihre Position nicht nutze, um politische Arbeit in den Forschungsregionen zu leisten, zog sie sich zurück.[38] Stattdessen, so erzählte sie Bettina Beer, habe sie ihre Kontakte zu afrikanischen Kollegen intensiviert.[39] Bemerkenswert bleiben ihr großes Engagement und die starke Empathie für ihr Forschungsfeld. Sie wollte weniger in eine deutschsprachige Ethnologie hineinwirken; offensichtlich hatte sie kein Interesse an den akademischen Ehren des Faches. Sie war an den Menschen, deren Kultur sie dokumentieren wollte, interessiert. Das ist nicht zu übersehen, wenn man ihre Fotografien betrachtet, die die Menschen selbst zum Thema machen. Ihr ging es nicht um romantisierende Bilder und auch nicht um irgendeine Fiktion von Ursprünglichkeit, sondern um die fotografische Erfassung von realen Lebenswelten. Sie widmete ihre Arbeit seit ihrem ersten Forschungsaufenthalt 1953 in Afrika der Dokumentation einer Welt im Umbruch und thematisiert das auch in den wenigen Texten, die sie ihren Fotodokumentationen hinzugefügt hat. So entstand ein beeindruckend umfangreiches Werk, das überwiegend in der von ihr selbst herausgegebenen Schriftenreihe erschienen ist.

Ihr waren die Kontakte zu ihren Gewährspersonen sowie zu afrikanischen Ethnologen stets wichtig, und dort hat sie große Anerkennung, die bis heute anhält, erfahren. In Grootfontein, einem Bergbauort im Nordosten von Namibia, gibt es ein kleines „Heimatmuseum", das in seiner Ausstellung Fotografien von Katesa Schlosser zeigt und sie sowie ihre Forschungen in Texttafeln und Objekten würdigt.[40] Man mag quellenkritisch anmerken, dass diese Fotografien und ihre Sujets sehr stark an mitteleuropäischer Ästhetik orientiert sind und dass sie die Perspektive von Katesa Schlosser einnehmen und nicht die der indigenen Bevölkerung. Und dennoch: Diese Bilder sind vermutlich die einzigen bildlichen Zeugnisse, die in dieser Dichte die traditionelle Kultur und deren Veränderungen in der zweiten Hälfte des 20. Jahrhunderts visualisieren. Die indigene Bevölkerung selbst hat damals nicht fotografiert. Das ist ein Quellenproblem, das wir so oder ähnlich auch für europäische

38 Vgl. dazu Ulrich Braukämper, Trauma einer Ethnologen-Generation? Die Tagung der Deutschen Gesellschaft für Völkerkunde in Göttingen 1969, in: Zeitschrift für Ethnologie 127 (2002), S. 301–319.

39 Beer, Frauen (wie Anm. 11), S. 190.

40 Für diese Information und die Bilder aus der Museumsausstellung danke ich Professor Dr. Claus von Carnap-Bornheim, Leitender Direktor der Stiftung Schleswig-Holsteinische Landesmuseen.

Museen kennen. Aber ohne die Dokumentationen und Sammlungen von Wissenschaftlern und Laien hätten wir, so wie auch im Fall Katesa Schlosser, überhaupt keine materielle oder bildliche Überlieferung. Das ist ein Dilemma – natürlich, das sich für die Ethnologie in besonderer Weise ergibt. Denn das erhobene Quellenmaterial und die daraus entstandenen Forschungsergebnisse sind in der Regel nicht dort zugänglich, wo sie erhoben wurden, sondern werden in westlichen Wissenschaftskulturen diskutiert.

Heute sind die Ethnologen und Ethnologinnen für solche Fragen sensibilisiert. Ethnologische Feldforschungen werden mit sogenannten Forschungsassistenten durchgeführt, die aus der jeweiligen Forschungsregion stammen. Weiterhin ist die Frage nach der Zugänglichkeit von Material und Ergebnissen bei den Erforschten ein zentraler Aspekt ethnologischer Arbeit. Die rasanten Veränderungen jener Kulturen, die damit verbundene immer größere Annäherung an westliche Denkweisen und die globale Propagierung des Konzeptes „Kulturelles Erbe“ – vor allem durch die United Nations Educational, Scientific and Cultural Organization (UNESCO) – führen auch in jenen Ländern verstärkt zu Museumsgründungen. Allerdings ist vieles an traditioneller Kultur inzwischen verschwunden und in Teilen nur noch in westlichen Museen zu finden. Katesa Schlosser hat bereits früh damit begonnen, das zu betreiben, was heute „partizipative Forschung“ heißt, also die Einbindung der Menschen aus der indigenen Kultur in den Forschungsprozess und die Überlassung von Materialien für Museumsausstellungen. Das ist sicher zu einem nicht geringen Teil ihrer Enttäuschung über die Entwicklung der Völkerkunde in Deutschland geschuldet, aber es bleibt ein bedenkenswerter Aspekt der wissenschaftlichen Arbeit von Katesa Schlosser, die mit Abenteuerlust und Forscherdrang aufbrach, um dort in Südafrika mehr zu finden als nur eine Forschungsregion.

Dirk Brandis

Das Zoologische Museum der Universität Kiel und seine Sammlungen: Ein Fenster in die Entdeckungsgeschichte der Meere

Das Zoologische Museum der Christian-Albrechts-Universität zu Kiel (CAU) stellt in vielerlei Hinsicht eine Besonderheit dar.[1] Vor allem sind die Sammlungen des Museums von internationaler wissenschaftlicher und kulturhistorischer Bedeutung. Insgesamt beherbergt das Museum ca. 500.000 Serien an Organismen. Die Sammlungen umfassen einen Zeitraum von knapp vier Jahrhunderten. Dabei werden nicht nur einfach historische naturwissenschaftliche Objekte archiviert, sondern auch Wissenschaftsgeschichte. Ein wichtiger Schwerpunkt sind marine Organismen. Sie sind wegen ihrer schon sehr frühen genauen Dokumentation, ihres Typenreichtums und den Belegen vieler Expeditionen des 19. Jahrhunderts von internationaler wissenschaftlicher Bedeutung. Aus wissenschaftshistorischer Sicht ist gerade die Geschichte vieler mariner Expeditionen von großer Bedeutung. Sie zeigen nicht nur frühe Dokumente aus weit entfernten Gebieten, sondern geben auch Aufschluss über die Entwicklung der modernen Meeres- und Naturwissenschaften und sind schon deshalb jenseits der reinen Zoologie von großem interdisziplinärem Interesse.

Wilhelm Behn und die Galathea-Expedition: Weltreisender und Museumsglücksfall

Im Jahr 1836 wurde Wilhelm Friedrich Georg Behn (1808–1878) kommissarisch mit der Leitung der naturwissenschaftlichen Sammlungen betraut.[2] Behn

1 Siehe dazu und zum Folgenden ergänzend Dirk Brandis/Wolfgang Dreyer, Das Zoologische Museum der Christian-Albrechts-Universität, in: Christiana Albertina 65 (2007), S. 80–93. Vgl. für alle in diesem Beitrag behandelten Hochschullehrer der Universität Kiel die jeweiligen Einträge im Kieler Gelehrtenverzeichnis. Die Datenbank ist im Internet abrufbar unter der URL: www.gelehrtenverzeichnis.de (letzter Stand: 5.1.2017).

2 Dazu und zum Folgenden siehe ausführlich Jörg Hacker, Vom Kuriositätenkabinett zum wissenschaftlichen Museum: Die Entwicklung der Zoologischen Sammlungen der Kieler Universität von 1665 bis 1868 (Mitteilungen aus dem Zoologischen Museum der Universität Kiel, Supplement 1), Kiel 1984; Ingeborg Irmler, Leben und Werk des Anatomen, Zoologen und Physiologen Wilhelm Friedrich Georg Behn (1808–1878), Diss. med., Kiel 1983; Michael Kaasch, Der (un)bekannte

war ein ausgesprochener Glücksfall für Kiel. Durch seine Ausbildung in den damaligen wissenschaftlichen Zentren Deutschlands war er auf dem neuesten Stand der Forschung. Eine wichtige Station seiner Ausbildung war Göttingen mit seiner sehr renommierten Medizinischen Fakultät, wo er besonders durch Johann Friedrich Blumenbach (1752–1840) beeinflusst wurde, der eine große anatomische Sammlung aufgebaut und die Vergleichende Anatomie in Deutschland eingeführt hatte. Ein weiterer akademischer Zwischenstopp von halbjähriger Dauer erfolgte an der Berliner Universität, die in den Bereichen der vergleichend-anatomischen Forschung sowie der Sinnesphysiologie und Mikroskopie zu einem Zentrum von Weltgeltung geworden war. Die dritte und für die Kieler Sammlungen wichtigste Station war Paris, für das er 1834 ein Reisestipendium erhielt. Auf der Hinreise hatte Behn die Möglichkeit, wichtige museale Bestände in Deutschland zu besuchen. In Paris lernte Behn die damals bedeutendsten Sammlungen der Welt kennen. Besonders prägend für ihn und seine weitere Arbeit in Kiel wurden die Ideen von Georges Cuvier (1769–1832), die immer noch die Forschungslandschaft in Paris beherrschten. Dies traf insbesondere auf die Vergleichende Anatomie zu. Daneben kam er aber auch mit den Ideen von Alexander von Humboldt (1769–1859) und Jean-Baptiste de Lamarck (1744–1829) in Berührung; daneben knüpfte er direkte Kontakte zu den wichtigsten Pariser Zoologen seiner Zeit. Die dabei gewonnenen Ideen und Einflüsse hatten maßgebliche Auswirkungen auf dessen weitere Arbeit in Kiel.[3]

Durch den Pariser Einfluss geprägt, bekam das Kieler Museum unter Behn allmählich Konturen. Es gelang ihm, nach dem Pariser Vorbild neue Standards für Museen und Sammlungen durchzusetzen: Dies waren vor allem die Schaffung neuer Räume, Festanstellungen von Mitarbeitern, die Trennung aller nichtzoologischen Exponate von der Sammlung sowie die Einbindung derselben in die akademische Lehre. Hinzu trat außerdem die Vermehrung

---

Reformer – Wilhelm Friedrich Georg Behn (1808–1878) und die Reorganisation der Leopoldina, in: Acta Historica Leopoldina 55 (2010), S. 213–250. Vgl. außerdem besonders zu Behns wissenschaftlicher Karriere und der Galathea-Expedition den jüngst publizierten Beitrag von Martin Göllnitz, Expeditions- und Forschungsreisen als Karrieresprungbrett? Norddeutsche Wissenschaftler als Teilnehmer der Galathea-, Challenger- und Plankton-Expedition, in: Zeitschrift der Gesellschaft für Schleswig-Holsteinische Geschichte 141 (2016), S. 235–265. Speziell zur Galathea-Expedition siehe auch den Beitrag von Martin Krieger in diesem Band.

3 Dirk Brandis, Von der Renaissance bis zur Begründung der deutschen Meeresforschung. Die Anfänge des Zoologischen Museums in Kiel, in: Von der Vielfalt zum Verständnis: Das Zoologische Museum und die evolutionsbiologische Forschung in Kiel, hrsg. von Thomas Bosch, Dirk Brandis und Wolfgang Dreyer, Kiel 2009, S. 9–20.

der Sammlungen nach einem wissenschaftlichen Konzept, ganz nach Pariser Vorbild, sowie die Einrichtung eines festen Etats.

1837 wurde Behn zum Professor für Anatomie, Vergleichende Anatomie, Physiologie und Zoologie an der CAU berufen. Zwei Jahre später zogen die naturhistorischen Sammlungen und das anatomische Theater in den Warleberger Hof um, was eine deutliche Verbesserung der Situation gegenüber dem bisherigen Status darstellte. Nun besaß Behn die notwendigen Räumlichkeiten, um eine adäquate Betreuung und einen systematischen Ausbau der Sammlungen zu gewährleisten.[4]

In den Kellerräumen des Warleberger Hofes und im Erdgeschoss wurde ein neues *theatrum anatomicum* etabliert, das die zoologischen Sammlungen in fünf Räumen im ersten Stock zusammenfasste; fünf weitere Räume stellten indes die Wohnung Behns dar. Gleichzeitig bemühte sich Behn, das Naturhistorische Museum in eines mit zoologischem Schwerpunkt umzuwandeln. Zunächst übergab er zu diesem Zweck im Winter 1837/38 die ethnologischen Sammlungen, die noch von dem Kieler Ordinarius Johann Christian Fabricius (1745–1808) stammten, an die 1835 gegründete „Königlich Schleswig-Holstein-Lauenburgische Gesellschaft für die Sammlung und Erhaltung vaterländischer Altertümer". Die Abgabe der mineralogischen Sammlungen gelang Behn demgegenüber erst 1847. Im gleichen Jahr wurde die mineralogische Sammlung von Ludwig Meyn (1820–1878) und August Friedrich Karl Himly (1811–1885) insgesamt neu aufgestellt und der Öffentlichkeit präsentiert.

Darüber hinaus gelang es dem Kieler Professor, umfangreiche zoologische Schenkungen einzuwerben und wichtige Exemplare anzukaufen – so etwa das eines schon damals sehr seltenen Java-Nashorns. Und schließlich brachte er durch seine Teilnahme an der dänischen Weltumsegelung der Korvette „Galathea" unschätzbar wertvolles Material in das Kieler Museum ein, wodurch der museale Bestand mehr als verdoppelt werden konnte.[5]

Die dänische Galathea-Expedition, die von 1845 bis 1847 dauerte, war eine der bedeutendsten naturwissenschaftlichen Expeditionen des 19. Jahrhunderts. Auftraggeber war der naturwissenschaftlich äußerst interessierte dänische König Christian VIII. (1786–1848).[6] Das Hauptziel der Reise war allerdings politisch-wirtschaftlicher Natur: Die Erforschung der Nikobaren-Inseln und die Übergabe dänischer Kolonien in Indien an die Britische Ostindien-Gesellschaft. Die Route der „Galathea" umfasste Ostindien, die Nikobaren, das malaiische Archipel, China, die pazifischen Gesellschaftsinseln, Hawaii sowie

4 Dazu und zum Folgenden siehe ausführlich Hacker, Kuriositätenkabinett (wie Anm. 2).

5 Vgl. auch Brandis, Renaissance (wie Anm. 3).

6 Dazu und zum Folgenden siehe Brandis/Dreyer, Museum (wie Anm. 1); Brandis, Renaissance (wie Anm. 3); Hacker, Kuriositätenkabinett (wie Anm. 2).

Südamerika. Die Reise erbrachte für das Zoologische Museum Kiel einen beträchtlichen Zuwachs an neu entdeckten Arten. Diese Sammlung ist bis heute allerdings nur teilweise erforscht, weil kurz nach dem Tod des Königs und dem Ausbruch des ersten Schleswigschen Krieges die Pläne für einen umfassenden Expeditionsbericht abgebrochen werden mussten.[7] Ein Großteil der von Behn zusammengetragenen Vogelsammlung kam 1895 nach Berlin, wo sie von dem bekannten Ornithologen Erwin Stresemann (1889–1972) bearbeitet wurde. Heute befinden sich immer noch mehr als 500 Vogelserien und eine noch nicht erfasste sehr wertvolle Sammlung mariner Wirbelloser, insbesondere Crustaceen und Mollusken, sowie diverse Skelette und Felle von Säugetieren im Besitz des Kieler Zoologischen Museums. Begleitet wird diese Objektsammlung durch diverse Aquarelle, die während der Expedition von dem jungen schwedischen Maler Christian Thornam (1822–1908) angefertigt wurden und die viele der Objekte mit ihren Farben und Lebensäußerungen dokumentieren. Die Zusammenstellung bildet noch heute eine wesentliche Säule des Museums.

Obwohl der Galathea-Bestand lange in Vergessenheit geriet, hat die dänische Weltumsegelung einen nachhaltigen Einfluss auf die Meeresforschung gehabt. Im Jahre 1950 startete eine weitere Galathea-Expedition, allerdings mit dem Fokus auf die Tiefsee.[8] Die Ergebnisse dieser Forschungsfahrt waren bahnbrechend und sind bis heute von großer wissenschaftlicher Tragweite: Zum ersten Mal wurden Lebewesen unterhalb von 10.000 Metern Tiefe nachgewiesen und eines der ältesten lebenden Fossilien konnte entdeckt werden: *Neopilina galathea* – eine urtümliche Schnecke, deren Vorfahren bereits vor 30 Millionen Jahren ausgestorben waren.

Die Mauritius-Expedition von Karl August Möbius

Als 1874 die Entsendung einer deutschen Expedition auf die ostafrikanische Insel Mauritius zur Beobachtung des Venusdurchgangs beschlossen wurde, bat Karl August Möbius (1825–1908) den Minister der geistlichen, Unterrichts- und Medizinal-Angelegenheiten, Adalbert Falk (1827–1900), zugleich mit einem Astronomen auch einen Zoologen nach Mauritius zu entsenden.[9]

---

7 Göllnitz, Expeditions- und Forschungsreisen (wie Anm. 2), S. 244f.

8 Vgl. die im Anschluss an die Expedition entstandenen Expeditionsberichte: Anton F. Bruun/Svend Greve (Hrsg.), The Galathea deep sea expedition 1950–1952. Described by members of the expedition, London 1956; Torben Wolff (Hrsg.), Galathea report. Scientific results of the Danish deep-sea expedition round the world 1950–1952, Kopenhagen 1956. Siehe ferner auch Anne Fox Maule, Danish Botanical Expeditions and Collections in Foreign Continents, in: Botanisk Tidsskrift 69 (1974/75), S. 167–205.

9 Dazu und zum Folgenden siehe ausführlich Michael Türkay, Die Expedition von K. Möbius nach Mauritius und den Seychellen (1874–75), und die dort gesammelten

Nachdem Kaiser Wilhelm I. (1797–1888) die dafür notwendigen finanziellen Mittel bewilligt hatte, erhielt Möbius den ministeriellen Auftrag, sich „behufs zoologischer Untersuchungen und Anlegung von Sammlungen im August 1874 auf ein halbes Jahr nach Mauritius zu begeben".[10] Damit erfüllte sich sein langgehegter Wunsch, der durch die Schriften Alexander von Humboldts ausgelöst worden war, die Meeresfauna der Tropen aus eigener Anschauung kennen zu lernen. Die bislang von Möbius in Nord- und Ostsee durchgeführten faunistischen und ökologischen Studien sowie die Entwicklung des Biozönosebegriffs an Austernbänken machten Möbius zu einem geradezu idealen Wissenschaftler, um die Vielfalt und Ökologie tropischer Regionen zu untersuchen und weit über den rein faunistisch-beschreibenden Charakter hinaus grundlegende Erklärungen und Zusammenhänge zu entwickeln.[11]

Das zentrale und wertvollste Ergebnis seiner Reise sind jedoch die Sammlungen, die Möbius in der Folgezeit anlegte. Diese sind äußerst umfangreich und heute auf verschiedene Institutionen verteilt, wobei der Hauptteil nach wie vor im Zoologischen Museum der CAU liegt.[12] Ferner werden am Berliner Naturkundemuseum sowie am Senckenberg Naturmuseum in Frankfurt am Main wesentliche Teile der Sammlung konserviert. Bald nach seiner Rückkehr hatte Möbius das Material zur Bearbeitung an Spezialisten in ganz Deutschland verteilt, deren Erkenntnisse durchgehend publiziert wurden. Eine reiche Anzahl neuer Arten konnte dadurch festgestellt und erstmals erforscht werden. Der Hauptteil der Sammlung umfasst insbesondere marine Organismen wie Krebstiere, Mollusken, Korallen oder Borstenwürmer, aber auch einige interessante terrestrische Objekte.

Zumeist waren diese Landsammlungen nicht mit den Sammlungen mariner Objekte an Umfang und Bedeutung vergleichbar. Allerdings gab es Ausnahmen: Einen der bedeutendsten Funde machte Möbius am 17. November 1874. Durch den Lehrer George Clark (1807–1873) war 1865 eine bedeutende Fundstätte von Dodoknochen in einem Moor südlich von Mahébourg

Decapoda Reptantia I. Brachyura excl. Dromiacea, mit Beschreibung von Menaethiopis moebii, in: Karl Möbius. Beiträge zu Leben und Werk, Kiel 1981, S. 35–64.

10 Karl August Möbius, Eine Reise nach der Insel Mauritius im Jahre 1874–75, in: Beiträge zur Meeresfauna der Insel Mauritius und der Seychellen, bearb. von dems., Ferdinand Richters und Eduard von Martens, Berlin 1880.

11 Siehe dazu Dirk Brandis, Die Expedition von Karl August Möbius nach Mauritius und zu den Seychellen, in: Die Reise des deutschen Forschers Karl August Möbius nach Mauritius und zu den Seychellen 1874/75, hrsg. von Matthias Glaubrecht, Uwe Pfullmann und Ulrich van der Heyden, Wiesbaden 2012, S. 27–51; sowie Türkay, Expedition (wie Anm. 9).

12 Dazu und zum Folgenden siehe Brandis, Expedition (wie Anm. 11); Türkay, Expedition (wie Anm. 9).

bekannt geworden, dessen humusreicher Boden zur Düngung der Zuckerrohrfelder diente. Clark sammelte über 100 verschiedene Knochen, die er an das Britische Museum sandte.[13] Diese Knochen bilden die wichtigste Grundlage für Richard Owens (1804–1892) Abhandlung über das Skelett des Dodo, dessen deutsche Übersetzung Wilhelm Behn im Auftrag der Deutschen Akademie der Naturforscher Leopoldina anfertigte und veröffentlichte.[14] Diese Übersetzung war Möbius bekannt. Aufgrund der darin mitgeteilten Information suchte Möbius das Moor am 17. November auf, wie einem Bericht des Ordinarius zu entnehmen ist:

> „Als ich an verschiedenen Punkten die Pflanzendecke hatte abtragen lassen, stiess ich auf eine Humusschicht von 15–30 cm Dicke, dann erschienen zahlreiche kugelförmige Früchte eines endemischen Waldbaumes, der gutes Brennholz liefert, und neben und unter diesen fand ich auf einer Schicht basaltischer Rollsteine ziemlich viele Schildkrötenknochen und auch Reste des Dodo, nämlich einige Arm- und Beinknochen, ein Stück von dem Kreuzbein und einen Theil des Unterkiefers. Ein Brustbein schenkte mir die Tochter des verstorbenen Lehrers Clark aus dem Nachlass ihres Vaters."[15]

Zusätzlich bekam Möbius vom englischen Kolonialverwalter Edward Newton (1832–1897), der gleichzeitig ein bedeutender Ornithologe war, Knochen des kleinen Dodo oder Rodrigues-Solitär (*Pezophaps solitaria*) von der benachbarten Insel Rodriguez geschenkt. Adolf Remane (1898–1976) rekonstruierte daraus im Jahre 1923 eines der wenigen vollständigen Skelette. Diese Knochensammlung gehört bis heute zu den bedeutendsten Objekten des Kieler Museums.[16]

Die Reise beeinflusste Möbius nachhaltig und erweiterte zugleich seine ökologischen und wissenschaftlichen Ideen grundlegend. Die Tragweite seiner Sammlungen ist bis heute kaum zu überschätzen. Neben dem reichen Erkenntnisgewinn zeigen insbesondere die Nachbearbeitungen der Crustaceensammlungen, dass in dem Material noch deutlich mehr neue Arten enthalten sind. Möbius trug somit erheblich zur Erforschung und Kenntnis der Meeresfauna der Region bei. Viele der Tiergruppen-Sammlungen gelten heute als wesentliche wissenschaftliche Referenz, die häufig zitiert werden und notwendig sind, um neuangelegte Sammlungen zu bestimmen und zu interpretieren. Die von

---

13 Siehe dazu den lesenswerten Beitrag Julian P. Hume/Anthony Cheke/Alistair McOran-Campbell, How Owen „stole" the Dodo: academic rivalry and disputed rights to a newly-discovered subfossil deposit in nineteenth century Mauritius, in: Historical Biology 21 (2009) H. 1/2, S. 33–49.

14 Wilhelm Behn, Prof. R. Owen's Osteologie der Dronte (Didus ineptus, L.), Dresden 1868.

15 Möbius, Reise (wie Anm. 10), S. 38.

16 Brandis, Renaissance (wie Anm. 3); Ders., Expedition (wie Anm. 11).

Möbius zusammengetragenen marinen Objekte bestechen vor allem durch die für seine Zeit sehr genauen Sammlungs- und Fundortangaben, die den Wert deutlich erhöhen. Damit werden diese zu Dokumenten, die gerade im Zeitalter des Klimawandels und der Globalisierung einen unschätzbaren Wert haben.[17]

Heinrich Adolf Meyer und der Beginn der Kieler Meeresforschung

Der Hamburger Händler und Fabrikant Heinrich Adolf Meyer (1822–1889) spielte eine zentrale Rolle bei der Entstehung der modernen Meeresforschung. In den 1860er Jahren formte er einen Kreis meereswissenschaftlich interessierter Naturforscher, zu dem der Zoologe Karl August Möbius, der Physiologe Victor Hensen (1835–1924), der Physiker Gustav Karsten (1820–1900) und er selbst gehörten.[18] Seit den 1850er Jahren hatten Meyer und Möbius begonnen, Meerestiere aus Nord- und Ostsee in Aquarien zu hältern und zu beobachten. Aus zunächst sporadischen Fängen von Ostseetieren entsprang der Plan, eine Fauna der Kieler Förde zu erarbeiten.[19] Von 1860 an wurden regelmäßig einmal im Monat Tiere in Kiel gefangen und nach Hamburg gebracht. Möglich wurde dies durch die Privatyacht Meyers, mit der die meisten Ausfahrten unternommen wurden. Neben der wissenschaftlichen Beobachtung stellte der Aufbau eines Aquariums in Hamburg, das 1864 eröffnet wurde, den wesentlichen Antrieb für diese Unternehmung dar.

Das Ergebnis der jahrelangen Untersuchungen und Erforschung der Kieler Förde bildete der im Jahr 1865 erschienene erste Band der „Fauna der Kieler Bucht“:[20] Meyer und Möbius beschränken sich darin nicht nur auf das Sammeln von Organismen, sondern dokumentieren außerdem geographische und physikalische Faktoren wie Temperatur, Salzgehalt, Strömungsverhältnisse, Wasserstand und -tiefe. Das Besondere dabei ist, dass die Autoren die hydrographischen, sedimentologischen, botanischen und faunistischen Beobachtungen kombinieren. Sie setzen physikalisch-chemische und biologische Faktoren in der Umgebung der Tiere in Beziehung zu ihren Lebens- und

17 Ders., Expedition (wie Anm. 11).

18 Wolfgang Matthäus, Germany and the investigation of the Baltic Sea hydrography during the 19th and early 20th century (Meereswissenschaftliche Berichte Bd. 83), Warnemünde 2010.

19 Diesbezüglich und zu den folgenden Ausführungen siehe Reinhard Kölmel, Zwischen Universalismus und Empirie – die Begründung der modernen Ökologie- und Biocönose-Konzeption durch Karl Möbius, in: Karl Möbius. Beiträge zu Leben und Werk, Kiel 1981, S. 17–34.

20 Heinrich Adolf Meyer/Karl August Möbius, Fauna der Kieler Bucht, Bd. 1: Die Hinterkiemer oder Opisthobranchia, Leipzig 1865.

Wachstumsbedingungen und schaffen so einen ersten Entwurf von Programm und Methode der Ökologie.[21]

Viktor Hensen und die Plankton-Expedition

Viktor Hensens Promotion erfolgte im Jahr 1859 an der Medizinischen Fakultät der CAU, wo er in direktem Anschluss von Behn für die gerade vakant gewordene Stelle eines anatomischen Prosektors eingestellt und ihm die Leitung der anatomischen Sammlung übertragen wurde.[22] 1868 erhielt Hensen den Ruf auf das Kieler Ordinariat für Physiologie. Gleichwohl Mediziner gilt Hensen heute als Begründer der modernen Meeresforschung: Über einen Zeitraum von mehr als 50 Jahren war er maßgeblich am Aufbau und der Konsolidierung der Kieler und der deutschen Meeresforschung beteiligt. Neben seiner Tätigkeit als Direktor des Physiologischen Institutes, womit vielfältige Aufgaben verbunden waren, widmete er einen großen Teil seiner Zeit der biologischen Meeresforschung. In der Meereskunde gelang es Hensen, wesentliche Teile des Fundamentes für eine völlig neue Sicht des Meeres und seiner Bewohner zu schaffen.[23] So prägte er 1887 den Begriff des Planktons.[24]

Außerdem sah Hensen in der Unterstützung der Nord- und Ostseefischerei ein neues wichtiges Betätigungsfeld, weshalb er sich im preußischen Landtag für derartige Untersuchungen einsetzte und was 1870 letztlich zur Einsetzung der „Commission zur wissenschaftlichen Untersuchung der deutschen Meere" führte. Neben Hensen wurden als Mitglieder ferner folgende Kieler Wissenschaftler ernannt: Heinrich Adolf Meyer, Karl August Möbius und Gustav Karsten. In den Jahren von 1870 bis 1887 entwickelte sich die Tätigkeit der Kommission zu einem festen Bestandteil der Forschung an den daran beteiligten Universitätsinstituten der CAU. Die Kommission führte regelmäßige Schiffsreisen in die Nord- und Ostsee durch, finanzierte wichtige Grundlagenarbeiten und stand bald mit ähnlichen Einrichtungen in den USA und anderer europäischer Länder im Austausch.

---

21 Kölmel, Universalismus (wie Anm. 19).

22 Zu Hensen und der Plankton-Expedition siehe Lisa Kragh, Kieler Meeresforschung im Kaiserreich. Die Planktonexpedition von 1889 zwischen Wissenschaft, Wirtschaft, Politik und Öffentlichkeit, Frankfurt am Main u.a. 2017; sowie Göllnitz, Expeditions- und Forschungsreisen (wie Anm. 2), S. 253–258. Weiterhin siehe auch den Beitrag von Lisa Kragh in diesem Band.

23 Brandis/Dreyer, Museum (wie Anm. 1).

24 Victor Hensen, Über die Bestimmung des Planktons oder des im Meere treibenden Materials an Pflanzen und Thieren, in: Jahresbericht der Commission zur Wissenschaftlichen Untersuchung der Deutschen Meere in Kiel für die Jahre 1882–1886, hrsg. im Auftrag des Königlich-Preussischen Ministeriums für die Landwirtschaftlichen Angelegenheiten, Berlin 1887, S. 1–109.

Diese Aktivitäten hatten einen entscheidenden Einfluss auf das Zoologische Museum: Die Kommissionsfahrten brachten ein reiches, in seiner Dokumentation bis dahin einmaliges Material aus Nord- und Ostsee in die Sammlungen ein. Sie stellen heute einzigartige Archive zur ökologischen, toxikologischen und klimatischen Vergangenheit der Nord- und Ostsee dar. Durch die Kontakte in die USA kam auch Material der Referenzfahrten des Dampfers „Albatross“ und des bedeutenden Ichthyologen und Echinodermen-Experten Alexander Agassiz (1835–1910) nach Kiel.[25]

Nach 1887 bekam Hensen einen bestimmenden Einfluss auf das Tätigkeitsfeld der Kommission und das Zoologische Museum. Grund war der Wechsel von Karl August Möbius nach Berlin und die Berufung seines Nachfolgers Karl Brandt (1854–1931) an das Zoologische Institut. Brandt gilt als außergewöhnlicher Meeresbiologe, der in Neapel gearbeitet hatte und der auch in quantitativem Denken geschult war. Er griff in seiner wissenschaftlichen Arbeit die Sichtweise von Hensen auf und initiierte 1889 gemeinsam mit diesem und dem Botaniker Franz Schütt (1859–1921) eine Schiffsreise in den Atlantik, die als Plankton-Expedition in die meeresbiologische Weltliteratur einging. Die dabei gewonnenen Materialien waren über die quantitativen Daten hinaus so reich an neuen Arten und Formen, dass die Herausgabe des Expeditionsberichtes zwei Jahrzehnte benötigte. Das gesamte Referenz- und Typenmaterial dieser weltberühmten Expedition kam wiederum in die Sammlungen des Kieler Zoologischen Museums.

Die Kieler Nord- und Ostsee-Expeditionen

Die von Meyer, Möbius und Hensen konzipierten und organisierten meeresbiologischen Untersuchungen führten 1870 zu einer ganz neuen Forschungseinrichtung – der bereits erwähnten „Commission zur wissenschaftlichen Untersuchung der deutschen Meere“, die nach lautstarken Forderungen des Deutschen Seefischerei-Vereins vom preußischen Landwirtschaftsminister eingesetzt wurde. Aufgabe war die „Hebung des Fischfangs“ durch eine bessere Kenntnis der Biologie von Seefischen.[26] Dazu führte die Kommission im Jahre 1871 eine umfangreiche Ostsee-Expedition durch. Sie fand vom 6. Juli bis zum 23. August des Jahres mit dem Marinedampfer „Pommerania“ statt und führte bis Stockholm, Gotland und Memel (heute: Klaipėda).[27] Zuvor

25 Dazu und zum Folgenden siehe ausführlich Brandis, Expedition (wie Anm. 11).

26 Brandis/Dreyer, Museum (wie Anm. 1); Hacker, Kuriositätenkabinett (wie Anm. 2).

27 Heinrich Adolf Meyer/Karl August Möbius/Gustav Karsten/Victor Hensen, Die Expedition zur physikalisch-chemischen und biologischen Untersuchung der Ostsee im Sommer 1871 auf S. M. Avisodampfer Pommerania nebst physikalischen Beobachtungen an den Stationen der preussischen Ostseeküste, in: Jahresbericht der Commission zur Wissenschaftlichen Untersuchung der Deutschen Meere in

war eine kürzere Reise durch das Kattegat und Skagerrak ins norwegische Arendal organisiert worden.

Die zweite Untersuchungsfahrt ging vom 21. Juli bis zum 9. September 1872 in die Nordsee. Zur Bearbeitung des umfangreichen Probenmaterials nahmen mehr Wissenschaftler teil als an der Ostseefahrt.[28] Dies verstärkte die Tendenz, Forschungsfahrten in einzelne wissenschaftliche Disziplinen zu unterteilen. Die Ergebnisse beider Fahrten wurden erstmals zusammenfassend im zweiten Band der „Fauna der Kieler Bucht“, der 1872 erschien, dargestellt.[29] In dieser Studie werden erstmals die hydrographischen Verhältnisse der westlichen Ostsee – auf der Basis der Fahrtdaten der „Pommerania“ – einer umfassenden Analyse unterzogen. Neu ist ferner die Darstellung der Mechanismen von Strömungen und des Wasseraustausches, woraus sich das Auftreten unterschiedlicher Salzgehalte und schwankender Temperaturen erklärt.[30] Außerdem beschreiben Meyer und Möbius ebenfalls zum ersten Mal den Zusammenhang zwischen fehlender Besiedlung am Boden der Ostseebecken und mangelnder Sauerstoffversorgung des Tiefenwassers. Die Wissenschaftler gelangen durch die Untersuchung einzelner pelagischer Tierarten, die in der Kieler Förde gefangen wurden, zu der Erkenntnis, dass die Faunenzusammensetzung der westlichen Ostsee stark vom Organismentransport bei günstigen Einstrombedingungen aus dem Kattegat abhängt. Möbius stellte zudem während der Fahrten die Abhängigkeit der Ostseetiere von Salzgehalts- und Temperaturschwankungen fest. Die Ergebnisse dazu präsentierte Möbius 1871 in einem Vortrag auf der 44. Versammlung deutscher Naturforscher und Ärzte in Rostock.[31] Dabei prägte er die heute noch gültigen Begriffe „eury“- und „stenotherm“ zur Charakterisierung der besonderen Eigenschaften der Ostseefauna gegenüber der Fauna des Nordatlantiks.

Die Forschungsfahrten wurden zum Teil mit anderen Schiffen wie der „MS Holsatia“ (z.B. 1887, 1901/02) fortgesetzt. Eine wesentliche Neuerung der Fahrten formulierte Möbius bereits 1870 in einem Brief an den Deutschen Fischereiverein: „Die Expedition sollte Auftrag erhalten, Beobachtungsstationen zu bezeichnen und einzurichten [...].“[32] Ergänzend dazu führte Meyer

Kiel für das Jahr 1871, hrsg. im Auftrag des Königlich-Preussischen Ministeriums für die Landwirtschaftlichen Angelegenheiten, Berlin 1873.

28 Kölmel, Universalismus (wie Anm. 19).

29 Heinrich Adolf Meyer/Karl August Möbius, Fauna der Kieler Bucht, Bd. 2: Die Prosobranchia und Lamellibranchia der Kieler Bucht, Leipzig 1872.

30 Diesbezüglich und zum Folgenden siehe Kölmel, Universalismus (wie Anm. 19).

31 Karl August Möbius, Über die im Juli und August unternommene wissenschaftliche Expedition zur Erforschung der Ostsee, in: Tageblatt der 44. Versammlung deutscher Naturforscher und Ärzte (1871), S. 39–43.

32 Deutscher Fischereiverein (DFV), Circular Nr. 2 vom 22.4.1870, Correspondenzblatt 7–9, Schreiben von Karl August Möbius vom 4.4.1870.

aus: „[E]ine Hauptaufgabe dieser Expedition [war], einige feste Stationen zu errichten, damit fortdauernde Beobachtungen über Salzgehalt, Temperatur, und Strömung nicht nur [...] an der Wasseroberfläche, sondern auch in mäßigen Tiefen gemacht werden."[33]

Die Einrichtung wiederauffindbarer Stationen war eine wesentliche Neuerung und ermöglichte die Überprüfung von Veränderungen im biotischen und abiotischen Bereich.

Im Jahre 1900 wurde dann die „Deutsche Wissenschaftliche Kommission für die Internationale Meeresforschung" (DWK) gegründet. In Zusammenarbeit mit dem Internationalen Rat für Meeresforschung (ICES) wurden, von Kopenhagen aus koordiniert, die sogenannten „Terminfahrten" an festgelegten Stationen durchgeführt, um anhand von Umwelt- und Faunadaten die Fischbestände besser abschätzen zu können.[34] In Deutschland stand für diese „Terminfahrten", die unter der Leitung von Karl Brandt stattfanden, das Forschungsschiff „Poseidon" zu Verfügung.

Zusammen mit den Daten des 19. Jahrhunderts entstanden auf diese Weise weltweit einzigartige Langzeitserien mariner Organismen aus Nord- und Ostsee, die heute von unschätzbarem Wert für die moderne Forschung sind. Diese Zeitserien bilden zudem den Gegenstand eines großen Verbundforschungsprojektes des Bundesministeriums für Bildung und Forschung, das ab dem Jahr 2017 vom Kieler Zoologischen Museum koordiniert wird.

Anfänge der deutschen Tiefseeforschung: Die Valdivia-Expedition von 1898/99

In Deutschland begann die Erforschung der Tiefsee mit der Deutschen Tiefsee-Expedition, die in den Jahren 1898/99 unter der Leitung des Leipziger Zoologen Carl Chun (1852–1914) mit dem Forschungsdampfer „Valdivia" ausgeführt wurde. Den Auslöser für diese Expedition stellten die sensationellen Entdeckungen der englischen Challenger-Expedition in den Jahren 1872–1876 dar.[35] Die Flut an neuartigen, vielfach bizarren Organismen war überwältigend und brachte fast alle Industrienationen dazu, Tiefsee-Expeditionen auszurüsten – darunter auch das Deutsche Reich.[36] Die Ergebnisse der Deutschen Tiefsee-Expedition waren eine Sternstunde der nationalen

33 DFV, Circular Nr. 2 vom 22.4.1870, Correspondenzblatt 9–10, Brief Heinrich Adolf Meyers vom 6.4.1870.

34 Matthäus, Germany (wie Anm. 18).

35 Zur Challenger-Expedition siehe den mit Literatur- und Quellenbelegen gesättigten Beitrag von Martin Göllnitz in diesem Band sowie Göllnitz, Expeditions- und Forschungsreisen (wie Anm. 2), S. 247–253.

36 Dazu und zum Folgenden siehe Brandis/Dreyer, Museum (wie Anm. 1); Brandis, Renaissance (wie Anm. 3).

Meeresforschung. Sie eröffneten der biologischen, aber auch geologischen, sedimentologischen und hydrographischen Forschung neue Forschungsfelder, die bis heute aktuell sind.

An Bord der „Valdivia" waren zwei Kieler Wissenschaftler für den Bereich der Zoologie zuständig: Carl Apstein (1862–1950) und Ernst Vanhöffen (1858–1918). Vanhöffen hatte in Königsberg seine Dissertation über Quallen verfasst. Auf Einladung Victor Hensens kam er 1890 – nach einem Aufenthalt an der meeresbiologischen Station in Neapel – nach Kiel, um hier die Quallen der Plankton-Expedition zu bearbeiten. Er blieb als Assistent an der CAU und habilitierte sich 1896. Seine Berufung zum Professor erfolgte 1901. Vanhöffen nahm auf persönlichen Wunsch von Carl Chun an der Expedition der „Valdivia" teil. Demgegenüber wurde Carl Apstein im Jahr 1889 mit einer Arbeit über die Spinndrüsen der Radnetzspinnen an der CAU promoviert, wo er anschließend als Assistent Karl Brandts am Zoologischen Institut forschte und lehrte. Er beteiligte sich an der Bearbeitung des umfangreichen Materials der Plankton-Expedition und spezialisierte sich dabei auf die Salpen, eine besondere Gruppe schwimmfähiger Manteltiere. Durch die Teilnahme der beiden Kieler Forscher an der Valdivia-Expedition bildete das Zoologische Institut der CAU eines der Verteilungsstandorte der reichen zoologischen Ausbeute der Tiefsee-Expedition. Einmaliges Material kam in die Museumsarchive. Sie bilden heute den bedeutendsten Grundstock der Tiefsee-Sammlungen des Museums.

Die „Albatross"-Sammlungen

Nach der Challenger-Expedition begannen auch die USA mit der Tiefseeforschung. Dazu stellte die „Commission on Fish and Fisheries", einer Abteilung des US-Handelsministeriums im Jahr 1882 den damals größten und modernsten Forschungsdampfer in Dienst, die „Albatross". Die Expeditionen der „Albatross" und ihre Ergebnisse sind bis heute von zentraler wissenschaftlicher Bedeutung. Fast alle Weltmeere wurden beprobt; einzigartige Sammlungen entstanden: Allein die Philippinen-Expedition von 1907 bis 1910 erbrachte mehr als 27.000 Fischarten aus philippinischen Gewässern.

Einer der bekanntesten Teilnehmer der „Albatross"-Fahrten war der Ichthyologe und Ozeanograph Alexander Agassiz. Durch seine Vermittlung gelangte neben Teilen seiner privaten Fischsammlung wertvolles Tiefsee-Material der Expeditionen nach Kiel. Das Zoologische Museum ist damit heute eine der wenigen außeramerikanischen Institutionen, die Originalmaterial der „Albatross" in ihren Archiven besitzt. Damit sind die historischen Tiefsee-Sammlungen des Museums überdurchschnittlich reich und bis heute eine wissenschaftliche Referenz von internationaler Relevanz.[37]

---

37 Brandis/Dreyer, Museum (wie Anm. 1).

Neuanfang nach Kriegen

Der Erste Weltkrieg ließ die Kieler Meeresforschung weitgehend zusammenbrechen. Viele Mitarbeiter, Wissenschaftler, Doktoranden und Studenten des Zoologischen Institutes kehrten nicht zurück. 1922 wurde der Schüler Ernst Haeckels, Wolfgang Freiherr von Buddenbrock-Hettersdorf (1884–1964), als Ordinarius für Zoologie an die CAU berufen. Er war ein bedeutender Meeresbiologe, der sich mit physiologischen Fragen bei marinen Tieren beschäftigte. Buddenbrock-Hettersdorf baute mit großer Tatkraft ein für die damalige Zeit sehr modernes Zoologisches Institut auf, das bald wieder einen internationalen Ruf genoss. 1925 kamen umfangreiche Tiefsee-Sammlungen aus der Straße von Messina östlich von Sizilien nach Kiel. Sie stellen heute vor allem eine gute Belegsammlung über Tiefseefische des Mittelmeeres dar. Die Hintergründe dieser Sammlung sind jedoch bislang ungeklärt. Nach Datenlage wurde die Sammlung von Buddenbrock-Hettersdorf angelegt. Möglicherweise steht diese in Verbindung mit dessen Interesse für die Zusammenhänge zwischen physiologischen Leistungen und den Lebensbedingungen von Tieren.

Der Kieler Zoologe Adolf Remane

Der lebhafte Lehr- und Forschungsbetrieb in Kiel nahm unter der Leitung von Adolf Remane einen weiteren Aufschwung. Dieser war Buddenbrock-Hettersdorf als Assistent nach Kiel gefolgt, habilitierte sich unter dessen Obhut und erhielt 1929 eine außerordentliche Professur in Kiel. Nach zweijährigem Zwischenstopp als zoologischer Ordinarius in Halle berief die CAU Remane im Jahr 1936 zum Nachfolger seines akademischen Lehrers.[38] Insbesondere legte Remane Wert auf die Etablierung morphologisch-ökologischer Methoden und die Erforschung der einheimischen Fauna.[39] Unter Remane entwickelten sich sowohl das Zoologische Institut als auch das Museum zu bedeutenden Zentren der Zoologie in Deutschland. Noch immer war der marine Schwerpunkt die Hauptsache. Dadurch kamen noch einmal wichtige Sammlungsteile nach Kiel, insbesondere Referenzsammlungen aus Nord- und Ostsee sowie aus den arktischen beziehungsweise antarktischen Gebieten. Die Forschungen Remanes hatten einen gewaltigen Einfluss auf die Meeresforschung und die zoologische Forschung insgesamt. Nicht zuletzt deshalb gilt er als einer der Begründer der modernen evolutionsbiologisch ausgerichteten Vergleichenden Morphologie, indem er die bis heute anerkannten Homologiekriterien

38 Volker Storch, Adolf Remane (1898–1976): Beiträge zur biologischen Vielfalt und zur Evolutionsbiologie, in: Von der Vielfalt zum Verständnis: Das Zoologische Museum und die evolutionsbiologische Forschung in Kiel, hrsg. von Thomas Bosch, Dirk Brandis und Wolfgang Dreyer, Kiel 2009, S. 33–39.

39 Dazu und zum Folgenden siehe ebd.

formulierte, die eine objektive Vergleichbarkeit von Strukturen ermöglichen. Außerdem ist der Zoologe der Entdecker eines der letzten bis dahin unbekannten Lebensräume der Erde, des sogenannten Sandlückensystems (Mesopsammon), das die Grundlage für die Meiofaunaforschung bildet. Schließlich aber wurde Remane zum Gründer des ersten Kieler Institutes für Meeresforschung, das von 1936 bis 1944 existierte und als Vorläufer des heutigen GEOMAR Helmholtz-Zentrums angesehen werden kann.

Schlussbetrachtung

Das Zoologische Museum ist heute ein modernes Museum. Es steht in der Verpflichtung zwischen Öffentlichkeitsarbeit der Universität, wissenschaftlicher Sammlungsverwaltung, akademischer Lehre und moderner Verbundforschung.[40] Mit seinen Sammlungen ist es nicht nur ein reines Präsentationsmuseum, sondern es hat auch ein großes wissenschaftliches Potential. Gegenwärtig werden die Sammlungen digital erfasst und in der Sammlungsdatenbank SESAM von Senckenberg international zugänglich gemacht. Naturkundemuseen sind heute weltweit vernetzt. Sie betreiben Leihverkehr mit der Möglichkeit, die Sammlungen anderer Museen zu nutzen und zu bearbeiten. Naturwissenschaftliche Sammlungen bilden somit weltweit ein riesiges Archiv, in dem auch mit modernen Methoden einzigartige Informationen erarbeitet werden können. Damit werden die bedeutenden naturwissenschaftlichen Schätze der CAU im modernen Netzwerk weltweit sichtbar. Die großen marinen Forschungsinstitute in Kiel sowie Expeditionen des Forschungsschiffes „Meteor" sind potentielle Quellen, von denen neues, wertvolles Material kommen wird. Damit kann das Museum heute in perfekter Lage eine marine Archivfunktion für die Kieler Meeresforschung und andere Institutionen übernehmen, die gewährleistet, dass die wissenschaftlichen Erfolge moderner Meeresforschung nachhaltig und professionell dokumentiert und zugänglich gemacht, aber auch der Öffentlichkeit vermittelt werden können. Das Zoologische Museum mit seiner bedeutenden Wissenschaftsgeschichte aus drei Jahrhunderten ist ein naturwissenschaftliches Schaufenster der Universität Kiel geworden. 240 Jahre Sammlungsgeschichte ergeben ein unvergleichliches Forschungspotential für die Zukunft.

---

40 Siehe dazu und zum Folgenden neuerdings auch Dirk Brandis/Wolfgang Dreyer, Die zoologischen Schätze der Universität – Ein Jubiläum im Jubiläum, in: Christian-Albrechts-Universität zu Kiel. 350 Jahre Wirken in Stadt, Land und Welt, hrsg. von Oliver Auge, Kiel/Hamburg 2015, S. 881–894.

Johannes Müller

Archäologie in Krisengebieten: die soziale Praxis archäologischer Ausgrabungen

Eines der zentralen Forschungsanliegen des Instituts für Ur- und Frühgeschichte der Christian-Albrechts-Universität zu Kiel (CAU) besteht darin, auf einem europäischen Maßstab prähistorische Siedlungsmuster strukturell miteinander zu vergleichen. Entsprechend fanden in der Vergangenheit zahlreiche Grabungen des Instituts dort statt, wo sich entscheidende siedlungshistorische Entwicklungen beispielsweise im 5. und 4. vorchristlichen Jahrtausend ereigneten. Da solche historisch innovativen Gebiete rezent oft durch politische Unsicherheiten geprägt waren oder sind, finden die Feldaktivitäten in oft instabilen, krisenhaften Regionen statt. Die praktische Arbeit dort stellt besondere Anforderungen an die entsprechenden Expeditionen. Am Beispiel der Ausgrabungen in Bosnien-Herzegowina wird im Folgenden dargestellt, wie sich solche Praxis der Zusammenarbeit entfernt von der befriedeten Welt des akademischen Schreibtisches entwickelt.

In den letzten zehn Jahren hat das Kieler Institut für Ur- und Frühgeschichte zahlreiche Ausgrabungen durchgeführt, was zumeist durch eine Drittmittelförderung entsprechender Projekte ermöglicht wurde und wird.[1] Eine Zielsetzung besteht darin, die Entstehung von Dörfern und ersten proto-urbanen Siedlungsagglomerationen in Europa zu erfassen.[2] Hinzu tritt die Frage, wo und wann soziale Ungleichheit warum entsteht und erste politische Institutionen nachweisbar sind. Im Forschungsansatz enthalten ist das Paradigma, dass sich insbesondere aus den Wechselwirkungen zwischen Gesellschaften und Landschaften Parameter ergeben, die solche Entwicklungen beförderten.

Um also die Entstehung von Dörfern und proto-urbanen Ansiedlungen zu erfassen und erste Hinweise auf soziale Differenzierungsprozesse zu erhalten, mussten und müssen sich die archäologischen Feldaktivitäten in dafür historisch relevanten Gebieten verorten. Sowohl das Institut für Ur- und Frühgeschichte

---

1 Vgl. dazu Johannes Müller, Exploring Landscapes – The Reconstruction of Social Space. Investigations on Prehistorical and Historical Societies and the Environment, in: Exploring Landscapes – The Reconstruction of Social Space, hrsg. von dems., Bonn 2014, S. 15–29.

2 Vgl. Ders., From the Neolithic to the Iron Age – Demography and Social Agglomeration. The Development of Centralized Control?, in: Individualization, Urbanization and Social Differentiation. Eurasia at the Dawn of History, hrsg. von Manuel Fernández-Götz und Dirk Krausse, Cambridge 2016, S. 106–124.

als auch die Graduiertenschule „Human Development in Landscapes" konzentrierten und konzentrieren sich zielführend auf ein großräumiges Forschungstranssekt, das vom südskandinavischen Raum bis in die Ägäis beziehungsweise zum nordpontischen Raum reicht.

Bei den Grabungen konnten folgende Siedlungen ausgegraben werden:

- frühe Siedlungshügel mit Hinweisen auf eine Spezialisierung zwischen Haushalten (ca. 5200–4500 vor unserer Zeit),
- erste proto-urbane Großsiedlungen mit einer Zusammenführung von mehreren Tausend Personen in großflächig durchgeplanten proto-urbanen Strukturen (ca. 4100–3500 vor unserer Zeit),
- bronzezeitliche Siedlungen mit Werkstätten zur Metallverarbeitung (ca. 2200–1600 vor unserer Zeit).

Ohne an dieser Stelle auf die wissenschaftlichen Ergebnisse einzugehen, soll nur betont werden, dass tatsächlich die Entstehung von Dorf und protourbanen Verhältnissen erkannt wurde.

Abb. 13: Ausgrabungen des Instituts für Ur- und Frühgeschichte zwischen 2008 und 2013.

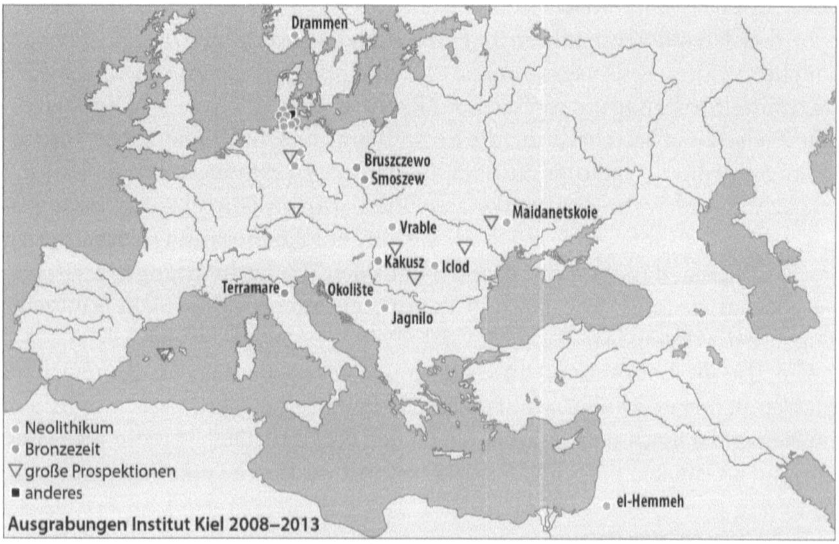

Im Folgenden möchte ich besonders auf eine Grabung eingehen, die zu Krisenzeiten in einem Krisengebiet stattfand: die Ausgrabung des Dorfes Okolište in Bosnien-Herzegowina in den Jahren zwischen 2002 und 2008.[3] Am Fundplatz waren in unserem Forschungsteam sowohl Studenten als auch Wissenschaftler jeweils mehrere Monate in den angesprochenen Ländern aktiv, um zusammen mit einheimischen Kollegen in enger Kooperation wissenschaftliche Ergebnisse zu erzielen.[4]

Bereits während meiner Promotion über ein archäologisches Thema zum östlichen Adriaraum war ich in der Zeit vor dem jugoslawischen Bürgerkrieg mit „Jugoslawien“ konfrontiert.[5] Fast ein Jahr lang verbrachte ich in Museen Dalmatiens, Bosniens und Montenegros, um Artefakte aufzunehmen und archäologische Kontexte zu dokumentieren. In diesen Jahren (1987/88) war zwar einerseits Tito schon gestorben und der Gesamtstaat Jugoslawien in einer schwierigen politischen Situation, andererseits waren allerdings für mich persönlich keine Hinweise auf die Möglichkeit der später einsetzenden kriegerischen Auseinandersetzungen zu erkennen. Auffällig bleiben im Nachhinein die doch starken Rückbezüge auch der Akademiker auf etwa politische Ereignisse aus der Zeit vor dem Zweiten Weltkrieg oder aber auch die unterschiedliche Ausstattung von ländlichen Gebieten mit Infrastruktur, offensichtlich abhängig von der jeweiligen politischen Zuordnung mit oder gegen die unterschiedlichen Partisanengruppen im Zweiten Weltkrieg. Eine solche Langfristigkeit eines „historischen Gedächtnisses“ als Mittel der Identifikation ist zumindest in Mitteleuropa selten.

3 Siehe dazu Zilka Kujundžič-Vejzagič/Johannes Müller/Knut Rassmann/Tim Schüler, Okolište – Iskopavanje i geofizicka prospekcija centralnobosanskog tel-naselja iz prve polovine petog milenija p.n.e., in: Godišnjak 31 (2004), S. 13–32; Johannes Müller/Knut Rassmann/Robert Hofmann (Hrsg.), Okolište 1 – Untersuchungen einer spätneolithischen Siedlungskammer in Zentralbosnien (Universitätsforschungen zur prähistorischen Archäologie Bd. 228; Neolithikum und Chalkolithikum in Zentralbosnien Bd. 1), Bonn 2013; Robert Hofmann, Okolište 2 – Spätneolithische Keramik und Siedlungsentwicklung in Zentralbosnien (Universitätsforschungen zur prähistorischen Archäologie Bd. 234; Neolithikum und Chalkolithikum in Zentralbosnien Bd. 2), Bonn 2013; Vesa P. J. Arponen/Johannes Müller/Robert Hofmann/Martin Furholt/Artur Ribeiro/Christian Horn/Martin Hinz, Using the Capability Approach to Conceptualise Inequality in Archaeology: the Case of the Late Neolithic Bosnian Site Okolište c. 5200–4600 BCE, in: Journal of Archaeological Method and Theory 23 (2016) H. 2, S. 541–560.

4 Die maskuline Geschlechtsform steht für alle möglichen Geschlechter, auch bei anderen Gruppenbezeichnungen.

5 Johannes Müller, Das ostadriatische Frühneolithikum. Die Impresso-Kultur und die Neolithisierung des Adriaraumes (Prähistorische Archäologie in Südosteuropa Bd. 9), Berlin 1994.

Umso erstaunlicher war dann zumindest aus ethischer Sicht die Auseinandersetzung im Bosnisch-Herzegowinischen Bürgerkrieg. Im Abkommen von Dayton 1995 wurde das inzwischen selbstständige Land aufgeteilt in einen serbischen, einen bosnischen und einen kroatischen Landesteil mit den bekannten Problemen institutioneller Verortung im Gesamtstaat.

Die mangelhafte Ausstattung und gesamtstaatliche Anbindung zahlreicher kultureller Institutionen, wie beispielsweise der zerstörten Nationalbibliothek, des Bosnisch-Herzegowinischen Landesmuseums oder aber auch der Akademien und teilweise der Universitäten, führte dazu, dass sich etwa die archäologische Forschung als nicht mehr präsent darstellte. In das Museum oder ihre Sammlungen wollten weder serbische noch kroatische Teile des Landes finanziell investieren.

Im Jahr 2001 fanden deshalb Bestrebungen der Römisch-Germanischen-Kommission des Deutschen Archäologischen Instituts statt, „Wiederaufbauhilfe“ im Bereich der Archäologie zu leisten. In Zusammenarbeit mit einer universitären Professur sollte in Bosnien-Herzegowina ein Grabungsprojekt dazu führen, einen gewissen Fokus, auch Ausbildungsfokus, für die bosnisch-herzegowinische Archäologie anzubieten. Entsprechend wurde ein Netzwerk aufgebaut, bei dem einer Universität die zentrale Rolle bei der Antragstellung, Organisation und Durchführung eines Forschungsprojektes zukommen sollte. Die für das bosnische Gebiet so prägenden Hinterlassenschaften der spätneolithischen „Butmir-Kultur“, die Ende des 19. Jahrhunderts durch die angeblichen historischen Verbindungen zum Schliemann'schen Mykene berühmt wurde, sollte auf siedlungsarchäologische Prozesse an der naturräumlich vorhandenen und historisch gewachsenen Neretva-Bosna-Verbindung zwischen Adria und dem zentralen Donauraum untersucht werden.[6]

Erste Vorbesuche in Sarajevo, die Pilotgrabungen am eponymen Fundplatz Butmir beim heutigen Flughafen von Sarajevo zum Ziel hatten, ergaben schnell, dass das Vorhaben geändert werden musste: Einerseits waren am Flughafen die archäologischen Zielflächen größtenteils durch den Krieg und den Verlauf der Frontlinien mit Bodenminen „verseucht“, andererseits waren Teile des Fundplatzes durch illegale Baumaßnahmen von Mitgliedern der damaligen bosnischen Präsidentenfamilie bereits zerstört worden. Relativ kurzfristig, insbesondere auch durch die Kontakte der lokalen Archäologen, konnte mit Okolište ein anderer Butmir-Fundplatz identifiziert

6 Siehe dazu ausführlich Wenzel Radimský/Moritz Hoernes, Die neolithische Station von Butmir bei Sarajevo in Bosnien. Ausgrabungen im Jahr 1893, Wien 1895; Robert Hofmann/Nils Müller-Scheeßel/Johannes Müller/Knut Rassmann, Mittler zwischen den Welten – frühe Tellkultur in Zentralbosnien, in: Archäologie in Deutschland (2010) H. 4, S. 58–61.

werden, der 35 Kilometer nordwestlich Sarajevos vielversprechende Ausgrabungen möglich erschienen ließ: Das dortige Visokobecken, ein durch Berge des bosnischen Erzgebirges eingerahmtes, etwa 130 Quadratkilometer großes, von der Bosna durchflossenes fruchtbares Siedlungsbecken, war aufgrund seiner faktisch monokulturellen islamischen Prägung von den üblichen gegenseitigen Gewaltakten verschont geblieben und auch zu keinem Zeitpunkt Kampfgebiet gewesen. Entsprechend bot sich eine minenfreie Forschungslandschaft. Abgesehen vom Fundplatz selbst, dessen Größe und oberflächlich erkennbarer Fundreichtum vielversprechend wirkte, gab es vor Ort in der Kleinstadt Visoko (Bezirk Zenica) einen lokalen Sammler (und Filmemacher), der aufgrund zahlreicher Feldbegehungen die örtlichen Fundplätze sehr gut kannte.

Abb. 14: Die Lage des Fundplatzes Okolište in Bosnien.

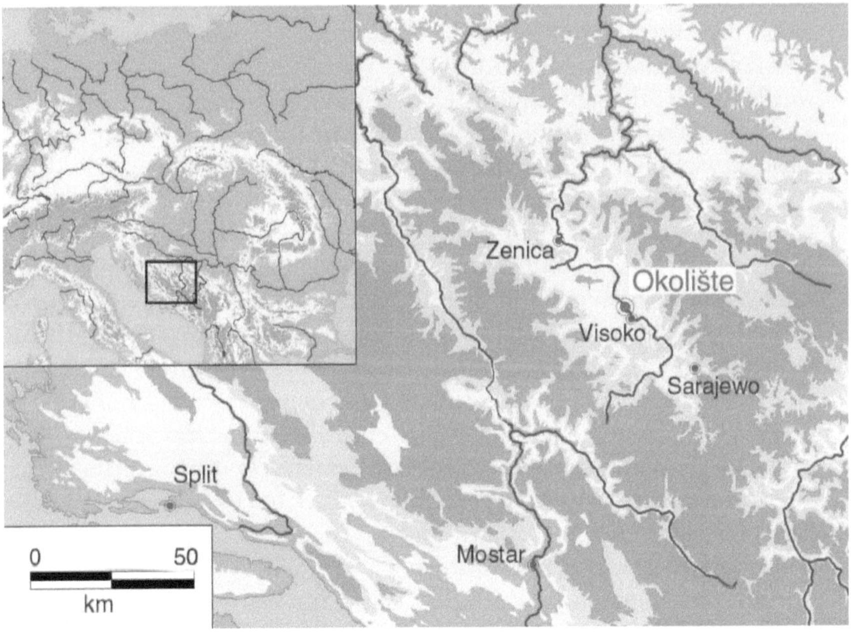

Nachdem eine Pilotgrabung im Jahr 2002 und geomagnetische Prospektionen endgültig die Wertigkeit des Platzes dokumentierten, führte ein Antrag bei der Deutschen Forschungsgemeinschaft (DFG) zum Erfolg. Ohne hier detailliert auf wissenschaftliche Ergebnisse einzugehen, konnten bisher in zwei Monographien und zahlreichen Aufsätzen die Ergebnisse des inzwischen abgeschlossenen Projektes vorgestellt werden. Wir wollen eher zu den politischen und wissenschaftspolitischen Aspekten des Projektes Stellung beziehen.

Die soziale Praxis einer Ausgrabung ist das, was ein Projektteam in einem planbaren Zusammenhang organisieren kann, aber immer wieder als Replik auf unerwartete Veränderungen wie beispielsweise an Projektplanungen und Kommunikationsstrukturen vornehmen muss. Im Gegensatz zum alleinigen „Schreibtischtäter", der über Ausgrabungen und Wissensproduktion aus einer oft fernen Perspektive Stellung bezieht, bedeutet „Ausgrabung" die ständige Identifikation und Reflexion der Produktion von archäologischem Wissen. Insofern der Archäologe dabei sowohl praktische als auch diskursive Aufgaben wahrnehmen muss, ist der nicht Feldforschende eher gebunden an die oft nur schwierige sekundäre Nutzung von Aspekten der Wissensentstehung.

In einem Krisengebiet wie dem zentralbosnischen Gebiet muss dabei Bezug genommen werden auf die sensiblen Aspekte von Mensch und Landschaft:

- Der Aufbau der Grabungsinfrastruktur im kleinen Ort Radinovice verschob über fünf Jahre hinweg die Verdienstmöglichkeiten innerhalb des 300 Einwohner zählenden Dorfes. Die Unterkunft für etwa 35 Personen wurde zu einer Einnahmequelle für die Einheimischen und in der schwierigen ökonomischen Situation des Ortes konnte leicht ein sich veränderndes Gleichgewicht mittelfristige Konsequenzen für den Ort haben.
- Die Zusammensetzung der Feldarbeits- beziehungsweise Grabungsgruppe beinhaltete sowohl lokale als auch regionale Bosnier. Widersprüche zwischen Dorf und Stadt beziehungsweise bei Teilnehmern aus der Großstadt Sarajevo bestanden in den Erfahrungshintergründen und führten zu unterschiedlichen Einschätzungen. Hinzu kamen die „Fremden" aus zahlreichen europäischen Ländern, die oft als zumeist „frei" eingestellte Studenten eine andere Lebensweise repräsentierten.
- Tatsächlich konnten aufgrund der im ehemaligen Jugoslawien nur überregionalen Ausbildung zum Archäologen Personen unterschiedlicher jugoslawisch-nationaler Herkunft eingestellt werden, sodass das multikulturelle Zusammenleben des ehemaligen Jugoslawien auf der Grabung verspätet nochmals „Normalzustand" wurde.
- Institutionell musste mit unterschiedlichen Museen zusammengearbeitet werden, die lokale, regionale und nationale Interessen vertraten.

Abb. 15: Karte des Fundplatzes Butmir am Flughafen Sarajevo. Aufgrund der Landminen konnte hier nicht gegraben werden.

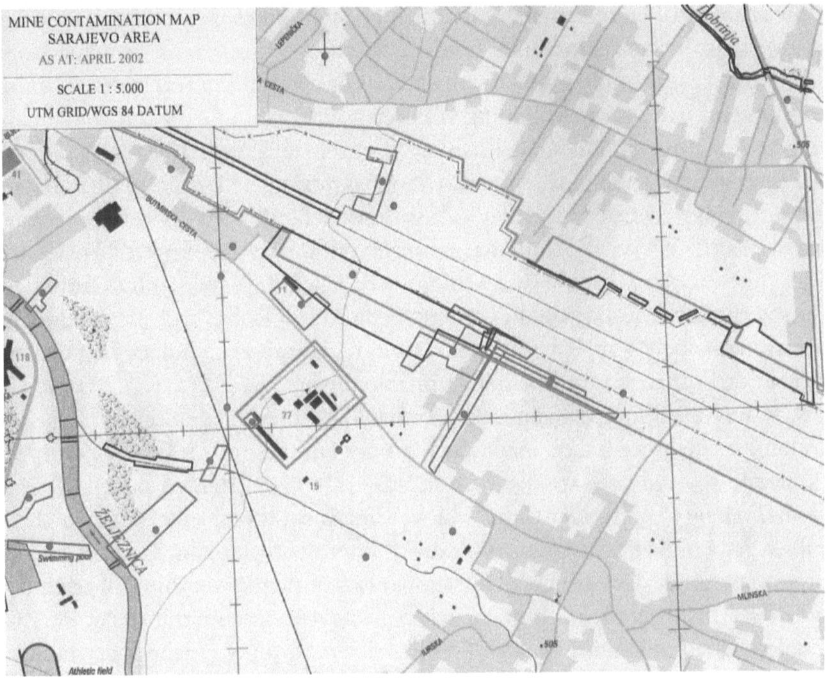

Insgesamt entwickelte sich die Zusammenarbeit in der dargestellten Gemengelage zwischen 2002 und 2008 recht positiv. Gerade die Neugierde der einheimischen Arbeiter und Studenten an den „Fremden", die Beteiligung an Arbeiten, die nichts mit religiöser Ausrichtung oder Kriegserinnerungen zu tun hatte, und die für mitteleuropäischen Verhältnisse geringen, aber für viele Einheimische substantiellen Verdienstmöglichkeiten führten zu einer positiven Einstellung der ortsansässigen Bevölkerung. Auch die Beschäftigung sowohl von ärmeren Personen aus dem Dorf als auch von Mitgliedern reicherer Familien während der Grabungskampagnen bewirkte offenbar eine Erhöhung der Dorfintegration.

In den Jahren von 2002 bis 2009 entwickelte sich die ökonomische und politische Situation in Bosnien-Herzegowina nicht positiv. Die angeblichen ethnischen Unterschiede, die durch die Grenzziehungen von Dayton untermauert worden waren, wurden nicht überwunden; die ökonomische Situation insbesondere für die Jugend verschlechterte sich mehr und mehr. Neues „Nation Building" wurde neben der allgemeinen Korruption zum Problem. Interessanterweise führte dies im Laufe der Jahre zu einer Bedeutungszunahme der islamischen Lebensweise, keineswegs bewirkt durch ausländische Einflüsse, sondern vielmehr im Rahmen des bosnischen Islam. Leider reichte oft das sensible Verhalten unserer Studenten nur bedingt aus, um zu begreifen, was eine tief religiöse Weltanschauung für Jugendliche aus anderen kulturellen Zusammenhängen in schwierigen sozialen Situationen bedeuten kann.

Identitätsprobleme scheinen aus meiner Sicht eines der konstituierenden Momente in Krisenregionen zu sein, zumindest so, wie ich an verschiedenen Orten auf Ausgrabungen in Krisengebieten das Verhalten interpretiert habe. Bezeichnend ist, dass unabhängig von der politischen „Großwetterlage" auf unserer Grabung in Bosnien Bosnier, Kroaten und Serben ohne Probleme und intensiv zusammenarbeiteten. Die Ausgrabung selbst kann also als ein Ort aufgefasst werden, in dem „Zusammenleben" statt „Konfrontation" erneut praktiziert wird. Ähnliches erfahren wir derzeit bei unseren laufenden Grabungen in der Ukraine und Moldawien: Auch dort spielen im Grabungsteam vermeintliche nationale Unterschiede keine Rolle und die alltägliche Zusammenarbeit von Russen, Moldawiern, Ukrainern, Polen, Deutschen, Italienern, Franzosen und Briten ist problemlos.

Was die Ausbildung einheimischer Archäologen betrifft: Zahlreiche bosnische Grabungsteilnehmer haben inzwischen an der Universität Sarajevo oder in der Akademie sowohl prekäre als auch feste Berufe als Dozenten oder „Wissenschaftsmanager" gefunden. Hier dürfte die Ausgrabung eine positive Rolle gespielt haben. Dagegen trug die Grabung offensichtlich nicht dazu bei, die institutionelle Krise des Bosnisch-Herzegowinischen Landesmuseums überwinden zu helfen. Das österreichisch-ungarisch gegründete Museum mit seiner internationalen Bedeutung hat die ungeklärte Finanzierung (noch) nicht überwunden.

Abb. 16: Ein kleines Grabungsteam an der Drina in Ostbosnien bei Gorazde im Jahr 2009.

Nach Beendigung der Grabungen im Visokobecken haben wir ohne Probleme im Jahr 2009 Feldbegehungen und Ausgrabungen bei Gorazde, einer ehemaligen, eingekesselten UN-Schutzzone an der Drina in Ostbosnien, durchführen können. Aufgrund der in diesem Gebiet nahe Zrebrenica im Krieg extremen Konflikte hatte ich gerade hier eine starke „Islamisierung“ im Nachkriegsbosnien erwartet. Offensichtlich ist dies nicht der Fall gewesen. Zwar ist unter anderem mit türkischer Hilfe eine große neue Moschee im Ort Gorazde zentral errichtet worden, die sich stark von der einheimischen, bosnischen Moschee-Architektur und -Tradition unterscheidet, doch haben die aus Mitteleuropa zurückgekehrten Flüchtlingsfamilien eine geradezu „schwäbische“ Lebensweise mitgebacht. Auch der Aufbau eines lokalen Museums mit einer Festanstellung wurde sicher durch die internationale Aufmerksamkeit für die Kleinregion ermöglicht: Leiter ist ein ehemaliger Grabungsteilnehmer.

In der Konsequenz haben die Ausgrabungen in Bosnien-Herzegowina gezeigt, dass ohne eine Verbindung zu staatlichen Stellen in Deutschland oder vor Ort Ausgrabungstätigkeiten in Krisenregionen sinnvoll und erfolgreich sein können: Das Zusammenleben teilweise verfeindeter Gruppen kann durch die inhaltlich nicht vorbelastete Ausgrabungspraxis gefördert, die ökonomische Situation für kleine Dörfer verbessert und ein relativ ideologie-freies Bewusstsein für historische Prozesse erzeugt werden. Eingebunden in diesen Prozess sind die deutschen Teilnehmer, die – nach meinen Erfahrungen – weltoffener nach Mitteleuropa zurückkehren.

Abbildungsverzeichnis

Martin Göllnitz Weltumsegelung mit Karriereblick. Die britische Challenger-Expedition und Rudolf von Willemoes-Suhm (1847–1875)

Abb. 1: Detlefsen-Museum Glückstadt, Inventar-Nr. 2727/02................47
Abb. 2: Detlefsen-Museum Glückstadt, Inventar-Nr. 2727/04................52
Abb. 3: Detlefsen-Museum Glückstadt, Inventar-Nr. 2727/01................58

Lisa Kragh „In's Wasser geworfenes Geld"? Eine Kontextualisierung der öffentlichen Kontroverse um die Plankton-Expedition von 1889

Abb. 4: Ernst Haeckel, Kunstformen der Natur, Leipzig u.a. 1900, Tafel 17. 83
Abb. 5: Ernst Haeckel, Kunstformen der Natur, Leipzig u.a. 1900, Tafel 9. 84
Abb. 6: Fotograf unbekannt (gemeinfrei). 84
Abb. 7: Arnold Braß, Das Affen-Problem. Professor E. Haeckel's Darstellungs- und Kampfesweise. Sachlich dargelegt nebst Bemerkungen über Atmungsorgane und Körperform der Wirbeltier-Embryonen von Dr. A. Brasz, Leipzig 1908, Umschlagbild...95

Ulf Morgenstern „Vielleicht sogar eventuell Karthum und später Sinai." Zwei Orientreisen Carl Heinrich Beckers in den Jahren 1900–1902

Abb. 8: Privatbesitz, Dr. Kristen Michaelis, Gelnhausen.......................159
Abb. 9: Privatbesitz, Dr. Kristen Michaelis, Gelnhausen.......................161
Abb. 10: Privatbesitz, Dr. Kristen Michaelis, Gelnhausen......................162

Silke Göttsch-Elten Katesa Schlosser – Völkerkunde als Wissenschaft vom Fremden

Abb. 11: Katesa Schlosser, Eingeborenenkirchen in Süd- und Südwestafrika, Kiel 1958, Tf. I. 222
Abb. 12: Katesa Schlosser, Eingeborenenkirchen in Süd- und Südwestafrika, Kiel 1958, Tf. 7. 225

Johannes Müller Archäologie in Krisengebieten: die soziale Praxis archäologischer Ausgrabungen

Abb. 13: Abbildungsnachweis: Institut für Ur- und Frühgeschichte, Universität Kiel...248
Abb. 14: Abbildungsnachweis: Institut für Ur- und Frühgeschichte, Universität Kiel...251

Abb. 15: Abbildungsnachweis: Institut für Ur- und Frühgeschichte, Universität Kiel. 253
Abb. 16: Abbildungsnachweis: Institut für Ur- und Frühgeschichte, Universität Kiel. 254

KIELER WERKSTÜCKE

Reihe A: Beiträge zur schleswig-holsteinischen und skandinavischen Geschichte

Hrsg. von Oliver Auge

Band 1 Kai Fuhrmann: Die Auseinandersetzung zwischen königlicher und gottorfischer Linie in den Herzogtümern Schleswig und Holstein in der zweiten Hälfte des 17. Jahrhunderts. 1990.

Band 2 Ralph Uhlig (Hrsg.): Vertriebene Wissenschaftler der Christian-Albrechts-Universität zu Kiel (CAU) nach 1933. Zur Geschichte der CAU im Nationalsozialismus. Eine Dokumentation, bearbeitet von Uta Cornelia Schmatzler und Matthias Wieben. 1991.

Band 3 Carsten Obst: Der demokratische Neubeginn in Neumünster 1947 bis 1950 anhand der Arbeit und Entwicklung des Neumünsteraner Rates. 1992.

Band 4 Thomas Hill: Könige, Fürsten und Klöster. Studien zu den dänischen Klostergründungen des 12. Jahrhunderts. 1992.

Band 5 Rüdiger Wurr / Udo Gerigk / Uwe Törper / Alfred Sielken: Türkische Kolonie im Wandel. Ausländersozialarbeit und Ausländerpädagogik in Schleswig-Holstein (Bandhrsg.: Kai Fuhrmann und Ralph Uhlig). 1992.

Band 6 Torsten Mußdorf: Die Verdrängung jüdischen Lebens in Bad Segeberg im Zuge der Gleichschaltung 1933-1939 (Bandhrsg.: Kai Fuhrmann und Ralph Uhlig).1992.

Band 7 Thorsten Afflerbach: Der berufliche Alltag eines spätmittelalterlichen Hansekaufmanns. Betrachtungen zur Abwicklung von Handelsgeschäften. 1993.

Band 8 Ralph Uhlig: *Confidential Reports* des Britischen Verbindungsstabes zum Zonenbeirat der britischen Besatzungszone in Hamburg (1946-1948). Demokratisierung aus britischer Sicht. 1993.

Band 9 Broder Schwensen: Der Schleswig-Holsteiner-Bund 1919-1933. Ein Beitrag zur Geschichte der nationalpolitischen Verbände im deutsch-dänischen Grenzland. 1993.

Band 10 Matthias Wieben: Studenten der Christian-Albrechts-Universität im Dritten Reich. Zum Verhaltensmuster der Studenten in den ersten Herrschaftsjahren des Nationalsozialismus. 1994.

Band 11 Volker Henn / Arnved Nedkvitne (Hrsg.): Norwegen und die Hanse. Wirtschaftliche und kulturelle Aspekte im europäischen Vergleich. 1994.

Band 12 Jürgen Hartwig Ibs: Die Pest in Schleswig-Holstein von 1350 bis 1547/48. Eine sozialgeschichtliche Studie über eine wiederkehrende Katastrophe. 1994.

Band 13 Martin Höffken: Die "Kieler Erklärung" vom 26. September 1949 und die "Bonn-Kopenhagener Erklärungen" vom 29. März 1955 im Spiegel deutscher und dänischer Zeitungen. Regierungserklärungen zur rechtlichen Stellung der dänischen Minderheit in Schleswig- Holstein in der öffentlichen Diskussion. 1994.

Band 14 Erich Hoffmann / Frank Lubowitz (Hrsg.): Die Stadt im westlichen Ostseeraum. Vorträge zur Stadtgründung und Stadterweiterung im Hohen Mittelalter. Teil 1 und 2. 1995.

Band 15 Claus Ove Struck: Die Politik der Landesregierung Friedrich Wilhelm Lübke in Schleswig-Holstein (1951-1954). 1997.

Band 16 Hannes Harding: Displaced Persons (DPs) in Schleswig-Holstein 1945-1953. 1997.

Band 17 Olav Vollstedt: Maschinen für das Land. Agrartechnik und produzierendes Gewerbe Schleswig-Holsteins im Umbruch (um 1800-1867). 1997.

Band 18 Jörg Philipp Lengeler: Das Ringen um die Ruhe des Nordens. Großbritanniens Nordeuropa-Politik und Dänemark zu Beginn des 18. Jahrhunderts. 1998.

Band 19 Thomas Riis (Hrsg.): Tisch und Bett. Die Hochzeit im Ostseeraum seit dem 13. Jahrhundert. 1998.

Band 20 Alf R. Bjercke: Norwegische Kätnersöhne als königliche Dragoner. Eine Abhandlung über den Dragonerdienst in Norwegen und die Grenzwache in Schleswig-Holstein 1758-1762. 1999.

Band 21 Niels Bracke: Die Regierung Waldemars IV. Eine Untersuchung zum Wandel von Herrschaftsstrukturen im spätmittelalterlichen Dänemark. 1999.

Band 22 Lutz Sellmer: Albrecht VII. von Mecklenburg und die Grafenfehde (1534-1536). 1999.

Band 23 Ernst-Erich Marhencke: Hans Reimer Claussen (1804-1894). Kämpfer für Freiheit und Recht in zwei Welten. Ein Beitrag zu Herkunft und Wirken der "Achtundvierziger". 1999.

Band 24 Hans-Otto Gaethke: Herzog Heinrich der Löwe und die Slawen nordöstlich der unteren Elbe. 1999.

Band 25 Henning Unverhau: Gesang, Feste und Politik. Deutsche Liedertafeln, Sängerfeste, Volksfeste und Festmähler und ihre Bedeutung für das Entstehen eines nationalen und politischen Bewußtseins in Schleswig-Holstein 1840-1848. 2000.

Band 26 Joseph Ben Brith: Die Odyssee der Henrique-Familie (Bandhrsg.: Björn Marnau und Ralph Uhlig). 2001.

Band 27 Karl-Otto Hagelstein: Die Erbansprüche auf die Herzogtümer Schleswig und Holstein 1863/64. 2003.

Band 28 Annegret Wittram: Fragmenta. Felix Jacoby und Kiel. Ein Beitrag zur Geschichte der Kieler Christian-Albrechts-Universität. 2004.

Band 29 Sönke Loebert: Die dänische Vergangenheit Schleswigs und Holsteins in preußischen Geschichtsbüchern. 2008.

Band 30 Hans Gerhard Risch: Der holsteinische Adel im Hochmittelalter. Eine quantitative Untersuchung. 2010.

Band 31 Silke Hinz: Hochzeit in Kiel. Wandel im Hochzeitsgeschehen von 1965 bis 2005. 2011.

Band 32 Sönke Loebert / Okko Meiburg / Thomas Riis: Die Entstehung der Verfassungen der dänischen Monarchie (1848-1849). 2012.

Band 33 Franziska Nehring: Graf Gerhard der Mutige von Oldenburg und Delmenhorst (1430-1500). 2012.

Band 34 Simon Huemer: Studienstiftungen an der Christian-Albrechts-Universität zu Kiel. Private Bildungsförderung zwischen Stiftungsnorm und Stiftungswirklichkeit. 2013.

Band 35 Marina Loer: Die Reformen von Windesheim und Bursfelde im Norden. Einflüsse und Auswirkungen auf die Klöster in Holstein und den Hansestädten Lübeck und Hamburg. 2013.

Band 36 Alexander Otto-Morris: Rebellion in the Province: The Landvolkbewegung and the Rise of National Socialism in Schleswig-Holstein. 2013.

Band 37 Oliver Auge (Hrsg.): Hansegeschichte als Regionalgeschichte. Beiträge einer internationalen und interdisziplinären Winterschule in Greifswald vom 20. bis 24. Februar 2012. 2014.

Band 38 Julian Freche: Die Eingemeindungen in die Stadt Kiel (1869-1970). Gründe, Probleme und Kontroversen. 2014.

Band 39 Martin Göllnitz: Karrieren zwischen Diktatur und Demokratie. Die Berufungspolitik in der Kieler Theologischen Fakultät 1936 bis 1946. 2014.

Band 40 Jelena Steigerwald: Denkmalschutz im Grenzgebiet. Eine Analyse der Wissensproduktion und der Praktiken des Denkmalschutzes in der deutsch-dänischen Grenzregion im 19. Jahrhundert. 2015.

Band 41 Caroline Elisabeth Weber: Der Wiener Frieden von 1864. Wahrnehmungen durch die Zeitgenossen in den Herzogtümern Schleswig und Holstein bis 1871. 2015.

Band 42 Oliver Auge (Hrsg.): Vergessenes Burgenland Schleswig-Holstein. Die Burgenlandschaft zwischen Elbe und Königsau im Hoch- und Spätmittelalter. Beiträge einer interdisziplinären Tagung in Kiel vom 20. bis 22. September 2013. 2015.

Band 43 Frederieke Maria Schnack: Die Heiratspolitik der Welfen von 1235 bis zum Ausgang des Mittelalters. 2016.

Band 44 Oliver Auge / Norbert Fischer (Hrsg.): Nutzung gestaltet Raum. Regionalhistorische Perspektiven zwischen Stormarn und Dänemark. 2017.

Band 45 Gwendolyn Peters: Kriminalität und Strafrecht in Kiel im ausgehenden Mittelalter. Das Varbuch als Quelle zur Rechts- und Sozialgeschichte. 2017.

Band 46 Jens Boye Volquartz: Friesische Händler und der frühmittelalterliche Handel am Oberrhein. 2017.

Band 47 Karen Bruhn: Das Kieler Kunsthistorische Institut im Nationalsozialismus. Lehre und Forschung im Kontext der „deutschen Kunst“. 2017.

Band 48 Lisa Kragh: Kieler Meeresforschung im Kaiserreich. Die Planktonexpedition von 1889 zwischen Wissenschaft, Wirtschaft, Politik und Öffentlichkeit. 2017.

Band 49 Oliver Auge / Martin Göllnitz (Hrsg.): Mit Forscherdrang und Abenteuerlust. Expeditionen und Forschungsreisen Kieler Wissenschaftlerinnen und Wissenschaftler. 2017.

Reihe B: Beiträge zur nordischen und baltischen Geschichte

Hrsg. von Hain Rebas

Band 1 Rainer Plappert: Zwischen Zwangsclearing und Entschädigung. Die politischen Beziehungen zwischen der Bundesrepublik Deutschland und Schweden im Schatten der Kriegsfolgefragen 1949-1956. 1996.

Band 2 Volker Seresse: Des Königs "arme weit abgelegenne Vntterthanen". Oesel unter dänischer Herrschaft 1559/84-1613. 1996.

Band 3 Ingrid Bohn: Zwischen Anpassung und Verweigerung. Die deutsche St. Gertruds Gemeinde in Stockholm zur Zeit des Nationalsozialismus. 1997.

Band 4 Saskia Pagell: Souveränität oder Integration? Die Europapolitik Dänemarks und Norwegens von 1945 bis 1995. 2000.

Band 5 Ulrike Hanssen-Decker: Von Madrid nach Göteborg. Schweden und der EU-Beitritt Estlands, Lettlands und Litauens, 1995-2001. 2008.

Reihe C: Beiträge zur europäischen Geschichte des frühen und hohen Mittelalters

Hrsg. von Hans Eberhard Mayer

Band 1 Martin Rheinheimer: Das Kreuzfahrerfürstentum Galiläa. 1990.

Band 2 Oliver Berggötz: Der Bericht des Marsilio Zorzi. Codex Querini-Stampalia IV 3 (1064). 1990.

Band 3 Thomas Eck: Die Kreuzfahrerbistümer Beirut und Sidon im 12. und 13. Jahrhundert auf prosopographischer Grundlage. 2000.

Reihe D: Beiträge zur europäischen Geschichte des späten Mittelalters

Hrsg. von Werner Paravicini

Band 1 Holger Kruse, Werner Paravicini, Andreas Ranft (Hrsg.): Ritterorden und Adelsgesellschaften im spätmittelalterlichen Deutschland. Ein systematisches Verzeichnis. 1991.

Band 2 Werner Paravicini (Hrsg.): Hansekaufleute in Brügge. Teil 1: Die Brügger Steuerlisten 1360-1390, hrsg. von Klaus Krüger. 1992.

Band 3 Les Chevaliers de l'Ordre de la Toison d'or au XVe siècle. Notices bio-bibliographiques publiées sous la direction de Raphaël de Smedt. 1994. 2. Auflage 2000.

Band 4 Werner Paravicini (Hrsg.): Der Briefwechsel Karls des Kühnen (1433-1477). Inventar. Redigiert von Sonja Dünnebeil und Holger Kruse. Bearbeitet von Susanne Baus u.a. Teil 1 und 2. 1995.

Band 5 Werner Paravicini (Hrsg.): Europäische Reiseberichte des späten Mittelalters. Eine analytische Bibliographie. Teil 1: Deutsche Reiseberichte, bearb. von Christian Halm. 1994. 2., durchgesehene und um einen Nachtrag ergänzte Auflage 2001.

Band 6 Rainer Demski: Adel und Lübeck. Studien zum Verhältnis zwischen adliger und bürgerlicher Kultur im 13. und 14. Jahrhundert. 1996.

Band 7 Anne Chevalier-de Gottal: Les Fêtes et les Arts à la Cour de Brabant à l'aube du XVe siècle. 1996.

Band 8 Stephan Selzer: Artushöfe im Ostseeraum. Ritterlich-höfische Kultur in den Städten des Preußenlandes im 14. und 15. Jahrhundert. 1996.

Band 9 Werner Paravicini (Hrsg.): Hansekaufleute in Brügge. Teil 2. Georg Asmussen: Die Lübecker Flandernfahrer in der zweiten Hälfte des 14. Jahrhunderts (1358-1408). 1999.

Band 10 Jean Marie Maillefer: Chevaliers et princes allemands en Suède et en Finlande à l'époque des Folkungar (1250-1363). Le premier établissement d'une noblesse allemande sur la rive septentrionale de la Baltique. 1999.

Band 11 Werner Paravicini, Horst Wernicke (Hrsg.): Hansekaufleute in Brügge. Teil 3. Prosopographischer Katalog zu den Brügger Steuerlisten 1360-1390. Bearbeitet von Ingo Dierck, Sonja Dünnebeil und Renée Rößner. 1999.

Band 12 Werner Paravicini (Hrsg.): Europäische Reiseberichte des späten Mittelalters. Eine analytische Bibliographie. Teil 2: Französische Reiseberichte, bearbeitet von Jörg Wettlaufer in Zusammenarbeit mit Jacques Paviot. 1999.

Band 13 Nils Jörn, Werner Paravicini, Horst Wernicke (Hrsg.): Hansekaufleute in Brügge. Teil 4. Beiträge der Internationalen Tagung in Brügge April 1996. 2000.

Band 14 Werner Paravicini (Hrsg.): Europäische Reiseberichte des späten Mittelalters. Eine analytische Bibliographie. Teil 3. Niederländische Reiseberichte. Nach Vorarbeiten von Detlev Kraack bearbeitet von Jan Hirschbiegel. 2000.

Band 15 Werner Paravicini (Hrsg.): Hansekaufleute in Brügge. Teil 5. Renée Rößner: Hansische Memoria in Flandern. Alltagsleben und Totengedenken der Osterlinge in Brügge und Antwerpen (13. bis 16. Jahrhundert). 2001.

Band 16 Werner Paravicini (Hrsg.): Hansekaufleute in Brügge. Teil 6. Anke Greve: Hansische Kaufleute, Hosteliers und Herbergen im Brügge des 14. und 15. Jahrhunderts. 2011.

Band 17 Sonja Dünnebeil (Hrsg.): Die Protokollbücher des Ordens vom Goldenen Vlies. Teil 4: Der Übergang an das Haus Habsburg (1477 bis 1480). Vorwort von Werner Paravicini. 2016.

Reihe E: Beiträge zur Sozial- und Wirtschaftsgeschichte

Hrsg. von Gerhard Fouquet

Band 1 Thomas Hill / Dietrich W. Poeck (Hrsg.): Gemeinschaft und Geschichtsbilder im Hanseraum. 2000.

Band 2 Gabriel Zeilinger: Die Uracher Hochzeit 1474. Form und Funktion eines höfischen Festes im 15. Jahrhundert. 2002.

Band 3 Sascha Taetz: Richtung Mitternacht. Wahrnehmung und Darstellung Skandinaviens in Reiseberichten städtischer Bürger des 16. und 17. Jahrhunderts. 2004.

Band 4 Harm von Seggern / Gerhard Fouquet / Hans-Jörg Gilomen (Hrsg.): Städtische Finanzwirtschaft am Übergang vom Mittelalter zur Frühen Neuzeit. 2007.

Band 5 Gerhard Fouquet (Hrsg.): Die Reise eines niederadeligen Anonymus ins Heilige Land im Jahre 1494. 2007.

Band 6 Sven Rabeler: Das Familienbuch Michels von Ehenheim (um 1462/63-1518). Ein niederadliges Selbstzeugnis des späten Mittelalters. Edition, Kommentar, Untersuchung. 2007.

Band 7 Gerhard Fouquet / Gabriel Zeilinger (Hrsg.): Die Urbanisierung Europas von der Antike bis in die Moderne. 2009.

Band 8 Dietrich W. Poeck: Die Herren der Hanse. Delegierte und Netzwerke. 2010.

Band 9 Carsten Stühring: Der Seuche begegnen. Deutung und Bewältigung von Rinderseuchen im Kurfürstentum Bayern des 18. Jahrhunderts. 2011.

Band 10 Sina Westphal: Die Korrespondenz zwischen Kurfürst Friedrich dem Weisen von Sachsen und der Reichsstadt Nürnberg. Analyse und Edition. 2011.

Band 11 Ulf Dirlmeier: Menschen und Städte. Ausgewählte Aufsätze. Herausgegeben von Rainer S. Elkar, Gerhard Fouquet und Bernd Fuhrmann. 2012.

Band 12 Anja Voßhall: Stadtbürgerliche Verwandtschaft und kirchliche Macht. Karrieren und Netzwerke Lübecker Domherren zwischen 1400 und 1530. 2016.

Band 13 Ulrike Förster: Selbstverständnis im Spannungsfeld zwischen Diesseits und Jenseits. Die Lübecker Ratsherrenwitwen Telse Yborg (gest. vor 1442), Wobbeke Dartzow (gest. 1441/42) und Mette Bonhorst (gest. 1445/46). 2017.

Band 14 Maria Seier: Ehre auf Reisen. Die Hansetage an der Wende zum 16. Jahrhundert als Schauplatz für Rang und Ansehen der Hanse(städte). 2017.

Reihe F: Beiträge zur osteuropäischen Geschichte

Hrsg. von Ludwig Steindorff und Martina Thomsen

Band 1 Peter Nitsche (Hrsg.), unter Mitarbeit von Ekkehard Klug: Preußen in der Provinz. Beiträge zum 1. deutsch-polnischen Historikerkolloquium im Rahmen des Kooperationsvertrages zwischen der Adam-Mickiewicz-Universität Poznań und der Christian-Albrechts-Universität zu Kiel. 1991.

Band 2 Rudolf Jaworski (Hrsg.): Nationale und internationale Aspekte der polnischen Verfassung vom 3. Mai 1791. Beiträge zum 3. deutsch-polnischen Historikerkolloquium im Rahmen des Kooperationsvertrages zwischen der Adam-Mickiewicz-Universität Poznań und der Christian-Albrechts-Universität zu Kiel, unter Mitarbeit von Eckhard Hübner. 1993.

Band 3 Peter Nitsche (Hrsg.): Die Nachfolgestaaten der Sowjetunion. Beiträge zur Geschichte, Wirtschaft und Politik. Herausgegeben unter Mitarbeit von Jan Kusber. 1994.

Band 4 Stephan Conermann / Jan Kusber (Hrsg.): Die Mongolen in Asien und Europa. 1997.

Band 5 Randolf Oberschmidt: Rußland und die schleswig-holsteinische Frage 1839-1853. 1997.

Band 6 Rudolf Jaworski / Jan Kusber / Ludwig Steindorff (Hrsg.): Gedächtnisorte in Osteuropa. Vergangenheiten auf dem Prüfstand. 2003.

Band 7 Ulrich Kaiser: Realpolitik oder antibolschewistischer Kreuzzug? Zum Zusammenhang von Rußlandbild und Rußlandpolitik der deutschen Zentrumspartei 1917-1933. 2005.

Band 8 Annelore Engel-Braunschmidt / Eckhard Hübner (Hrsg.): Jüdische Welten in Osteuropa. 2005.

Band 9 Martin Aust / Ludwig Steindorff (Hrsg.): Russland 1905. Perspektiven auf die erste Russische Revolution. 2007.

Band 10 Sven Freitag: Ortsumbenennungen im sowjetischen Russland. Mit einem Schwerpunkt auf dem Kaliningrader Gebiet. 2014.

Reihe G: Beiträge zur Frühen Neuzeit

Hrsg. von Olaf Mörke

Band 1 Rolf Schulte: Hexenmeister. Die Verfolgung von Männern im Rahmen der Hexenverfolgung von 1530-1730 im Alten Reich. 2000. 2., ergänzte Auflage 2001.

Band 2 Jan Klußmann: Lebenswelten und Identitäten adliger Gutsuntertanen. Das Beispiel des östlichen Schleswig-Holsteins im 18. Jahrhundert. 2002.

Band 3 Daniel Höffker / Gabriel Zeilinger (Hrsg.): Fremde Herrscher. Elitentransfer und politische Integration im Ostseeraum (15.-18. Jahrhundert). 2006.

Band 4 Volker Seresse (Hrsg.): Schlüsselbegriffe der politischen Kommunikation in Mitteleuropa während der frühen Neuzeit. 2009.

Band 5 Björn Aewerdieck: Register zu den Wunderzeichenbüchern Job Fincels. 2010.

Band 6 Tatjana Niemsch: Reval im 16. Jahrhundert. Erfahrungsräumliche Deutungsmuster städtischer Konflikte. 2013.

Band 7 Martin Pabst: Die Typologisierbarkeit von Städtereformation und die Stadt Riga als Beispiel. 2015.

Reihe H: Beiträge zur Neueren und Neuesten Geschichte

Hrsg. von Christoph Cornelißen

Band 1 Lena Cordes: Regionalgeschichte im Zeichen politischen Wandels. Die Gesellschaft für Schleswig-Holsteinische Geschichte zwischen 1918 und 1945. 2011.

Band 2 Birte Meinschien: Michael Freund. Wissenschaft und Politik (1945-1965). 2012.

Band 3 Stefan Bichow: Die Universität Kiel in den 1960er Jahren. Ordnungen einer akademischen Institution in der Krise. 2013.

www.ingramcontent.com/pod-product-compliance
Ingram Content Group UK Ltd.
Pitfield, Milton Keynes, MK11 3LW, UK
UKHW041835031026
15587UKWH00002B/779

9 783631 722916